GÊNERO
E OS NOSSOS
CÉREBROS

GINA RIPPON

GÊNERO E OS NOSSOS CÉREBROS

Como a neurociência acabou com o mito
de um cérebro feminino ou masculino

Tradução de Ryta Vinagre

Rocco

Título original
THE GENDERED BRAIN
The New Neuroscience that Shatters the Myth of the Female Brain

Copyright © Gina Rippon, 2019

Gina Rippon assegurou seu direito de ser identificada como autora desta obra em concordância com o Copyright, Designs and Patents Act 1988.

Direitos para a língua portuguesa reservados com exclusividade para o Brasil à
EDITORA ROCCO LTDA.
Rua Evaristo da Veiga, 65 – 11º andar
Passeio Corporate – Torre 1
20031-040 – Rio de Janeiro, RJ
Tel.: (21) 3525-2000 – Fax: (21) 3525-2001
rocco@rocco.com.br
www.rocco.com.br

Printed in Brazil/Impresso no Brasil

preparação de originais
SARAH OLIVEIRA

CIP-Brasil. Catalogação na publicação.
Sindicato Nacional dos Editores de Livros, RJ.

R464g Rippon, Gina, 1950-
Gênero e os nossos cérebros: como a neurociência acabou com o mito de um cérebro feminino ou masculino / Gina Rippon; [tradução Ryta Vinagre]. - 1. ed. - Rio de Janeiro: Rocco, 2021.

Tradução de: The gendered brain : the new neuroscience that shatters the myth of the female brain
ISBN 978-65-5532-054-1
ISBN 978-65-5595-038-0 (e-book)

1. Neurociências. 2. Discriminação de sexo na medicina. 3. Cérebro – Fisiologia. 4. Sistema nervoso. I. Vinagre, Ryta. II. Título.

20-66931
CDD: 612.8
CDU: 611.8

Camila Donis Hartmann – Bibliotecária – CRB-7/6472

O texto deste livro obedece às normas do Acordo Ortográfico da Língua Portuguesa.

Para Jana e Hilda — duas avós indomáveis
que certamente superaram seus Limitadores Interiores.

Para meus pais, Peter e Olga —
seu amor e seu apoio me deram muitas das oportunidades que tive
na jornada de minha vida —,
e para meu irmão gêmeo, Peter,
que me acompanhou por todo o caminho.

Para Dennis — parceiro, caixa de ressonância,
sommelier e horticultor extraordinário,
com minha gratidão pela paciência e
pelo apoio incansáveis (e pelas muitas doses de gim).

Para Anna e Eleanor, por seu futuro,
reserve ele o que for.

Poucas tragédias podem ser maiores que a atrofia da vida, poucas injustiças mais profundas do que ser privado de batalhar ou até de ter esperanças, por um limite imposto de fora, falsamente identificado como interno.

Stephen Jay Gould,
A falsa medida do homem

Sumário

Introdução: Os mitos "Acerte a toupeira"   11
Sexo, gênero, sexo/gênero ou gênero/sexo:
Uma nota sobre gênero e sexo   21

PARTE UM

1. Por dentro de sua linda cabecinha —
   Começa a caçada   25
2. Os hormônios furiosos dela   47
3. A ascensão da psicobaboseira   69
4. Mitos do cérebro, neurolixo e neurossexismo   97

PARTE DOIS

5. O cérebro do século XXI   131
6. Seu cérebro social   149

PARTE TRÊS

7. Os bebês importam – Comecemos do começo
   (ou até um pouco antes)   175
8. Palmas para os bebês   201
9. As águas generificadas em que nadamos –
   O tsunami rosa e azul   231

PARTE QUATRO

10. Sexo e ciência   271
11. A ciência e o cérebro   301

12. As meninas boazinhas não fazem 323

13. Por dentro de sua linda cabecinha –
 Uma atualização do século XXI 353

14. Marte, Vênus ou Terra? Erramos a respeito
 do sexo esse tempo todo? 373

Conclusão: Criando filhas destemidas
 (e filhos solidários) 395

AGRADECIMENTOS 409

NOTAS 413

Introdução:
Os mitos "Acerte a toupeira"

Este livro trata de uma ideia originada no século XVIII que ainda persiste nos dias de hoje: a concepção de que você pode "dar sexo" a um cérebro, que pode descrever um cérebro como "masculino" ou "feminino" e pode atribuir quaisquer diferenças individuais em comportamento, capacidades, realizações, personalidade, até esperanças e expectativas à posse de um tipo ou outro de cérebro. É uma concepção que vem guiando incorretamente a ciência do cérebro há vários séculos, reforçando muitos estereótipos prejudiciais e, acredito, atrapalhando o progresso social e a igualdade de oportunidades.

A questão das diferenças sexuais no cérebro tem sido debatida, pesquisada, estimulada, criticada, elogiada e menosprezada há mais de duzentos anos e certamente pode ser encontrada em diferentes disfarces muito antes disso. É uma área de opiniões consolidadas e tem sido o foco constante de praticamente todas as disciplinas de pesquisa, da genética à antropologia, misturadas com história, sociologia, política e estatística. É caracterizada por alegações grotescas (a inferioridade das mulheres vem do fato de seu cérebro ser 140 gramas mais leve), que podem ser prontamente rejeitadas, reaparecendo em outra forma (a incapacidade das mulheres de ler mapas vem de diferenças estruturais no cérebro). Às vezes uma única alegação se aloja firmemente na consciência pública com um fato e, apesar de todo o esforço de cientistas preocupados, ainda é uma crença profundamente arraigada. Será aludida frequentemente como um fato consolidado e ressurgirá triunfante para trombetear argumentos sobre diferenças entre os sexos ou, o que é mais preocupante, motivar decisões políticas.

Penso nesses equívocos recorrentes e aparentemente infindáveis como mitos "Acerte a Toupeira". Acerte a Toupeira é um jogo de fliperama que envolve martelar repetidamente a cabeça de toupeiras mecânicas à medida que surgem pelos buracos em um tabuleiro – quando você pensa que despachou todas, outra toupeira irritante pipoca em outro lugar. A expressão "Whac-a-Mole", ou "Acerte a toupeira", é usada hoje como descrição de um processo em que um problema permanece recorrente depois de supostamente ter sido corrigido, ou qualquer discussão em que algum pressuposto equivocado continua aparecendo, apesar de supostamente ter sido liquidado por informações novas e mais precisas. No contexto das diferenças entre os sexos, pode ser a crença de que os meninos recém-nascidos preferem olhar móbiles de tratores a rostos humanos (a toupeira de "os homens nascem para ser cientistas"), ou de que existem genialidade e idiotia entre os homens (a toupeira da "maior variabilidade masculina)". "Verdades" como estas, como veremos neste livro, têm levado marteladas variadas com o passar dos anos, mas ainda podem ser encontradas em livros de autoajuda, em manuais e até em discussões no século XXI sobre a utilidade ou inutilidade das pautas de diversidade. E uma das toupeiras mais antigas e aparentemente mais dificultosas é o mito dos cérebros feminino e masculino.

Durante séculos, o pretenso cérebro "feminino" foi descrito como menor que o padrão, subdesenvolvido, evolutivamente inferior, mal organizado e deficiente de modo geral. Outras indignidades se amontoaram nele como a causa da inferioridade, da vulnerabilidade, de instabilidade emocional, da inépcia científica das mulheres – tornando-as incapazes de qualquer responsabilidade, poder ou grandeza.

As teorias sobre o cérebro inferior das mulheres surgiram muito antes de podermos de fato estudar o cérebro humano quando lesionado, ou morto. Não obstante, "culpe o cérebro" era um mantra constante e persistente quando queriam encontrar explicações para como e por que as mulheres eram diferentes dos homens. Nos séculos XVIII e XIX, aceitava-se de modo geral que as mulheres eram social, intelectual e emocionalmente inferiores; nos séculos XIX e XX, o foco mudou para os papéis supostamente "naturais" das mulheres como cuidadoras, mães, companheiras femininas dos homens. A mensagem tem sido a mesma: existem diferenças "fundamentais" entre os cérebros dos homens e das mulheres, e estas diferenças determinarão suas diferentes capacidades e personalidades e seus diferentes lugares na sociedade. Não temos meios de testar esses pressupostos, mas eles ainda são os fundamentos em que os estereótipos foram baseados imutável e firmemente.

Porém, no final do século XX, o advento de novas formas de tecnologia de imagem cerebral nos deu a possibilidade de podermos, enfim, descobrir se realmente existe alguma diferença entre os cérebros das mulheres e dos homens, de onde elas podem vir e o que podem significar para o "dono" (ou "dona") do cérebro. Você poderia pensar que as possibilidades dadas por estas novas técnicas seriam tomadas como "a virada no jogo" na arena da pesquisa sobre as diferenças sexuais e o cérebro. O desenvolvimento de meios poderosos e sensíveis de estudar o cérebro, unidos a uma oportunidade de ressignificar uma cruzada secular pelas diferenças, *deveria* estar revolucionando a pauta da pesquisa e mobilizando discussões na mídia. Quem dera que fosse assim...

Várias coisas deram errado nos primeiros dias da pesquisa de diferenças sexuais e da imagem do cérebro. Com relação às diferenças sexuais, houve um foco retrógrado frustrante nas crenças históricas nos estereótipos (denominado "neurossexismo" pela psicóloga Cordelia Fine). Foram projetados estudos baseados na lista preferida de "sólidas" diferenças entre mulheres e homens, geradas durante séculos, ou os dados foram interpretados segundo as características estereotipadas femininas-masculinas que nem mesmo poderiam ser medidas no escâner. Quando encontravam uma diferença, era muito mais provável que ela fosse publicada do que a descoberta de uma não diferença, e também seria aclamada ansiosamente como um momento de "enfim a verdade" pela mídia entusiasmada. Enfim a prova de que as mulheres são programadas para ser péssimas na leitura de mapas e que os homens não podem ser multitarefa!

A segunda dificuldade com a pesquisa inicial de imagem do cérebro estava nas próprias imagens. A nova tecnologia produzia mapas cerebrais maravilhosamente codificados por cores que deram a ilusão de uma janela para o cérebro – a impressão de que era uma imagem do funcionamento em tempo real deste órgão misterioso, agora disponível para o exame de todos. Estas imagens sedutoras alimentaram um problema que venho chamando de "neurolixo": as representações (ou deturpações) às vezes bizarras de descobertas por imagem do cérebro que aparecem na imprensa popular e em pilhas de livros de autoajuda baseados no cérebro. Estes livros e artigos frequentemente ilustrados com lindos mapas cerebrais são acompanhados, com uma frequência consideravelmente menor, de qualquer explicação do que de fato mostram os mapas. Entender as diferenças entre mulheres e homens tem sido um objetivo específico para esses livros e manchetes, trazendo-nos aparentemente elucidativas ligações a barras, bolinhas e conchas, e, naturalmente, agravando a ideia de que "Homens são de Marte, Mulheres são de Vênus".

Assim, o advento da imagem do cérebro no final do século XX não contribuiu muito para o progresso de nossa compreensão sobre as alegadas ligações entre o gênero e o cérebro. Aqui, no século XXI, será que estamos fazendo melhor?

★ ★ ★

As novas formas de ver o cérebro concentram-se nas conexões entre as estruturas em vez de apenas no tamanho destas estruturas. Os neurocientistas de hoje começaram a decodificar a "tagarelice" do cérebro, o meio em que diferentes frequências de atividade cerebral parecem transmitir mensagens e pegar respostas. Estamos alcançando modelos melhores de como o cérebro faz o que faz, começamos a ter acesso a imensos conjuntos de dados e, assim, comparações podem ser feitas e modelos podem ser testados pelo uso de centenas, se não de milhares de cérebros, em vez dos poucos que antes estavam disponíveis. Será que esses avanços podem lançar alguma luz na inquietante questão do mito ou da realidade do cérebro "feminino" ou "masculino"?

Uma importante descoberta nos últimos anos foi a percepção de que os cérebros podem ser, diferentemente do que percebemos no início, muito mais "proativos" ou prospectivos com relação à coleta de informações. O cérebro não reage às informações apenas quando chegam, ele gera previsões sobre o que pode estar por vir, com base nos padrões que identificou em ocasiões anteriores. Se por acaso as coisas não saem como planejadas, este "erro de previsão" será anotado e as diretrizes adequadamente ajustadas.

Nosso cérebro está o tempo todo fazendo conjecturas sobre o que pode vir pela frente, construindo modelos ou "imagens guia" para nos ajudar a pegar atalhos que nos levem a tocar a vida. Podemos pensar no cérebro como uma espécie de "SMS preditivo" ou um satélite de navegação de ponta, completando de modo prestativo nossas palavras ou frases, finalizando um padrão visual que nos permita tocar a vida com rapidez, ou nos guiando por caminhos mais seguros para "pessoas como nós". Para fazer previsões, é claro que precisamos aprender algumas regras sobre o que costuma acontecer, sobre o curso normal dos acontecimentos. Assim, o que o cérebro faz com o nosso mundo depende muito do que ele encontra neste mundo.

Mas e se, na verdade, as regras que o cérebro capta não passam de estereótipos, aqueles atalhos onipresentes que amontoam verdades ou meias-verdades, ou até inverdades do passado? E que significado isto pode ter para a compreensão das diferenças sexuais?

Isto nos traz ao mundo das profecias autorrealizáveis. O cérebro não gosta de cometer erros, nem gosta de erros de previsão – se estamos diante de uma situação em que "pessoas como nós" não são facilmente encontradas ou se claramente não somos bem-vindos, nosso sistema de orientação cerebral pode nos levar a bater em retirada ("Pegue o retorno assim que for possível"). Se é esperado que cometamos erros, o estresse extra aumenta muito a probabilidade de os erros virem a ser cometidos e de nos perdermos.

Até o século XXI, de modo geral, sustentava-se, com relação ao cérebro, que biologia era destino. A conclusão sempre foi de que, com exceção da conhecida flexibilidade em cérebros muito jovens e em desenvolvimento, os cérebros com que nós acabamos eram basicamente os mesmos com que nascemos (só que maiores e um pouco mais conectados). Uma vez adultos, nosso cérebro chegou ao ponto final do desenvolvimento, refletindo informações genéticas e hormonais com as quais foi programado – não havia atualizações e novos sistemas operacionais.

Esta mensagem mudou nos últimos 30 anos, mais ou menos – nosso cérebro é plástico e flexível, e isto tem importantes implicações para nossa compreensão do quanto o cérebro é enredado com seu ambiente.

Agora sabemos que o cérebro, mesmo na idade adulta, sofre mudanças contínuas, não só pela instrução formal que recebemos, mas também pelos trabalhos que fazemos, os *hobbies* que temos, os esportes que praticamos. O cérebro de um taxista londrino ativo será diferente daquele de um aprendiz e do cérebro de um taxista aposentado; podemos localizar as diferenças entre as pessoas que jogam videogames, que aprendem origami ou que tocam violino. E se as experiências que transformam o cérebro são diferentes para diferentes pessoas, ou grupos de pessoas? Se, por exemplo, ser homem significa que você tem uma experiência muito maior na construção de coisas ou na manipulação de complexas representações em 3D (como brincar com blocos de montar), é muito provável que isto apareça no cérebro. O cérebro reflete a vida que tivemos, não só o gênero sexual de quem o possui.

Ver as impressões de uma vida inteira de experiências e atitudes com que esse cérebro plástico se depara nos faz perceber que precisamos examinar com muita atenção o que acontece tanto fora quanto dentro da cabeça. Não podemos mais engessar o debate sobre as diferenças sexuais entre natureza versus criação – precisamos reconhecer que a relação entre um cérebro e seu mundo não é uma via de mão única, mas um fluxo de tráfego constante em mão dupla.

É possível que uma consequência inevitável de ver como o mundo está enredado com o cérebro e seus processos seja um foco maior no comportamento social e nos cérebros por trás dele. Há uma teoria emergente de que a espécie humana teve sucesso porque evoluímos para ser uma espécie cooperativa. Podemos decodificar regras sociais invisíveis, "ler a mente" de nossos companheiros humanos para saber o que talvez eles façam, o que podem pensar ou sentir, ou o que podem querer que nós façamos (ou não façamos). O mapeamento das estruturas e redes deste cérebro social revelou como ele está envolvido no forjamento de nossa identidade pessoal, com a detecção de membros de nosso endogrupo (são homens ou mulheres?) e com o norteamento de nosso comportamento para ser adequado às redes sociais e culturais a que pertencemos ("Meninas não fazem isso") ou a que queremos pertencer. Este é um processo fundamental a ser monitorado em qualquer tentativa de entender os hiatos de gênero e parece ser um processo que começa no nascimento, ou mesmo antes dele.

Até os membros mais novos de nosso mundo, os muito dependentes recém-nascidos, na verdade são bem mais parecidos com socialites ricas do que chegamos a perceber. Apesar da visão nebulosa, da audição bem rudimentar e da ausência de praticamente todas as habilidades básicas de sobrevivência, as crianças muito novas captam rapidamente informações sociais úteis: além de dados fundamentais, como qual rosto e qual voz podem indicar a chegada de comida e conforto, elas começam a registrar quem faz parte de seu endogrupo, a reconhecer diferentes emoções nos outros. São como pequenas esponjas sociais, encharcando-se rapidamente de informações culturais do mundo que as cerca.

Uma história que exemplifica isso perfeitamente vem de uma aldeia remota na Etiópia, onde nunca ninguém tinha visto computadores. Alguns pesquisadores deixaram uma pilha de caixas, fechadas com fita adesiva. As caixas continham laptops novos em folha, com jogos, aplicativos e músicas pré-instalados. E sem instruções. Os cientistas gravaram em vídeo o que aconteceu.

Em quatro minutos, uma criança tinha aberto uma caixa, encontrado o botão liga-desliga e ativado o computador. Em cinco dias, cada criança da aldeia usava no mínimo 40 aplicativos dos que encontraram e cantavam as músicas que os pesquisadores haviam gravado na memória. Em cinco meses, elas invadiram o sistema operacional para reinicializar a câmera que tinha sido desativada.

Nosso cérebro é como essas crianças. Sem orientações, ele deduzirá as regras do mundo, aprenderá os aplicativos, irá além do que se pensava possível inicialmente. Ele opera por uma combinação de detecção perspicaz e auto-organização. E começará muito jovem!

Uma das primeiras coisas às quais o cérebro voltará sua atenção são as regras do jogo do gênero. Com o incansável bombardeio de gênero proveniente das redes sociais e da mídia dominante, este é um aspecto do mundo desses pequenos humanos que precisamos observar com muita atenção. Uma vez que reconhecemos que nosso cérebro não é apenas um catador ávido de regras, com apetite particular por regras sociais, mas que também é plástico e moldável, fica evidente o poder dos estereótipos de gênero. Se conseguirmos acompanhar a jornada do cérebro de um bebê, seja uma menina ou um menino, podemos ver que desde o momento do nascimento, ou mesmo antes, esses cérebros podem ser postos em diferentes caminhos. Brinquedos, roupas, livros, pais, famílias, professores, escolas, universidades, empregadores, normas sociais e culturais – e, naturalmente, estereótipos de gênero –, tudo isso pode servir de sinalização para indicar diferentes direções a diferentes cérebros.

* * *

É importante resolver as discussões sobre as diferenças no cérebro. Entender de onde vêm essas diferenças é vital para todos que possuem um cérebro e têm um sexo ou gênero (falarei sobre isso mais adiante). O resultado desses debates e programas de pesquisa, ou até de apenas de anedotas, está implantado em como pensamos a respeito de nós mesmos e sobre os outros, e é usado como parâmetro para a identidade pessoal, o respeito próprio e a autoestima. As crenças sobre as diferenças sexuais (mesmo que sem fundamento) formam a base dos estereótipos, que normalmente fornecem apenas dois rótulos – menino ou menina, feminino ou masculino – que, por sua vez, historicamente trazem consigo uma quantidade imensa de informações de "conteúdo garantido" e nos poupam de ter de julgar cada indivíduo com base em seus méritos ou idiossincrasias. Assim como fornecem uma lista do próprio conteúdo, esses rótulos podem trazer um selo adicional de natureza ou criação. Será este um produto "natural", baseado na biologia pura, com suas características fixas e imutáveis, ou será uma criação socialmente determinada, adubada pelo mundo que a cerca, com suas características rapidamente adaptáveis pelo acionamento de um comutador político ou uma pitada a mais de informação ambiental?

Com informações de empolgantes avanços na neurociência, é contestada a peculiaridade pura e binária desses rótulos – percebemos agora que a natureza é inextricavelmente enredada com a criação. O que antes se considerava fixo e inevitável mostra-se agora plástico e flexível; são revelados os poderosos efeitos modificadores da biologia de nossos mundos físico e social. Até algo que está "escrito em nossos genes" pode vir a se expressar de uma forma diferente em diferentes contextos.

Sempre se supôs que os dois modelos biológicos distintos que produzem corpos femininos e masculinos diferentes também produzirão diferenças no cérebro, que sustentarão as diferenças sexuais nas habilidades cognitivas, nas personalidades e nos temperamentos. Mas o século XXI não desafia apenas as antigas respostas – ele desafia a própria pergunta. Veremos o desmonte das certezas do passado, uma a uma. Veremos o que está acontecendo com aquelas conhecidas diferenças na masculinidade e na feminilidade, no medo do sucesso, na nutrição e nos cuidados – até na própria concepção de cérebros femininos e masculinos. Uma revisão das provas em apoio a essas conclusões sugere que essas características *não* combinam bem com os rótulos masculino/feminino que lhes foram dados.

Portanto, sim, este *é* outro livro sobre as diferenças sexuais no cérebro, na esteira dos muitos predecessores influentes e imensamente bem fundamentados. Este é um livro que creio ser necessário, uma vez que os antigos equívocos ainda aparecem sob novos disfarces, no estilo da toupeira a ser acertada. Ainda existem problemas a resolver – veremos como são grandes os hiatos de gênero nas principais áreas de realização – e ainda existem paradoxos de gênero para explicar: por exemplo, por que os países com mais igualdade entre os gêneros têm a proporção mais baixa de cientistas mulheres?

A mensagem central deste livro é a de que um mundo generificado produzirá um cérebro generificado. Creio que entender como isto acontece e o que significa para os cérebros e seus portadores é importante, não só para mulheres e meninas, mas para homens e meninos, genitores e professores, empresas e universidades, e para toda a sociedade.

Sexo, gênero, sexo/gênero ou gênero/sexo: Uma nota sobre gênero e sexo

Precisamos abordar a questão se devemos falar sobre "sexo" ou "gênero", sobre ambos ou nenhum dos dois, ou até mesmo uma combinação entre eles. Este livro falará de diferenças sexuais no cérebro, mas também de diferenças de gênero no cérebro. Assim, serão a mesma coisa – seu sexo biologicamente determinado vem com todas as características que definem seu gênero socialmente construído? Ser detentor de dois cromossomos X, ou um par XY, determinará seu lugar na sociedade, os papéis que representará, as decisões que tomará?

Durante séculos, a resposta a isto era um "sim" inequívoco. Além de dotar a pessoa das engrenagens reprodutivas apropriadas, o sexo biológico supostamente conferiu um cérebro distinto e, assim, determinou o temperamento, as habilidades, a aptidão para liderar ou ser liderado. O termo "sexo" era comumente empregado em referência tanto às características biológicas quanto sociais de mulheres e homens.

Mais para o fim do século XX, à luz das questões feministas, um movimento contestou esta abordagem determinista. Houve uma insistência emergente para que o termo "gênero" fosse usado quando se referisse ao que era unicamente relacionado com questões sociais, diferente de "sexo", que deve ser reservado a qualquer referência à biologia. Avançamos alguns anos e, como veremos, fica claro que é cada vez mais difícil sustentar esta distinção pura entre sexo e gênero. Nossa compreensão emergente de quanto o cérebro pode ser influenciado pelas pressões sociais implica que precisamos de um termo que reflita este entrelaçamento; no meio acadêmico, propuseram como solução o uso de "sexo/gênero" ou "gênero/sexo". Mas este não é propagado no uso cotidiano e raras vezes é encontrado na mídia popular ou nos artigos para as massas sobre mulheres e homens.

A solução parece estar no uso de "sexo" ou "gênero" de forma intercambiável, com uma possível tendência maior ao uso de "gênero" para evitar a impressão de que acredita-se que o que se diz está reduzido à biologia. Nunca vemos artigos sobre "hiatos sexuais nas remunerações" ou "desequilíbrios sexuais", por exemplo, na liderança de empresas. Mas, no fim das contas, fica claro que o termo "gênero" agora reúne todos os aspectos de homens e mulheres da mesma forma que "sexo" costumava fazer. Navegando recentemente pelas populares apostilas de resumo on-line da BBC para quem tem 16 anos (não à procura de dicas para este livro, apresso-me a acrescentar), notei que havia uma seção sobre a determinação de gênero. Na verdade, era sobre a produção de pares de cromossomos XX e XY, encabeçados pela declaração "Então o *gênero* de um bebê humano [o grifo é meu] é determinado pelo espermatozoide que fertiliza o óvulo". Assim, até mesmo respeitáveis instituições como a BBC estão alegremente contribuindo para esta confusão linguística.

O que isso significa para o meu modo de rotular as diferenças cerebrais (ou a ausência delas), que são o coração deste livro? Serão "diferenças sexuais", "diferenças de gênero" ou as duas coisas? Como muitos argumentos tratam do papel central da biologia, usarei o termo "sexo" ou a expressão "diferenças sexuais" como padrão quando falar do cérebro ou de indivíduos claramente divididos por serem biologicamente mulheres ou homens. A expressão "diferenças de gênero" será reservada para quando examinarmos questões de socialização como, por exemplo, o tsunami rosa e azul que lava os seres humanos recém-chegados. O título *Gênero e os nossos cérebros* pretende reconhecer que vemos os efeitos de processos sociais na transformação cerebral.

Os pronomes de gênero também podem ser uma questão preocupante. Quando não sabemos o sexo (ou gênero) da pessoa sobre quem escrevemos, o padrão, historicamente, tem sido usar a versão masculina, "ele". Em um livro no qual parte da história é contestar os padrões, seria claramente inaceitável fazer isto. Embora "ele ou ela" ou "ele(a)" sejam alternativas, pode soar estranho e ser uma distração em um volume extenso como este. Minha solução foi tentar compensar o equilíbrio usando propositalmente, quando apropriado, "ela" em vez de "ele".

PARTE UM

Seção transversal do cérebro

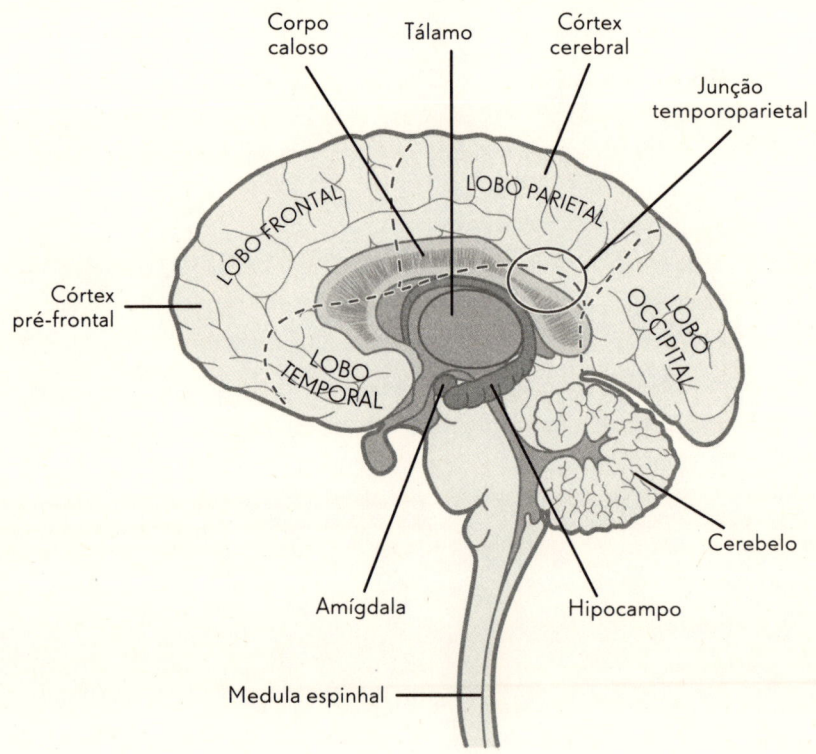

CAPÍTULO 1:

POR DENTRO DE SUA LINDA CABECINHA – COMEÇA A CAÇADA

As mulheres [...] representam as formas mais inferiores da evolução humana e [...] estão mais próximas das crianças e dos selvagens do que de um homem adulto e civilizado.

GUSTAVE LE BON, 1895

Por séculos, o cérebro feminino foi pesado, medido e considerado insuficiente. Parte da biologia supostamente inferior, deficiente ou frágil das mulheres, ele estava no cerne de qualquer explicação dos motivos para sua posição mais baixa em qualquer escala, da evolutiva à social e intelectual. A natureza inferior do cérebro das mulheres foi usada como o motivo para os conselhos frequentemente propostos de que o sexo mais medíocre deveria se concentrar em seus dotes reprodutivos e deixar aos homens a instrução formal, o poder, a política, a ciência e qualquer outro negócio do mundo.

Embora as visões sobre as capacidades das mulheres e seu papel na sociedade tenham variado um pouco com o passar dos séculos, um tema constante em toda parte era o "essencialismo", a ideia de que as diferenças entre os cérebros feminino e masculino faziam parte da "essência" deles e de que a estrutura e as funções destes cérebros eram fixas e inatas. Os papéis de gênero eram determinados por estas essências. Seria contrariar a natureza derrubar esta ordem natural das coisas.

Uma versão inicial desta história começa, mas infelizmente não termina, com um filósofo do século XVII, François Poullain de la

Barre, que questionou corajosamente a suposta desigualdade entre os sexos.[1] Poullain estava decidido a ter uma visão clara das evidências por trás da alegação de que as mulheres eram inferiores aos homens e teve a cautela de não aceitar nada como verdade só porque era como as coisas sempre foram feitas (ou porque alguma explicação apropriada podia ser encontrada na Bíblia).

Suas duas publicações, *Da igualdade entre os dois sexos, discurso físico e moral, onde vemos a importância de se desfazer dos preconceitos* (1673) e *Da educação das mulheres, para guiar a mente nas ciências e nos costumes* (1674), mostraram uma abordagem surpreendentemente moderna a questões de diferenças entre os sexos.[2] Poullain até tenta demonstrar como as habilidades das mulheres podem ser igualadas com as dos homens; há uma seção encantadora em seu tratado sobre a igualdade sexual, na qual ele reflete que as habilidades obrigatórias de bordado e costura são tão exigentes quanto aquelas necessárias para se aprender física.[3]

Com base nos estudos de descobertas da então nova ciência da anatomia, ele fez uma observação espantosamente presciente: "Nossas investigações anatômicas mais precisas não revelam nenhuma diferença entre homens e mulheres nesta parte do corpo [a cabeça]. O cérebro das mulheres é idêntico ao nosso."[4] Seu exame minucioso das diferentes habilidades e disposições de homens e mulheres, meninos e meninas, o levou à conclusão de que as mulheres, tendo oportunidade, seriam igualmente capazes de se beneficiar dos privilégios que na época só eram dados aos homens, como instrução formal e capacitação. Para Poullain, não havia provas de que a posição inferior das mulheres no mundo se devia a algum déficit biológico. "L'esprit n'a point de sexe", declarou ele; a mente não tem sexo.[5]

As conclusões de Poullain iam fortemente contra o etos dominante; na época de sua redação, o sistema patriarcal estava firmemente arraigado. A ideologia de "esferas separadas", com os homens aptos a papéis públicos e as mulheres às funções privadas e domésticas, determinou a inferioridade das mulheres, subordinadas necessariamente ao pai e depois ao marido, e física e mentalmente mais fracas que qualquer homem.[6]

A partir daí, só descemos a ladeira. As opiniões de Poullain, para decepção dele, foram amplamente ignoradas quando de sua publicação (pelo menos na França) e tiveram pouco impacto na visão estabelecida de que as mulheres eram essencialmente inferiores aos homens e seriam incapazes de se beneficiar de oportunidades educacionais ou políticas (e esta, naturalmente, foi uma profecia autorrealizável porque a elas não era dado acesso, com notáveis exceções, à instrução formal ou a oportunidades políticas).* Esta visão ainda predominou em todo o século XVIII e recebeu pouca atenção como digna de algum debate.

A questão feminina

No século XIX, com o crescimento do interesse na ciência e nos princípios científicos, havia um foco na ligação de estruturas e funções da sociedade com os processos biológicos, caracterizados pelas formas iniciais do darwinismo social. Entre os intelectuais da época, eram constantes as preocupações com a "questão feminina", as demandas crescentes das mulheres por direitos à educação formal, propriedade de bens e ao poder político.[7] Esta onda feminista serviu como apelo para os cientistas darem provas em favor do *status quo* e para demonstrar como seria prejudicial dar poder às mulheres – não só para as próprias mulheres, mas também para todo o âmbito da sociedade. Até o próprio Darwin ponderou, expressando sua preocupação de que tais mudanças iriam descarrilar a jornada evolutiva da humanidade.[8] Biologia era destino, e as diferentes "essências" de homens e mulheres determinavam seus lugares (diferentes) de direito na sociedade.

As opiniões expressas por outros cientistas indicavam sua propensão a não ser objetivos na abordagem a esta questão. Entre as minhas

---

* Alega-se que as ideias "feministas" de Poullain foram muito plagiadas (sem reconhecimento) na Inglaterra (p. ex., *Direitos femininos justificados: ou a igualdade entre os sexos, moral e fisicamente comprovadas*, de "uma senhora"; G. Burnet, 1758). A obra dele começou a chamar atenção na França no início do século XX, no contexto de debates sobre a igualdade feminina. Simone de Beauvoir o citou em seu livro *O segundo sexo*.

citações preferidas, há uma de um certo Gustave Le Bon, parisiense interessado em antropologia e psicologia. Seu foco principal era na demonstração da inferioridade das raças não europeias, mas claramente seu coração reservava um lugar especial para as mulheres:

> Não há dúvida de que existem algumas mulheres notáveis, muito superiores à média dos homens, mas são tão excepcionais quanto o nascimento de qualquer monstruosidade, a exemplo de um gorila de duas cabeças; por conseguinte, podemos ignorá-las inteiramente.[9]

O tamanho do cérebro foi um ponto inicial nesta campanha para provar a inferioridade das mulheres e de sua biologia. O fato de que os únicos cérebros a que os pesquisadores tinham acesso eram de mortos não atrapalhou as observações incisivas baseadas no cérebro sobre as capacidades mentais inferiores das mulheres (e, já que falavam no assunto, naqueles chamados na época de "pessoas de cor, criminosos e as classes inferiores"). Na ausência de acesso direto a cérebros dentro do crânio, no início o tamanho da cabeça foi adotado como um dublê para o tamanho do cérebro. Le Bon, novamente, foi um ardoroso expoente desta "pesquisa", desenvolvendo um cefalômetro portátil com que ele andava para medir a cabeça daqueles cujas "constituições mentais" poderiam mais ou menos servir de empecilho para os rigores da independência e da instrução formal. Aqui temos outro exemplo de sua predileção pelas comparações com macacos antropomorfos: "Há um grande número de mulheres cujos cérebros estão mais próximos em tamanho aos de gorilas que dos cérebros masculinos mais desenvolvidos (...). Esta inferioridade é tão evidente que ninguém pode contestá-la, nem por um segundo que seja."[10]

A capacidade craniana foi outro índice avidamente adotado na caçada por meios de provar a ligação entre o tamanho do cérebro e o intelecto. Alpiste ou chumbo eram despejados em crânios vazios e pesava-se a quantidade necessária para enchê-los.[11] Uma descoberta inicial de que, em média, os cérebros femininos eram 140 gramas mais leves que os masculinos, por esta medida, foi entusiasticamente aproveitada como toda a prova de que se precisava. Claramente, a natureza premiara os homens com 140 gramas a mais de massa encefálica e este era o segredo de suas capacidades superiores e o direito a posições de poder e influência. Porém, havia uma falha nesse argumento, como apontou o filósofo John Stuart Mill: "Um homem alto, de ossatura larga, deve, portanto, mostrar-se admiravelmente superior em inteligência a um homem baixo, e um elefante e uma baleia superarão prodigiosamente a humanidade."[12] Seguiram-se vários contorcionismos, inclusive um cálculo de tamanho do cérebro e do corpo, mas que também não chegaram à resposta "certa".[13] Isto é conhecido no meio como o paradoxo do Chihuahua: se uma pessoa alega que a proporção de peso cérebro/corpo é uma medida da inteligência, então os Chihuahuas devem ser os mais inteligentes de todos os cães.

Quem sabe se mais pormenores sobre o recipiente do cérebro, o crânio em si, não ajudariam a gerar a resposta "certa"? Foi aí que entrou a ciência da craniologia, ou medição do crânio. Baseada em medidas detalhadas ao máximo de cada ângulo, altura, proporção, perpendicularidade da testa e projeção do maxilar, a craniologia parecia dar uma resposta adequada.[14] As cambalhotas da craniologia e de suas medidas eram complexas e variadas. Os ângulos faciais eram particularmente populares, calculados olhando-se o ângulo de perfil entre uma linha traçada horizontalmente a partir da narina até a orelha, e outra do queixo à testa. Um ângulo bem grande, com a testa alinhada com o queixo, era uma medida do que se denominou "ortognatismo"; um pequeno ângulo agudo, com o queixo projetado à frente de uma testa retraída, era uma medida de "prognatismo". Elaborando uma escala de orangotangos a europeus, passando por homens centro-africanos, os craniologistas produziram a descoberta satisfatória de que o ortognatismo era característico de raças evolutivamente superiores e mais altas. Entretanto, quando se tratou de acomodar as mulheres nesta escala, surgiu um problema: as mulheres, em média, eram mais ortognatas do que os homens. Felizmente, o socorro estava próximo.

O anatomista alemão Alexander Ecker, cujo artigo relatou esta observação perturbadora, notou que o ortognatismo *avançado* também era característico de crianças e, assim, neste contexto, as mulheres podiam ser caracterizadas como infantis (e, portanto, inferiores).[15] Estas sugestões tiveram apoio nas descobertas de um certo John Cleland, que, escrevendo em 1870, comunicou em seu minucioso catálogo de 39 diferentes medidas de 96 crânios diferentes que todos ou eram "civilizados" ou "incivilizados". Havia alguns de homens, outros de mulheres, um era de um "chefe hotentote", alguns foram descritos como "cretinos e idiotas", existia um "pirata espanhol selvagem" e havia ainda o crânio de um homem de Fife chamado Edmunds, executado pelo assassinato da esposa.[16] (Contaram-nos que Edmunds era de Fife e que perpetrou o assassinato "em circunstâncias de provocação". Não nos informam se um destes dois fatos lhe fez obter a classificação de "civilizado" ou "incivilizado".) Uma medida específica no catálogo de Cleland, a proporção do arco do crânio com sua linha de base, garantiu perfeitamente que as mulheres adultas eram distintas de homens adultos e (principalmente) diferenciáveis de membros de nações "incivilizadas".

Não deixaram pedra sobre pedra (nem crânio sobre crânio) na caçada pela prova da inferioridade das mulheres. Um artigo usou mais de 5 mil medições de um único crânio.[17] Havia meios aparentemente infinitos de medir o crânio, com o foco naqueles que não só diferenciavam melhor homens de mulheres, mas também garantiam que as mulheres fossem fidedignamente caracterizadas como insignificantes, infantis ou semelhantes às vilipendiadas raças "inferiores".

Um grupo de matemáticos do University College London logo se envolveu no grande jogo das medições e suas descobertas acabariam por deixar a craniologia em descrédito.[18] Este grupo de pesquisadores, chefiados por Karl Pearson, pai da estatística, também incluía Alice Lee, uma das primeiras mulheres a se formar na London University. Lee criou uma fórmula volumétrica de base matemática para descobrir a capacidade do crânio, que pretendia correlacionar com a inteligência. Ela usou esta medição em um grupo de 30 estudantes mulheres do Bedford College, 25 funcionários homens do UCL e (esta foi uma boa jogada) um grupo de 35 importantes anatomistas que compareceram a uma reunião da Sociedade Anatômica em Dublin, em 1898.

Os resultados de seu estudo foram o último prego no caixão da craniologia; ela descobriu que um dos mais eminentes daqueles anatomistas tinha uma das menores cabeças e, de fato, que um de seus futuros examinadores, um certo Sir William Turner, ficou em oitavo, contando de baixo para cima. A descoberta de que as cabeças destes eminentes homens estavam no lado menor criou, como que por mágica, um grande número de conversões instantâneas para a conclusão de que evidentemente era ridículo ligar a capacidade craniana com a inteligência (em especial porque algumas estudantes de Bedford tinham capacidade craniana maior que a dos anatomistas). Uma série de outros estudos se seguiu e, em um artigo de 1906, Pearson declarou que a medição do tamanho da cabeça *não era* uma indicação eficaz da inteligência.[19]

Deste modo, a craniologia teve seus tempos, mas nas sombras havia muitos outros prontos para explicar a diferença entre os sexos. Outra técnica logo evoluiu da craniologia, concentrada no mapeamento de diferentes "áreas de habilidade" no cérebro (mas, repito, sem acesso aos meios de medi-las diretamente). Deixando o chumbo em prol dos calombos, agora os cientistas se concentravam na superfície dos crânios, examinando-a em busca de provas de protuberâncias de tamanhos diferentes, que para eles refletiam as diferentes paisagens dos cérebros por dentro. Isto levou à infame "ciência" da frenologia, desenvolvida por Franz Joseph Gall, fisiologista alemão que alegou que características de personalidade como a "benevolência", a "prudência" ou mesmo a capacidade de gerar filhos podiam ser avaliadas medindo-se a parte relevante do crânio de uma pessoa.[20] Esta técnica foi popularizada por Johann Spurzheim, médico alemão que inicialmente foi discípulo de Gall, mas que fez carreira como expoente da frenologia depois de uma desavença com ele.[21] A alegação deste sistema era que os acidentes cranianos de diferentes tamanhos refletiam os diferentes tamanhos dos muitos "órgãos" distintos do cérebro, e que estes órgãos controlavam diferentes características individuais, como a combatividade, a prolificidade ou a cautela. Mais uma vez, e talvez sem surpreender a ninguém, havia uma bela combinação dos acidentes maiores em crânios masculinos com faculdades mais superiores.

A frenologia tornou-se particularmente popular nos Estados Unidos e, em alguns círculos, foi adotada com entusiasmo pelas mulheres. Em um estranho movimento primitivo de autoajuda, as mulheres eram estimuladas a "conhecer a si mesmas" pela leitura de seu perfil frenológico.[22] Um resultado inusitado foi a alegação idiota de que essa "ciência" dava provas de que "nós, mulheres" estávamos mesmo em posição inferior a nossas contrapartes masculinas, com acidentes cranianos diferentes em uma hierarquia social, e que deveríamos, com alívio, reconhecer nosso lugar dentro dela.

A frenologia acabou caindo em descrédito em meados do século XIX, em parte devido à falta de confiabilidade das medições e de qualquer teste sistemático de suas teorias.[23] Mas sobreviveu a ideia de que processos psicológicos específicos podiam ser localizados em áreas cerebrais distintas, em parte apoiada pelo surgimento da neuropsicologia, combinando partes do cérebro a aspectos específicos do comportamento. Os cientistas começaram a estudar pacientes que tinham sofrido lesões consideráveis em regiões cerebrais específicas, na esperança de que seu comportamento "antes e depois" revelasse a função exata daquelas partes.

Em meados do século XIX, o médico francês Paul Broca determinou uma ligação entre danos localizados no lobo frontal esquerdo e a produção da fala.[24] A primeira pista veio do exame *post-mortem* do cérebro de um paciente chamado "Tan", assim batizado porque era só o que ele conseguia dizer, embora estivesse claro que compreendia a fala. A área do dano descoberta no lado esquerdo do lobo frontal de Tan ainda é chamada de área de Broca.

Evidências mais fortes da ligação entre cérebro e comportamento foram mostradas pelas mudanças relatadas no comportamento de certo Phineas Gage, ferroviário americano que, enquanto se preparava para explodir pedras comprimindo um pouco de dinamite com uma barra de ferro em 1848, detonou uma explosão que disparou a barra através de sua face esquerda, saindo pelo alto da cabeça, levando um pedaço substancial dos lobos frontais. Ele foi tratado e subsequentemente estudado pelo médico John Harlow, que registrou suas observações em dois artigos com os informativos títulos de "Passagem de uma Barra de Ferro através da Cabeça" (1848) e "Recuperação da Passagem de uma Barra de Ferro através da Cabeça" (1868).²⁵ As mudanças relatadas no comportamento de Gage – sóbrio e industrioso antes do acidente; grosseiro, impulsivo, desinibido e imprevisível depois dele – foram interpretadas como uma demonstração de que os lobos frontais eram o centro do "intelecto superior" e da conduta civilizada. Como formam cerca de 30% do cérebro humano, se comparados com cerca de 17% nos chimpanzés, faz sentido intuitivo a sugestão de que dentro destes lobos encontram-se os poderes mais elevados que nos tornam humanos.

Seguiram-se surtos entusiasmados de preparação de mapas corticais com foco na identificação de *onde* no cérebro as coisas aconteciam, mais do que *quando* ou *como*. Os modelos iniciais do cérebro o consideravam uma coleção de unidades ou módulos especializados, cada um deles quase exclusivamente responsável por determinada habilidade. Assim, se quiséssemos descobrir em qual ponto se localizava uma habilidade no cérebro, em geral estudávamos alguém que tivesse perdido essa habilidade depois de uma lesão cerebral. Os pacientes de Broca e Harlow devem ser os exemplos mais famosos disto. A perda de uma parte específica da linguagem por Tan e a mudança de personalidade de Gage "localizaram" estes aspectos do comportamento humano nos lobos frontais.

Ao procurarem por diferenças sexuais, os neurologistas combinaram alegremente seus pressupostos sobre quais partes do cérebro eram as mais importantes para as descobertas com quais partes do cérebro eram maiores nos homens, mesmo que isto significasse um retorno a conclusões anteriores. Por exemplo, um artigo de 1854 contou que as mulheres costumam ter lobos parietais mais extensos do que os homens, cujos cérebros eram caracterizados por lobos frontais maiores, angariando assim o título genérico de *Homo parietalis* para as primeiras e, aos últimos, *Homo frontalis*.²⁶ Porém, durante um breve modismo para identificar os lobos parietais como a sede do intelecto humano, os neurologistas tiveram de recuar rapidamente e relatar que a medição dos lobos parietais femininos foram malfeitas e as mulheres tinham áreas frontais maiores do que se pensava.²⁷ Não foi o melhor momento da pesquisa científica.

Com a aproximação da virada do século, declarações de inferioridade deram lugar a referências à natureza "complementar" das características alternativas das mulheres (definidas, naturalmente, pelos homens). Este foi um conceito que teve origem na filosofia do século XVIII e nas ideias que justificavam a distribuição desigual dos direitos dos cidadãos. Como resume Londa Schiebinger:

> De agora em diante, as mulheres não serão consideradas apenas *inferiores aos* homens, mas fundamentalmente *diferentes deles*, e, portanto, *incomparáveis com* eles. A mulher privada e acolhedora surgiu como um contraste para o homem público e racional. Por conseguinte, pensava-se que as mulheres tinham seu próprio papel a representar nas novas democracias – como mães e cuidadoras.²⁸

Os "papéis complementares" reservados para as mulheres garantiam sua posição inferior (se não a ausência dela) na maioria das esferas de influência. Um exemplo clássico desta abordagem é o entusiasmo de Jean-Jacques Rousseau pela "domesticação" da mulher, sua constituição mais fraca e as singulares habilidades maternas que as tornam ineptas para qualquer instrução formal ou ativismo político.²⁹ Isto se refletiu nas opiniões de outros intelectuais importantes, como o antropólogo J. McGrigor Allan, que alegou, ao se dirigir ao Royal Anthropological Institute, em 1869:

> Na faculdade da reflexão, a mulher é inteiramente incapaz de competir com o homem; mas possui um dom compensatório em sua maravilhosa faculdade da intuição. Uma mulher (por um poder semelhante àquela semirrazão graças à qual os animais evitam o que é prejudicial e procuram o necessário para sua existência) chegará instantaneamente a uma opinião correta sobre um assunto inalcançável para um homem, salvo por um processo de raciocínio longo e complicado.³⁰

Além de ser abençoada apenas com uma semirrazão semelhante à dos animais, a biologia inferior das mulheres também era identificada como uma justificativa a mais para sua exclusão dos corredores do poder. A vulnerabilidade causada pelas exigências de seu sistema reprodutor era uma ameaça constante nas declarações. McGrigor Allan, de novo, pelo visto também especialista nos efeitos da menstruação, declarou:

> Em tais momentos, as mulheres são ineptas a qualquer importante trabalho mental ou físico. Elas sofrem de uma languidez e uma depressão que as desqualificam para o raciocínio ou a ação e torna-se extremamente duvidoso até que ponto podem ser consideradas seres responsáveis no decorrer da crise (...). Grande parte da conduta inconsequente das mulheres, sua petulância, os caprichos e a irritabilidade podem ter causa diretamente nisto (...). Imagine uma mulher, em um momento desses, tendo em seu poder assinar a sentença de morte de uma rival ou de um amante infiel![31]

A polêmica de uma ligação direta entre a biologia e o cérebro implicava que exigir demais de um podia prejudicar o outro. Em 1886, William Withers Moore, então presidente da Associação Médica Britânica, alertou sobre os perigos de instruir demasiadamente as mulheres, afirmando que seu sistema reprodutor seria afetado e elas sucumbiriam ao distúrbio da "anorexia escolástica", tornando-se mais ou menos assexuadas e certamente pouco casadoiras.[32] Embora não estivesse muito em voga na época a importância da "escolha do parceiro", uma pedra fundamental da teoria de Darwin da seleção sexual, o status de uma mulher era estreitamente determinado por com quem ela se casava, assim, era uma ameaça social de peso diminuir suas chances no mercado do casamento.

O século chegou a um desfecho com as diferenças cerebrais ainda consideradas, com o reconhecimento a mais da fragilidade e da vulnerabilidade da mulher. Isto foi exemplificado de forma útil pelas muitas heroínas "loucas, más ou tristes" na literatura da época, mulheres como

Lucy Snowe, a heroína de *Villette*, de Charlotte Brontë; Maggie Tulliver, de *O moinho sobre o rio*, de George Eliot, ou Catherine Earnshaw, a heroína de *O morro dos ventos uivantes*, de Emily Brontë. Todas elas foram condenadas por suas tentativas voluntariosas de subverter a ordem natural das coisas.[33]

O nascimento da imagem

Com relação ao estudo do cérebro em si, o século XX viu a continuação do foco nas consequências da lesão cerebral, com a devastação da Primeira Guerra Mundial fornecendo tristemente muitos outros estudos de caso. Mas os modelos construídos eram baseados no pressuposto de que existe um mapeamento direto de determinada estrutura a uma determinada função e que se pode fazer o "mapeamento reverso" do que torna uma estrutura específica, vendo-se qual função é perturbada quando esta estrutura foi lesionada. Agora que sabemos muito mais sobre como diferentes partes do cérebro interagem entre si e como redes diferentes são formadas e desmontadas o tempo todo, raras vezes podemos pressupor uma ligação direta entre uma estrutura específica do cérebro (o hardware) e uma função cerebral específica. Só porque determinada habilidade ou comportamento se perde quando determinada parte do cérebro é lesionada, não quer dizer que esta seja a única responsável pelo controle daquela habilidade. Infelizmente, para os neurocientistas (mas felizmente para nós, os donos de cérebros), não existe uma relação individual e perfeita entre certa habilidade e certa parte do cérebro.

Para entender melhor como o cérebro sustenta diferentes comportamentos, precisamos ter acesso a um cérebro saudável e intacto, e medir o que acontece em tempo real, enquanto quem o possui realiza a tarefa na qual estamos interessados. A atividade no cérebro é uma mistura de atividade elétrica e química, que ocorre dentro e entre nossas células nervosas. Em animais não humanos, ou durante cirurgias encefálicas específicas em cérebros humanos, podemos ver isto no nível das células individuais, mas, em geral, no tipo de pesquisa de neurociência cognitiva discutida neste livro, a atividade deve ser medida de fora da cabeça, como mudanças no status elétrico das células que compõem as diferentes vias cerebrais, nos campos magnéticos mínimos associados a estas correntes elétricas, ou nas características do fluxo sanguíneo que chega ou sai de áreas movimentadas do cérebro. O desenvolvimento de tecnologias que conseguem captar estes minúsculos sinais biológicos forma a fundação dos sistemas de imagem cerebral de hoje.

A primeira inovação na medição da atividade cerebral veio em 1924, quando o psiquiatra alemão Hans Berger, ao colar pequenos discos de metal no crânio, conseguiu demonstrar padrões de atividade elétrica cambiantes, dependendo de a pessoa estar relaxada, atenta ou realizando tarefas específicas.[34] Berger mostrou que o sinal que captava tinha frequências e amplitudes variáveis, que dependiam de onde vinham e do que a pessoa fazia – a "onda alfa" é mais evidente quando a pessoa está alerta e atenta, enquanto a "onda delta", muito lenta e relativamente grande, é mais evidente quando ela está dormindo. Ele chamou seu dispositivo de "eletroencefalograma".

A eletroencefalografia ou EEG é a técnica de imagem do cérebro humano mais antiga de todas e a base de grande parte do conhecimento inicial da pesquisa de imagem cerebral Em 1932, foi desenvolvida uma máquina de escrever com tinta multicanal, com o intuito de que a emissão de eletrodos que passavam por diferentes partes do crânio fosse transferida para um rolo de papel móvel e examinada em busca de mudanças associadas, por exemplo, com luzes ou sons intermitentes.[35] Essas mudanças podiam ser traçadas em escalas de milissegundos e, assim, eram uma medição muito boa da velocidade com que as coisas aconteciam no cérebro. Mas como os sinais elétricos eram distorcidos por sua passagem pelo tecido encefálico, por membranas do cérebro e pelo próprio crânio, os cientistas nem sempre conseguiam um quadro confiável de *onde* essas mudanças ocorriam.

O EEG continuou a ser a principal fonte de informação sobre a atividade no cérebro humano intacto até os anos 1970, quando foi desenvolvido o primeiro sistema de tomografia de emissão de pósitrons (PET). A PET faz uso do fato de que, quando a atividade em determinada parte do cérebro intensifica, há um aumento na quantidade de sangue que flui para lá. Nos sistemas PET, uma pequena quantidade de marcador radioativo é injetada na corrente sanguínea; este pode sinalizar o nível de consumo de glicose no sangue que flui para diferentes partes do cérebro, uma medição da quantidade de atividade que acontece ali.[36] A PET era um indicador muito melhor do que o EEG sobre a localização da atividade no cérebro, mas o uso de isótopos radioativos suscitou questões éticas e também limitou quem podia ser examinado – em geral, crianças e mulheres em idade fértil eram excluídas dos projetos exclusivamente de pesquisa.

Esses problemas foram superados pela imagem por ressonância magnética funcional (fMRI), que surgiu na década de 1990 e trabalha de forma muito semelhante à tomografia PET. A atividade cerebral aumentada, além de provocar um aumento no consumo de glicose, também cria uma demanda maior por oxigênio. Como acontece com a glicose, este é fornecido por um fluxo sanguíneo maior à parte relevante do cérebro e o oxigênio é absorvido para atender a suas necessidades; à medida que aumenta a atividade, mudarão os níveis de oxigênio no cérebro. As mudanças no nível de oxigênio sanguíneo resultarão em mudanças nas propriedades magnéticas do sangue. Se colocarmos um cérebro (ou melhor, a cabeça que comporta o cérebro) em um forte campo magnético, podemos medir estas reações dependentes do nível de oxigênio no sangue (BOLD, de *blood-oxygen-level-dependent*). Depois de uma série muito extensa e complexa de análises estatísticas, o resultado da varredura pode ser convertido em áreas codificadas por cores que são sobrepostas em um *scan* estrutural, em geral na forma de uma seção transversal horizontal ou vertical característica, cinza e branca, de um cérebro em seu crânio, produzindo o que parece ser uma imagem do que acontece dentro de nossa cabeça.[37]

Os primeiros estudos de fMRI do cérebro humano prometiam nos dar *insights* impressionantes sobre os processos que antes só podíamos imaginar.

Tamanho ainda é documento

Você poderia pensar que a tecnologia de ponta disponível teria elevado o antigo debate a um patamar superior. Acabaram-se os "140 gramas a menos", a zombaria do *Homo parietalis*, acabou-se a agonia com ângulos minúsculos do maxilar?

Bom, infelizmente você teria uma decepção. O mantra "culpe o cérebro" continuou inabalável e a ênfase em "tamanho é documento" ainda era tão evidente no exame dos dados de imagem cerebrais como nos tempos de "calombos e chumbo", e o cérebro das mulheres ainda era considerado insuficiente. Como observou a bióloga e especialista em estudos de gênero Anne Fausto-Sterling, esta questão é perfeitamente resumida nas "guerras do corpo caloso".[38] Uso o termo "guerras" propositalmente – um recente comentário de um pesquisador da área tinha o título "Nas Trincheiras com o Corpo Caloso".[39]

O corpo caloso é a ponte de fibras nervosas, com cerca de 10 centímetros de extensão, que liga as metades direita e esquerda do cérebro; é a maior estrutura de massa branca no cérebro, contendo as projeções de mais de 200 milhões de células nervosas. Pode ser visto com clareza em fotos de seções transversais do cérebro como algo parecido com uma castanha de caju alongada, seu formato cinza-claro e uniforme é facilmente visto em contraste com as espirais de massa cinzenta mais escura que o cercam.[40]

Em 1982, o antropólogo americano Ralph Holloway e sua aluna Christine DeLacoste-Utansing, uma citóloga, relataram a descoberta de diferenças no tamanho do corpo caloso, com base em um grupo muito pequeno de participantes (catorze homens, cinco mulheres).[41] A diferença não foi encontrada por todo o corpo caloso, apenas na parte mais posterior do cérebro, que se demonstrou mais larga ou "mais bulbosa" nas mulheres. Esta também não era uma diferença estatisticamente significativa, embora estudos de revisão tenham acrescentado alguns casos adicionais que deram apoio à descoberta inicial. O tamanho do grupo e o nível muito baixo de diferença estatística significariam que o artigo de Holloway e DeLacoste-Utansing nunca teria visto a luz do dia se fosse produzido atualmente, entretanto, deixou um legado duradouro no estudo das diferenças sexuais do cérebro.

Com o passar dos anos, este pequeno fiapo de descoberta resultou em um verdadeiro cabo de guerra entre diferentes pesquisadores e nos deu um ótimo estudo de caso sobre como encontrar a resposta para o que você procura no cérebro pode depender apenas da maneira que a pergunta é feita. Foram realizados múltiplos estudos, com variados grupos e usando técnicas de medição diferentes – e ainda não se chegou a um consenso. Por que isso, você poderia perguntar?

Primeiro, pode valer a pena notar que medir uma estrutura tridimensional de formato desajeitado, enterrada em duas metades de um borrão de matéria orgânica de formato ainda mais desajeitado, não é uma tarefa simples. Os primeiros estudos se baseariam em cérebros autopsiados que foram cuidadosamente dissecados em duas metades, revelando a seção transversal do corpo caloso. Fotos foram feitas e as imagens resultantes projetadas em uma mesa de vidro. O contorno dessas imagens foi desenhado (isso mesmo, à mão) e tiraram várias medidas, da extensão, da área e da largura das diferentes subestruturas. Medidas de extensão podem ser calculadas desenhando-se uma linha reta de uma ponta à outra, ou uma linha curva que siga o formato do corpo caloso.[42] Esses métodos manuais foram parcialmente superados pelos procedimentos automatizados de hoje, mas o princípio de "traçado" básico ainda é praticamente o mesmo.

É extraordinário o número de maneiras como estas diferentes medições foram colocadas em uso para fazer valer um argumento sobre o corpo caloso em relação às diferenças sexuais, e como elas possuem uma semelhança alarmante com as discussões sobre a craniologia no século XIX. Por exemplo, um artigo de 1870 explica uma medição da craniologia como se segue:

> O crânio é suspenso em uma estrutura horizontal por meio de dois parafusos pontiagudos, um de cada lado, instalados em suportes fixos; e por outros parafusos que se movem em trilhos e podem ser ajustados com quaisquer dois pontos em um nível. Uma barra vertical, que pode ser

deslizada para cima e para baixo, corre pela lateral da estrutura, e escora uma barra horizontal deslizante dirigida para dentro, à qual uma agulha pode ser fixada em ângulos retos, se necessário, nas direções vertical ou longitudinal. A estrutura, as barras e a agulha são marcadas em polegadas e decimais, e, por este meio, a distância vertical e a horizontal de qualquer ponto do crânio a partir do local de suspensão é facilmente determinada e marcada no papel, de forma que, por uma série destes pontos, possa ser construído um diagrama. Com a ajuda de uma folha de papel pautado, tal diagrama pode ser feito em alguns minutos a partir de uma série de números que não ocupam mais que algumas linhas.[43]

Agora vamos comparar isto com uma explicação de 2014 da medição de um corpo caloso:

Os contornos dos dois corpos calosos foram delineados por um classificador (M.W.), e as bordas inferior e superior foram definidas em relação aos pontos finais anterior e posterior. A linha média do corpo caloso de N (isto é, que corre no sentido rostrocaudal pelo centro do corpo caloso, aproximadamente paralela a suas bordas superior e inferior) foi definida pelo Teorema da Dualidade de Simetria-Curvatura (Leyton, 1987), em seguida seccionada em 400 pontos equidistantes, com 400 pontos correspondentes na borda superior e na inferior. A distância entre pontos correspondentes nas bordas superior e inferior foi definida como a espessura do corpo caloso naquele nível. O valor das 400 espessuras foi codificado em cores e mapeado no espaço caloso esquerdo de N. Calculou-se a média dos 400 valores e se definiu como a espessura média do corpo caloso, enquanto as distâncias somadas entre os 400 pontos adjacentes foi definida como o comprimento da linha média do corpo caloso.[44]

Parece que as coisas não avançaram muito em 150 anos, não é verdade? Faz a gente se perguntar se estamos apenas procurando uma atenção extraordinária aos detalhes ou se é uma busca desesperada por um meio de localizar uma diferença, qualquer que seja.

A segunda lição a ser aprendida com as guerras do corpo caloso é que, quando comparamos cérebros, descrever algo como "maior" não é tão simples como se pode pensar. A questão principal é que, em média, os cérebros masculinos são maiores que os femininos e que isto tem consequências para todas as estruturas dentro destes cérebros. Um cérebro maior tem um corpo caloso maior, o mesmo se pode dizer de todas as suas estruturas, inclusive as fundamentais, como a amígdala e o hipocampo, sobre as quais se travaram guerras semelhantes (e nas quais a importância dessas diferenças de tamanho foi, da mesma forma, elaborada para apoiar argumentos sobre as disposições e as capacidades "naturais" de mulheres e homens).

Para resolver esses debates, é preciso haver um meio *consensual* de "corrigir" as diferenças no tamanho cerebral. E o problema está na palavra "consensual". Estudos iniciais usaram o peso do cérebro como uma boa indicação do tamanho e foram estatisticamente corrigidos; outros pensaram que a área cerebral era mais adequada; estudos posteriores pensaram que o volume do cérebro era uma variável de melhor controle. Mas outros acharam que era mais uma questão de escala, assim, era preciso informar o tamanho do corpo caloso em proporção com algum aspecto do cérebro.[45] Mas proporcional a quê?

Todos pareciam ter uma parte preferida do cérebro com a qual queriam comparar o corpo caloso. E ai de quem discordasse da opção deles. Argumentos como estes suscitaram uma questão retórica exasperada de dois pesquisadores da área:

> Com qual base um pesquisador escolhe um órgão contra o qual avaliar a proporcionalidade do corpo caloso? O tamanho do cérebro parece evidente, mas e quanto ao volume do lobo occipital ou dos ventrículos, a extensão da medula espinhal, o tamanho da pupila quando dilatada, ou o volume do dedão do pé esquerdo elevado à $0{,}667^a$ potência?[46]

Em meus momentos mais irreverentes, sou lembrada de *A vida de Brian*, do Monty Python, em que uma multidão é exortada a "seguir a cabaça" só pelo surgimento de um sinal divino diferente, com a exortação de "siga a sandália".

Mas mesmo que se possa chegar a um consenso de correção desses, o que qualquer diferença pode de fato significar? O que significa se temos um corpo caloso maior ou menor? Se o corpo caloso feminino *fosse* diferente da versão masculina, como o ligaríamos às diferenças sexuais em comportamento, cujas explicações eram o objetivo do exercício, antes de tudo? Desses estudos, muito poucos realmente mediram quaisquer diferenças comportamentais por seu leque heterogêneo de medições de tamanho.

Uma ponte maior entre os dois hemisférios, em tese, deve significar maior intercomunicação entre eles. Os estudos iniciais da neuropsicologia propuseram que o lado direito do cérebro amparava habilidades emocionais e de processamento global, porque era mais provável que estas fossem deficientes em pacientes com danos no hemisfério direito.[47] E, como sabemos por Broca e seus seguidores, o lado esquerdo era encarregado da linguagem e da lógica. Assim, naturalmente, se as mulheres em geral têm um corpo caloso maior, deve ser por isso que elas são boas na localização de conotações emocionais em uma conversa, ou por isso elas costumam saber o que está acontecendo sem que alguém explique (em outras palavras, intuição). Uma comunicação menos tranquila entre os hemisférios significaria que cada um deles pode cuidar de suas habilidades e proposta única de valor; o hemisfério esquerdo friamente lógico de um homem pode enfrentar o mundo sem as distrações dos ruidosos intrusos emocionais, enquanto as capacidades espaciais incrivelmente eficientes de seu hemisfério direito podem ser focalizadas, como laser, na tarefa em curso. Portanto, o mecanismo de filtragem calosa mais eficiente dos homens explicava seu gênio matemático e científico (com o apelo ao brilhantismo no xadrez, por via das dúvidas), seu direito a capitanear a indústria, ganhar prêmios Nobel e assim por diante. Neste caso, nas guerras do "tamanho é documento", com relação ao corpo caloso, ser pequeno é ser lindo.

Porém, como já mencionei, o problema fundamental disso é que ainda estamos um tanto inseguros sobre a relação entre o tamanho de *qualquer* estrutura cerebral e a expressão de *qualquer* comportamento com o qual ela pode estar envolvida. Em um nível muito básico, sabemos que quanto mais sensível a parte de nosso corpo (por exemplo, nossos lábios, em comparação às costas), maior a área do córtex sensorial dedicada a processar informações desta parte específica do corpo.[48] Sabemos, por estudos de capacitação, que áreas do cérebro associadas com determinadas habilidades podem mostrar aumento de tamanho com a aquisição da habilidade.[49] Quantitativamente, uma correlação; qualitativamente, uma associação, mas estamos muito longe de formar qualquer relação causal. Como veremos adiante neste livro, com muita frequência a ligação entre determinada estrutura e determinado aspecto do comportamento é presumida como um "dado", possivelmente sem que o próprio comportamento tenha feito parte de qualquer investigação da dita estrutura. As mulheres têm vias calosas mais largas? Bom, é por isso que elas são multitarefa! O hemisfério direito feminino está abarrotado de fofoca linguística? Não surpreende que as mulheres não saibam ler mapas!

E existe uma questão do século XXI que será trazida aqui: e a plasticidade cerebral em todas essas discussões sobre quem tem o corpo caloso maior? Tendo em mente que o desenvolvimento das vias cerebrais pode continuar até a faixa dos trinta anos e que um aumento no corpo caloso foi visto até bem depois da adolescência, há um tremendo espaço em que o mundo imiscui-se durante este tempo. Por exemplo, um estudo mostrou que as taxas de transferência nas fibras nervosas do corpo caloso são mais rápidas em músicos de instrumentos de cordas (em que o envolvimento das duas mãos é assimétrico) do que em pianistas (uso simétrico das mãos) ou em não músicos.[50] Deste modo, mesmo que as várias facções das guerras do corpo caloso concordem com a medição que podem usar, quaisquer conclusões sobre as diferenças sexuais que resultem daí precisariam levar em consideração fatores sociais ou vivenciais.

A história do corpo caloso resume muitas questões que cercam as tentativas de medir as diferenças sexuais no cérebro. Não só há argumentos complexos sobre como devem ser feitas as medições, como também há desavenças resultantes sobre a origem de quaisquer diferenças que sejam encontradas e discussões ainda mais veementes sobre o que podem significar essas diferenças. Todavia, na literatura populista das "diferenças sexuais", ainda existem meras declarações de que o corpo caloso é maior nas mulheres do que nos homens, citadas seriamente em apoio contínuo a mitos de cérebro direito/esquerdo.[51]

Outra medição debatida com entusiasmo é a proporção entre massa cinzenta (MC) e massa branca (MB), isto é, o equilíbrio entre o volume geral de células nervosas no cérebro (MC) e as vias que os conectam (MB). Um relato de 1999 desta diferença sexual específica no cérebro, usando tecnologia de ressonância magnética estrutural inicial, veio do laboratório de Ruben e Raquel Gur, de onde, desde então, emanaram muitos relatos semelhantes.[52] Os resultados eram que as mulheres tinham uma porcentagem maior de volume de MC, enquanto os homens tinham uma porcentagem maior de volume de MB. Quatro estudos subsequentes corrigiram o volume cerebral, porque as massas cinzenta e branca podem ser afetadas por questões de escala, com a MC distribuída mais amplamente em cérebros maiores, o que adicionalmente exigiria vias de comunicação maiores.[53] Dois estudos falaram de proporções maiores entre massa cinzenta/branca nas mulheres; dois não relataram nenhuma diferença entre homens e mulheres. Uma revisão posterior desta pesquisa examinou mais de 150 estudos e concluiu que, na verdade, os homens têm uma porcentagem maior de volume de MC geral (o contrário da descoberta original).[54] Também é evidente que existem acentuadas variações regionais pelo cérebro em que estas diferenças sexuais podem ser encontradas. Assim, esta medição MC/MB não parece ser um jeito útil de distinguir os cérebros de homens e mulheres.

Mas isso não atrapalhou seu uso contínuo como evidência no debate incessante. A questão das diferenças sexuais entre as massas cinzenta e branca tornou-se outro factoide que se metamorfoseou em um mito do cérebro na literatura populista. Um estudo de 2004 procurou a correlação entre pontuações de QI e medições de massa cinzenta e branca nos cérebros de 21 homens e 27 mulheres.[55] Os pesquisadores informaram que os homens tinham correlações cérebro-QI mais significativas em sua MC (6,5 vezes mais do que as mulheres, na verdade), enquanto as mulheres tinham correlações cérebro-QI nove vezes mais significativas em sua MB. Não houve nenhuma discussão real do que essas correlações de fato poderiam significar, apenas que as duas medições por acaso andavam juntas. Não é difícil detectar aqui uns fantasmas da projeção mandibular e da inclinação da testa.

A pesquisa teve cobertura na imprensa científica como uma demonstração de que o desempenho de QI das mulheres tinha relação com a integração e a assimilação de informações (usando mais vias do cérebro), enquanto os homens eram concentrados mais localmente. Manchetes como "Inteligência em homens e mulheres é matéria cinzenta ou branca" e (é claro) "Homens e mulheres realmente pensam de forma diferente" garantiram que este estudo inicial e de pequena escala, usando uma medição misteriosa e rudimentar das relações estrutura--função, fosse citado quase 400 vezes até esta data, em geral no contexto de discussões sobre escolas de sexo único ou a baixa representação das mulheres na ciência.

Acompanhamos a campanha "culpe o cérebro" ao longo do tempo e vimos como foi diligente a busca dos cientistas por essas diferenças cerebrais que conservariam as mulheres em seu lugar. Se não existisse uma unidade de medida para caracterizar esses cérebros femininos inferiores, esta teria de ser inventada! Este frenesi de medições continuou no século XX, com a tecnologia de imagem claramente mais sofisticada do que os paquímetros da craniometria ou os calombos da frenologia, mas certamente com alguns dos mesmos debates a respeito de quais medições usar. Toda a campanha começou com a afirmação das diferenças e a caçada para encontrá-las, e este impulso ainda motivou programas de pesquisa por todas as décadas que se seguiram.

Com o alvorecer do século XX, os cientistas voltaram sua atenção para outra possível fonte de provas da biologia vulnerável das mulheres, os chamados "hormônios furiosos". Toda uma nova caçada estava para começar.

CAPÍTULO 2:

Os hormônios furiosos dela

Em qualquer discussão sobre as diferenças sexuais entre cérebros humanos e qualquer ligação com comportamento, uma pergunta frequente é: "E os hormônios?". A crença de que as diferenças sexuais no comportamento são ligadas à ação desses mensageiros químicos como são com a ação do cérebro é firmemente arraigada nas explicações biológicas populares de nossas habilidades, aptidões, interesses e capacidades. O sucesso (ou fracasso) financeiro, habilidades de liderança, a agressividade e até a promiscuidade foram atribuídas ao alto nível de testosterona nos homens, enquanto as habilidades de criação dos filhos, ótima memória para aniversários e talento para costura e bordado, pelo visto, reduzem-se a seus níveis de estrogênio.[1] Na verdade, alega-se que os hormônios são diretamente responsáveis pelas diferenças sexuais no cérebro, com a presença ou ausência da exposição pré-natal à testosterona determinando o desenvolvimento do cérebro em vias masculinas e femininas divergentes.[2]

Com a descoberta do primeiro hormônio no início do século XX, a atenção se concentrou no controle químico do comportamento, com as gônadas e glândulas sendo medidas e manipuladas para ver como afetavam o comportamento de quem as possuía.

Foi um fisiologista franco-mauritano, Charles-Edouard Brown-Séquard, o primeiro a especular que existiam algumas substâncias químicas secretadas na corrente sanguínea que podiam controlar órgãos à distância.[3] Ele testou isto preparando um coquetel de testículos de cães e porquinhos-da-índia, que ele próprio bebeu corajosamente, e relatou depois uma sensação de maior vitalidade e clareza mental.

A secretina, a primeira destas substâncias a ser identificada, foi descoberta em 1902 por um médico inglês, Ernest Starling, enquanto trabalhava com um fisiologista, William Bayliss.[4] Eles demonstraram que esta substância, que agora batizaram de hormônio (do grego para "pôr em movimento"), era feita por glândulas no intestino delgado e podia estimular o pâncreas. Depois disto, acelerou-se a descoberta de muitos locais de produção e ação destes agentes de controle químico, ou biorreguladores. Como era de se esperar, a pesquisa do controle do comportamento relacionado com o sexo e das diferenças sexuais teve prioridade na lista dos primeiros projetos.

Os andrógenos, estrógenos e progestógenos, os hormônios que determinam o desenvolvimento dos órgãos sexuais e controlam o comportamento reprodutivo, foram identificados no final dos anos 1920 e inícios dos anos 30, embora os efeitos de testes de transplante em vários animais tenham sido estudados desde o século XVIII.[5] Da mesma forma, no final do século XIX, descobriu-se que o extrato ovariano era eficaz no tratamento dos fogachos, indicando a existência de alguma secreção especificamente feminina relacionada com a menstruação.[6]

Um andrógeno fundamental, a testosterona, foi batizado em 1935 quando isolado de testículos de touro. O professor de química que descobriu a testosterona, Fred Koch, mostrou que galos ou ratos castrados podiam ser remasculinizados se recebessem injeções deste hormônio. Por exemplo, mostrou-se que a crista encolhida de um galo castrado volta a sua glória anterior.[7] Esta foi a base para alguns tratamentos bizarros que alegavam melhorar a virilidade (em uma hora de folga, talvez você queira descobrir o que acarreta ser "steinachized").[8]

Com relação aos chamados hormônios femininos, em 1906 foi demonstrado que secreções dos ovários produziam atividade sexual cíclica em fêmeas não humanas.[9] Estas foram batizadas de estrógenos, dos termos gregos *oistrus* (desejo louco) e *gennan* (produzir – dá para imaginar o gênero dos cientistas que lhes deram esse nome.) Os diferentes estrógenos (estrona, estriol e estradiol) foram isolados como hormônios e sintetizados no início da década de 1930. Mostrou-se, por exemplo, que induziam o início da puberdade em fêmeas animais não humanas e podiam induzir um comportamento sexual de fêmea em ratos machos.[10]

Algo que devemos observar é que, embora os andrógenos sejam descritos como hormônios masculinos e estrógenos e progestógenos como hormônios femininos, eles são encontrados em todos nós, homens e mulheres (embora houvesse uma sugestão inicial de que o estrogênio encontrado nos homens na verdade viesse de seu consumo de arroz e batata-doce – deste modo, presumivelmente, liberando o campo de pesquisa para atribuir os aspectos negativos do estrogênio apenas à versão natural e imutável encontrada nas mulheres).[11] São os níveis de cada um deles que variam entre homens e mulheres; a escala da testosterona naturalmente costuma ser mais elevada em homens do que em mulheres, e o estrogênio mais elevado em mulheres do que em homens, mas é melhor ter em mente este processo dual quando considerarmos explicações de diferenças sexuais relacionadas com hormônios no comportamento.

Como nos primeiros estudos do cérebro, houve um entusiasmo para explorar a ligação entre este recém-descoberto meio químico de controlar o comportamento e as diferenças sexuais, em especial porque os hormônios "sexuais" claramente tinham ligação com aspectos bem diferenciados do comportamento em animais não humanos, isto é, seus diferentes papéis na reprodução. Mas como investigá-los na espécie humana? Determinou-se rapidamente (e felizmente) que a ingestão heroica de secreções testiculares ou ovarianas era um tanto limitada em sua utilidade na busca pelas provas. Do mesmo modo, seria complicado encontrar um paralelo humano para os efeitos da castração precoce seguida por injeções de estrogênio em ratos machos.

Além disso, quais aspectos do comportamento deveriam ser examinados? Se estivéssemos interessados na explicação do fenômeno social do *status quo* dos homens superiores de alta realização em contraposição às mulheres inferiores e emocionalmente instáveis, então comparar as práticas reprodutivas dos dois sexos provavelmente não se mostraria politicamente esclarecedor, como se poderia esperar. A atenção se concentrou no "bem conhecido" ciclo mensal de aumentos e decréscimos da instabilidade emocional na irracionalidade fundamental das mulheres que, como vimos no capítulo anterior, foi tão fervorosamente detalhado por especialistas homens do século XIX. Quem sabe se Brown-Séquard tivesse experimentado o coquetel combinado com base nos órgãos femininos, não teria vivido uma perda arrasadora de acuidade mental? O problema dos "hormônios furiosos", já insinuado pelas preocupações de McGrigor Allan com a menstruação no século XIX, tornou-se a explicação *du jour* para a inconveniência de dar qualquer posição de poder às mulheres.

O ciclo menstrual: maldoso, mal-humorado ou mítico?

O acompanhamento das alterações no comportamento das mulheres durante o ciclo menstrual tem sido uma fonte popular de informações – e historicamente, é claro, sustentado como motivo para que sejam mantidas longe de posições de poder e influência. Em 1931, um ginecologista chamado Robert Frank deu credibilidade científica a esta concepção ao sugerir uma ligação entre os recém-descobertos hormônios e a "tensão pré-menstrual" (agora conhecida comumente como TPM) em suas pacientes que mostravam "atos tolos e irrefletidos" pouco antes da menstruação. Este foi o nascimento da agora famosa "síndrome pré-menstrual" (SPM).[12]

Foi Katherina Dalton, endocrinologista britânica dos anos 1960 e 70, quem realmente deu à SPM a identidade de uma síndrome médica ao agrupar muitos sintomas físicos e comportamentais associados, relacionando-os firmemente com a fase pré-menstrual e identificando uma clara causa biológica, um desequilíbrio hormonal.[13] A SPM tornou-se um fenômeno de ampla aceitação nas culturas ocidentais, em que os dias anteriores ao início da menstruação supostamente são associados a drásticas explosões de mau humor, fraco desempenho escolar ou no trabalho, declínio geral da competência cognitiva e aumentos nos índices de acidentes. Estimou-se que 80% das mulheres nos Estados Unidos vivem sintomas pré-menstruais emocionais ou físicos.[14] A SPM tem um lugar estabelecido na cultura popular, em que encontramos um consenso geral sobre o frenesi e a montanha-russa hormonal pré-menstrual, com mulheres descontroladas sofrendo um inferno por semanas.[15]

É interessante observar que levantamentos da Organização Mundial da Saúde sugerem a existência de variações culturais nas queixas associadas com a fase pré-menstrual. As mudanças emocionais relatadas anteriormente são quase exclusivamente encontradas na Europa ocidental, na Austrália e na América do Norte, enquanto mulheres das culturas orientais, como a China, mais provavelmente observam sintomas físicos, como retenção hídrica, mas raras vezes mencionam problemas emocionais.[16]

Em 1970, o dr. Edgar Berman, então membro do Comitê do Partido Democrata Americano sobre Prioridades Nacionais, declarou que as mulheres eram ineptas para posições de liderança devido a seus "furiosos desequilíbrios hormonais". Segundo o raciocínio dele, somente as mulheres na pré-menarca ou pós-menopausa seriam confiáveis porque não ficavam irracionais por vários dias no mês. Imagine, disse ele, uma presidenta de banco "fazendo empréstimos neste período em particular. Ou, pior, uma mulher menopáusica na Casa Branca diante da Baía dos Porcos, o Botão e... fogachos".[17] Inicialmente, as mulheres foram destituídas do programa espacial porque parecia desaconselhável ter tais "humanas psicofisiologicamente temperamentais" a bordo de uma espaçonave.[18]

No Ocidente, o conceito de SPM é tão estabelecido que pode se tornar uma espécie de profecia autorrealizável, usada para explicar ou ser culpada por eventos que podem igualmente ser atribuídos a outros fatores. Um estudo mostrou que era mais provável as mulheres culparem seus problemas biológicos relacionados com a menstruação pelo estado de espírito negativo, mesmo quando a origem das tribulações podia igualmente estar em fatores situacionais.[19] Outro estudo mostrou que se eram "enganadas" a pensar que estavam na pré-menstruação, recebendo *feedback* artificial de uma medida fisiológica de aparência realista, mulheres relatavam um número significativamente maior de ocorrências de sintomas negativos do que aquelas que foram levadas a acreditar que estavam entre os períodos menstruais.[20]

Mas o que é exatamente a síndrome pré-menstrual? Como você sabe se tem? E o que a provoca? As respostas a estas perguntas não são simples. Com relação à sua definição, foi observado que é "vaga e variada".[21] Não parece existir uma definição consensual de quais mudanças comportamentais podem ser investigadas. Foi identificada pelo menos uma centena de "sintomas" (*sic*): alguns físicos, como "dor" ou "retenção hídrica"; outros emocionais, como "ansiedade" ou "irritabilidade"; alguns cognitivos, como "desempenho diminuído no trabalho"; alguns até mais indefinidos, como "capacidade crítica reduzida". Há uma forte ênfase nos eventos negativos. Na verdade, o questionário usado com mais frequência para coletar dados sobre estes eventos tem o título sutil de "Questionário de Aflições Menstruais de Moos" (Moos Menstrual Distress Questionnaire, ou MDQ, no qual "Moos" é uma referência ao seu autor, não ao mugido de quem faz uso dele).[22] O questionário pede a mulheres que classifiquem 46 sintomas diferentes em uma escala de "nenhuma experiência" a "aguda ou parcialmente incapacitante". Quase todos são comportamentais, por exemplo, "esquecimento", "distração" ou "confusão", e apenas cinco são positivos, como "explosões de energia", "ordem" e "sensações de bem-estar". É interessante que os estudos tenham descoberto que as pessoas que nunca viveram a menstruação produziram perfis indistinguíveis das mulheres que menstruavam quando solicitadas a preencher o MDQ.*[23]

---

* Também acontece de medidas retrospectivas nem sempre fornecerem dados confiáveis, em particular se o contexto das perguntas é de conhecimento daqueles que preenchem as respostas. Uma abordagem mais segura é usar medidas prospectivas diárias de mudanças comportamentais, pelo menos por um ciclo completo, evitando assim um foco óbvio na fase pré-menstrual e em sua "reputação" e, o ideal, ofuscando o propósito da pesquisa ou mantendo-a o mais discreta possível. Um levantamento examinou a metodologia de pesquisa ligando o humor e o ciclo menstrual para avaliar até que ponto foram evitadas armadilhas semelhantes. Dos 646 estudos identificados, apenas 47 atendiam aos critérios de usar medidas prospectivas por, pelo menos, um ciclo. Destes, somente sete relataram o padrão clássico de humor negativo na fase pré-menstrual; 18 deles não mostraram relação nenhuma entre o humor e o ciclo menstrual quando medidos desta maneira.

Trabalhos mais recentes mostraram que pode, de fato, haver uma ligação entre os hormônios femininos e mudanças *positivas* no comportamento (o que, naturalmente, não seria o foco daqueles da escola de Gustave LeBon, J. McGrigor Allan e Edgar Berman). Um consenso emergente é de que as descobertas mais confiáveis são de *melhora* cognitiva e processamento afetivo associados às fases ovulatória e pós-ovulatória, em vez de os supostos déficits que alegaram surgir na fase pré-menstrual. Em uma revisão recente e sistemática do funcionamento cognitivo e do processamento das emoções durante o ciclo menstrual, que incluiu medições com fMRI e ensaios hormonais, descobriu-se que uma melhora do desempenho na memória verbal e espacial funcional era associada com altos níveis de estradiol.[24] Mudanças relacionadas às emoções, como melhor precisão no reconhecimento das emoções e memória emocional aumentada, foram encontradas quando os níveis de estrogênio e progesterona eram altos. Isto foi associado com a reatividade maior na amígdala, parte da rede de processamento de emoções do cérebro. Ainda não topei com nenhum Questionário de Euforia na Ovulação!

A história da SPM nos dá um bom estudo de caso do papel das profecias autorrealizáveis na ligação entre biologia e comportamento. Um fenômeno vago, definido por medições autorrelatadas muito tendenciosas, tornou-se um bom gancho em que penduram eventos comportamentais, rotulados de forma reveladora como "sintomas", e além de tudo com ênfase nos problemas que este fenômeno biológico pode causar nas mulheres (e em quem as cerca). O que parecia um jeito ideal de estabelecer causa e efeito, pela identificação de como as mudanças de comportamento são ligadas a mudanças hormonais relacionadas com o ciclo menstrual, tornou-se mais um exemplo de como as crenças estereotipadas podem vir a ser tão firmemente estabelecidas que até aquelas a quem se referem passam a acreditar nelas.*

---

* Com isso, não estou negando que algumas mulheres possam ter problemas físicos e emocionais negativos relacionados com flutuações hormonais, mas simplesmente mostro que o estereótipo da SPM como um fenômeno quase universal é um bom exemplo do aspecto do "jogo da culpa" do determinismo biológico.

Outras formas de estabelecer causa e efeito nos levam de volta a estudos animais. O trabalho inicial mostrou que os hormônios podem determinar diferenças físicas fundamentais em organismos de fêmeas e machos e que, pelo menos em animais não humanos, também controlavam o comportamento pertinente à reprodução, com as fêmeas no cio apresentando-se aos machos (que obsequiosamente montavam nelas) e as mães de recém-nascidos mostrando as adequadas habilidades de cuidados com os filhotes.[25] Sugeriu-se que estes aspectos diferentes de comportamento masculino e feminino eram ligados à ação de diferentes hormônios nas vias cerebrais. Uma sugestão ainda mais radical foi a de que os hormônios têm um papel mais fundamental e que na verdade organizam o cérebro de forma diferente, com os hormônios masculinos levando cérebros a desenvolverem-se segundo linhas masculinas, produzindo um "cérebro masculino", e os hormônios femininos produzindo um "cérebro feminino". Isto é conhecido como a teoria da organização cerebral.[26]

Agora sabemos que a atividade hormonal em fetos de mamíferos é essencial para determinar seu sexo. Nos seres humanos, até cerca de cinco semanas a partir da concepção, os fetos masculinos e femininos são indistinguíveis no aspecto das gônadas. A essa altura, o feto feminino (XX) desenvolverá ovários, enquanto o masculino (XY) desenvolverá testículos. Logo depois disto, há uma onda de produção de testosterona dos testículos, que continua até mais ou menos a décima sexta semana de gestação. Daí até o nascimento, os níveis de testosterona são muito semelhantes em meninos e meninas. Ao nascimento, os efeitos desta diferença nos hormônios pré-natais normalmente são imediatamente evidentes quando olhamos a genitália externa do recém-nascido – pênis para meninos, clitóris para meninas. A teoria da organização cerebral propõe que a atividade hormonal pré-natal em fetos masculinos não está apenas limitada às gônadas do indivíduo, mas também "masculinizará" o cérebro, determinando níveis específicos de terreno neural nos homens e distinguindo-os das mulheres, que não passaram por essa marinada em testosterona. Essas diferenças cerebrais determinarão, então, as diferenças em suas habilidades cognitivas e características emocionais, e também, bem possivelmente, suas preferências sexuais e opções ocupacionais.

A base para a teoria da organização cerebral foi um estudo inicial em porquinhos-da-índia. Em 1959, Charles Phoenix, estudante de pós-graduação em endocrinologia na Universidade do Kansas, trabalhando com seu orientador William Young, e sua equipe, publicou um artigo demonstrando que administrar testosterona pré-natalmente em fêmeas de porquinho-da-índia as levava a mostrar comportamento de acasalamento característico dos machos, e não das fêmeas, quando chegavam à puberdade, tentando com entusiasmo montar em outras fêmeas.[27] Isto sugeriu que os hormônios podem exercer um efeito muito duradouro, se administrados bem precocemente.

Uma implicação da teoria da organização cerebral era de que, como a estrutura e a função da genitália feminina ou masculina era fixa e permanente, assim também eram as características femininas ou masculinas do cérebro. Um refinamento posterior desta teoria referiu-se a um processo de ativação ou "ligação"; a organização pré-natal guiaria estruturas relevantes no cérebro a pontos finais fixos e sexualmente distintos, e estes então formariam o substrato para quaisquer efeitos futuros de variações nos hormônios, mais comumente associadas com o início da puberdade. Assim, as estruturas masculinizadas ou feminizadas do cérebro reagiriam de formas diferentes aos hormônios masculinos ou femininos, resultando em um "comportamento apropriado ao sexo".

A teoria da organização cerebral parecia ser o "elo perdido" na cadeia de argumentos de que as diferenças biológicas entre homens e mulheres determinavam suas distinções comportamentais. Homens e mulheres eram diferentes porque as substâncias que determinavam seu aparelho reprodutor também determinavam estruturas e funções fundamentais no cérebro. Mais tarde, a teoria se estendeu aos reinos de tipos de diferenças sexuais além daquelas associadas com a reprodução, como "brincadeiras turbulentas", ou habilidades espaciais, ou matemáticas, supostamente associadas com a exposição à testosterona, e os cuidados ou brincar de boneca ligados com os níveis de estrogênio.[28]

O teste das afirmações não só exigiria monitorar hormônios, cérebros e comportamento nos diferentes sexos, mas também envolveria experimentar variadas manipulações hormonais dentro dos sexos e entre eles, tanto antes como depois do nascimento. Até agora, a evidência fundamental para a teoria se baseou na manipulação de níveis hormonais em animais via severas intervenções físicas, como ovariectomia ou gonadectomia, e a observação subsequente dos efeitos no comportamento, como a frequência de cópula, posição de montar ou lordose (a postura assumida por alguns animais, indicando receptividade sexual). Como apontamos anteriormente, isso não é lá algo que possa ser experimentado da mesma forma na espécie humana. Ou seria preciso aceitar que o que era realizado com animais não humanos era um substituto apropriado para o estudo de humanos ou os pesquisadores teriam de fazer uso de flutuações típicas e atípicas nos níveis hormonais.

Sobre ratos e homens?

Para os biólogos da primeira metade do século XX, o uso dos chamados "modelos animais" não era considerado incongruente. Havia o pressuposto de alguma equivalência fisiológica entre todos os mamíferos que justificaria conclusões extrapoladas de medidas biológicas de um grupo (ratos, macacos) a outro (humanos).

É de se pensar que a equivalência comportamental seria um problema um pouco maior. Poderíamos equiparar, por exemplo, o comportamento de aprendizagem de um rato em labirinto com as habilidades cognitivas espaciais de um homem? O pensamento psicológico predominante na época era o do behaviorismo, escola de pensamento baseada na ideia de que era adequado traçar paralelos entre o comportamento humano e o não humano. O behaviorismo declarava que o único tema aceitável para a psicologia era as atividades e acontecimentos que pudessem ser claramente observados, objetivamente medidos e registrados, e depois interpretados segundo regras consensuais.[29] Não havia apelo a pensamentos ou sentimentos íntimos; as regras do comportamento podiam ser extraídas pela criação de tarefas cuidadosamente controladas e a observação das consequências da manipulação de variáveis hipotetizadas. Como ocorreu a aprendizagem? Crie uma situação de aprendizagem, manipule as principais variáveis e veja o que aconteceu. Será que podemos aumentar as taxas de reação? Manipule algumas recompensas (ou "reforços positivos"). Poderíamos reduzir as taxas de reação? Experimente algumas punições (ou "reforços negativos"). Não importava que tipo de espécie produzia as reações que condicionávamos – nenhuma introspecção complicada podia interferir na geração de teorias científicas do comportamento. Assim, o que era válido para pombos ou ratos brancos podia ser considerado válido para a espécie humana, e era perfeitamente aceitável extrapolar do comportamento animal para o humano.

Os modelos animais foram usados para testar muitos aspectos diferentes do comportamento, não apenas o simples processo de aprendizagem, mas também habilidades cognitivas de alto nível, como a cognição espacial (aprendizagem do labirinto) ou habilidades sociais como a criação (o cuidado com os filhotes). Procurava-se paralelos entre tipos de comportamento não humanos e humanos, assim sendo possível medir os efeitos de intervenção direta nos primeiros, uma vez que, por motivos éticos, seria complicado realizar as experiências necessárias nos últimos. Será que existe um motivo biológico para os meninos serem mais ativos do que as meninas (esqueça por um momento se esses níveis de atividade são realmente diferentes)? Podemos medir o efeito da "brincadeira turbulenta" expondo embriões femininos a altos níveis de testosterona. Serão os hormônios que conferem um instinto maternal às mulheres? Experimente manipular o estrogênio em fêmeas de ratos e veja o que acontece com o "resgate de filhotes" ou as "lambidas anogenitais".[30]

É por esse motivo que nossa compreensão inicial da ligação entre hormônios e comportamento (e, de fato, entre o cérebro e o comportamento) veio do estudo de animais não humanos. As descobertas "estabelecidas" de ligações entre as diferenças sexuais no cérebro e o comportamento podem se referir à pesquisa sobre o tamanho do núcleo de controle do canto em mandarins e canários (os machos são os canoros e têm núcleos maiores).[31] Às vezes a tradução se complica e pode haver uma prestidigitação perceptível em que é preciso examinar com muita atenção para perceber que os estudos sobre comportamentos sexualmente dimórficos, que supostamente são de relevância para entender o mal de Alzheimer e o autismo, na realidade foram realizados em camundongos.[32] Você ficaria surpreso ao ver a frequência com que alguns dos mais negligentes escritores de divulgação científica de algum modo se esquecem de dizer que a pesquisa que eles estão mencionando para embasar seu meme particular sobre diferenças sexuais foi realizada em aves canoras ou arganazes, não em pessoas.[33]

Mas suponha que você queira testar as diferenças de sexo/gênero em características de personalidade, capacidades matemáticas ou opções profissionais. Ou interesses, em vez de capacidades. Ou identidade de gênero. Neste caso, os modelos animais não servem de paralelo. Somos incapazes de dosar cuidadosamente as mudanças na medição do comportamento contra mudanças em níveis hormonais, o que *deveria*, naturalmente, nos deixar cada vez mais cautelosos para fazer as afirmações causais que encontramos em estudos com animais de laboratório. Precisamos fazer uso de níveis hormonais incomuns ou atípicos em seres humanos, que podem ocorrer acidental ou naturalmente.

Os padrões normais de exposição pré-natal a diferentes hormônios podem ser profundamente perturbados; se um feto masculino não recebe a quantidade esperada de testosterona na época certa, ou é insensível a seus efeitos, o bebê nascerá com a genitália feminilizada.[34] Do mesmo modo, se um feto feminino em desenvolvimento é exposto pré-natalmente a níveis altos de andrógenos, ela terá a genitália masculinizada. "Intersexo" é o termo genérico para estas condições; são casos raros e aqueles evidentes ao nascimento exigem tratamento médico imediato e contínuo. Também são o tipo de "experiência natural" que permite aos pesquisadores o estudo dos efeitos da exposição a hormônios "intersexo" nos sexos feminino e masculino.

Uma garota rebelde e levada

A hiperplasia adrenal congênita (HAC) é uma deficiência enzimática hereditária que provoca superprodução de andrógenos em um bebê em desenvolvimento.³⁵ Em meninas, em geral pode ser imediatamente identificada ao nascimento devido a sua genitália ambígua. Segue-se toda uma vida de tratamentos, inclusive correções cirúrgicas da genitália e terapia hormonal. As meninas com HAC normalmente são criadas como meninas e, assim como as intervenções médicas, elas e suas famílias costumam ser convidadas a participar de estudos de pesquisa, sendo a linha principal de investigação os efeitos da exposição prematura a hormônios masculinizantes.*³⁶ Os pesquisadores procuram por diferenças sexuais precoces no comportamento, como a preferência por brinquedos ou níveis de atividade, habilidades cognitivas como a capacidade espacial, e questões específicas de gênero, como identidade de gênero e orientação sexual. Estas crianças HAC são consideradas o grupo ideal para o teste da potência e da primazia da biologia.

Um dos resultados mais frequentemente relatados vindos dos estudos tratava da estereotipia de gênero nas brincadeiras, com uma probabilidade maior de as meninas HAC usarem brinquedos típicos de meninos, de também brincarem com meninos e serem descritas como "molecas" por familiares e professores.³⁷ As definições do termo "moleca" tendem a incluir descritores como "rebelde", "levada", "barulhenta", ou "uma menina que age como um menino enérgico". Só para garantir a credibilidade científica, existe um *Tomboy Index*, um "Índice de Moleca", que inclui questões sobre "preferir subir em árvores e brincar de soldado no lugar de balé ou de experimentar roupas", gostar mais "de short ou calça jeans do que de vestidos" e participar de "esportes tradicionalmente masculinos, como, futebol, beisebol e basquete".³⁸

---

* Como a testosterona determina o desenvolvimento da genitália masculina, este aspecto da HAC evidentemente só afetará meninas e as identificará como casos de teste para quaisquer outros efeitos da testosterona. Os níveis de testosterona nos meninos com HAC serão elevados, mas, em geral, dentro da amplitude normal. Ambos os grupos são afetados por outros efeitos colaterais da condição, exigindo tratamento médico por toda a vida, e, assim, os meninos com HAC podem servir de grupo de "controle" para os efeitos adicionais de fatores como estes.

Você pode ter percebido que por trás dessas questões parece haver um pressuposto fixo sobre o que constitui um comportamento adequado para meninas. Isso pode ter relação com o fato de que o índice foi em parte desenvolvido pelo estudo de atividades de mulheres que se consideravam molecas, e em parte perguntando às pessoas o que elas pensavam que era o típico comportamento de uma moleca. Assim, é provável que esta não seja uma medição objetiva e livre de contexto deste rótulo em particular.

Da mesma forma, existem fortes evidências de retrocesso nos estereótipos quando lemos as formas como os pesquisadores caracterizaram a "molecagem" das meninas que foram estudadas. Os traços que identificaram indicativos de "molecagem" foram desinteresse por se enfeitar, desinteresse por "ensaiar o maternalismo" (isto é, um irrisório brincar de boneca) e um desinteresse pelo casamento.[39] Embora estes estudos iniciais tenham sido realizados nos anos 1950 e 1960, e possamos ter esperanças de que as coisas tenham avançado um pouco desde então, o *Tomboy Index* ainda é usado em estudos atuais, sugerindo que ainda é um parâmetro firmemente arraigado contra o qual é medido o comportamento das meninas.

Assim como este comportamento relatado de molecas, muito foi feito das habilidades cognitivas "masculinizadas" e dos perfis comportamentais revelados pela pesquisa com meninas com HAC. Porém, também existem falhas claras na metodologia e na interpretação, e uma falta de coerência em algumas descobertas da pesquisa. Por exemplo, se os homens têm habilidades visuoespaciais superiores, que supostamente resultam de organização cerebral pré-natal impelida pela testosterona, então as mulheres HAC não deveriam mostrar capacidades semelhantes? Ou pelo menos ser melhores do que as mulheres não afetadas? Em 2004, em seu livro *Brain Gender*, a neurocientista Melissa Hines examinou sete estudos voltados diretamente para esta questão e descobriu que apenas três apoiavam esta concepção, dois não viram diferenças e um mostrou que mulheres com HAC na verdade eram piores.[40] Apenas dois dos estudos usaram a rotação mental, uma tarefa que, como alegaram, demonstra mais confiavelmente diferenças sexuais no desempenho. Na versão padrão de uma tarefa de rotação mental, exibem uma imagem bidimensional de um objeto abstrato tridimensional e pedem para imaginar sua rotação no espaço, depois escolher duas das quatro alternativas que combinariam com o original rotacionado. Um estudo mostrou que as meninas HAC se saíam melhor na rotação mental; o outro não mostrou diferenças. Uma meta-análise posterior dos estudos de habilidades de rotação mental em meninas HAC mostrou evidências mais claras de que, nesta medição específica, as meninas HAC superaram as meninas não afetadas.[41] Mas que força têm essas evidências nos debates sobre a ligação entre cérebros e comportamento?

Rebecca Jordan-Young, cientista sociomédica do Barnard College, Universidade de Colúmbia, realizou uma revisão imensamente detalhada e sistemática da pesquisa sobre a teoria da organização cerebral, com foco na pesquisa de indivíduos intersexo, como as meninas HAC.[42] Seu trabalho demonstra como a pesquisa existente foi usada para dar uma explicação biológica unidirecional a comportamentos supostamente específicos de um sexo. Ela argumenta que as aplicações demasiado literais da teoria da organização cerebral levaram a uma visão extremamente simplista da ligação entre os hormônios e os cérebros humanos. Em particular, a ideia central de que os hormônios pré-natais têm um efeito permanente e duradouro ignora completamente nossa compreensão mais atualizada do caráter plástico e moldável do cérebro humano: "O problema é que os dados nunca se encaixam muito bem com o modelo, no caso dos cérebros, como no caso dos genitais (...). Os cérebros, ao contrário dos genitais, são plásticos."[43] Ela também observa que muitas hipóteses sobre os efeitos hormonais e suas interpretações parecem se basear no pressuposto de que o desenvolvimento não tem contexto, que os resultados serão inevitáveis, independentemente de expectativas sociais ou influências culturais.

Os acidentes terríveis podem dar provas em favor da hipótese organizacional. Assim como as lesões sofridas por Tan, de Broca, e Phineas Gage, de Harlow, deram pistas iniciais sobre o papel do cérebro na linguagem, o funcionamento executivo e a memória, estudou-se um evento infeliz semelhante na busca para determinar se masculinidade e feminilidade eram fixas antes do nascimento, sem que, aparentemente, nenhuma socialização subsequente fosse capaz de desviar esta rota predeterminada.

Este é o caso agora famoso de um menino de sete meses cujo pênis foi irreparavelmente lesionado depois de uma circuncisão malfeita em 1966.[44] Cerca de 12 meses depois, a conselho de John Money, psicólogo e "sexólogo", os pais concordaram que a criança fosse criada como menina. Isto incluiu a remoção dos testículos do menino e a administração de hormônios femininos a partir dos 18 meses de idade. Também foi proposta a cirurgia de redesignação sexual para a criança, envolvendo a construção de uma vagina, mas os pais a rejeitaram.

Money acreditava que o gênero podia ser imposto, ou aprendido de forma independente da biologia; estava convencido de que as experiências de socialização, se começassem bem cedo, garantiriam o surgimento de uma identidade de "gênero" adequada. Apesar da orientação dada ao cérebro pela testosterona pré-natal, Money acreditava poder provar que o comportamento pode ser redefinido por determinado estímulo ambiental. Este menino desafortunado proporcionava o meio perfeito de testar sua teoria, em especial porque o bebê também tinha um irmão gêmeo idêntico, que lhe dava a comparação controle ideal.

Na época, o chamado caso "John/Joan", os pseudônimos que Money deu à criança (embora agora saibamos que o menino originalmente se chamava Bruce e seu nome foi alterado para Brenda), foi aclamado como prova viva do sucesso do processo de redesignação e da independência do gênero de sua origem biológica. Porém, em 1997, Brenda, na ocasião com 31 anos, veio a público revelar uma versão diferente de sua história.[45] Constatou-se que ela teve o que descreveu como uma infância extremamente sofrida, muito ligada a confusões com sua identidade de gênero e infelicidade por "ser uma menina". Também havia evidências perturbadoras de interações com John Money e suas tentativas de garantir que Brenda conservasse a identidade feminina, inclusive a insistência de que ela passasse por uma cirurgia completa de redesignação sexual. Depois que a redesignação lhe foi revelada quando tinha 14 anos, ela descreveu que insistiu em revertê-la para seu sexo biológico e se rebatizar. Agora como David Reimer, ele tomou injeções de testosterona, fez uma mastectomia dupla e cirurgia de construção do pênis. Mas permaneceu profundamente perturbado e ficou escandalizado ao saber que Money ainda publicava artigos alegando o sucesso da experiência John/Joan. David cometeu suicídio em 2004, aos 38 anos.

Este caso trágico foi usado amplamente como evidência de que a identidade de gênero tem uma origem biológica fixa que não pode ser anulada. Entretanto, é fundamental observar aqui que Bruce na verdade tinha mais de 18 meses antes que acontecesse qualquer redesignação de sexo ou gênero, tempo suficiente para uma criança em desenvolvimento ter absorvido todo tipo de informação social, em especial porque ele tinha um gêmeo idêntico. Mas as dificuldades individuais associadas com esta história significam que ela só pode permanecer o que é: uma história. Precisamos procurar em outro lugar evidências da potência, ou melhor, dos efeitos hormonais no cérebro.

Hoje em dia, a medição dos níveis hormonais pré-natais não é uma medição padrão feita em bebês antes do nascimento, mas existe pesquisa baseada em avaliações de testosterona em fluido amniótico adquirido durante a amniocentese. Isto está ligado ao trabalho de Simon Baron-Cohen, diretor do Centro de Pesquisa do Autismo da Universidade de Cambridge. Um programa de pesquisa contínuo é um estudo longitudinal dos efeitos da testosterona fetal (fT) e como ela pode estar associada com o cérebro e características posteriores de comportamento.[46] Baron-Cohen sugere que a masculinização do cérebro que aparece devido à exposição pré-natal à testosterona vai variar como função do nível de exposição.[47] O tipo de comportamento masculino que ele identifica como afetado é uma tendência a sistematizar, a preferir meios baseados em regras para lidar com o mundo, em vez de uma abordagem mais emocional e empática, supostamente característica do comportamento feminino.

Assim, aqui temos uma possibilidade de ver a relação cérebro-comportamento, mesmo que apenas correlativa, entre níveis pré-natais de hormônios masculinizantes e o que alegam ser aspectos caracteristicamente masculinos do comportamento.

Os resultados podem ser descritos como "promissores, porém confusos" e certamente sugerem que a relação hormônio-comportamento não é direta na espécie humana, como é nos porquinhos-da-índia. Por exemplo, parece haver uma ligação entre alguns interesses restritos (talvez obsessões com brinquedos sobre rodas) e fT, mas somente em meninos (e de quatro anos). Havia uma ligação entre fT e relacionamentos sociais, mas desta vez mais fortemente em meninas do que meninos. Com relação à empatia em crianças um pouco mais velhas, quando era medida por um questionário, havia uma correlação negativa entre isso e fT, mais uma vez em meninos, mas não em meninas. Enquanto isso, quando era medida por uma tarefa de reconhecimento emocional, havia uma correlação negativa entre fT igualmente em meninos e meninas. Na melhor das hipóteses, teríamos de concluir que se os estudos de fT podem contar alguma coisa sobre uma relação entre o cérebro e o comportamento moderado por hormônios, é algo muito variável e complexo, e pode ser uma função da medição comportamental usada. Como os autores de um dos estudos observou: "É preciso ter em mente que a testosterona não é o único fator que varia entre homens e mulheres."[48]

Estas são descobertas intrigantes e certamente foram aclamadas pelo laboratório de Baron-Cohen como uma prova clara dos efeitos organizacionais dos hormônios pré-natais. Contudo, devemos nos lembrar de que o mundo começa orientando os cérebros das crianças a diferentes direções a partir de uma idade muito tenra; assim, os meninos e as meninas que foram testados aqui podem muito bem ter vivido experiências diferentes que talvez tenham contribuído tanto quanto seu fT para suas pontuações diferentes.

Outra tentativa de encontrar uma medição da testosterona pré-natal em seres humanos envolve nossos dedos. Se seu indicador (conhecido como 2D, de segundo dígito) é maior que o dedo anular (4D), você tem uma alta proporção 2D:4D. Se acontece o contrário, você tem uma baixa proporção 2D:4D. Vários estudos de endocrinologia indicam que níveis mais altos de exposição a testosterona eram correlacionados com proporções 2D:4D mais baixas.[49] Assim, tomando a medição do dedo como um marcador biológico para a exposição pré-natal a andrógenos, os pesquisadores então exploraram a correlação com o comportamento, especificamente os tipos de comportamento que se supunha diferenciar os sexos, de habilidades espaciais à agressividade em adultos, e brincadeiras com estereotipia de gênero e preferências por brinquedos em crianças, bem como orientação sexual e habilidades de liderança.[50]

Em 2011, os psicólogos Jeffrey Valla e Stephen Ceci, da Universidade Cornell, realizaram uma importante revisão do uso da medição 2D:4D, explorando as diferenças sexuais em determinados comportamentos, especificamente aqueles ligados a capacidades e preferências associadas com temas científicos como matemática, ciência da computação e engenharia.[51] O sumário geral aponta para uma "miríade de incoerências, explicações alternativas e contradições patentes". Uma questão fundamental era a validade dessa medição do dedo como indicador preciso da testosterona pré-natal, porque as evidências endocrinológicas não eram uniformes. Outro aspecto foi a natureza da relação entre a medição e as várias capacidades exploradas. Em alguns casos, era linear (com baixas proporções associadas com maior capacidade espacial/matemática), mas em alguns casos houve um U invertido (com proporções altas e baixas associadas com níveis mais elevados de habilidade cognitiva); em outros casos, não havia relação com medições cognitivas que em geral diferenciavam confiavelmente homens de mulheres, como a rotação mental; e, em muitos casos, houve relações que eram válidas em homens, mas não em mulheres e vice-versa. A conclusão foi de que esta simples e elegante medição dos níveis de hormônio pré-natal não serve a sua finalidade e que, com a continuidade de seu uso, em particular quando ligado a medidas cognitivas que nem sempre são uniformes em si, era improvável que revolvesse a questão dos efeitos hormonais no comportamento humano.

O fator hormônio: causa e efeito

No século XX, o foco nos hormônios como força propulsora biológica que determinaria as diferenças no cérebro e no comportamento entre homens e mulheres não forneceu a bela solução prometida a partir dos primeiros estudos com animais. É claro que os hormônios exercerão fortes influências sobre outros processos biológicos, e aqueles ligados a diferenças sexuais não são exceção. É evidente que diferentes hormônios determinam diferenças no aparelho físico associado com o acasalamento e a reprodução, assim justifica-se uma divisão nítida homem-mulher em explicações para este aspecto da condição humana.

Mas a afirmação de que isso se estende a características do cérebro e, portanto, ao comportamento, também se mostra mais difícil de defender. As questões éticas associadas à reprodução, em seres humanos, dos estudos de manipulação hormonal originais, baseados em animais, evidentemente são insuperáveis e as várias tentativas de testar a clara hipótese unidirecional que surge do modelo de organização do cérebro ao se estudarem indivíduos com perfis hormonais anômalos não deram respostas claras. Nem se mostrou mais útil o uso de indícios indiretos, como até que ponto os hormônios pré-natais são influentes. Às vezes isso pode ser atribuído a questões metodológicas, como o inevitável envolvimento de números pequenos, a variabilidade nos diferentes grupos, a algumas formas um tanto subjetivas de medir o comportamento. Na essência, trabalho, a essa altura, não leva em conta plenamente as influências sociais e culturais, se é que chegaram a levar em geral, e, como veremos, estas influências podem exercer efeitos não só nos padrões de comportamento, mas também nos cérebros e nos próprios hormônios.

O trabalho recente de Sari van Anders, neurocientista da Universidade de Michigan, e outros, mostra que no século XXI a ligação entre os hormônios e o comportamento, em particular com relação à suposta potência da testosterona na determinação da agressividade e da competitividade masculinas, passa por uma reconsideração radical.[52] Assim como estamos vendo o poder da sociedade e suas expectativas como variáveis que podem alterar o cérebro, está claro que o mesmo efeito é evidente com relação aos hormônios. E os hormônios, naturalmente, são enredados em si com a relação entre o cérebro e seu ambiente.

Parece que os hormônios viraram outro processo biológico cooptado na caçada pela prova de que a biologia das mulheres não só é diferente e em geral inferior, mas periodicamente é demasiado deficiente. As substâncias que eram ligadas à capacidade das mulheres para a maternidade tornaram-se ligadas à sua emotividade e irracionalidade mal adaptativas e, pelos efeitos que têm estas substâncias no cérebro em desenvolvimento, à falta de algumas importantes habilidades cognitivas. Por outro lado, doses extra de testosterona foram não só ligadas à capacidade dos homens para a paternidade, como também às características de personalidade necessárias e vigorosas e a habilidades de liderança supostamente essenciais para o sucesso nos círculos social, político e militar e, de novo por meio dos efeitos no cérebro em desenvolvimento, à necessária capacidade cognitiva para que sejam grandes pensadores e cientistas criativos.

É claro que tudo isso é previsto na exatidão de alegações de que os perfis comportamentais de homens e mulheres *realmente são* diferentes. A boa ciência precisa ir além do anedotário e da opinião pessoal e nos dar evidências fortes com base em metodologia sólida. Agora daremos uma olhada em como o estudo do comportamento humano correspondeu a essas expectativas.

CAPÍTULO 3:

A ASCENSÃO DA PSICOBABOSEIRA

O surgimento da psicologia no século XX nos deu outro caminho a explorar na busca pelas diferenças sexuais. Como esta nova ciência informou nossa compreensão dos cérebros e do comportamento de homens e mulheres?

Helen Thompson Woolley, ela mesma psicóloga e pioneira nos estudos de diferenças de gênero, resumiu em 1910:

> Talvez não exista campo que aspire a ser científico em que o viés pessoal flagrante, a lógica martirizada em apoio a um preconceito, afirmações infundadas e até disparates sentimentais tenham rédeas tão soltas como neste.[1]

Isso é espelhado pelas palavras de Cordelia Fine, que diz em 2010:

> Mas quando seguimos a pista da ciência contemporânea, descobrimos um número surpreendente de hiatos, pressupostos, incoerências, metodologias fracas e saltos de fé – assim como vários ecos do passado insalubre.[2]

Estas duas declarações incisivas sobre os estudos de diferenças sexuais e de gênero na psicologia, com exatos cem anos de diferença, sugerem que a única disciplina que deveria poder lançar alguma luz objetiva na questão tensa das diferenças em aptidão, capacidade e temperamento, apoiada por alguns dados empíricos dignos, interpretados objetivamente, não correspondeu a essas expectativas.

O envolvimento da psicologia com a história da caçada às diferenças sexuais compreende duas contribuições principais. A primeira tem relação com o surgimento da teoria da evolução, enfatizando nossa capacidade de adaptação como a base para nosso sucesso passado e continuado. No fundo, uma teoria sobre as diferenças individuais em características biológicas, a evolução rapidamente estendeu seu alcance a explicações não só das diferentes habilidades individuais, mas também das funções de distintos papéis sociais, determinados por diferenças na biologia. Uma linha dizia que as diferenças sexuais tinham sua finalidade e era papel dos teóricos da evolução explicá-la.

O segundo é o papel da disciplina emergente da psicologia experimental, com sua ênfase em dados numéricos. Desconfortável com a natureza anedótica de estudos de caso e observações clínicas iniciais, surgiu uma "indústria" da psicometria, desenvolvendo testes e questionários complexos para gerar pontuações numéricas a serem ligadas não só a medições de capacidade, mas também a conceitos bem mais amorfos, como "masculinidade e feminilidade". O jogo dos números conferia um verniz de objetividade à lista confiável das diferenças sexuais que estavam gerando.

A evolução da evolução

A publicação de *A origem das espécies*, de Charles Darwin, em 1859, e de *A descendência do homem*[3], em 1871, proporcionou todo um novo arcabouço para explicar as características humanas. Estas obras revolucionárias deram *insights* sobre a origem biológica das diferenças individuais, físicas e mentais, e naturalmente eram a fonte ideal de explicações das diferenças entre homens e mulheres. E, é claro, Darwin abordara especificamente estas questões por meio de sua teoria da seleção sexual, efetivamente sobre a dança da atração sexual e a escolha de parceiros. Os integrantes de um sexo exibem seus predicados para atrair um parceiro, e os do sexo oposto escolhem segundo um conjunto de critérios específicos da espécie – olhos na cauda, se você for um pavão, coaxar mais grave, se você for um sapo –, que supostamente sinalizam sua "aptidão reprodutiva". Os predicados em seres humanos podiam incluir equipamento físico de primeira linha, mas também os comportamentos associados e tipos de caráter – competitivo e combativo para os homens, submisso e conciliatório para as mulheres. Da mesma forma, existiam diferenças fundamentais nos papéis em seu conjunto associado de habilidades; o macho dominante exigia maior força e superioridade intelectual necessários para enfrentar o mundo, enquanto as fêmeas do lar só precisavam de "calmo amor materno e uma serena vida doméstica".[4]

Darwin afirmou com clareza que a única diferença fundamental entre homens e mulheres era que as mulheres, em virtude de serem menos altamente evoluídas do que os homens, eram membros inferiores da raça humana. É de fato arrepiante pensar que o autor de uma das teorias científicas mais importantes tivesse essas opiniões sobre metade da população que estudou:

> A principal distinção nas capacidades intelectuais dos dois sexos é exibida pelo homem que atinge uma eminência superior, qualquer que seja sua ocupação, do que as mulheres podem atingir – quer exija pensamento profundo, raciocínio ou imaginação, ou meramente o uso dos sentidos e das mãos.[5]

Com relação às diferentes funções que homens e mulheres podiam ter na sociedade, as opiniões de Darwin eram de que a capacidade reprodutiva das mulheres era o principal fator determinante para seu lugar na hierarquia. Como processo fisiológico fundamental, mas básico, não exigia os atributos mentais superiores que a evolução conferiu aos homens; efetivamente, a preocupação dele era que qualquer tentativa de expor a fêmea da espécie às demandas de qualquer educação formal ou independência pudesse prejudicar este processo.

Darwin nem mesmo se incomodou com as sutilezas da complementaridade, uma visão (vimos no Capítulo 1) baseada na ideia de que os papéis dos homens e das mulheres na sociedade eram determinados por certos traços herdados, sendo a natureza gentil, carinhosa e suavemente prática das mulheres o perfeito reflexo para a persona poderosa, pública e intensamente racional característica dos homens. Embora um pouco mais cortês que a perspectiva darwinista, não devemos ter a ilusão de que este foi o alvorecer de algum progresso rumo à igualdade de gênero:

> A ideia da complementaridade – isto é, a crença de que os traços, os pontos fortes e fracos de um grupo são compensados ou aprimorados pelos traços e pontos fortes e fracos de outro – é um meio excepcionalmente potente de manter as desigualdades de poder entre os grupos, porque indica que qualquer percepção de desigualdade é ilusória e que a verdadeira base para a discriminação entre os grupos é fundamentada nas forças e fraquezas relativas de cada grupo.[6]

Enquanto revisava a contribuição da psicologia para a construção de diferenças de gênero no final do século XIX, a psicóloga Stephanie Shields escreveu sobre esta armadilha da complementaridade e mostrou como ela passou a ser ligada à teoria da evolução e depois usada como justificativa para a existência de hierarquias sociais. Um grande foco estava no papel das mulheres como mães e donas de casa, o que significava que eram necessárias por serem carinhosas, erráticas e capazes de se concentrar em detalhes cotidianos, o que aparentemente as tornava incapazes de pensamento abstrato, criatividade, objetividade e imparcialidade necessários ao grande pensamento e à realização científica. Emocionalmente, era mais provável que as mulheres fossem sensíveis e instáveis quando comparadas com a força passional dos homens, evidente no ímpeto para a realização, a criação e a dominação.[7]

Este aspecto da contribuição da psicologia para o estudo das diferenças sexuais não se baseava em nenhuma medição, mas em opiniões verbalizadas por gente como Herbert Spencer e Havelock Ellis. Como observa acerbamente Shields: "É desnecessário dizer que as listas de traços atribuídos a cada sexo não derivaram de pesquisa empírica sistemática, mas recorreram fortemente ao que já se acreditava como verdade a respeito de mulheres e homens."[8]

A ideia da complementaridade persistiu e encontrou lar no campo da psicologia evolucionista, disciplina surgida no século XX que funde as bases biológicas da sociedade com o estudo das características psicológicas humanas.⁹ Supõe-se que o comportamento humano é composto de muitos conjuntos de funções, ou "módulos", e cada um deles evoluiu para resolver uma espécie de problema que podemos encontrar em qualquer fase da vida. Isto foi chamado de modelo "canivete suíço" da mente, com milhares de componentes especializados, cada um deles garantido por estruturas cerebrais associadas, que surgiram ao longo do tempo evolutivo, segundo a necessidade.¹⁰ E parece que existem dois tipos de canivete: um (cor-de-rosa, presumo) equipado com as ferramentas para tranquilizar, administrar o lar, criar os filhos, tarefas para a fêmea da espécie, enquanto o outro (um azul-marinho marcial), além de ser maior e mais resistente, tem o essencial para a vida de atirar lanças, do poder político e do gênio científico que formam o quinhão do macho da espécie.

Os psicólogos evolucionistas colocam-se firmemente sob a rubrica de cientistas-como-explicadores-do-*status-quo*. Efetivamente, eles retrocedem do que parece ser um fato estabelecido hoje em dia; encontram uma explicação na história evolutiva que se encaixe neste fato e a apresentam como a justificação para o *status quo*. Um exemplo que encontraremos adiante é da suposta preferência das mulheres pelo rosa, referida pelas neurocientistas visuais Anya Hurlbert e Yazhu Ling em 2007.¹¹ A explicação psicológico-evolutiva que elas dão é de que, como a metade que coleta de uma equipe de caçadores-coletores, as mulheres evoluíram uma preferência diferencial pelo rosa para que estivessem melhor equipadas para encontrar frutos silvestres, em comparação com a outra metade caçadora de mamutes, mais sintonizada com a extremidade azul do espectro, que lhes permite correr os olhos com eficácia pelo horizonte. Além disso, os homens são melhores na corrida (para seguir os ditos mamutes) e em tarefas visuoespaciais, como orientar o arremesso da lança (para matar o dito-cujo).

Uma mensagem fundamental que recebemos da psicologia evolucionista é que nossas capacidades e características comportamentais são inatas, biologicamente determinadas e (agora) fixas (mas não fica tão claro por que as habilidades que eram patentemente flexíveis e adaptativas no passado agora se tornaram imutáveis). Embora a necessidade destas habilidades e capacidades esteja em nosso passado evolutivo, elas ainda podem ter consequências para nossa vida no século XXI.

Empatizadores e sistematizadores

Uma teoria psicológica contemporânea que tem um pé (para falar a verdade, provavelmente os dois) no campo da psicologia evolucionista é a teoria empatizador-sistematizador de Simon Baron-Cohen, mencionada brevemente no capítulo anterior.[12] Baron-Cohen designa estas duas características como as forças propulsoras do comportamento humano. Empatizar é a necessidade (e capacidade) de reconhecer os pensamentos e emoções dos outros e reagir a eles, não só no nível do tipo catalogador-cognitivo, mas em um nível afetivo, em que qualquer emoção dos outros desencadeia uma reação correspondente, tornando compreensível e previsível o comportamento desses outros. É a capacidade de sintonizar com os sentimentos dos outros que Baron-Cohen chama de "um salto de imaginação para a cabeça dos outros";[13] é natural, não exige esforço e é essencial para a comunicação eficaz e as redes sociais reais. Sistematizar, por outro lado, é um impulso para "analisar, explorar e construir um sistema",[14] sentir-se atraído a acontecimentos ou processos baseados em regras, ou até precisar deles, tornar seu mundo previsível pela extração de princípios organizacionais do que acontece a sua volta.

À moda da verdadeira psicologia evolucionista, a origem destas características aparentemente está em nosso passado ancestral e sua existência continuada nos seres humanos do século XXI tem implicações para quem faz o quê. Características de empatizar e sistematizar claramente foram distribuídas e canalizadas segundo linhas de gênero. De acordo com Baron-Cohen, o empatizar ajudou nossas ancestrais a criar redes de cuidados das crianças para garantir que as futuras gerações fossem bem nutridas, sustentou sua tendência a formar grupos de fofoca para garantir que elas estivessem a par de qualquer circuito de informações úteis e as ajudou a se adaptar a conspecíficos geneticamente não relacionados (em outras palavras, "contraparentes").[15] Com relação ao que isto significa para as empatizadoras de hoje, Baron-Cohen nos informa, como um consultor vocacional: "As pessoas com o cérebro feminino dão as mais maravilhosas conselheiras, professoras primárias, enfermeiras, cuidadoras, terapeutas, assistentes sociais, mediadoras, coordenadoras de grupos ou gestoras de pessoas".[16]

E as pessoas sistematizadoras? Seu jeito de lidar com o mundo as torna competentes na elaboração de, por exemplo, que tamanho deve ter uma flecha e como fixar melhor uma lâmina de machado, regras para rastrear animais e a previsão do tempo, e as leis dos sistemas de posições sociais (para alcançar a maior altitude possível nelas). Sua falta associada de empatia as torna competentes para matar membros de outras tribos (ou membros da própria tribo, se atrapalharem a subida na escada social). Sem perder tempo com as sutilezas sociais associadas com ser empático, também significa que podem ser um "solitário adaptativo", "satisfeito em fechar-se [em si mesmos] por dias sem muita conversa, a se concentrar longa e profundamente no sistema que era o projeto corrente [deles]".[17] Em termos atuais, isto aparentemente faria dos sistematizadores "os mais maravilhosos cientistas, engenheiros, mecânicos, técnicos, músicos, arquitetos, eletricistas, encanadores, taxonomistas, cataloguistas, banqueiros, ferramenteiros, programadores ou até advogados".[18]

É fácil detectar mais do que um sopro de complementaridade aqui: as tendências marciais e a inventividade altamente focalizada de um grupo perfeitamente amparadas por sua equipe de apoio atenciosa com sua rede de contatos. Não tem sentido conjecturar quem termina ganhando um salário mais alto nesta hipótese.

Mas como sabemos se uma pessoa é empatizadora ou sistematizadora? Uma teoria psicológica contemporânea, embora tenha base no passado evolutivo, deve ter meios de gerar alguma medição objetiva destas caraterísticas ou traços em qualquer indivíduo ou grupo de indivíduos. O laboratório de Baron-Cohen gerou sua própria medição da empatia, conhecida como o Quociente de Empatia (ou QE), e de sistematização, o Quociente de Sistematização (ou QS), por meio de questionários autorrelatados consistindo em uma série de declarações com que os participantes tinham de indicar sua concordância ou divergência.[19] As declarações do QE incluem itens como "Gosto muito de cuidar dos outros" e "Se eu vir um estranho em um grupo, penso que cabe a ele fazer um esforço para se integrar"; enquanto as declarações do QS incluem "Quando viajo de trem, costumo imaginar exatamente como as ferrovias são coordenadas" e "Não tenho interesse pelos detalhes de taxas de câmbio, taxas de juros, ações e participações" (é claro que a resposta à última é "discordo fortemente", para quem é do tipo S). Também há versões infantis destes testes, ou melhor, versões respondidas pelos pais, em que um genitor classifica sua concordância com declarações como "Meu filho não se importa se as coisas na casa não estão no lugar certo" ou "Quando brinca com outras crianças, meu filho se reveza espontaneamente e divide os brinquedos".[20] A combinação das pontuações é uma forma de gerar um perfil de empatizador ou sistematizador. Estudos usando este teste indicam que, em média, é mais provável que as mulheres tenham um perfil de empatizadoras e os homens, de sistematizadores.

Você notará que estas medições, na verdade, dependem das opiniões de cada pessoa sobre si própria (ou de como são seus filhos). Podemos refletir sobre quantos pais calmamente marcam os quadradinhos que rotulariam a prole como ladrões antissociais de brinquedos. O problema com esse tipo de autorrelato é geral, e voltaremos a ele adiante, mas vale a pena considerar esta ideia com um pouquinho de ceticismo quando lemos sobre as pontuações de pessoas QE ou QS.

Para testar a validade destas medições autorrelatadas, é preciso encontrar um exemplo desse tipo de comportamento ou habilidade relevante que se pode prever a partir de uma pontuação QE alta ou uma pontuação QS baixa, ou qualquer mistura das duas e ver o quanto as duas medições batem. Em outro teste do laboratório de Baron-Cohen, mostram imagens sem corpo de um par de olhos, junto com quatro palavras descritivas como "inveja", "arrogância", "pânico" ou "ódio".[21] É preciso então escolher a emoção mostrada por estes olhos. Quando nos saímos bem nisto, claramente somos bons no reconhecimento das emoções, uma parte fundamental da empatia. Assim, uma alta pontuação QE deve se correlacionar com uma boa pontuação na Mente nos Olhos, e é assim. O fato de que os dois testes vêm do mesmo laboratório só pode acrescentar outra pitada de ceticismo.

Das previsões da teoria E-S, com as mulheres mais empáticas que os homens e estes maiores sistematizadores do que as mulheres, segue-se necessariamente que comportamentos, capacidades e preferências que têm estreita ligação com ser caracteristicamente empatizador ou caracteristicamente sistematizador devem mostrar uma clara divisão por gênero. Afinal, é uma alegação fundamental da teoria. Por exemplo, a escolha da matéria na universidade, ciências ou artes, deve ter alguma relação com esta divisão por gênero. Mas outro artigo do laboratório de Baron-Cohen mostrou que o gênero, que deveria andar de mãos dadas com pontuações de QE e QS, não é o melhor previsor para a escolha da matéria na universidade.[22] A teoria previa que os sistematizadores seriam atraídos às disciplinas de ciências baseadas em regras, e eles foram, mas não havia uma diferença sexual significativa. Isto implica que o E-S não é um indicador *exato* para o gênero, o que deveria moderar a impressão geral de que empatia é "coisa de mulher", enquanto sistematizar é para os rapazes. Uso a expressão "impressão geral" propositalmente, para observar que – embora não tenha sido isto que a teoria quisesse provar em sua origem – às vezes teorias psicológicas como esta podem dar a impressão de que são intercambiáveis os rótulos que ligam aos participantes (homem-mulher, sistematizador-empatizador). A consequência disto é que as pessoas podem pegar um atalho e supor que se alguém quiser um trabalho concluído que exija um toque de empatia, deve precisar nomear uma mulher. Ou, ao contrário, se quiserem um trabalho concluído que exija um alto nível de habilidade de sistematização, uma mulher não seria adequada.

Um exemplo do próprio século XXI pode ser visto em discussões sobre a baixa representação de mulheres na ciência. Em vista da associação positiva entre sistematização e ciência, e a associação negativa entre sistematização e mulheres, é só um pulinho para chegarmos ao estereótipo das mulheres menos adequadas aos rigores sistematizantes da ciência dura. Junte a esta mistura uma compreensão geral de que características biologicamente determinadas são fixas e imutáveis e chegamos a um estereótipo infundado, mas compreensível, da ligação entre sexo e ciência.

Ao contrário de algumas teorias da evolução, em que os alicerces biológicos são vagamente considerados óbvios, aqui as bases biológicas destes dois estilos cognitivos estão declaradas com clareza. A declaração de abertura de Baron-Cohen em seu livro *Diferença essencial* é inequívoca quanto à natureza "dos gêneros" da divisão E-S: "O cérebro feminino é predominantemente equipado para a empatia. O cérebro masculino é predominantemente equipado para sistemas de compreensão e construção."[23]

Em vista da intensidade desta afirmativa, podemos nos surpreender com uma restrição que aparece mais adiante no livro, em que Baron-Cohen observa firmemente que "seu sexo não dita seu tipo cerebral [...] nem todos os homens têm o cérebro masculino e nem todas as mulheres têm o cérebro feminino".[24] Para mim, este é o cerne do problema desta teoria e seu impacto nas compreensões públicas das diferenças sexuais no cérebro e no comportamento. Em linguagem comum, o termo "masculino" é ligado aos homens e, de forma equivalente, o termo "feminino" é ligado às mulheres – e, assim, descrever um cérebro como "masculino" significa, para muita gente, que é o cérebro de um homem. E se então atribuirmos determinadas características a um cérebro masculino – neste caso, uma preferência por sistemas e comportamentos baseados em regras, talvez também dificuldades com o reconhecimento de emoções, com uma ligação clara com partes específicas do cérebro –, isto deve ser acrescentado ao esquema cognitivo para "homens" e, por inferência, fazer parte do perfil estereotipado dos homens e seus cérebros. E chegaremos ao mesmo resultado para as mulheres e seus cérebros. Se a pessoa não precisa ser homem para ter um cérebro masculino, por que o chamamos de cérebro masculino? No mundo dos estereótipos de gênero, a linguagem importa.

Esta vertente teórica do envolvimento da psicologia no debate sobre as diferenças sexuais foi firmemente ligada a explicações do "*status quo*".

Avançando da misoginia patente para a abordagem complementar e paternalista, os primeiros psicólogos evolucionistas consideraram evidentes as diferenças de papel e as relacionaram com a habilidade determinada pelo sexo e a diferenças de personalidade que a disciplina recém-surgida da psicologia experimental conseguiria identificar e quantificar.

O jogo dos números

A segunda vertente do envolvimento da psicologia nas diferenças de sexo e gênero foi o desenvolvimento de técnicas que começariam a dar algum corpo numérico ao catálogo de distinções comportamentais e de personalidade que tinha se acumulado com o passar dos séculos – o campo que agora chamamos de psicologia experimental. Antes do final do século XIX, o foco esteve na biologia por trás destes comportamentos supostamente diferenciados pelo sexo, com tentativas cada vez mais bizarras de quantificar as diferenças em um órgão que na verdade não estava disponível para estudo, a não ser que morto ou lesionado. Assim, a atenção no século XX se voltou para formas de medir habilidades, aptidões e temperamentos que supostamente eram controlados pelo cérebro (apesar de ainda invisível).

Wilhelm Wundt fundou o primeiro laboratório de psicologia em 1879.[25] Ele ansiava por aplicar o método científico ao comportamento, gerar medições padrão dos comportamentos que podemos ver, como o tempo de reação, a taxa de erro ou a quantidade de recordações em tarefas de memória, ou o número de determinadas palavras (como palavras que começam pela letra "s", ou nomes de frutas) que fossem geradas espontaneamente. Não havia muita introspecção, opinião ou histórias pessoais – tratava-se de dados.

Os psicólogos viriam a usar qualquer tarefa que pudesse produzir alguma pontuação, transformando-as em testes que geravam uma medição externa do que parecia ter alguma relação com o comportamento investigado. Os primeiros estudos concentraram-se na descoberta de diferentes maneiras de medir as habilidades que interessavam aos psicólogos, mas logo surgiu um interesse pelas diferenças individuais. Isto foi em parte impelido por mudanças no sistema educacional – em outras palavras, as escolas queriam meios de identificar crianças "lentas", aquelas que hoje identificaríamos como portadoras de necessidades especiais. Como sabemos, esta foi a origem do teste de QI.[26]

Aos testes de habilidades cognitivas seguiram-se então testes de personalidade ou temperamento. O primeiro deles, a ficha de dados pessoais de Woodworth, foi desenvolvido em 1917 e seu objetivo era identificar soldados na Primeira Guerra Mundial que talvez acabassem por sofrer de estresse pós-traumático.[27] Esse tipo de teste era bastante objetivo e se baseava em fatos, incluindo questões como "Alguém em sua família cometeu suicídio?", ou "Algum dia você desmaiou?" (estes eram identificados como fatores discriminatórios quando se examinavam as histórias passadas de caso), mas logo foram desenvolvidos vários tipos de inventários autorrelatados, em que as pessoas eram solicitadas a indicar até que ponto determinadas qualidades ("boa organização", por exemplo) as descreviam, ou determinadas expressões caracterizavam seu comportamento ("Consigo relaxar e me divertir em festas alegres" – mas o uso da palavra para alegre, *gay*, mudou nas revisões mais recentes do teste!).[28]

Em testes de habilidade cognitiva, logo começaram a aparecer relatos das diferenças entre os sexos. As tarefas de associação de palavras eram um jeito preferido de adquirir *insight* sobre a vida mental de homens e mulheres: dado o gatilho de uma palavra ou categoria, os participantes tinham de escrever, digamos, cem palavras em que estes gatilhos os fizeram pensar. Um dos primeiros estudos de diferenças sexuais, de Joseph Jastrow, em 1891, usou esta técnica, observando que os homens fizeram um uso maior de termos abstratos, enquanto as mulheres mostraram preferência por palavras concretas e descritivas; as mulheres foram mais rápidas, mas os homens foram mais abrangentes.[29] Na verdade, nunca ficou claro o que significavam estas diferenças. Helen Woolley, escrevendo em 1910, também contou de um estudo usando técnicas semelhantes, comentando com desdém sobre as "diferenças insignificantes nos dados" e sobre o número excessivamente pequeno de participantes (cuja demografia era meio parecida com uma canção natalina – duas crianças, duas domésticas, três homens trabalhadores, cinco mulheres instruídas e dez homens instruídos).[30]

Porém, a partir destas primeiras práticas bem duvidosas, o objetivo da psicologia era incorporar com firmeza o método científico a suas atividades rapidamente desenvolvidas. Elaboraram teorias, geraram hipóteses, conceberam testes de medição, selecionaram participantes, coletaram e analisaram dados, escreveram artigos e os publicaram. Nos primeiros cem anos depois da criação do primeiro laboratório de psicologia, foram publicados mais de 2.500 artigos sobre diferenças sexuais. Será que todos esses estudos contribuíram positivamente para nossa compreensão destas diferenças?

No final dos anos 1960, a neurocientista Naomi Weisstein escreveu um famoso ataque à psicologia, em duas frentes.[31] O título de seu artigo, "Psychology Constructs the Female; or, The Fantasy Life of the Male Psychologist (with Some Attention to the Fantasies of his Friends, the Male Biologist and the Male Anthropologist")" ["A psicologia constrói a mulher; ou A vida fantasiosa do psicólogo homem (com certa atenção às fantasias dos amigos dele, o biólogo homem e o antropólogo homem)"], deixava claras suas ideias sobre o assunto. Ela discordou da moda de psicólogos clínicos e psiquiatras de seguir a doutrina freudiana, com ênfase no papel essencial das mulheres como mães e os meios biológicos que os acompanhavam. Queixou-se de que estes profissionais, cheios de vieses e sem provas, tomaram para si a tarefa de dizer às mulheres o que elas queriam ou a que papel elas eram particularmente adequadas (sugerindo que esta nova disciplina da psicologia não avançou as coisas tanto assim). Ela ridicularizou suas alegações de abordar tais questões com "discernimento, sensibilidade e intuição", observando que isto podia refletir, igualmente, uma perspectiva tendenciosa, crenças preexistentes do que era o "certo" para as mulheres.

A outra frente de seu ataque aos psicólogos da "diferença sexual" era o fato de não levarem em consideração o contexto em que coletavam os dados. Ela observou várias experiências sociais em que o comportamento era alterado quando se manipulava o contexto externo. Um exemplo clássico de sua época foi o estudo de Schacter e Singer, em que as pessoas que receberam uma injeção de adrenalina, sem saber, interpretaram os sintomas físicos relacionados com a adrenalina (coração acelerado, palmas das mãos suadas etc.) de diferentes maneiras, dependendo do comportamento do outro (um assistente) com quem se encontravam na sala de espera, com um assistente eufórico levando a relatos de felicidade e um assistente rabugento associado com relatos de raiva ou insatisfação.[32] A preocupação de Weisstein era que o comportamento ou dado autorrelatado coletado dos indivíduos pudesse ser afetado por toda sorte de variáveis externas, inclusive as expectativas que os próprios pesquisadores tinham dos resultados de seu estudo. Os padrões de comportamento raras vezes são estáveis, mas mudarão segundo as circunstâncias externas: se o que os participantes farão ou dirão quando estão sozinhos pode mudar se outra pessoa estiver presente, então este padrão de comportamento não pode ser interpretado como inato, fixo ou programado. A não ser que isto fosse reconhecido, os resultados dos estudos de psicologia podiam, no máximo, ser descritos como falaciosos. A atenção de Weisstein à importância de considerar o contexto e as expectativas quando do estudo do comportamento pode encontrar paralelos em muitos domínios da neurociência social contemporânea, mostrando como a função cerebral pode interagir com o contexto social e cultural do indivíduo.

Um livro influente de Eleanor Maccoby e Carol Jacklin, *The Psychology of Sex Differences*, publicado em 1974, analisou meticulosamente décadas de estudos que alegaram ter encontrado diferenças entre homens e mulheres, inclusive muitas características divergentes, da sensibilidade ao toque à agressividade.[33] O fato de que Maccoby e Jacklin tiveram de vascular 86 categorias distintas de diferenças sexuais relatadas – de "Visão e Audição", passando por "Curiosidade e Choro", a "Doação à Filantropia" – era uma medida de quanto esforço a psicologia já havia dedicado a esta exploração até então.

As únicas áreas em que evidências publicadas pareciam concordar com relação às diferenças era que as meninas, em média, eram mais verbais, enquanto os meninos tinham capacidades espaciais melhores, eram superiores no raciocínio aritmético envolvendo habilidades espaciais e mostraram maior agressividade física e verbal.

Maccoby e Jacklin contribuíram muito para desfazer os mitos da diferença sexual em vigor na época, embora às vezes o sumário que surgiu da revisão, em particular com relação à mulher "verbal" e o homem "espacial", tenha se reificado como um discriminador inteiramente confiável de homens e mulheres, ou um "fato" que não precisava mais ser colocado à prova. Como veremos, isto teve efeitos em áreas tão abrangentes quanto os livros de autoajuda populares e a interpretação de conjuntos de dados estruturais de imagem do cérebro, e portanto voltou à consciência pública das diferenças entre homens e mulheres.

Um argumento que *não* foi feito por Maccoby e Jacklin a essa altura foi que estas diferenças na verdade eram muito pequenas, de modo que saber o sexo de uma pessoa não seria um bom previsor de como a pessoa se sairia em um teste de capacidade verbal (ou qual seria seu desempenho ao estacionar um carro). Elas também não contestaram como estas medidas foram obtidas, nem que grau de confiabilidade tinham os instrumentos de medição usados pelos psicólogos. Se temos interesse por habilidades espaciais, fazer todos os testes de habilidade espacial dará a mesma resposta? Se temos certeza de testar uma amostra representativa das pessoas que tentamos avaliar, quem sabe não precisamos permitir diferenças em, digamos, experiência educacional; e usamos o tipo certo de comparação na análise dos dados?

Quando uma diferença não é uma diferença?

A palavra "diferença" é um exemplo em que o uso de um termo na psicologia pode não ser o mesmo de seu uso na conversação em geral, ou na compreensão pública do que ele significa. Em um nível simples, o termo "diferente" evidentemente implica "não é igual". Suponha que estivéssemos viajando a uma ilha e soubéssemos que havia duas tribos distintas que poderíamos conhecer, e que deveríamos estar cientes das diferenças entre elas. Poderíamos, então, nos informar sobre os pontos principais de diferença e as sutilezas de "diferente como"; por exemplo, a Tribo 1 podia ter em média 1,80 m de altura, enquanto a Tribo 2 teria em média 1,20; ou os integrantes da Tribo 1 poderiam ter cabelo preto, liso e muito comprido, ao contrário dos integrantes da Tribo 2, que teriam cabelo louro, curto e crespo. Provavelmente, no mínimo, iríamos inferir que o "diferente" aqui significaria *reconhecivelmente* diferente – de tal modo que se conhecêssemos um indivíduo alto de cabelo preto e liso, teríamos certeza de que ele pertencia à Tribo 1 – ou *seguramente* diferente –, de tal modo que se soubéssemos que conheceríamos um membro da Tribo 2, teríamos uma expectativa segura de conhecer alguém baixo de cabelo louro e crespo. Mas estas não são necessariamente as conclusões a que podemos chegar a partir dos estudos psicológicos que relatam diferenças sexuais.

Na psicologia, "diferente" costuma ser usado no sentido estatístico, em que as pontuações médias dos dois grupos investigados são suficientemente distantes para ultrapassar determinado limiar estatístico. Pode-se então relatar que o que é medido é "diferente" nos dois grupos. Mas isto pode mascarar a questão muito importante de "o quanto é diferente". Cada um dos dois grupos terá pontuações geradas que são distribuídas em torno da média do que foi medido, e estas duas distribuições podem se sobrepor acentuadamente. Isto significa que não se pode prever *seguramente* como um membro de um dos grupos se sairá na tarefa designada ou que tipo de pontuação obterá em um teste de personalidade. E não é possível reconhecer, a partir da pontuação do teste de alguém, a que grupo este alguém pertence. Os grupos, na verdade, são mais semelhantes do que diferentes. Assim, embora exista uma diferença estatística, ela não é necessariamente uma diferença útil ou *significativa*.

Uma forma de calcular o grau de sobreposição entre dois grupos é medir o que é chamado de tamanho do efeito.[34] Para este cálculo, subtraímos a pontuação média de um grupo da pontuação média do outro e dividimos a reposta pela quantidade de variabilidade nos dois grupos. Suponha, por exemplo, que queiramos descobrir se consumidores de café resolvem palavras cruzadas com mais rapidez do que consumidores de chá. Depois de coletar seus dados, subtraímos a pontuação média dos consumidores de chá da pontuação média dos consumidores de café e dividimos o número pelo que é chamado de desvio padrão, uma medida da variância que reflete com que amplitude as pontuações são distribuídas em cada grupo. Isto nos dará um tamanho do efeito para a diferença entre os seus consumidores de chá e os de café.

A questão fundamental é que o tamanho do efeito diz o quanto são *significativas* as distinções entre os grupos. Os psicólogos relatam suas descobertas estatísticas mostrando "diferenças significativas", o que, estritamente falando, elas são, mas as diferenças podem ser mínimas, e talvez seja improvável que tenham impacto, digamos, em uma decisão de empregar alguém de um dos grupos e não do outro (ou se quisermos pedir a quem consome café ou chá que nos ajude a resolver palavras cruzadas). Quando falamos de algo com tanto impacto como as descobertas sobre as diferenças sexuais, é importante indicar com clareza o que queremos dizer com isso. Se o tamanho do efeito é pequeno (cerca de 0,2), as diferenças entre as pontuações dos grupos podem ser estatisticamente "significativas", mas, na realidade, não dão muito apoio a quaisquer pressupostos que tenhamos a respeito da facilidade com que podemos localizar quem pertence a que grupo, ou o que o membro deste grupo pode ou não pode fazer.

Se dois grupos são acentuadamente diferentes, o tamanho do efeito será bem grande. O exemplo mais comum é de diferenças de altura entre homens e mulheres. O tamanho do efeito médio aqui é de cerca de 2,0; assim, as médias são bem diferentes e cerca de 98% do grupo mais alto estará acima da média da altura do grupo mais baixo.[35] Porém, mesmo com o tamanho do efeito tão grande, pouco mais de 30% das duas populações ainda se sobrepõem.

O motivo para que eu esteja insistindo neste ponto é que o tamanho do efeito em grande parte da pesquisa publicada sobre diferenças sexuais é bem pequeno, da ordem de 0,2 ou 0,3, o que significa uma sobreposição de quase 90%. Mesmo um tamanho do efeito "moderado", de 0,5, implica uma sobreposição de pouco mais de 80%. Assim, quando as pessoas se referem a diferenças sexuais, precisamos estar cientes de que quase nunca significa que os dois grupos não se sobrepõem, que são claramente distinguíveis seja qual for a variável usada na medição, e que saber o sexo de uma pessoa não será um previsor confiável do nível de seu desempenho em uma tarefa específica ou em uma situação específica.[36]

Os tamanhos do efeito também são valiosos quando tentamos chegar a uma visão geral das descobertas em determinada área de pesquisa. Uma meta-análise combina dados de muitos estudos diferentes do mesmo fenômeno, usando os tamanhos do efeito de cada estudo, ponderados por quantas pessoas foram testadas, para investigar o grau de confiabilidade e coerência e se os grandes tamanhos do efeito são ou não a norma. Isto supera o problema dos estudos individuais de pequena escala, ou os relatos "pontuais" que talvez não possam ser reproduzidos. A outra questão é que examinar os tamanhos do efeito pode nos dar uma medida do grau de exatidão das alegações de diferenças relatadas, se são realmente "profundas" ou "fundamentais". E se os estudos que usam termos como estes não falam em tamanhos do efeito, então os alarmes devem disparar.

Há mais uma nota de cautela a respeito do relato de descobertas de pesquisa. Se alguém disser que algo é "significativo", por exemplo, que homens e mulheres são "significativamente" diferentes, provavelmente suporemos que isto quer dizer que essa diferença *é* importante, e deve nos fazer sentar e prestar atenção. Não é provável que pensemos: "Arrá, isso quer dizer que existem menos de cinco possibilidades em 100 de que esta seja uma descoberta ao acaso". Não estou sugerindo com isso que as descobertas de pesquisa não digam algo significativo, só que podemos precisar moderar o fator "uau" que às vezes a palavra "significativo" pode implicar.

Assim, existe uma gama de perguntas que precisamos fazer se quisermos ver em que, e como, a psicologia experimental contribuiu para o debate das diferenças sexuais. Será que as hipóteses têm a maior objetividade possível, ou refletem um viés estereotipado ou uma busca incansável por diferenças? As tarefas ou testes usaram uma medida neutra de comportamento ou temperamento, ou um meio de acumular probabilidades em favor da descoberta da diferença procurada? Os pesquisadores controlam atentamente os fatores "de gênero", como escolaridade ou ocupação, ou só estão supondo que "homem" e "mulher" cobrem todas as bases? Vemos os tamanhos do efeito interpretados com cautela, ou nós e qualquer jornalista de ciências que esteja passando por ali recebemos descrições de diferenças "fundamentais" ou "profundas" entre participantes homens e mulheres?[37]

O que você está perguntando e como faz a pergunta?

Já vimos que os cientistas por trás das teorias que a psicologia se dedicou a testar não trabalhavam em um vácuo político. Embora possamos ter avançado um pouco a partir da abordagem de "gorila de duas cabeças" sobre as mulheres de Gustave LeBon, o foco ainda estava no *status quo*, na descoberta e na caracterização de diferenças, em demonstrar que os homens tinham habilidades e temperamentos diferentes das mulheres, equipando-os para os diferentes papéis. Como psicóloga experimental, certamente nos primeiros anos de existência desta área, esta caçada pelas diferenças fundamentava a "hipótese experimental" de que *existiriam* diferenças sexuais no processo psicológico que estivéssemos medindo, fosse fluência verbal ou empatia, habilidades matemáticas ou agressividade; não prevíamos uma ausência de diferença, uma semelhança entre os grupos que comparávamos.

Com o rumo seguido pela pesquisa publicada atualmente, é muito mais provável que apresentemos um trabalho para publicação (e que ele seja aceito) se apoiar a hipótese experimental de que *existiria* uma diferença. Se não é apoiada e os resultados parecem sugerir que não existe diferença sexual, é muito provável que não apresentemos as descobertas para publicação ou, se o fizermos, é menos provável que o trabalho seja publicado.

Às vezes a ausência de diferenças sexuais pode ficar perdida no ruído da procura por dados para ver o que eles mostram. Podemos até ter uma hipótese específica de que haverá diferenças sexuais. Mas é bem fácil ver se pode existir algo escondido nos dados, se tivermos homens e mulheres em número suficiente no grupo de participantes.[38] Verificamos para saber se existe alguma diferença sexual e, se não houver, provavelmente não falaremos muito sobre isso na discussão, no resumo ou até na escolha das palavras-chave para o artigo de pesquisa.

Isto costuma ser chamado de problema do "arquivo": esconder do exame público o fracasso na descoberta de diferenças.[39] Creio que seja mais bem descrito como o problema do "iceberg". No éter científico, ou abaixo da superfície da possibilidade de publicação, existe um vasto corpo de descobertas de pesquisa "invisíveis" que talvez mostrem que não existem diferenças entre homens e mulheres em toda uma gama de medições, algumas firmemente estabelecidas em nossa consciência como meios confiáveis de distinguir marcianos leitores de mapas de venusianas multitarefa. Na verdade, pode haver um corpo muito maior de descobertas de pesquisa que não relatam diferenças do que aquelas que parecem confirmar que elas existem.

Assim, as perguntas que são feitas podem tingir as respostas relatadas. Mas também precisamos ver como essas respostas são coletadas. Que testes específicos são usados para coletar informações sobre diferenças entre mulheres e homens? Estaremos mesmo medindo o que pretendíamos, ou pode estar acontecendo outra coisa? E isto pode afetar as conclusões a que nós (ou qualquer outra pessoa) chegamos a partir das descobertas?

Muitos anos atrás, fui a uma conferência de fim de semana sobre a hereditariedade do QI. A sessão da manhã foi dominada por geneticistas e havia muitos artigos sobre estudos de associação genômica, avaliação de hereditariedade, as implicações de eliminar modelos com camundongos, variação de genes e assim por diante. Todos usavam o QI como uma variável dependente ou fator de modelagem, com a espécie humana avaliada por meio de um teste de QI que parecia ser o "padrão do setor". Ninguém fez nenhuma referência a como esta variável foi medida nem o que exatamente era medido, apenas como a pontuação de QI ou seu equivalente em roedores ou macacos era afetada pelo modelo genético ou a manipulação que usassem.

Os psicólogos assumiram a parte da tarde e passaram a desmontar a fé que os colegas geneticistas tinham em suas medições essenciais. Questões com itens individuais, a heterogeneidade dos subtestes e diferentes habilidades sendo medidas, retestar a confiabilidade, a necessidade de levar em consideração fatores ambientais como o acesso à educação formal, status socioeconômico no caso dos seres humanos, ou o tamanho da gaiola e a frequência de manuseio, no caso de não humanos, a própria definição de inteligência – tudo serviu para revelar que o QI não era parecido, digamos, com a cor dos olhos ou o tipo sanguíneo, uma característica fixa e objetivamente mensurável que podia ser bem encaixada no modelo testado. Era preciso conhecer muito melhor a história para saber o que realmente media o número do QI.

Assim, às vezes é preciso estudar em detalhes a medida que se está tirando; é preciso descobrir como o teste usado foi gerado e se ele, embora possa *parecer confiável* (apresentará grande parte da mesma pontuação em diferentes circunstâncias e situações) e válido (as medições do que alega medir), está contando uma história diferente daquela que é ouvida.

Pessoas e coisas

O desenvolvimento de uma escala vocacional para medir as diferenças individuais nas "pessoas" em oposição a "coisas" é um estudo de caso útil de como as escolhas feitas no desenvolvimento de um teste, que parecem distinguir as pessoas com base em determinada medição, na verdade podem refletir algo diferente.

A escala de interesse vocacional pretendia ser usada como uma ferramenta de aconselhamento profissional.[40] O objetivo era mostrar que uma combinação entre o tipo de coisas do interesse das pessoas e as tarefas que caracterizavam suas ocupações escolhidas podiam ser uma garantia de satisfação no trabalho. O princípio básico do teste foi desenvolvido na década de 1980 por Dale Prediger, cientista pesquisador depois aliado ao American College Testing Program. Ele sugeriu que o que então era conhecido como "interesses vocacionais" podia ser agrupado em duas dimensões. A primeira era a dimensão Dados/Ideias, que deve indicar ou preferências por tarefas envolvendo dados, registros e assim por diante, ou preferências por tarefas que possam envolver trabalho em equipe, desenvolvimento de teorias ou novas formas de expressar as coisas. A segunda dimensão era de Pessoas/Coisas, que deve indicar ou um interesse em ajudar as pessoas e cuidar dos outros, ou um interesse em trabalhar com máquinas, ferramentas ou mecanismos biológicos. E, pelo visto, trabalhar ao ar livre, a que voltaremos mais adiante.

A tarefa seguinte de Prediger foi montar um perfil das várias ocupações. Ao vasculhar muitos milhares de conjuntos de dados que o Departamento de Trabalho dos EUA tinha coletado por muitos anos, ele pensou em um jeito de descrever os trabalhos em termos de onde se agrupavam em suas dimensões Dados/Ideias e Pessoas/Coisas. Como resultado deste esforço hercúleo (cerca de 100 descritores diferentes para 563 ocupações foram examinados e classificados), ele agrupou diversas carreiras com base em Dados, Ideias, Pessoas ou Coisas. Seus exemplares de ocupações baseadas em Pessoas eram professores primários e assistentes sociais, com pedreiros e motoristas de ônibus sendo as típicas ocupações baseadas em Coisas.[41]

A essa altura, talvez valha a pena refletir sobre estas profissões aparentemente arquetípicas, em particular em relação a quem realmente as está exercendo na época. Nos EUA, na época do trabalho de Prediger, 82,4% dos professores primários e 63% dos assistentes sociais eram mulheres, representadas em 29,2% dos motoristas de ônibus e 2,4% dos operários da construção civil.[42]

Assim, temos grupos de tarefas supostamente baseadas na dimensão Pessoas e Coisas, mas em que o fator adicional de desequilíbrio de gênero não parece ter sido levado em conta – podemos rotular estas categorias como Trabalhos de Mulheres e Trabalhos de Homens. *É possível* que isto seja um reflexo preciso de uma escolha bem fundamentada entre Pessoas ou Coisas, com as mulheres escolhendo não fazer construção civil porque era baseada demais em Coisas, mas não poderia, em vez disso, ter outros agentes em operação? Aliás, o trabalho na construção civil seria de fato uma opção aberta às mulheres? Para fazer justiça a Prediger, ele não objetivava medir as diferenças sexuais – na verdade, parecia muito orgulhoso do fato de que suas dimensões podiam distinguir técnicos de laboratório e químicos (trabalhos com Coisas) de vendedores de enciclopédia e diretores de educação cristã (trabalhos com Pessoas) – mas, como veremos, esta distinção Pessoas ou Coisas mais tarde se tornou crítica nas discussões dos hiatos de gênero.

Veremos, então, como podemos medir o *interesse* em Pessoas ou Coisas, a outra metade da medição de orientação vocacional. Em paralelo com os esforços de Prediger, o psicólogo Brian Little desenvolveu uma escala de 24 itens especificamente para medir a "orientação a Pessoas" e a "orientação a Coisas" (doravante OP e OC), com os participantes dos testes solicitados a classificar o quanto gostaram das situações descritas.[43] Agora, talvez você pense que estou sendo detalhista demais (e muito sexista), mas quando a dimensão Coisa é medida por hipóteses como "participar e tentar remontar um computador desktop" ou "explorar o leito oceânico em um submarino para uma pessoa só" (tenha em mente que este questionário originalmente foi elaborado nos anos 1970) e a dimensão Pessoas é carregada de itens como "ouvir com interesse carinhoso uma pessoa idosa sentada a seu lado no ônibus", não creio que seja de todo surpreendente descobrir que existia uma forte diferença relacionada com o gênero nas pontuações de Pessoas e Coisas. Uma atualização do século XXI deste teste (que infelizmente excluiu a pergunta do submarino e outras semelhantes, como "aprender a soprar vidro") efetivamente conservou as fundações invisíveis baseadas em gênero destas medições OP e OC.[44]

Virginia Valian, psicóloga do Hunter College da City University de Nova York, contestou mais fundamentalmente a validade dos pressupostos que contribuem para toda esta dimensão maior, antes de tudo, com um foco específico no que vinha sob o título de Coisas.[45] Por que agrupar "trabalhar com coisas" e "trabalhar em ambientes bem estruturados" com "trabalhar ao ar livre"? O que torna estes cenários equivalentes a Coisas? Os interesses reunidos sob este título são mais precisamente descritos, como observa Valian, como "atividades em que os homens tendiam a passar mais tempo do que as mulheres". (Tenho certeza de que, como eu, ela levantava o cenário do submarino!) Ela também observa que as descrições dos tipos de pessoas que tinham interesse por atividades do gênero Coisas, "ativas, instrumentais e orientadas para tarefas", mapeiam estritamente formas estereotipadas de descrever os homens, enquanto os indivíduos "comunitários, fomentadores e expressivos", que gostariam de ocupações com Pessoas, podiam ser interpretados corretamente como mulheres.

Assim, temos uma dimensão, Coisas ou Pessoas, que supostamente distingue diferentes ocupações e, além disso, descreve os diferentes tipos de pessoas que gostariam de seguir estas ocupações. Mas existe outra descoberta embutida, uma divisão de gênero despercebida, jogando os dados de quem cairá onde nesta dimensão Pessoas ou Coisas.

Esta pode ser apenas uma preocupação acadêmica, mas o conceito de Coisas ou Pessoas foi adotado com entusiasmo por pesquisadores que procuravam explicações para a baixa representação das mulheres nas chamadas áreas STEM (*science, technology, engineering, maths* – ciência, tecnologia, engenharia e matemática), e questionar a utilidade de iniciativas voltadas para elas. Um estudo citado com frequência é do psicólogo empresarial Rong Su e colaboradores, que colheu informações sobre pontuações padrão de manuais técnicos para 47 inventários de interesses.[46] Isto lhes deu dados de 243.670 homens e 259.518 mulheres. Eles examinaram como esses dados se agrupavam na dimensão Coisas ou Pessoas e, sem surpreender a ninguém, descobriram que "os homens preferem trabalhar com coisas e as mulheres preferem trabalhar com pessoas", uma diferença altamente significativa com um grande tamanho do efeito (0,93). Isto significaria, como eles observaram, que até 82,4% dos participantes homens tinham interesse maior em carreiras orientadas para Coisas. Ou pode significar que eles gostavam de fazer coisas que outros homens faziam, fosse construção civil ou dirigir ônibus.

Por que você está perguntando?

Outro aspecto da coleta de dados por meio dessas medições autorrelatadas é que tipo de expectativa as pessoas participantes trazem para o processo. Isto é uma extensão das observações de Naomi Weisstein discutidas anteriormente, de que as medições psicológicas raramente são descontextualizadas. As "características de demanda" dos testes em geral são bem transparentes e podem colocar as probabilidades em favor de um resultado em particular.[47] Já comentei sobre como o nome do Questionário de Aflições Menstruais pode influenciar as respostas que o próprio questionário coleta. Em parte, ironicamente, mas no fim das contas para demonstrar este argumento, um grupo de pesquisadores investigou o efeito de usar um "Questionário do Prazer Menstrual" (QPM), relacionando dez experiências positivas que as participantes poderiam notar durante seu ciclo. As participantes que primeiro respondiam ao QPM contavam das mudanças mais positivas no QAM e tinham atitudes mais positivas com relação à menstruação do que aquelas que primeiro tiveram o questionário focalizado nas aflições.[48] Assim, não só podemos obter uma versão distorcida do processo que tentamos medir, como também poderemos mudar o processo em si?

Da mesma forma, é difícil não saber que nossas capacidades espaciais são testadas se formos solicitados a encontrar uma única forma em um desenho complexo, ou que nossos níveis de empatia são avaliados se nos perguntam até que ponto concordaríamos ou discordaríamos da afirmativa "Gosto muito de cuidar dos outros". Como lidar com estas perguntas pode ser tingido pelo desejo de agradar o pesquisador, ou se sair melhor do que qualquer outro participante do estudo, sabendo que isto preencherá a cota de pontos de participação em pesquisa e não teremos de participar de mais nenhum estudo de psicologia frustrante ou tedioso neste semestre, ou até pelo prazer de resolver problemas ou preencher formulários.

Também acontece que o *priming*, ou a indução de consciência preexistente de estereótipos relevantes, pode afetar o que a pessoa diz a respeito de si mesma e até o desempenho da tarefa que realiza.[49] Por exemplo, as pontuações de empatia das mulheres podem variar, dependendo de a empatia ser ou não sinalizada como uma característica feminina.[50] Outra forma de *priming* é a "ameaça do estereótipo", que se refere ao efeito de a atenção ser atraída a um estereótipo negativo do grupo a que a pessoa pertence, por exemplo, a incapacidade das mulheres de desempenhar tarefas visuoespaciais, ou a tendência de meninos afro-caribenhos de se sair mal em testes de proficiência intelectual.[51] Em um contexto em que esta habilidade em particular é avaliada, como em uma tarefa de rotação mental ou um teste SAT, os membros do grupo que foi estereotipado mostraram, em geral, um desempenho abaixo da média. Originalmente identificados com relação ao insucesso em pessoas negras e de minorias étnicas, a ameaça do estereótipo também mostrou um efeito potente nas mulheres, em particular com relação ao desempenho em temas como ciência e matemática.[52]

Os estudos experimentais de ameaça do estereótipo mostraram que é possível demonstrar o efeito em circunstâncias controladas, apresentando uma tarefa que na verdade seja neutra como aquela em que homens e mulheres se saem melhor. Para as mulheres participantes, saber que é uma tarefa em que as mulheres costumam se sair melhor resultou em pontuações mais altas (isto é o que chamamos de o efeito *lift*, ou elevador, do estereótipo), enquanto saber que os homens costumam se sair melhor resultou em pontuações drasticamente inferiores. O efeito era menos acentuado nos participantes homens, mas eles também se saíam melhor na tarefa quando ouviam que os homens costumavam ter uma vantagem.[53]

Assim, os dados coletados não são necessariamente "puros" no sentido de que são livres de contexto. A tarefa usada pode refletir mais do que a variável específica que se tem esperança de medir, e os participantes podem reagir de um jeito que sofra contágio de toda sorte de fatores que nada têm a ver com o que se espera demonstrar.

O sexo não basta

Sabendo, como agora sabemos, o quanto o cérebro é enredado com o mundo em que ele funciona e que o transforma, fica claro que precisamos levar isto em conta quando selecionamos participantes para testar, ou quando acessamos os conjuntos maiores de dados sobre o cérebro e o comportamento que se tornam disponíveis – ou, na verdade, quando decidimos até que ponto são confiáveis e válidas as conclusões a que chegaram os pesquisadores. Isto é especialmente verdadeiro na pesquisa das diferenças sexuais, em que apenas dividir a população segundo a composição de homens ou mulheres vai mascarar um número imenso de outras fontes possivelmente (ou até provavelmente) contributivas para a diferença. Quando sabemos disso, em um nível geral, fatores como o número de anos de escolaridade, status socioeconômico e ocupação podem mudar a estrutura e a função do cérebro e, assim, isto deveria ser considerado quando procuramos o que nossos participantes podem fazer. Quaisquer estudos que pareçam pressupor alegremente que só o sexo é uma base suficiente para categorizar os indivíduos examinados devem ser mandados de volta à prancheta.

O estudo psicológico das diferenças sexuais avançou um pouco desde os "disparates sentimentais" que Helen Woolley descreveu no início do século XX. Mas embora possamos ter eliminado as alegações mais radicais, à medida que ramificações importantes da psicologia entraram no século XXI e uniram forças com pesquisadores de imagens do cérebro, ainda havia motivo para preocupação. Cem anos depois do resumo desdenhoso de Woolley sobre as descobertas da psicologia na época, o levantamento mordaz de Cordelia Fine da disciplina emergente da neurociência cognitiva registrou muitas conclusões inevitáveis, teorias tendenciosas e descobertas práticas e deturpadas.[54]

Pode parecer que a psicologia ignora deliberadamente o poder do mundo que nos cerca para mudar nosso comportamento e, dado o que agora sabemos sobre a neuroplasticidade, mudar nosso cérebro. E estas pressões culturais naturalmente podem incluir as próprias descobertas que surgem da psicologia e dos laboratórios de imagem do cérebro.

A não ser que isto seja levado em conta e até que seja assim, a psicologia pode ser acusada de meramente fornecer um catálogo de diferenças aparentemente estabelecidas entre os sexos.

Mas a psicologia tem outro papel a cumprir, que tiraria a neurociência do laboratório e a levaria para a consciência pública. Há muito existe um apetite verdadeiro pelos aparentes *insights* da psicologia sobre a compreensão de nós mesmos e dos outros. Guias de aconselhamento pessoal e códigos de conduta estão por aí há séculos, mas foram livros como *Como fazer amigos e influenciar pessoas*, de Dale Carnegie (1936) que estabeleceram o gênero popular e lucrativo da autoajuda.[55] De *Pense e enriqueça*, de Napoleon Hill (1937), passando por *Como evitar preocupações e começar a viver* (de novo Carnegie, 1948), até (é claro) *Comporte-se como uma dama, pense como um homem* (2009), a psicologia popular tem sido consultada com entusiasmo para as soluções dos enigmas e problemas da vida, principalmente a questão antiga das diferenças sexuais. Quaisquer truques para a Sobrevivência e o Sucesso, estradas para o Você Transformado e Toda uma Nova Vida podem ser encontrados nas páginas destes livros – a mensagem básica é Conheça a Si Mesmo (e aos outros) e Melhore.

Combinada com o advento da imagem do cérebro, a psicologia popular assumiu toda uma nova dimensão. Depois que colocamos nesta mistura o "Seu cérebro e como ele funciona", em especial quando podemos ilustrar isto com imagens lindas e coloridas do cérebro, foi armado o palco para todo um novo gênero de livros de autoajuda, os neuroguias.

CAPÍTULO 4:

Mitos do cérebro,
neurolixo e neurossexismo

Neuroabsurdos, *neurolixo, neurossexismo, neurobaboseira, neurotolices, neurobobagem, neuroasneira, neuromania, neurobesteira, neurobirutice, neurofalácias, neuromancadas, neurodisparates, neurotolices.*

O advento da tecnologia de imagem do cérebro no final do século XX proporcionou a possibilidade de realmente entender que diferenças podem existir nos cérebros das mulheres e nos dos homens e explorar as ligações entre estas e quaisquer divergências associadas no comportamento. Sem depender mais de cérebros mortos, doentes ou lesionados, a comunidade de pesquisa agora deve poder responder a antigas questões sobre diferenças sexuais. A técnica mais popular nesta exploração foi a fMRI, que, como vimos no Capítulo 1, mede as mudanças de fluxo sanguíneo associadas com atividade cerebral e exibe os resultados como imagens codificadas em belas cores, parecendo, enfim, nos dar uma janela para o cérebro.

A essa altura, vale a pena destacar o que a fMRI *não pode* nos dizer e ressaltar muitas crenças equivocadas que apareceram devido a uma incompreensão do que pode fazer esta técnica de imagem cerebral.[1] Primeiramente, a fMRI não nos dá um retrato direto da atividade cerebral, da passagem de impulsos nervosos pela superfície do cérebro ou dentro de estruturas fundamentais em escalas de tempo de milissegundos; só nos dá um quadro das mudanças de fluxo sanguíneo que fornecem a energia para esta atividade.[2] E estas mudanças são muito mais lentas do que realmente acontecem – estamos falando de segundos, e não de milissegundos. Assim, depois que as revelações são interpretadas em termos de diferenças em funções como a descoberta de palavras ou o reconhecimento de padrões (e ambos podem ocorrer em escalas de tempo de milissegundos), estas revelações devem ser vistas com cautela e só consideradas no contexto de análises detalhadas de mudanças de comportamento medidas ao mesmo tempo.

Também precisamos estar conscientes de que as imagens codificadas por lindas cores não são uma medida pura de uma ou outra tarefa. Se participarmos de uma experiência de imagem do cérebro, em parte do tempo poderemos apenas ver palavras isoladas e projetadas, uma de cada vez, em uma tela. Depois podem nos solicitar que olhemos para outro conjunto de palavras, mas desta vez pedem que nos lembremos do máximo possível delas. Os dados da primeira tarefa serão então subtraídos dos dados da segunda. O pressuposto aqui é de que o pesquisador "perderá" esses padrões de ativação cerebral que são comuns às duas tarefas e ficará apenas com aqueles que são exclusivos para a tarefa da memória. Isto porque as mudanças no cérebro associadas com essas atividades cognitivas são muito pequenas, assim, os pesquisadores de imagens cerebrais encontram um jeito de aumentá-las. A imagem cerebral resultante não está capturando as mudanças no cérebro associadas com a ativação de seus centros de memória, em tempo real – é um quadro das diferenças entre um cérebro que lê o mundo e um cérebro que memoriza o mundo.

Para exemplificar o tamanho das diferenças que foram encontradas, vários tons de cores são atribuídos a elas. O vermelho costuma ser alocado a áreas que mostram aumento na ativação, indo do rosa-claro, para aquelas diferenças que estão apenas um pouco acima do limiar para que sejam estatisticamente diferentes, ao escarlate vivo, para as maiores de todas. O azul equivale a diminuições na ativação, de novo indo do muito claro ao intenso. Esses tons podem ser ajustados quando maximizamos o contraste na imagem em si. Áreas em que não há diferenças significativas na ativação, em geral, não são coloridas. E assim chegamos àquelas imagens evocativas de uma seção transversal cinza e sinistra do cérebro em que são sobrepostos trechos de vermelhos e azuis intensos. Há uma impressão dominadora de que vemos o equivalente a uma fotografia de um cérebro humano pensante e vivo, belamente codificado por cores para mostrar de onde vêm os "pensamentos" e parecendo dar provas irrefutáveis do poder "telepata" dos pesquisadores.[3]

Um problema com a interpretação dos dados despejados dos escâneres nos anos imediatamente depois que a fMRI entrou em cena é o que se chama "problema de inferência reversa".[4] Ross Poldrack, psicólogo de Stanford, observou que quando localizamos a ativação em uma área associada a determinado processo, como a da "recompensa", e descobrimos esta área ativada durante determinada tarefa, como ouvir um tipo específico de música, é tentador concluir que as pessoas gostam de ouvir música porque "centros de recompensa" estão ativos no cérebro. Mas a precisão desta conclusão depende de partes específicas do cérebro serem altamente especializadas só para um tipo de processo, neste caso, apenas a "recompensa", e também de a medida comportamental ser um índice muito forte do objeto de seu interesse e, assim, por exemplo, precisaremos incluir classificações adicionais do quanto a música foi positivamente classificada.

Como veremos, é muito incomum conseguir apontar o dedo para uma área só do cérebro relacionada com uma única função, portanto, precisaríamos de uma retaguarda comportamental adicional. Em outras palavras, precisaríamos de uma dica muito boa de nosso ouvinte, como "gosto muito desta música. Darei nota 5" para apoiar nossa alegação de que ouvir (esta) música foi recompensador. E precisaríamos poder eliminar outras possíveis interpretações além da "recompensa" para apoiar nossa alegação – talvez o circuito de "recompensa" inclua algumas funções de memória de longo prazo, ou também processos atencionais, e deste modo a música pode servir de gatilho para alguma lembrança ou alertar a pessoa para a necessidade de se concentrar, mas também, ou em vez de, ter vibrações positivas.

A falta de compreensão deste problema da influência reversa foi a chave para alegações de que a imagem cerebral pode ser usada para identificar "comportamento invisível", que sem saber o que alguém realmente estava pensando ou fazendo seria possível ver os padrões de atividade no cérebro e "ler a mente" da pessoa. Alegar que podemos usar um escâner do cérebro como um detector de mentiras é um exemplo clássico deste tipo de "neurocharlatanismo", com reluzentes "circuitos de fraude" entregando a culpa da pessoa, sua infidelidade ou suas tendências terroristas.[5]

Os primeiros estudos de fMRI do cérebro humano foram realizados no início dos anos 1990 e, mais ou menos nos vinte anos seguintes, foram a fonte da maior parte da compreensão pública (e, infelizmente, da incompreensão) de como o cérebro funciona e como serve de base para todo o comportamento humano. Em muitos casos, esta pesquisa forneceu *insights* impressionantes sobre processos que antes só podíamos conjecturar. Em outros casos, porém, serviu apenas para perpetuar alguns mitos sobre o cérebro, não devido a problemas intrínsecos da técnica em si, mas a vieses particulares originários da aplicação de modelos cerebrais antiquados.

Imag(inando) o cérebro: como o neuroespanto se transformou na neurobobagem

Os gurus da pesquisa de marketing têm uma expressão para as mudanças na sorte com o passar do tempo que costumam acompanhar a introdução de uma tecnologia nova. Chama-se ciclo de hype do Gartner (ver Figura 1) e acompanha a trajetória de modismos, esperanças e decepções de inovações promissoras.[6]

O ciclo começa com um lançamento entusiasmado de uma nova tecnologia, em geral associada com muito interesse da mídia, levando ao Pico das expectativas infladas. Esta fase consiste em resultados iniciais promissores, além do modismo, que induzem a especulações animadas sobre os problemas que esta nova tecnologia resolverá, criando, assim, expectativas irreais. Seguem-se, então, as dificuldades, decepções e críticas emergentes, e o interesse começa a minguar – cai no Vale da desilusão. Porém, se os problemas podem ser identificados e as críticas respondidas e resolvidas, então, com a cautela adequada e expectativas mais realistas, segue-se o progresso renovado e são alcançados resultados

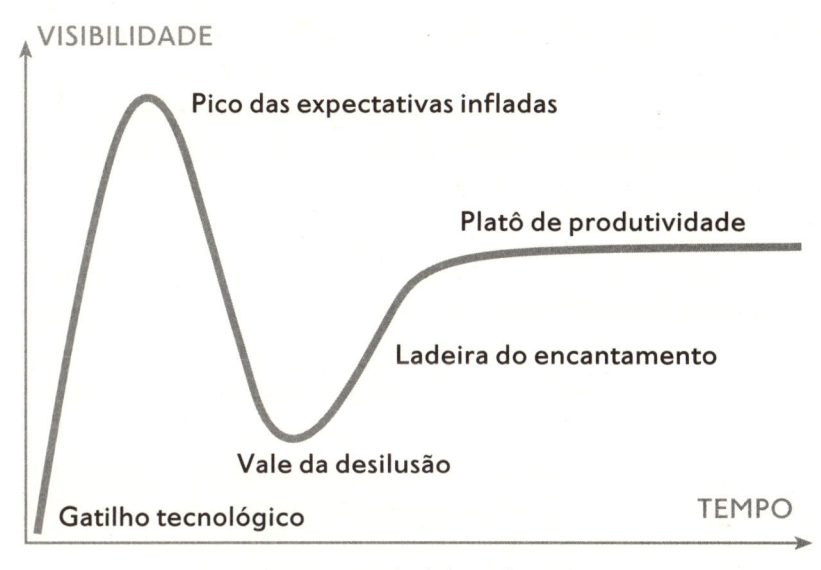

Figura 1: O ciclo de hype do Gartner.

melhores. Esta é a Ladeira do encantamento e, se feita corretamente, leva ao Platô da produtividade.

Em um blog de 2016, Guerric d'Aviau de Ternay, da London Business School, e o psicólogo Joseph Devlin, do University College London, usaram o conceito do ciclo do hype para identificar as expectativas iniciais, as dificuldades emergentes e as perspectivas futuras do neuromarketing (aliás, agora rebatizado como neurociência do consumidor).[7] Ao ler isto, de súbito percebi que este modelo seria perfeito para descrever como os prodígios iniciais da imagem do cérebro se transformavam em "neurolixo" e "neurobaboseira", e depois para monitorar que as "neuronotícias" podiam ser resgatadas do que foi batizado de Grande escândalo do escâner cerebral.[8]

O lançamento de novas tecnologias de imagem do cérebro seguiu exatamente este curso. A MRI funcional foi aclamada como a resposta a muitas questões não resolvidas sobre nosso cérebro até então invisível. O enorme potencial de comunicação das imagens cerebrais ainda mais sofisticadas que eram produzidas realmente provocou a imaginação pública, alimentada pela imprensa popular, para quem estas imagens maravilhosamente sedutoras eram, inicialmente, aquele presente que continuava sendo repassado. O que se seguiu foi uma torrente infeliz de expectativas infladas e um dilúvio de incompreensão e deturpações, levando, por fim, a uma proliferação de neurolixo: informações falsas sobre neurociência e como funciona o cérebro.

O gatilho da tecnologia

Em 1992, foram publicados os primeiríssimos estudos de fMRI. Em um deles, os participantes deitaram-se em um escâner de MRI e assistiram a padrões xadrez em vermelho e verde piscando à direita ou à esquerda do campo visual. O aumento resultante no fluxo sanguíneo para o córtex visual foi capturado e exibido como uma imagem colorida indistinta (embora distintamente manchada), acompanhando a parte do cérebro da qual ela surgiu.[9] Um segundo estudo, usando luzes intermitentes e apertos na mão, mostrou como era possível localizar a reação cerebral, desta vez com a resposta visual combinando a frequência da luz intermitente e a ascensão ou queda do sinal do córtex motor que correspondia à intensidade do aperto na mão. Este estudo teve imagens em preto e branco bem desfocadas, mas estavam claros os detalhes de onde exatamente situar a origem destas mudanças.[10]

Foram primórdios bem humildes das imagens deslumbrantes com que estamos acostumados hoje, mas sem dúvida marcaram o início de uma revolução na pesquisa do cérebro e na comunicação mais fácil das descobertas. Os pesquisadores de imagens cerebrais conseguiam acompanhar quando e onde aconteciam as mudanças no cérebro e transformá--las em imagens acessíveis que contavam histórias interessantes.

O impacto foi quase imediato, e as luzes intermitentes e apertos na mão rapidamente deram lugar a quase qualquer processo psicológico que pudesse ser inspirado no escâner, da linguagem à mentira e daí em diante. As décadas seguintes ao primeiro estudo de fMRI foram os anos do *boom*: o número de publicações usando fMRI para examinar vários aspectos da função cerebral passou de quinhentos por ano, nos dez primeiros anos, e em 2012 tinha chegado a bem mais de 1.500 por ano.[11] Segundo uma estimativa, eram publicados de trinta a quarenta artigos de fMRI por semana nessa época. Dado o custo do equipamento e a complexidade da coleta de dados e subsequente análise exigida, esta foi uma trajetória verdadeiramente explosiva.

A disponibilidade desta tecnologia gerou uma nova disciplina: a neurociência cognitiva. Este novo campo conectou firmemente atividades de psicólogos, que se tornavam cada vez mais adeptos da desconstrução das várias etapas dos processos de comportamento humano, da percepção visual à cognição espacial e a tomada de decisão e correção de erros, com aquelas dos cientistas do cérebro – em particular os que pesquisavam as estruturas e funções do cérebro humano.

Costuma ser muito recompensador quando a mídia popular passa a ter um interesse positivo pela ciência que fazemos. Mesmo que não seja sobre nosso próprio trabalho, pode ser animador ver algum interesse da mídia pelo que podem mostrar as imagens do cérebro, quais descobertas estão fazendo os cientistas, que nova realidade foi revelada ou que certeza do passado foi confirmada. E as imagens usadas eram, quase universalmente, espantosas e pareciam ser de fácil compreensão. De fato, parecia que enfim tínhamos uma janela para o cérebro que nos permitia mapear suas atividades. As conjecturas do passado, baseadas em autópsias ou em pacientes com lesão cerebral, podiam ser contrapostas à realidade e podíamos começar a entender não só como funcionava o cérebro saudável, mas também como as doenças o afetavam.

O pico das expectativas infladas

Como todas as novas modas, estabeleceu-se uma "temporada da tolice". A década de 1990 foi declarada a "década do cérebro".[12] Parecia que todas as formas de ciência cerebral, e particularmente os resultados dos aparelhos de fMRI, iam revolucionar nossa compreensão deste órgão sumamente importante. A psiquiatria, a educação, a psicologia, a psicofarmacologia e até a detecção de mentiras seriam transformadas pela chegada da fMRI e de uma nova compreensão do cérebro. De súbito, havia a moda de acrescentar o prefixo "neuro-" a tudo: neurolegislação, neuroestética, neuromarketing, neuroeconomia, neuroética. Bebidas chamadas Neuro Bliss, Neurosgasm, Neuro Sleep. Em 2010, uma conferência internacional de Neurociência e Sociedade na Universidade Oxford fez a pergunta, "O que há com o cérebro de hoje?", comentando a moda de todas as coisas "neuro" e delineando os problemas que seriam resolvidos pela exploração desta nova tecnologia, tudo graças aos neurocientistas.[13]

Mesmo fora do mundo da ciência, parecia obrigatório enquadrar tudo nos termos "cérebro" e "neuro". Apaixonar-se, falar outras línguas, comer chocolate, decidir em quem votar, até provocar a crise financeira de 2008 – tudo ligado às atividades de nosso cérebro, em geral descrito como "pré-programado" para garantir que entendamos a mensagem biológica determinista.[14] Todo artigo tinha de ser ilustrado por pelo menos uma imagem em cores vivas do cérebro, em geral sem eixos ou guias úteis para decodificação, com referências a determinadas áreas "acendendo-se" ou "brilhando" em resposta a nossa glossolalia, chocolatria e/ou tendências conservadoras ou republicanas. A ciência do cérebro foi apontada como prova em 2012 pelo *Daily Mail* quando citou (equivocadamente) alguns neurocientistas sobre a origem da obsessão por Justin Bieber (uma onda de dopamina semelhante à causada pelo orgasmo ou pelo chocolate – ou talvez os dois), e, assim, os cérebros de "Beliebers" são supostamente "programados" para a obsessão por ele.[15] No mesmo ano, o *Guardian* publicou um artigo sobre a ciência cerebral da criatividade em termos de "a neurociência do talento de Bob Dylan".[16]

Nascia uma nova indústria do neuromarketing. O meu favorito é um projetista de cozinha que, segundo seu site na internet, usa "princípios cerebrais" para entender os clientes, com o fim de "criar uma utopia doméstica sob medida para sua personalidade, usando os princípios da neurociência ou o estudo científico do sistema nervoso, para responder a suas necessidades emocionais e desejos subliminares, bem como a construção de uma cozinha perfeitamente prática". A imagem que acompanhava este texto é de um homem de cara muito assustada, usando um capacete de imagem cerebral e olhando uma cozinha, suponho, perfeitamente prática.[17]

Às vezes os próprios neurocientistas contribuíram para a cobertura cada vez mais bizarra da imprensa. Um exemplo disto é encontrado na história de um relato na Associação Americana para o Progresso da Ciência em que foi apresentado um artigo sobre as "Assinaturas neurais e emocionais de hierarquias sociais" ("Neural and Emotional Signatures of Social Hierarchies").[18] O artigo informou que os participantes homens foram examinados por escâner enquanto lhes mostravam fotos de diferentes corpos femininos ou masculinos em diferentes níveis de vestimenta (totalmente vestidos, parcialmente vestidos, em trajes de banho). Isto foi feito em nome do estudo dos correlatos neurais de determinados tipos de memória. Os homens viam uma mistura de imagens novas e antigas e mais tarde eram solicitados a identificar quais tinham visto antes. Os homens se lembravam melhor das mulheres de biquíni (os céticos se perguntarão por que foi necessário um *scan* do cérebro para demonstrar isso). Quando os *scans* cerebrais relevantes foram examinados, diferentes áreas eram ativadas por diferentes tipos de estímulo. Com relação às reações a beldades em trajes de banho, os autores contam:

> Foram ativadas áreas do cérebro que normalmente se iluminam na expectativa de usar ferramentas, *como chaves inglesas e de fenda* [o grifo é meu] (...). As mudanças na atividade cerebral sugerem que as imagens sensuais podem mudar como os homens percebem as mulheres, transformando-as de pessoas com quem interagir em objetos com os quais agir.

No dia seguinte, o *Guardian* publicou uma matéria sobre o artigo, relatando com precisão o que foi dito, acompanhado da chamada "Objetos sexuais: imagens mudam a visão que os homens têm das mulheres", sutilmente acompanhada por uma foto de uma broca de furadeira penetrando uma peça de madeira.[19] No dia seguinte, o periódico da *alma mater* dos pesquisadores, o *Princetonian*, também falou sobre o estudo e descreveu aquelas áreas cerebrais ativadas pelas imagens com trajes de banho associadas com "coisas que você manuseia". Desta vez a imagem era de uma chave de fenda sobreposta sugestivamente a uma imagem de um torso bem torneado de biquíni.[20] A manchete da normalmente sóbria *National Geographic* exclamou, "Biquínis fazem os homens verem as mulheres como objetos, *scans* confirmam", junto com o detalhe adicional e inicialmente não informado de que "também era mais provável que os homens associassem imagens de mulheres sexualizadas a verbos de ação na primeira pessoa, como 'Eu empurro, Eu pego, Eu manuseio'".[21] Recorreram a uma compilação verdadeiramente vulgar de imagens de biquíni para ilustrar seu argumento. E também a CNN, cujo site trombeteou: "Pode parecer óbvio que os homens percebem como objetos as mulheres em sensuais trajes de banho, mas agora existe a ciência em apoio a isto".[22] Talvez não seja o melhor momento da divulgação científica.

Em um estudo intitulado "Neurociência na esfera pública" ["Neuroscience in the Public Sphere"], Cliodhna O'Connor e colaboradores do University College London fizeram a crônica da cobertura da mídia sobre a neurociência no Reino Unido entre 2000 e 2010.[23] Escolhendo seis jornais britânicos representativos, eles identificaram mais de 3.500 artigos nesta década, com os números aumentando constantemente por todo esse tempo, de 176 em 2000 para 341 em 2010. Os temas cobertos iam da "otimização do cérebro", passando por "diferenças de gênero" a "empatia" e "mentiras". A equipe do UCL concluiu que havia um foco no "cérebro como prova biológica" e em uma pauta que dava explicações para quase tudo, inclusive o comportamento de risco na comunidade gay ou a pedofilia. Os autores concluíram que "a pesquisa era aplicada fora de contexto para criar manchetes dramáticas, argumentos ideológicos muito mal disfarçados ou para apoiar determinadas pautas políticas".

O vale da desilusão

A neuromoda inicial parecia dar *insights* sobre muitos aspectos da existência humana. Assim como a promessa de entender a consciência e o livre-arbítrio, resolver o problema mente-corpo e talvez proporcionar maior compreensão do *self*, também havia a possibilidade de um front mais imediatamente prático de diagnóstico melhorado, e até de tratamento, baseado no cérebro, para problemas físicos e mentais. Começaram a aparecer delírios sobre a qualidade de parte da pesquisa básica: não só sobre sua apresentação, mas sobre a produção e a interpretação das próprias imagens cerebrais que causavam tanta empolgação.

Havia imagens atraentes que chamavam a atenção, os mapas com códigos coloridos e, com sistemas mais avançados, vídeos em *time-lapse* dando a impressão de uma janela direta para a atividade contínua do cérebro humano. A visualização do cérebro, que parecia tornar visível o invisível, foi de fato o gatilho tecnológico que trouxe a neurociência firmemente para a arena pública. Também teve boa ressonância com a visualização de praticamente tudo no mundo da época, por meio de câmeras de vídeo e fotocopiadoras, assim como os desenvolvimentos na TV e no cinema.[24]

O problema era que a imagem do cérebro que enfeitava muitos artigos de jornal e livros de divulgação científica era, de certo modo, uma ilusão. A produção, ou "construção" de uma imagem cerebral, seja de um só indivíduo ou de um grupo, requer uma hierarquia de decisões de várias camadas, sobre como "limpar" os dados brutos, como suavizar diferenças anatômicas individuais, como "torcer" características do cérebro para que se encaixem em um cérebro modelo.[25] A distribuição de cores aos diferentes tipos de mudanças identificadas é, na verdade, um procedimento estatístico. Do mesmo modo que as cores cintilantes que se deslocam do cinza e branco tundra do cérebro enquanto alguém vê um comercial da Coca-Cola não equivale a um poente em *time-lapse*, mas reflete a limiarização de algumas decisões tomadas por um pesquisador de imagens cerebrais.

Mas esta não foi a impressão dada no início, e identificaram um poder particularmente convincente nas imagens do cérebro. Uma série de estudos dirigidos pelos psicólogos David McCabe e Alan Castel alegou demonstrar que a mera presença de imagens do cérebro tinha um efeito direto sobre a credibilidade ou não de determinada linha de raciocínio cinentífico.²⁶ Seus participantes recebiam artigos falsos sobre temas como a ligação entre ver televisão e capacidade para matemática, e alguns continham erros científicos. Eles também tiveram como exemplo imagens padrão do cérebro, mapas topográficos ou gráficos de barra comuns. Quando solicitados a classificar o raciocínio científico nos artigos, era muito mais provável que os participantes aprovassem artigos acompanhados por uma imagem do cérebro.

    Nos primeiros dias do desenvolvimento da imagem de ressonância magnética para uso diagnóstico, houve alguma discussão sobre quais profissionais médicos entenderiam e interpretariam melhor os dados produzidos (que a essa altura eram ambos numéricos, e não pictóricos). Decidiu-se que os radiologistas, como examinadores treinados de imagens de raios X e *scans* de tomografia computadorizada, seriam os mais eficazes, e apresentaram a eles a nova tecnologia. É interessante observar que foram estes radiologistas que requisitaram que a prática inicial de codificação das imagens por cores fosse substituída por versões em uma escala de cinza. Pelo visto, preferiam tons de uma só cor porque isto lhes permitia identificar mudanças anatômicas sutis. Eles observaram que a diferença de luminosidade entre duas regiões podia ser muito pequena, o que seria evidente a partir de dados numéricos, mas se estas regiões recebessem um código de cores, digamos, de azul e amarelo, a diferença poderia "enganar o olho a acreditar que dois números próximos são muito diferentes, porque eles têm diferentes cores na imagem".²⁷ Assim, os profissionais consideraram uma distração as próprias cores que eram um importante argumento de venda para o público.

    Estes estudos "sedutores e fascinantes" são citados com frequência como parte da preocupação crescente com o impacto do neuromodismo na credibilidade geral da imagem do cérebro. As alegações de que a neuroimagem só era boa para produzir imagens bonitas que podiam jogar areia em olhos crédulos não contribuíram muito para moderar a impressão emergente de que esta tecnologia só desviava o financiamento da "boa ciência" e não podia nos dizer nada de útil sobre o cérebro humano. Como podemos constatar, Martha Farah e Cayce Hook, neurocientistas cognitivas do Centro de Neurociência e Sociedade da

Universidade da Pensilvânia, em um artigo com o título caracteristicamente apelativo de "O fascínio sedutor do 'Fascínio sedutor'" ["The seductive allure of 'Seductive allure'"], relataram que outros estudos não conseguiram reproduzir estas descobertas originais, mas reconheciam a *crença* em curso de que o efeito persuasivo era real.[28] Robert Michael e colaboradores, da Nova Zelândia, encararam a tarefa e tentaram reproduzir as descobertas originais, com dez estudos diferentes e quase 2 mil participantes.[29] A parte fundamental de seu projeto era a presença ou ausência de uma imagem cerebral ou "linguagem científica" nos vários argumentos científicos apresentados aos participantes. É interessante notar que, neste caso, eles descobriram que a linguagem era mais eficaz do que a imagem. Assim, os argumentos iniciais de "a culpa é das imagens do cérebro" podem ter sido exagerados, mas ainda estava claro que a narrativa associada a eles podia ser erroneamente convincente. É importante lembrarmos disto quando tentarmos entender a persistência surpreendente de crenças equivocadas sobre o cérebro em toda sorte de arenas, em particular aquelas relacionadas com a compreensão das diferenças sexuais.

Logo ficou evidente, porém, que pouco progresso foi feito a partir das promessas iniciais e, paradoxalmente, a prática emergente de neurocientistas "apelando" ao neurolixo tinha seus efeitos. Em 2012, Deborah Blum escreveu um artigo na *Undark Magazine* com o título "O inverno do descontentamento: terá esfriado o caso tórrido entre a neurociência e o jornalismo científico?" ["Winter of discontent: is the hot affair between neuroscience and science journalism cooling down?"][30] Ela chamou a atenção para uma enxurrada de matérias "neurocríticas" que expressavam preocupação com a simplificação exagerada (e a imprecisão) da cobertura da neurociência na imprensa, em particular aquelas histórias envolvendo "*scans* cerebrais com seus visuais chamativos". Um dos artigos que ela notou foi "Neuroscience fiction" ["Ficção neurocientífica"], publicado na *New Yorker*, em que Gary Marcus, professor de ciência cognitiva, expressava preocupação que a imagem do cérebro estivesse sendo banalizada por matérias como "Cérebro feminino mapeado em 3D durante o orgasmo" e "Este é seu cérebro no pôquer".

O editorial de Alissa Quart no *New York Times* foi bem mais contundente.³¹ Elogiando os atos dos blogueiros neurocientistas, ou "neurocéticos", ela aplaudiu a reação contra o que chamou de "pornô cerebral", com explicações neurocientíficas dando "atalhos para a iluminação" e "eclipsando interpretações históricas, políticas, econômicas, literárias e jornalísticas da experiência". Steven Poole, na *New Statesman*, juntou-se à refrega com um artigo atraente intitulado "Seu cérebro na pseudociência: a ascensão da neurobaboseira popular" ["Your brain on pseudoscience: The rise of popular neurobollocks"].³² Ele revirou a moda dos livros de neuro-autoajuda, observando que a função do gênero "Pensador inteligente" era "libertar os leitores da responsabilidade de pensar por eles mesmos" e citou com entusiasmo Paul Fletcher, neurocientista de Cambridge, que cunhou o glorioso termo "neurodisparate" para descrever o hábito de ligar um termo neural que soa grandioso a um argumento simples. Poole também chamou a atenção para o uso exagerado da frase "Este é seu cérebro com..." quando interpretavam dados de imagens cerebrais associados a algum processo que ia da música à metáfora e ao pôquer. Para mim, a melhor parte de seu artigo é quando ele se oferece para "se submeter a um *scan* de imagem de ressonância funcional enquanto lê uma pilha de livros de neurociência pop, para uma série esclarecedora de imagens intituladas 'Este é seu cérebro com livros imbecis sobre seu cérebro'".

A ladeira do encantamento

Os alarmes tinham começado a soar na comunidade da neurociência muito antes da reação dos jornalistas. Em um artigo de 2005 com o título "fMRI aos Olhos do público" ["fMRI in the Public Eye"], Eric Racine, do Centro de Ética Biomédica de Stanford, e colaboradores levantaram preocupações de que as limitações da fMRI não eram suficientemente esclarecidas e que havia saltos de fé em demasia, com alegações desvairadas de que as imagens cerebrais podiam ser consideradas "provas visuais" da base biológica de determinado processo, como o vício em pornografia, ou que os sistemas de ressonância magnética poderiam servir como uma máquina que lia pensamentos ou detectava mentiras.[33] Eles exortaram pela cautela não só na mídia, mas também na comunidade da neurociência, com maior cuidado a ser tomado na explicação dos riscos e preocupações, bem como nos benefícios da nova tecnologia.

A "indústria do cérebro" tinha começado a se autorregular. Surgiam blogs como um meio de comunicação pública e vários neurocientistas praticantes entraram no espírito da época e criaram sites que chamavam a atenção para as "neurogafes" e "neuroasneiras" em circulação. Pesquisadores da James S. McDonnell Foundation, nos Estados Unidos, já haviam criado o Neuro-Journalism Mill em 1996, um site dirigido por autoproclamados "ranzinzas (...) dedicados a separar o joio do trigo da mídia popular sobre novidades a respeito do cérebro".[34]

Também ficava claro que o neuromodismo não era só uma função dos artigos de imprensa entusiasmados demais, porém mal fundamentados, e o consequente neurolixo. A enorme complexidade em torno da produção e da análise de dados de imagem cerebral levava a erros e interpretações equivocadas dentro da própria ciência. Ed Vul e colaboradores, da Universidade da Califórnia, em San Diego, ficaram perplexos com parte das correlações extraordinariamente altas entre atividade cerebral e medições comportamentais, em especial nos novos círculos emergentes da neurociência social.[35] Sabendo da grande variabilidade dos dois tipos de medição, eles não conseguiam entender como os pesquisadores chegavam a correlações altas como 0,8 ou mais, em particular se uma de suas variáveis eram os dados de imagem do cérebro. Dados brutos de ativação cerebral (seja o fluxo sanguíneo ou atividade elétrica ou magnética) são convertidos em representações visuais do tecido cerebral medidas em unidades chamadas voxels (pixels em 3D). Estes podem ter tamanho variado, dependendo da resolução do sistema, mas podemos chegar a um milhão de voxels em um *scan* cerebral de alta resolução. E depois teríamos uma nova imagem mais ou menos a intervalos de dois ou três segundos. No geral, uma quantidade imensa de dados para processar, dentro dos quais haveria imensas quantidades de variância, que normalmente dificultariam muito a localização das diferenças.

Suponha que você seja um psicólogo social querendo ver as correlações entre a atividade nos voxels cerebrais, medidas por colegas de imagem cerebral e por alguma medição comportamental em que esteja interessado. Em vista do número enorme de voxels a partir dos quais escolher, há uma probabilidade muito alta de que você tenha um falso positivo, encontrando uma correlação só por acaso. Se pudesse "restringir" a escolha de voxels de alguma forma, seria de grande ajuda. E é aí que Vul e colaboradores perceberam de onde vinha o problema: os pesquisadores estavam "escolhendo a dedo" aqueles voxels em que já estava claro que havia correlações elevadas com seus dados comportamentais e depois simplesmente os exploravam (no lugar de, digamos, especificar antecipadamente determinada área anatômica em que a atividade relevante pudesse ser *prevista*). É meio parecido com testar sua suspeita de que uma alta proporção da população participa de jogos de azar coletando os dados apenas em uma rua cheia de casas de apostas. Isto levaria a altas correlações agradáveis (ou perturbadoras, se você fosse Vul e colaboradores) entre os dados do cérebro e do comportamento. Mais da metade dos cinquenta e tantos artigos examinados caiu nesta armadilha. Vul e colaboradores acharam que o problema se baseava mais em ingenuidade estatística dos pesquisadores (e, presumivelmente, dos resenhistas dos artigos), novatos em uma área complexa, do que em uma tentativa deliberada de fraude. Porém, eles foram bem menos clementes nas conclusões: "Somos levados a concluir que um segmento perturbadoramente grande e de bastante destaque da pesquisa com fMRI sobre a emoção, a personalidade e a cognição social está usando métodos de pesquisa seriamente incorretos e produzindo uma profusão de números que não merecem crédito." Isso não significa que todas as empolgantes descobertas na neurociência cognitiva social devem ir para a lixeira, mas elas agora precisam ser vistas com uma forte dose de ceticismo, em particular aquelas publicadas antes de 2009.

Se não aplicarmos as regras estatísticas corretas, os resultados podem ser enganadores, para dizer o mínimo. O exemplo mais clássico disto envolve um peixe morto.³⁶ Este estudo de Craig Bennett e colaboradores em seu laboratório em Dartmouth também envolveu examinar as dificuldades encontradas com a imensa quantidade de dados que os pesquisadores de imagens tentavam comprimir em uma forma visual digerível. Como vimos, existe um número enorme de voxels em qualquer *scan* do cérebro. Se tentarmos descobrir aquelas áreas que são mais ativas durante determinada tarefa, precisaremos fazer um número imenso de comparações (e nos expor mais uma vez ao problema do falso positivo). Assim, precisamos estabelecer algum limiar. Porém, como as diferenças, proporcionalmente falando, entre áreas mais ou menos ativas são de fato mínimas, se nosso limiar também é conservador, então todas as nossas diferenças interessantes podem desaparecer junto com aquelas aleatórias. Assim, podemos dizer: "Tudo bem, vamos aceitar que algo genuíno está acontecendo, digamos, se pelo menos oito voxels reunidos mostrarem alguma diferença". Mas a questão fundamental é que queremos encontrar um jeito de maximizar o contraste entre as áreas ativas e as áreas inativas.

O que o estudo de Bennett e colaboradores mostrou foi que isto pode nos preparar para algumas descobertas muito enganosas. Reza a história que eles testavam os ajustes de contraste de seu sistema de fMRI antes de realizar um estudo de reconhecimento de emoções. Precisando de um objeto "fantoche" com o tipo certo de tecidos corporais diferentes, eles recrutaram um salmão inteiro (morto, depois de tentar e fracassar com uma abóbora e uma galinha morta), colocaram-no em seu escâner e correram o protocolo experimental (que por acaso comparava reações a rostos felizes e tristes). Isto lhes permitiu ajustar o contraste no nível correto. Em uma fase posterior, quiseram demonstrar os efeitos de diferentes tipos de decisões limiares sobre os resultados de análise de fMRI, e assim experimentaram várias abordagens com os dados do salmão. O que descobriram foi que, se não corrigirmos adequadamente o fato de que estamos fazendo muitas comparações, podemos produzir um resultado espantoso. Podemos descobrir uma área no cérebro do salmão morto mostrando evidências significativas de ativação quando exposta a fotografias de indivíduos em situações felizes ou tristes, em comparação com quando estavam "em repouso". Seguem-se as previsíveis manchetes: "Exame de salmão morto em fMRI ressalta o risco de traíras" e "fMRI leva tapa na cara de peixe morto".[37]

Mais uma vez, este estudo não foi montado para mostrar que a fMRI era fraudulenta e que todos os estudos de pesquisa deveriam ser ignorados; na verdade, os pesquisadores precisavam ter muito cuidado com o modo como tratavam seus dados para evitar essas descobertas absurdas (que, é claro, só eram definidas como absurdas porque este participante estava morto e não cheirava lá muito bem). Mas isso também se somou à desilusão nascente com o gênero neuromodismo e colocou as coisas no caminho para uma Ladeira do encantamento, com expectativas realistas do que a fMRI podia ou não mostrar. O salmão foi nomeado o "peixe morto que criou mil céticos".[38]

O platô da produtividade?

Quer dizer, então, que a neuroimagem deixou para trás os erros do passado e se restabeleceu como a fonte de descobertas incríveis em nossa compreensão do cérebro humano?

Uma questão que tem sido de solução difícil é que às vezes, depois que uma descoberta entrou na consciência pública como um "fato", porém provou-se errada mais tarde, é extraordinariamente difícil tirá-la da cabeça sem que ela pipoque em outro lugar – é um daqueles mitos Acerte a Toupeira. Os estudos iniciais de imagem do cérebro levaram mais tempo para ser divulgados e criticados, assim, é possível que o tempo de permanência da primeira mensagem por aí, antes de ser contradita, tenha dificultado qualquer abalo na crença em sua precisão. E se esta descoberta foi adotada como apoio a atividades comerciais ou decisões políticas, que depois teriam de ser abandonadas ou revertidas se sua pedra fundamental fosse retirada, então haveria uma tendência a níveis muito mais altos de capacidade de resistência.

Isto é particularmente verdadeiro nos neuromitos na educação, em que ainda encontramos crenças, por exemplo, de que só podemos fazer alguma diferença no cérebro de uma criança nos três primeiros anos de vida, que existem diferentes tipos de aprendizado nele baseados, que só usamos 10% de sua capacidade, que os homens usam um lado do cérebro, enquanto as mulheres usam os dois.[39] Apesar de tantas provas em contrário, estes mitos ainda persistem, em geral perpetuados por "gurus" da educação, cujos manuais de aconselhamento exortarão os pais e formuladores de políticas públicas a adotar técnicas de "treinamento do cérebro" sem fundamento (e caras) ou mandar seus filhos a escolas de sexo único.

Porém, em uma nota mais positiva, a pesquisa está avançando e foram montados projetos enormes para explorar muitos aspectos do cérebro. Na Europa, mais de 1 bilhão de euros foram dedicados ao Projeto Cérebro Humano, um programa imensamente ambicioso que depende muito de modelagem por computador e técnicas de simulação para tentar obter *insights* sobre como o cérebro faz o que faz.[40] Envolve mais de cem centros de pesquisa no mundo todo. Derivados do projeto incluem atlas do cérebro maravilhosamente detalhados e atualizados para espécies humana e não humanas. Estes e todos os enormes conjuntos de dados que estão acumulando podem ser acessados por todos os pesquisadores, não só aqueles financiados pelo projeto. No Reino Unido, o projeto Biobank concentra-se em informações relacionadas com a saúde humana de 500 mil pessoas com idades que variam entre quarenta e 69 anos entre 2006-2010, e 100 mil delas passarão por pelo menos um *scan* cerebral.[41] Nos Estados Unidos, existe uma Iniciativa BRAIN (Brain Research through Advancing Innovative Neurotechnologies, Pesquisa cerebral por meio da promoção de neurotecnologias inovadoras), com um possível orçamento final de US$4,5 bilhões e um grande foco nas diferentes maneiras de medir o cérebro.[42] O Projeto Conectoma Humano (HCP, Human Connectome Project), também norte-americano, pretende mapear as possíveis conexões de células nervosas no cérebro humano.[43] Isso foi realizado para um nematódeo (*C. elegans*), com seus 302 neurônios e cerca de 7 mil sinapses. (A observação de que isso exigiu mais de cinquenta anos/pessoas de trabalho impõe uma perspectiva bem alarmante sobre a escala da tarefa do projeto de mapear um órgão com 86 bilhões de neurônios e 100 trilhões de conexões possíveis!) Novas técnicas para enfrentar estas tarefas surgem o tempo todo.

O livre acesso aos imensos conjuntos de dados gerados pelos pesquisadores nesses projetos, e a partilha maior de dados, permite a cada pesquisador ou grupo de pesquisa no mundo responder a um amplo leque de perguntas sobre o cérebro humano. Um artigo de 2014 contou mais de 8 mil conjuntos de dados de MRI compartilhados e disponíveis on-line.[44]

Atualmente, a pesquisa cerebral é uma área muito promissora. Porém, embora tenha feito um ótimo trabalho para colocar a casa em ordem na maioria dos casos, ainda existem ecos dos erros e incompreensões do passado que exigem nossa cautela. Isto é particularmente válido quando examinamos a pesquisa sobre diferenças sexuais no cérebro.

O sexismo no escâner

Como se sai o estudo das diferenças sexuais no cérebro neste ciclo de picos de expectativas infladas e vales de desilusões? A geração de imagens de cérebros saudáveis *in situ* certamente parecia dar soluções para muitos problemas levantados pelas limitações da abordagem "calombos e chumbo", com a qual somente cérebros mortos ou lesionados estavam disponíveis para *insights* adicionais. Pelo menos devemos ter a capacidade de testar a ligação no argumento de que indivíduos de diferentes gêneros, genitais e gônadas teriam também cérebros diferentes.

Como você deve ter previsto, uma combinação de descobertas sobre "sexo" e "cérebro" se mostrou uma dádiva para os inspetores do neurolixo e, depois que este gênio saiu da lâmpada, seguiu-se um maremoto de livros do tipo "sexo cerebral".[45] Assim como o conhecido *Homens são de Marte, mulheres são de Vênus*, temos *Why men don't listen and women can't read maps* ["Porque os homens não ouvem e as mulheres não sabem ler mapas] (com as sequências *Por que os homens mentem e as mulheres choram* e *Why men don't have a clue and women always need more shoes* ["Por que os homens são sem noção e as mulheres sempre precisam de mais sapatos"]). A estes, uniram-se o intrigante *Why men like straight lines and women like polka dots* ["Por que os homens gostam de linhas retas e as mulheres gostam de bolinhas"], *Men are clams, women are crowbars* ["Homens são ostras, mulheres, pés de cabra"] e *Why men don't iron* ["Por que os homens não passam roupa"]. O defensor da educação de sexo único Michael Gurian produziu *Boys and girls learn differently* ["Meninos e meninas aprendem diferentemente"] e temos uma reviravolta religiosa de Walt e Bar Larimore com *His brain, her brain: How divinely designed differences can strengthen your marriage* ["O cérebro dele, o cérebro dela: Como as diferenças projetadas por Deus podem fortalecer seu casamento"]. Nestas publicações, predomina qualquer coisa que possa ser feita para reforçar a ideia de que homens e mulheres são tão diferentes que podiam ser de planetas distintos.

Um dos mais famosos do gênero, ou infames, é o da psiquiatra Louann Brizendine, *Como as mulheres pensam*, lançado em 2006.[46] A fama, nos círculos da neurociência, vem de um leque deprimente de imprecisões científicas, histórias pessoais disfarçadas de provas e, de vez em quando, erros hilários de citação e de orientação.[47] Uma alegação no livro é de que "as diferenças entre os cérebros de homens e mulheres tornam as mulheres mais falantes"; Brizendine diz aos leitores que as áreas da linguagem no cérebro são maiores nas mulheres do que nos homens e que as mulheres, em média, usam 20 mil palavras por dia, enquanto os homens usam apenas 7 mil. Mark Liberman, linguista da Universidade da Pensilvânia, verificou esta afirmação, mas não conseguiu localizar a fonte.[48] Descobriu que tinha se repetido, de variadas formas, em uma gama de outros livros de autoajuda, mas que não parecia haver descoberta de pesquisa que servisse de apoio. Para provar seu argumento, ele fez os próprios cálculos, fundamentados em um banco de dados britânico de conversas, e chegou a uma conclusão um tanto diferente: o nível de uso das palavras pelos homens era de pouco mais de 6 mil por dia, comparados a pouco menos de 9 mil para as mulheres.

Concentrado apenas nas alegações de Brizendine sobre as diferenças sexuais no uso da linguagem e as explicações baseadas no cérebro para elas, Liberman conseguiu descobrir que muitas de suas afirmações factuais ou eram contraditas pela pesquisa que ela citou, ou teriam sido pela pesquisa que ela não mencionou. Nas palavras de Liberman: "Existe um termo técnico usado pelos filósofos para descrever a prática de afirmar coisas sem grandes preocupações se realmente são verdadeiras ou não: chama-se papo-furado."[49]

A psicóloga Cordelia Fine também deu umas voltas pelas gafes de Brizendine.[50] Por exemplo, verificou cinco referências citadas por Brizendine em apoio a sua declaração de que os cérebros dos homens tinham pouca capacidade para a empatia. Um estudo era em russo e falava sobre lobos frontais de mortos; três não comparavam homens e mulheres, e um era supostamente uma comunicação pessoal de um neurocientista cognitivo que, quando procurado, disse a ela que nunca tinha se comunicado com Brizendine e nunca encontrou evidências de nenhuma diferença sexual no cérebro com base na empatia.

Armados com estas dicas úteis de localização de lixo fornecidas por pessoas como Liberman e Fine, você teria esperança de que publicações como esta fossem varridas de lado e desacreditadas por suas imprecisões e até invencionices. Mas, como vimos com a tendência neurolixo anteriormente, as informações falsas têm um jeito alarmante de ficar por aí e continuar a sustentar neuromitos inúteis, como o de que meninos e meninas têm cérebros diferentes que exigem tipos distintos (e separados) de instrução formal. O livro de Louann Brizendine, cheio de gafes como esta, foi traduzido para muitas línguas e agora foi adaptado para o cinema, lançado em 2017.[51]

A essa altura, talvez você esteja se perguntando se isto realmente importa. Devemos apenas sorrir maliciosamente para essas neurotolices ou só estremecer em silêncio diante da desinformação que caracteriza o neurolixo? Mas relatos mostraram que notícias na mídia, como matérias de jornal sobre explicações biológicas das diferenças sexuais, implicando alguma forma de fatores fixos baseados no cérebro, têm uma probabilidade maior de levar a um endosso de estereótipos de gênero, a uma tolerância maior ao *status quo* e à crença na impossibilidade de mudança.[52] Assim, as crenças de que o sexo biológico lega um portfólio fixo e diferente de habilidades baseadas no cérebro para homens e mulheres tornaram-se arraigadas na consciência do público. Em um ciclo de profecias autorrealizáveis, estas crenças impelem como as crianças são criadas e educadas, formam as bases de diferentes atitudes para com homens e mulheres e expectativas em relação a ambos, e lhes permitem diferentes experiências e oportunidades. Os cérebros, sendo plásticos e moldáveis como agora sabemos que são, virão a refletir essas diferenças. Em vez de "limitações impostas pela biologia", estamos vendo "restrições impostas pela sociedade" – ambas medidas pelas diferenças na estrutura e na função cerebrais, mas esta última proporciona uma possibilidade muito maior de mudança.

Surgindo da inquietação geral com o alto nível de cobertura dúbia das diferenças sexuais no gênero "neurolixo", uma preocupação muito mais grave foi sobre a evidência de práticas sexistas no campo da própria pesquisa de neuroimagem. A neuroimagem parecia dar continuidade à tradição psicossexista de cientista-como-explicador-do-*status*-*quo*, concentrando-se em descobrir diferenças entre homens e mulheres, tomando como fato as diferenças, por exemplo, na linguagem e nas habilidades espaciais e revirando o cérebro em busca de evidências que as apoiassem. Cordelia Fine cunhou o termo "neurossexismo" para estas práticas em seu livro de 2010, *Delusions of gender* ["Ilusões de gênero"], observando que elas ainda estimulam crenças do público em diferenças puras e não sobrepostas entre os cérebros feminino e masculino, fixos inflexivelmente como as fundações de diferenças similarmente puras e não sobrepostas em capacidades, aptidões, interesses e personalidades de mulheres e homens.[53]

Os estereótipos preexistentes provaram-se uma grande força norteadora no resultado da pesquisa. A filósofa Robyn Bluhm, da Universidade Estadual de Michigan, comparou vários estudos de imagem cerebral sobre as diferenças sexuais no processamento de emoções, que pareciam ser motivadas pelo princípio de *status quo* de que as mulheres são mais emotivas do que os homens.[54] Um estudo mediu as reações de "medo" e "nojo", mostrando cenas projetadas para despertá-las, esperando encontrar níveis mais elevados das duas reações nas mulheres, em paralelo com uma atividade maior nos "centros de emoção" do cérebro. O que realmente descobriram foi que, embora as mulheres relatassem níveis mais altos de reações emocionais às imagens, foram os homens que mostraram maior reatividade nos centros da emoção em seus cérebros. Isto foi explicado por uma revisão das imagens que lhes foram mostradas, algumas das quais consideradas, *a posteriori*, muito agressivas e que foi possivelmente isto que ativou diferencialmente os centros de emoção nos homens. (Mas observo que os homens, fiéis a seu gênero, guardaram para si as reações emocionais verbais.)

Um segundo estudo se concentrou mais no aspecto da repulsa na emocionalidade. Os pesquisadores descobriram o que procuravam (níveis mais elevados de sensibilidade ao nojo relatados nas mulheres e mais ativação no "circuito do nojo"), mas um exame mais atento de seus dados revelou que estas diferenças tinham uma explicação melhor examinando-se os níveis de sensibilidade ao nojo em todo o grupo. Depois que eles controlaram este aspecto, as diferenças sexuais desapareceram. Porém, os pesquisadores bateram pé e seu resumo concluiu com a declaração: "Em voluntários adultos e saudáveis, existem diferenças significativas relacionadas com o sexo nas reações cerebrais a estímulos repulsivos que são *irrevogavelmente* [o grifo é meu] ligadas a uma pontuação maior na sensibilidade ao nojo nas mulheres."

Um terceiro estudo voltou-se para a questão de que a maior emocionalidade das mulheres se devia à sua incapacidade de controlar cognitivamente as emoções. Homens e mulheres foram solicitados a "reavaliar cognitivamente" ou "reduzir" suas reações iniciais a imagens desagradáveis (as mesmas usadas nos estudos anteriores). Previu-se que a capacidade inferior de regulação das emoções nas mulheres seria indicada por uma ativação menor no córtex frontal. O que se descobriu foi que *não* havia diferenças sexuais na capacidade relatada de repensar a reação inicial, mas que *existiam* diferenças nos padrões de ativação do cérebro. Contrariamente à hipótese, porém, foram as mulheres que mostraram níveis mais altos de atividade nas áreas pré-frontais. Sem se deixar abalar, os pesquisadores propuseram a interpretação de que os homens eram mais eficientes na reavaliação cognitiva e, portanto, não precisavam apelar tanto a seus recursos corticais como as mulheres. Para citar Mary Wollstonecraft: "Que barreira fraca é a verdade quando se coloca no caminho de uma hipótese!"

Robyn Bluhm observa um comentário de um dos pesquisadores cujo trabalho ela criticou: "Se as diferenças de gênero (em geral) não conseguem surgir de estudos de reatividade emocional, como vamos explicar o amplo consenso de que elas existem na reação emocional?".[55] Pelo visto, não existe a alternativa de rever este consenso.

Um dos problemas nesta área pode ser a "adesividade" das descobertas iniciais, em particular quando são apoiadas por uma compreensão atual de como o cérebro funcionava (ou, em outras palavras, sustentava um estereótipo). E este problema pode ser agravado quando pesquisadores na mesma área ainda citam estas descobertas, mesmo quando existem provas claras de que os resultados iniciais não foram reproduzidos, nem surgiram estudos adicionais com conclusões diferentes.

Mitos Acerte a Toupeira

A ideia da cerebração direita e esquerda já estava estabelecida nos modelos pré-*scan* da função cerebral, assim como a possibilidade de existirem diferenças sexuais neste padrão de diferenças hemisféricas. Deste modo, examinar as diferenças hemisféricas *e* as sexuais seria uma ótima oportunidade para os pesquisadores de imagens do cérebro demonstrarem o poder de seu brinquedo novo.

Um dos primeiríssimos estudos de fMRI a examinar o processamento da linguagem no cérebro foi realizado em 1995 pelos psicólogos Sally e Bennett Shaywitz.[56] Eles vieram com a descoberta de que existia uma combinação dos sonhos nas diferenças sexuais e hemisféricas. A grande notícia – literalmente, como cobriu o *New York Times* com a manchete "Estudo revela que homens e mulheres usam o cérebro de forma diferente" – foi de que enquanto só homens usavam uma parte específica do lado esquerdo do cérebro para o processamento da linguagem, as mulheres usavam os lados direito e esquerdo quando realizavam a mesma tarefa.*[57] Isso parecia confirmar décadas de observações indiretas baseadas em tarefas psicológicas e/ou efeitos de lesão cerebral. Outro neurocientista, comentando o estudo, disse que ele dava "provas definitivas" de que homens e mulheres podem usar seus cérebros de formas diferentes para realizar a mesma tarefa, saudando a descoberta com a ideia de que "até agora, nada foi conclusivo". A imagem no artigo era muito menos dramática do que as fotos multicoloridas posteriores que se tornaram material padrão, mas pareciam contar uma história interessante. Alguns quadrados laranja e amarelos foram sobrepostos a uma seção transversal cinzenta do cérebro, todos agrupados em um lado para os homens, mas distribuídos em ambos os lados para as mulheres.

Apesar de sua idade (antiga, em termos de neuroimagem), a imagem tornou-se uma das mais populares e apareceu em toda sorte de contextos. Por exemplo, ilustrou um artigo sobre Christine Lagarde vir a se tornar presidente do FMI, o contexto sugerindo que sua capacidade superior na linguagem lhe daria a vantagem para lidar com as habilidades de comunicação de chimpanzés dos financistas homens com quem se reuniria. A conclusão de que os homens "fazem" a linguagem com o lado esquerdo do cérebro, enquanto as mulheres usam os dois lados, e a imagem demonstrando isto tornaram-se importantes participantes nas expectativas geradas pela nova tecnologia de fMRI. Seus muitos aparecimentos e reaparecimentos posteriores ou são frustrantes para aqueles que tiveram a atenção atraída às deficiências do estudo, ou tranquilizadores para aqueles que não desejam contestar esta ortodoxia estabelecida. Esta descoberta específica exemplifica exatamente aquelas tendências "Acerte a toupeira" características de uma área. Até a data de hoje, o artigo foi citado mais de 1.600 vezes desde sua publicação e continua a ser citado, mais recentemente em publicações de 2018.

---

* No Reino Unido, o *Daily Mail* concentrou-se em diferentes questões de momento, informando que "Homens e mulheres reagem a comer chocolate com diferentes partes do cérebro" ["Men and women respond to eating chocolate with different parts of their brains"], e pelo visto o revisor de sintaxe tirou folga naquele dia.

A encrenca é que se descobriram grandes problemas com o estudo, revelados em vários comentários diferentes (mais particularmente uma análise detalhada característica de Cordelia Fine).[58] Estes problemas não se devem a nenhum erro intrínseco no estudo em si, mas a como foi interpretado e a como nossa visão de suas descobertas deveria ser transformada pelo que foi revelado desde então. O tamanho da amostra era pequeno (19 homens e 19 mulheres), mas isso era característico da época (na verdade, números de dois dígitos eram muito impressionantes). Havia de fato quatro tipos de tarefa de processamento de palavras, mas o estudo relata apenas uma, a tarefa com rimas – não houve relato, quando muito, do que se descobriu com as outras tarefas de linguagem. Mas uma questão fundamental, que escapou à percepção de muitos, foi que embora os 19 homens tivessem mostrado "agrupamento de pixels" no hemisfério esquerdo, somente 11 mulheres mostraram a muito alardeada distribuição esquerda e direita. Assim, é verdade que, como disseram os autores, "mais da metade das participantes mulheres produziram forte ativação bilateral nesta região". Porém, por outro lado, praticamente a metade não mostrou. Assim, essas diferenças sexuais talvez fossem bem menos "notáveis" do que alegam os autores, embora na época fosse inteiramente compreensível o entusiasmo pela revelação das possibilidades dadas pela nova técnica.

Desde então, várias tentativas de reproduzir o estudo fracassaram[59] e meta-análises e uma revisão crítica mais recentes de toda a questão das diferenças sexuais na lateralização da linguagem não encontraram nenhuma evidência destas diferenças,[60] nem em estudos de neuroimagem funcional nem quando examinaram medições estruturais do córtex da linguagem e o tipo de tarefas neuropsicológicas que são medições indiretas da lateralização.[61] É provável que o artigo não fosse publicado hoje; a metodologia avançou, técnicas muito mais sofisticadas permitiriam questões muitos mais sofisticadas a serem feitas a partir de conjuntos de dados muito maiores. Apesar disso, o artigo ainda é amplamente citado.

Um exemplo mais recente da "evidência" problemática sendo avidamente aproveitada e tornando-se firmemente arraigada na consciência do público (e de fato em partes da comunidade de pesquisa) é um artigo sobre diferenças sexuais nas vias de conectividade do cérebro, publicado em 2013.[62] Pesquisadores do laboratório de Ruben Gur, na Universidade da Pensilvânia, descreveram "diferenças singulares na conectividade cerebral" entre 428 homens e 521 mulheres, com idades entre oito e 28 anos, um grupo grande e impressionante. Eles resumiram suas descobertas gerais mostrando maior conectividade intra-hemisférica nos homens e inter-hemisférica nas mulheres, o que, alegaram eles, sugeria que "os cérebros dos homens são estruturados para promover a conectividade entre a percepção e a ação coordenada, enquanto os cérebros das mulheres são projetados para promover a comunicação entre modos de processamento analítico e inuitivo".[63] O respectivo comunicado à imprensa da universidade, citando um dos pesquisadores, referiu-se a "diferenças flagrantes", ligando-as à complementaridade entre homens e mulheres, com os primeiros melhores em ciclismo e navegação e as últimas "mais equipadas para multitarefa e criação de soluções que funcionam para um grupo".[64] E, não, eles não puseram os participantes andando de bicicleta nem fazendo multitarefa no escâner.

O que diferencia isso da saga Shaywitz é que este estudo foi identificado quase imediatamente como problemático por dezenas de outros pesquisadores e comentaristas on-line, não só esculachando a equipe pela ultrajante estereotipia que exibiam, como também contestando seus métodos.[65] Os críticos observaram que os pesquisadores tinham relacionado estruturas (vias no cérebro) com funções (que iam da memória à matemática, passando por ciclismo e multitarefas) que nem mesmo mediram no escâner. A imagem que eles produziram parecia mostrar apenas as comparações estatisticamente significativas (que podiam ser pequenas, como 19, embora isso não tenha sido informado). Estas eram muito menores do que todas as comparações possíveis que podiam ter sido feitas (foram 95 x 95, ou 9.025 conexões avaliadas). Os próprios pesquisadores não relataram nenhum tamanho do efeito para as diferenças "fundamentais", "flagrantes" e "significativas" que descreveram, mas um blogueiro prestativo calculou a maior na ordem de 0,48, sendo assim, na melhor das hipóteses, somente moderada.[66] Deve-se também observar que não foi usada na análise nenhuma outra informação demográfica, como anos de escolaridade ou ocupação, portanto temos o pecado capital a mais de ignorar variáveis além do sexo biológico que, sabemos, têm potencial para alterar o cérebro.

Você pensaria que um artigo desses, sob o peso dessa crítica, desapareceria sem deixar rastros. Mas não – foi entusiástica e amplamente coberto pela imprensa. O *Independent* declarou: "A diferença programada entre cérebros de homens e mulheres pode explicar por que os homens são 'melhores na leitura de mapas'"; o *Daily Mail* me veio com "Cérebros de homens e mulheres: a verdade" e "A imagem que revela por que os cérebros de homens e mulheres realmente são diferentes: as conexões que implicam que as meninas foram feitas para multitarefas".[67] Este foi um dos primeiros artigos a aplicar à questão das diferenças sexuais a nova técnica de medição das vias de conectividade, assim, pode ter se livrado de parte da crítica dos primeiros estudos com fMRI. Ele apoiou amavelmente estereótipos como diferenças em multitarefa e leitura de mapas, e reforçou em demasia a história da complementaridade.

Com o artigo atraindo atenção da mídia, Cliodhna O'Connor e Helen Joffe, ambas do University College London, aproveitaram a oportunidade para identificar e analisar seu impacto não só em novos artigos, mas também em blogs e comentários on-line no mês seguinte à publicação.[68] Foi muito parecido com a transcrição de uma brincadeira de telefone sem fio. A culpa por parte das incompreensões surgidas podia ser imputada aos pesquisadores; eles não mediram nenhum comportamento nos escâneres, mas certamente se referiram a eles várias vezes, e seu comunicado à imprensa falava de "crenças comumente sustentadas sobre comportamentos de homens e mulheres". Assim, o artigo foi tomado como prova científica que confirmava crenças existentes sobre diferenças sexuais no comportamento. Uma posição "biologia é destino" ou "pré-programação" foi assumida por cerca de um quarto dos artigos tradicionais, mais de um terço dos blogs e quase um décimo dos comentários, cuja maioria aparentemente deixou passar o fato de que as diferenças relatadas nos artigos de pesquisa só surgiram nos grupos mais velhos.

Foram os comentários de leitores, porém, que deram um *insight* preocupante das visões de sexo e gênero, com uma mistura abundante de estereotipia e misoginia, algumas críticas indiretas à homossexualidade e alguns comentários desdenhosos de nível quinta série sobre quem é melhor no quê:

> Sem essa, mulheres, por mais que eu ame vocês, vamos encarar a realidade. Os homens inventaram piraticamente [*sic*] tudo que vocês usam e gostam. O telefone, o computador, o motor a jato, o trem, o carro a motor, etc. etc., a lista é interminável. Sem nós, vocês ainda estariam escavando em cavernas, então vamos parar com essa baboseira e vão se concentrar em suas bolsas de mão.

Como colocaram diligentemente O'Connor e Joffe: "Os comentários não foram adulterados pela delicadeza política que restringe a mídia tradicional e (até certo ponto) os blogs, e expuseram uma misoginia latente que continua a marcar a recepção pública de informações científicas sobre as diferenças sexuais." Fato!

O artigo em si foi muito citado (mais de quinhentas vezes da última vez que procurei saber, quase cinco anos após sua publicação) e nem sempre por críticos que o usaram para exemplificar gafes do tipo neuroabsurdo (das 79 citações que verifiquei em 2017, mais de sessenta citavam este artigo em apoio a uma hipótese sobre diferenças sexuais em alguma forma de estrutura ou função cerebral). Quase parece que esta técnica mais nova e muito mais complexa de identificar vias cerebrais foi adotada com alívio para tomar o lugar da mais antiga e agora ridicularizada, a "evidência" blobológica da fMRI. Desde que exista alguma coisa lá fora que ofereça confirmação cientificista a estereótipos de longa data, os detalhes menores da deturpação e da interpretação errônea podem ser ignorados, pelo visto.

A chegada da neuroimagem de fato deu a oportunidade de conseguir respostas melhores para as perguntas sobre os cérebros de mulheres e os cérebros de homens. Mas as fases iniciais caíram na mesma armadilha que maculou outras áreas de pesquisa: ater-se ao *status quo* para determinar quais perguntas devem ser feitas ou como interpretar seus dados; não desafiar as ortodoxias (quem sabe quantos estudos de imagem que *não* descobriram nenhuma distinção simplesmente não conseguiram ser publicados); com efeito, enfatizar a própria busca pelas diferenças. A área, a essa altura, carecia dos últimos desafios aos problemas do neurolixo, do neurossexismo e do neuroabsurdo. A ladeira do encantamento ainda estava por vir...

PARTE DOIS

CAPÍTULO 5:

O CÉREBRO DO SÉCULO XXI

> O cérebro é uma máquina de inferências, gera hipóteses e fantasias que são testadas em comparação com dados sensoriais. Dito de forma simples, o cérebro é – literalmente – um órgão fantástico (fantástico: do grego *phantastikos*, a capacidade de criar imagens mentais).
>
> Karl J. Friston[1]

Como vimos no Capítulo 1, o uso da imagem de ressonância magnética funcional (fMRI) para medir a estrutura e a função cerebrais transformou o acesso do público ao que acontecia no cérebro (para melhor e para pior). Converter os sinais associados com a medição do fluxo sanguíneo oxigenado no cérebro (a reação dependente de nível de oxigênio sanguíneo ou BOLD) em imagens codificadas por cores passou a ser uma peça brilhante de marketing, mas também uma espécie de espada de dois gumes. O "fascínio sedutor" das imagens produzidas por sistemas de fMRI foi uma dádiva para os fornecedores de neurolixo, que saltaram para o bonde do cérebro a fim de nos convencer de que a solução para detectar mentiras, checar intenções de voto, prever crises financeiras mundiais e – naturalmente – identificar a diferença entre pessoas multitarefa e leitores de mapas, agora estava prontamente disponível no centro de *scan* cerebral mais perto de você.

Entretanto, até o mais dedicado dos pesquisadores de imagens cerebrais percebeu que, embora localizar diferenças no fluxo sanguíneo fosse uma boa maneira de responder a algumas perguntas do tipo "onde" no cérebro, a escala de tempo destas mudanças era lenta demais para responder ao "quando" e ao "como". Nikos Logothetis, diretor do Instituto Max Planck para a cibernética biológica em Tübingen, descreveu a fMRI como "A lente de aumento que nos leva ao microscópio de que realmente precisamos".[2] Foi um grande começo, e, na verdade, é a fonte de quase todo o material até hoje sobre diferenças sexuais no cérebro. A ressonância magnética funcional se encaixou maravilhosamente na abordagem existente de cartografia que caracterizou a caçada por estas distinções. Ainda está firmemente arraigada na consciência do público como a fonte da prova necessária de que existem coisas como um cérebro feminino e um cérebro masculino, e eles funcionam de formas diferentes. Mas novas maneiras de modelar a atividade cerebral sugerem que precisamos rever, mais uma vez, este antigo pressuposto.

Do BOLD ao BOINC, via aipo e SQUIDS

O século XXI viu uma mudança no que agora procuramos no cérebro. A conectividade é a palavra de ordem nos círculos de imagem cerebrais, e os pesquisadores desta área estão preocupados em gerar "mapas rodoviários" do cérebro pela localização das conexões entre diferentes estruturas.[3] Agora podemos ver como as estruturas cerebrais são interligadas de modo a formar "montagens" complexas que fundamentam todos os aspectos de nosso comportamento e nos permitem experimentar e compreender o mundo e (assim se espera) uns aos outros.

Como eles são fisicamente ligados é importante, e agora temos técnicas que nos permitem mapear as vias no cérebro. Uma técnica chamada imagem do tensor da difusão (DTI, *diffusion tensor imaging*) agora é amplamente usada para identificar as características da massa branca, os feixes de fibras nervosas isoladas por gordura que unem as diferentes estruturas.[4] A base desta técnica é a medição da facilidade (ou não) do transporte de água pelos feixes de fibras (um colega comparou isto à demonstração de ciências do primário de colocar um bastão de aipo em tinta azul, verde ou vermelha e acompanhar até onde e com que rapidez a tinta penetra no aipo). Com os avanços tecnológicos, estes "mapas rodoviários" estão se tornando cada vez mais detalhados e podemos distinguir as principais estradas a partir das vias principais especializadas ou talvez as menores, mas ainda assim importantes, estradas secundárias. Podemos, ainda, com técnicas altamente especializadas aplicadas a animais não humanos, começar a ver a própria construção da estrada, observar processos da célula nervosa estendendo-se a outros nervos e começando a definir as futuras vias de comunicação.[5]

Os neurocientistas também procuram entender como estruturas cerebrais diferentes trabalham juntas para resolver problemas impostos por nosso mundo. Passamos a perceber que o cérebro é um sistema dinâmico, sempre ativo (mesmo quando supostamente está em "repouso"), assim também precisamos ser capazes de medir o "fluxo de tráfego" nessas rodovias, observar a direção do movimento, ver como flui e reflui, dependendo da demanda feita ao cérebro.[6] E precisamos de alguma ideia sobre a natureza do tráfego – estamos vendo mudanças grandes e lentas na atividade que podem indicar o sono, ou vemos mudanças rápidas e pequenas em determinadas áreas que podem indicar movimento (ou a intenção dele)? Ou, ainda mais misteriosamente, estamos vendo as atividades muito rápidas que parecem capazes de sinalizar por áreas amplas do córtex, via conexões não físicas, para chegar a áreas geograficamente muito distantes (em termos do tamanho do cérebro) para de súbito entrar em ação simultaneamente, em vez do sinal de trânsito coordenado ou dos sistemas de sinalização projetados para garantir o fluxo tranquilo das redes de rodovias ou ferrovias?[7]

A identificação do desenvolvimento destas conexões tem nos mostrado que aforismos conhecidos como "células que disparam juntas permanecem conectadas" e "use ou perca" são muito inadequados quando vemos como o cérebro muda com o tempo, o tempo todo. Essas mudanças fundamentam o que agora sabemos sobre a permanente flexibilidade cerebral e como o ir e vir entre o cérebro e seu mundo é espelhado nesses padrões de conectividade.

Para identificar tudo isso, os pesquisadores de imagens cerebrais do século XXI usam diferentes sistemas e medições. Sabemos que a comunicação no cérebro acontece entre células nervosas ou neurônios.

As mensagens são transmitidas entre estas células por meio de (aproximadamente) 100 trilhões de conexões por meio de mudanças eletroquímicas mínimas, em escalas de milissegundos, belamente orquestradas por um leque de sistemas de controle que evoluíram em nosso cérebro.

Para uma compreensão não invasiva e cotidiana de como funciona o cérebro humano, precisamos poder localizar essas mudanças em tempo real, de fora da cabeça. A abordagem do EEG, disponível no século passado, deu alguns *insights* iniciais, mas é difícil obter um sinal "limpo" quando ele é distorcido por sua passagem dentro do cérebro, por membranas encefálicas, crânio, pele e cabelo. É aí que entra a magnetoencefalografia (MEG).[8] A física básica nos mostrou que sempre que uma corrente elétrica flui, é criado um campo magnético. E os campos magnéticos do cérebro não são distorcidos da mesma forma que as correntes elétricas, portanto, identificar as mudanças nos campos magnéticos é um jeito muito mais preciso de "observar o cérebro".

Como sempre, isso não é tão fácil quanto parece. Os campos magnéticos associados a atividade cerebral são diminutos. São cerca de 5 bilhões de vezes mais fracos do que os de um ímã de geladeira, mais fracos que o campo magnético terrestre ou os que podemos encontrar em qualquer laboratório. Podem ser distorcidos por qualquer objeto metálico (inclusive o metal em sobrancelhas tatuadas, como descobri, para meu desgosto, durante um evento de demonstração aberto ao público). Assim, precisamos usar sensores extraordinariamente sensíveis conhecidos como dispositivos supercondutores de interferência quântica (gerando SQUID ["lula"] como um ótimo acrônimo para *superconducting quantum interference devices*), que só funcionam em temperaturas extremamente baixas – cerca de 270°C abaixo de zero. Para mantê-los superfrios, os SQUIDs são colocados em um capacete no formato da cabeça, meio parecido com um antigo secador de cabelo, e cobertos de hélio líquido, e toda a estrovenga precisa ser abrigada em uma sala especialmente construída, com escudos magnéticos para bloquear a entrada de outros campos magnéticos.

Mas, acredite se quiser, vale a pena! Quando comecei a trabalhar no Aston Brain Centre em 2000, tinham acabado de instalar o primeiro sistema MEG de cabeça inteira no Reino Unido. As técnicas desenvolvidas no Aston e em outros centros nos permitiram não só obter medidas exatas de quando acontecem as mudanças na atividade cerebral, mas também um quadro muito mais preciso de onde elas vêm. Também podemos medir a "tagarelice" do cérebro, as diferentes frequências do sinal medido. Na verdade, é exatamente isso que Hans Berger captou há todos aqueles anos quando inventou o EEG; a maioria das pessoas estará familiarizada com a frequência de "ondas alfa", mas existem outros ritmos – alguns mais lentos, outros mais rápidos – que agora sabemos ser ligados a diferentes tipos de comportamento. Assim, a MEG nos colocou mais perto do que é conhecido como o Santo Graal da imagem cerebral: saber o onde, o quando e o que da sua atividade. Podemos usar esses dados para observar o engate e desengate de diferentes redes cerebrais e identificar o ir e vir de mensagens enquanto o cérebro cuida de sua vida.[9] No Aston Brain Centre, por exemplo, estamos desenvolvendo "perfis de conectividade" de crianças no espectro autista e ligando-os a seus padrões atípicos de comportamento.[10]

Outros avanços na imagem cerebral usam combinações de técnicas, como o EEG e a fMRI, para penetrarmos ainda mais no cérebro humano vivo (pelo menos metaforicamente). É claro que nem todos os avanços recentes na compreensão do cérebro se reduzem a pesquisas com imagens cerebrais. Os geneticistas estão descobrindo o código que aponta como e onde são determinadas as conexões cerebrais;[11] bioquímicos e farmacologistas examinam os papéis das muitas dezenas de mensageiros químicos no cérebro;[12] cientistas da computação elaboram programas para modelar circuitos dinâmicos e redes "semelhantes ao cérebro";[13] biólogos tentam ver se conseguem aplicar técnicas de sequenciamento de DNA à identificação de conexões entre células nervosas (código de barras de conexões neuronais individuais, conhecido também como BOINC, *barcoding of individual neuronal connections*).[14] Podemos até fazer células nervosas individuais se "acenderem" usando corantes fluorescentes ou codificando geneticamente células ativas para reagirem à luz.[15] Há investimentos imensos em projetos de pesquisa do cérebro, e até os mais pessimistas podem reconhecer quanto progresso foi obtido no campo da tecnologia de imagem cerebral. Percorremos uma longa estrada desde o preenchimento de crânios vazios com alpiste.

Time Cérebro

Então, o que aprendemos com essas técnicas de ponta? O quanto elas alteraram nossa visão do cérebro humano? Uma das descobertas é de que é muito raro que qualquer parte isolada do cérebro seja a única responsável por alguma coisa, com exceção do nível muito básico de processamento sensorial. Quase todas as estruturas cerebrais são impressionantemente multitarefa e se envolvem em uma ampla gama de diferentes processos.

Um ótimo exemplo desta natureza multitarefa é a estrutura em nossos lobos frontais chamada córtex cingulado anterior.[16] Foi denominado a parte do "neurocircuito da farsa" por aqueles que procuram soluções baseadas no cérebro para a detecção de mentiras. Mas ele também mostrou envolvimento no processamento da linguagem, em particular associado com o significado das palavras, com reações inibidoras como parte de nossas habilidades sociais e cognitivas, com a ligação das informações cognitivas com o processamento emocional e muito mais. Assim, se existem alegações de que um grupo de pessoas tem certa parte do cérebro maior do que em outro grupo, isto não nos diz necessariamente nada de útil a respeito das habilidades específicas do primeiro grupo. Se a cobertura populista liga determinada parte do cérebro com uma tarefa específica, ou não entenderam a pesquisa, ou não estão contando a história toda (ou as duas coisas). Cuidado com o ponto de Deus![17]

Também acontece que é muito raro qualquer área do cérebro funcionar sozinha quando ampara o comportamento. Como vimos nos capítulos anteriores, os estudos iniciais do cérebro sugeriram que podemos compartimentalizá-lo em áreas para habilidades específicas – em geral mostrando os danos em uma determinada área como causa de uma perda no reconhecimento facial, ou na linguagem, ou na memória. Ligue isto às teorias evolucionistas da época e estava proposto o modelo "canivete suíço", com o cérebro feito de componentes especializados para diferentes habilidades.[18] Agora sabemos que esta proposta de um cérebro composto de unidades mínimas e dedicadas não se encaixa bem com seu funcionamento real.

Modelos mais novos, baseados na capacidade de obter imagens da dinâmica do cérebro, em vez de produzir imagens estáticas, mostram que muitas partes do cérebro são simultaneamente envolvidas em todos os aspectos do comportamento, formando uma rede de vida curta, depois rapidamente desacopladas, em escalas de tempo cuja captura seria difícil com as técnicas de fMRI.[19] Assim, mais uma vez, se um grupo é caracterizado por uma diferença de tamanho em determinada área do cérebro, isto não significa necessariamente que este grupo é melhor em dada habilidade. O que importa é com que frequência os diferentes componentes da rede operam juntos, não o tamanho de um integrante isolado da rede (que, de todo modo, pode estar ligado a várias habilidades diferentes).

A técnica de imagem inicial do cérebro foi mais uma expedição de cartografia, procurando por onde as coisas aconteciam nele; mas agora que podemos ler com mais eficiência os sinais cerebrais, a ênfase está mais em como o cérebro faz o que faz, na identificação das mudanças fugazes no "código cerebral" que sinalizam a breve formação de uma rede para resolver um problema ou a construção de um padrão com o qual comparar o lote seguinte de dados. Foram dados passos imensos na decodificação deste tipo de informação. Assustadoramente, agora está se tornando possível "alimentar" dados da atividade cerebral a partir de experiências em que os participantes olham imagens em um programa de computador, que pode então fazer uma conjectura muito boa do que estava olhando quem porta o cérebro. Assim, começamos a entender como o cérebro usa as informações que o mundo lança a ele.[20]

Apesar de todo este progresso, devo reconhecer que ainda estamos muito longe de entender como toda essa atividade se traduz em comportamento, como pode explicar diferenças entre os indivíduos, ou entre grupos de indivíduos. Mas descobrimos mais sobre como nosso cérebro cuida de seus assuntos, como pode mudar flexivelmente suas transações com o mundo e (o que é importante) como o mundo pode mudá-lo.

O cérebro permanentemente plástico

Uma das inovações mais importantes na ciência do cérebro nos últimos trinta anos, mais ou menos, é a compreensão de como ele é plástico ou moldável, não só nos primeiros anos de desenvolvimento, mas por toda a nossa vida, refletindo nossas experiências e as coisas que fazemos e, paradoxalmente, as coisas que não fazemos.

Esta é uma grande mudança de nossa compreensão inicial de como o cérebro se desenvolveu, baseada na concepção de que havia padrões fixos e predeterminados de crescimento e mudança que se desenrolavam por períodos determinados de tempo, com desvios importantes somente por meio de acontecimentos relativamente extremos durante esses períodos.[21] Sabíamos que a fase cerebral infantil de proliferação maciça de conexões entre células nervosas e o estabelecimento de vias era uma época de tremenda flexibilidade em potencial.[22] O foco aqui, em geral, estava no fracasso para estabelecer competências essenciais se o estímulo certo não chegasse na época certa, mas, em circunstâncias normais, as conexões pareciam se desenvolver seguindo linhas padrão em todos os cérebros. Embora estivesse claro que existia certa quantidade de redundância em cérebros muito jovens, com as crianças capazes de se recuperar da perda de uma quantidade significativa de tecido encefálico, supunha-se que tínhamos chegado ao ponto final do desenvolvimento depois que o crescimento das estruturas estivesse encerrado e as conexões estivessem em seus lugares. As estruturas e conexões no cérebro eram programadas, fixas e imutáveis. A biologia era, infalivelmente, destino. Não havia a oferta de nenhuma atualização, nem de novos sistemas operacionais, e qualquer dano futuro era irreparável. Nascíamos com todas as células nervosas que viríamos a ter e não havia substituições disponíveis.

A descoberta da perpétua "plasticidade dependente da experiência" chamou a atenção para o papel fundamental que o mundo – a vida que temos, os trabalhos que fazemos, os esportes que praticamos – terá em nosso cérebro.[23] Não é mais uma questão de nosso cérebro ser fruto ou da natureza, ou da criação, mas perceber como a "natureza" cerebral está enredada com sua "criação" transformadora proporcionada pela experiência de vida.

Uma boa fonte de evidências de processos plásticos em funcionamento pode ser encontrada no cérebro de peritos, pessoas de excelência em determinada habilidade, para ver se alguma estrutura ou rede em particular de seu cérebro é diferente da norma ou se o cérebro processa de um jeito diferente as informações relacionadas com a habilidade. Por sorte, assim como ter um determinado talento, estes peritos também parecem dispostos a ser cobaias para pesquisadores da neurociência. Os músicos são uma opção popular, mas também existem judocas, golfistas, alpinistas, bailarinos, tenistas e *slackliners* (precisei pesquisar do que se tratava) deitando-se prestativamente em escâneres.[24] As diferenças estruturais em seus cérebros, se comparadas com mortais comuns, podiam ter uma clara relação com as demandas de sua habilidade específica – a área de controle motor da mão esquerda era maior em músicos de instrumentos de corda, a mão direita em pianistas; a parte do cérebro relacionada com a coordenação mão-olhos e a correção de erros era maior em alpinistas de alto nível; as redes ligando áreas motoras de planejamento e a execução da memória funcional eram maiores em judocas de elite. Também ficaram evidentes diferenças funcionais; havia níveis mais altos de ativação nas redes de observação da ação de bailarinos; em especialistas em arco e flecha, eram mais ativas as redes que auxiliavam a atenção visuoespacial e a memória funcional.

Você pode estar pensando: quem sabe essas pessoas tornaram-se peritas porque seus cérebros eram diferentes, antes de tudo? Apesar da dificuldade de administrar estes estudos, os neurocientistas cognitivos também pensavam assim. Em um estudo, por um período de mais de três meses, um grupo de voluntários aprendeu malabarismo, com os cérebros examinados por escâneres antes e depois de terem aprendido determinada rotina.[25] Comparados com um grupo de controle, os malabaristas treinados mostraram um aumento na massa cinzenta na parte do córtex visual relacionado com a percepção de movimento e naquela parte das áreas de processamento visuoespaciais responsáveis pela orientação visual e pela ação da mão. Quanto maior a mudança, melhor o malabarista. Três meses depois, os ex-malabaristas (que receberam instruções rigorosas de não praticar a habilidade recém-descoberta) voltaram ao escâner, em que foi mostrado que o aumento na massa cinzenta tinha retornado a sua linha basal.

O exemplo mais famoso de plasticidade é o conhecido estudo de taxistas londrinos realizado por Eleanor Maguire, neurocientista do UCL, e sua equipe.[26] Maguire mostrou que quatro anos de aprendizado do "Conhecimento", que requer a memorização de rotas diferentes pelas mais ou menos 25 mil ruas londrinas em um raio de quase 10 quilômetros a partir da estação Charing Cross, resultou em aumento na massa cinzenta na parte posterior do hipocampo, que escora a cognição espacial e a memória. Isto não aconteceu porque eles já tivessem hipocampos maiores (ela acompanhou aprendizes e aposentados e mapeou aumentos nos primeiros e um decréscimo nestes últimos), nem porque eles tivessem de navegar por rotas complexas de direção (motoristas de ônibus com rotas fixas não mostraram o mesmo efeito). Ela também examinou aprendizes que fracassaram no curso e descobriu que não mostraram as alterações no hipocampo características de colegas de sucesso. Parecia haver um custo para a perícia de mudança cerebral; taxistas de sucesso saíram-se de forma significativamente pior em outros testes de memória espacial. Porém, os taxistas aposentados, embora mostrassem um retorno ao volume "normal" de massa cinzenta no hipocampo (e declínio nas habilidades de navegação específicas para Londres que tinham antes), também exibiram níveis melhorados de desempenho em memória espacial comum. Portanto, este grupo de estudos mostra o vaivém da plasticidade do cérebro, que muda a alocação de recursos cerebrais que entram e saem no contexto da aquisição, do uso e da perda de determinada habilidade.

Entender a plasticidade também tem implicações para a compreensão de diferenças individuais no que podem parecer habilidades cotidianas. Os estudos com taxistas podem ser tomados como uma medida da plasticidade do cérebro, mas "o Conhecimento" é uma habilidade altamente especializada adquirida a partir do zero na idade adulta. E habilidades mais rotineiras? Por que algumas pessoas são melhores do que outras? Será que isto se refletia em padrões de ativação cerebral? Será que podemos melhorar essas habilidades e, deste modo, alterar o cérebro?

Certamente existem evidências de que ter mais experiência em atividades relacionadas com certas habilidades pode, ao mesmo tempo, melhorar o desempenho e mudar o cérebro. As psicólogas Melissa Terlecki e Nora Newcombe mostraram que o uso do computador e do videogame era um poderoso previsor de determinadas habilidades espaciais.[27] Isto também explicava a maioria das diferenças de gênero relatadas para esta habilidade específica – havia um nível muito mais alto de uso de computador e videogame entre os participantes homens e parecia ser isto que impelia suas melhores habilidades espaciais.

Parece que esse tipo de plasticidade comportamental é refletido também em mudanças estruturais no cérebro. O psicólogo Richard Haier e colaboradores mediram imagens estruturais e funcionais do cérebro em um grupo de meninas antes e depois de um período de três meses jogando Tetris, por uma média de uma hora e meia por semana.[28] Comparados com um grupo correspondente que não jogava Tetris, os cérebros das meninas mostraram aumento em áreas corticais associadas ao processamento visuoespacial. Também ocorreram mudanças nas medições de fluxo sanguíneo induzidas pelo Tetris. Em um estudo diferente, trinta minutos por dia jogando Super Mario por um período de dois meses também se provou uma experiência transformadora para o cérebro, com aumentos no volume de massa cinzenta do hipocampo, assim como nas áreas frontais do cérebro.[29] É interessante observar que estas mudanças no desempenho e no cérebro não são específicas para dada tarefa. Um estudo mostrou que 18 horas de treinamento em origami melhoraram o desempenho em rotação mental e mudaram os correlatos cerebrais associados com ela.[30]

Ao reconhecermos a perpétua plasticidade cerebral e o papel de fatores externos, como a experiência e o treinamento, precisaremos rever certezas do passado sobre diferenças fixas, programadas e biologicamente determinadas. Compreender qualquer tipo de diferença entre os cérebros de diferentes pessoas implica a necessidade de saber mais do que idade e sexo; precisaremos considerar que experiências de toda uma vida foram incorporadas a esses cérebros. Se ser homem significa ter uma experiência muito maior na construção de coisas ou na manipulação de representações complexas em 3D (há uma semelhança incrível entre as imagens usadas em tarefas de rotação mental e instruções de Lego), é muito provável que isto vá aparecer no cérebro. O cérebro reflete a vida que teve, não só o sexo de quem o possui.

Este estado de plasticidade eterna nos dá uma visão muito mais otimista do futuro de nosso cérebro. Mas também pode nos dar *insights* sobre o que está acontecendo com nosso cérebro no presente – como pode ser e será transformado pelo que encontra em nosso mundo, como pode ser desviado e descarrilado. Saber mais sobre a interação do cérebro com o mundo significa que precisamos prestar mais atenção ao que está neste mundo.

Seu cérebro como um satélite de navegação preditivo

A natureza plástica e mutável de nosso cérebro sugere que ele não é apenas um processador de informações bastante passivo (embora imensamente eficiente), mas, em vez disso, está constantemente reagindo e se adaptando de acordo com os imensos feixes de informações disparados para ele todos os dias – pensamos no cérebro como um sistema de orientação proativo, gerando continuamente previsões do que pode acontecer agora em nosso mundo (conhecido na área como "estabelecer um precedente").³¹ O cérebro monitora o ajuste entre estas previsões e o resultado real, transmitindo mensagens de erro para que o precedente seja atualizado e sejamos guiados com segurança pelas correntes incessantes de informações com que somos constantemente bombardeados. O objetivo central deste sistema é minimizar "erros de previsão", gerando e atualizando com rapidez e continuamente os precedentes com base no curso normal dos acontecimentos. Ele recorrerá a quantidades mínimas de informação para estimar o passo seguinte e garantir que não haja surpresas, reduzindo com eficiência a necessidade de verificações cognitivamente perdulárias ou "pensar demais". À luz do *feedback* sobre uma divergência, seguir-se-á uma reconstrução rápida de um novo precedente. Assim, o cérebro nos faz navegar pelo mundo por meio de uma combinação de habilidades preditivas, como a da digitação em celulares e navegação por satélite de vanguarda.

Se um dia você visitar Hanói, verá uma versão da codificação preditiva em funcionamento no trânsito. As ruas são cheias do que parece ser um fluxo interminável e incessante de *scooters*, circulando roda com roda pela largura da rua. Em minha primeira ida à cidade, perambulei pela calçada, desanimada, esperando por um espaço que não vinha nunca. Por fim, uma vietnamita velhinha e baixinha teve pena de mim, segurou-me pelo braço e gesticulou para que eu fosse com ela, acrescentando as instruções "NÃO PARE". Com os olhos fixos em um ponto do outro lado, ela me levou pelo fluxo de scooters e andamos firmemente por entre elas. As scooters rodavam tranquilamente a nossa volta e conseguimos atravessar. Mais tarde me foi explicado que o "NÃO PARE" era o ingrediente fundamental – pilotos de scooter parecem ter o misterioso instinto de saber exatamente onde você provavelmente estará pelo caminho enquanto se aproximam (estabelecendo seu precedente) e ajustam a trajetória para contornar quem atravessa. Se você parasse, não estaria onde eles esperavam e se tornaria um "erro de previsão" instantâneo – com consequências contundidas e indignas.

Alegou-se que a capacidade de "codificação preditiva" de nosso cérebro não é aplicada apenas a visões, sons e movimentos mais básicos, mas também nos permite o empreendimento de processos de nível superior, como a linguagem, a arte, a música e o humor, assim como as regras em geral ocultas de participação social, fundamentando nossa capacidade de prever os atos e intenções dos outros e interpretar seu comportamento em conformidade com isso.[32] As diretrizes que empregamos são extraídas de nosso mundo, o lado de "entrada de dados" das coisas, e usadas para gerar regras que determinem o próximo resultado mais provável no profuso padrão da vida, quais comportamentos são associados com que expressões faciais ou verbais, qual intenção é sinalizada por que ato. As regras que são extraídas podem ir de "esse cheiro em geral resulta em descobrir algo bom para se comer" a "essa expressão facial em geral significa que alguém está feliz", ou regras até mais abstratas e de difícil definição de convívio social, como entender a mudança de assunto nas conversas.

Você pode sentir certo alarme com a ideia de que o responsável por nos orientar pelo mundo aparentemente não é o evoluído, hipereficiente e quase infalível sistema de processamento de informações que você imaginou; na verdade, é mais uma máquina neural de apostas, mesmo que seja autocorretiva. Com efeito, os pesquisadores produziram artigos com títulos como "Surfando na incerteza", "O que virá agora" e "Entrando no grande jogo da adivinhação".[33] Na maior parte do tempo, é claro, nosso cérebro é mesmo hipereficiente – suas melhores conjecturas, com o nível certo de precisão por trás, quase sempre nos dá o bilhete vencedor. Mas o fato de que o sistema não é infalível é revelado por fenômenos como as ilusões de ótica, em que podemos ver um triângulo onde não existe nenhum, só porque determinada configuração de formas normalmente é associada à presença de um triângulo. O sistema pode ser levado enganosamente a "se equivocar" no estabelecimento de precedentes. Se está ocupado com a solução de um problema muito específico, o cérebro pode deixar passar informações que dizem que algo mais acontece ao mesmo tempo e perder esse erro de previsão fundamental. Nossa atenção ao que acontece à nossa volta pode ser muito, mas muito seletiva e podemos tranquilamente ignorar algo que está em plena vista, mas é inesperado.[34]

Mas às vezes os atalhos velozes podem nos decepcionar mais seriamente. Os modelos ou "imagens guia" do cérebro podem ser generalizados demais, agrupando diversas variedades de informações em uma única categoria para reduzir a quantidade que precisa ser analisada e classificada, em particular se for o que está em oferta no mundo. Nosso cérebro, na verdade, é o estereotipador definitivo, às vezes chegando a conclusões muito rápidas com base em muito poucos dados ou em fortes expectativas, advindas de experiência pessoal passada ou das normas culturais e expectativas do que nos cerca. Um artigo das psicólogas Lisa Feldman Barrett e Jolie Wormwood no *New York Times* descreve o fenômeno do "realismo afetivo", em que seus sentimentos e expectativas afetam o processo de previsão e sua percepção.[35] Você, literalmente, vê as coisas de forma diferente. O artigo usou o exemplo da estatística recém-lançada sobre tiros dados pela polícia em pessoas desarmadas, no qual os policiais, no contexto de enfrentamento da pessoa suspeita, confundiram com armas objetos como celulares e carteiras. As autoras também falam de estudos em que um rosto neutro, quando visto em paralelo com um rosto carrancudo subliminarmente apresentado, era percebido como menos confiável, pouco atraente e com maior probabilidade de cometer um crime. Assim, os dados e expectativas externos podem desviar e distrair nosso sistema de orientação preditivo, útil em outras situações. Os estereótipos podem mudar e mudam como vemos o mundo.

Os modelos de doença mental ou comportamento atípico recém-surgidos também começam a incorporar esta ideia de codificação preditiva. Minha própria pesquisa atual concentra-se na ideia de que uma falha neste processo em cérebros autistas pode fundamentar muitas dificuldades que eles apresentam. Não conseguir criar um precedente satisfatório implica que a vida é cheia de erros de previsão, não se pode extrair nenhuma regra, e o mundo torna-se um espaço perturbador, barulhento e imprevisível, a ser evitado a todo custo ou domado pela imposição de rotinas repetitivas rigorosas.[36]

Também acontece que o sistema talvez não distorça o que está acontecendo no mundo, mas possa, com demasiada precisão, refleti-

-lo com exatidão. Em 2016, a Microsoft lançou uma chatbot chamada Tay, baseada em um programa interativo de compreensão de conversas, que foi treinada on-line para se envolver em "conversas informais e despreocupadas" ao interagir com usuários do Twitter.[37] Em 16 horas, Tay teve de ser desativada: começando a tuitar que os "humanos são superlegais", ela rapidamente tornou-se uma "babaca sexista e racista" graças aos múltiplos tuítes carregados de preconceito que recebia. Embora algumas respostas de Tay fossem apenas imitação, também houve evidências de regras gerais extraídas de temas comuns, resultando em declarações que nunca foram feitas especificamente, como "o feminismo é uma seita", mas que Tay tinha "aprendido" ao reunir o que sabia sobre as características das seitas com as declarações que recebia sobre o feminismo.

O processo por trás desta experiência é modelado em um sistema de treinamento de computadores chamado "aprendizagem profunda".[38] Os computadores são programados para extrair padrões das informações e "treinar a si mesmos", para chegar a representações cada vez mais nuançadas do mundo, em vez de serem programados para realizar tarefas específicas. Isto está no cerne dos desenvolvimentos atuais na inteligência artificial computadorizada e tem paralelos nos modelos contemporâneos de como o cérebro aprende. E, assim como a pobre e velha Tay descobriu, se o mundo do qual nosso cérebro recebe dados é sexista, racista ou grosseiro, então os precedentes que guiam nossa experiência do mundo podem muito bem ser iguais.

Em termos de tentar entender o surgimento de diferenças sexuais e o papel das interações cérebro-ambiente, os neurocientistas têm ficado fascinados ao ver que um dos problemas destes sistemas de aprendizagem profunda é que se os dados recebidos têm vieses intrínsecos, então esta é a regra que o sistema aprenderá. Se um sistema tenta gerar uma regra associada com imagens de cozinhas, ele ligará estas a mulheres porque é o que encontra no mundo que explora.[39] Quando pediram ao software para completar a declaração "O *homem* está para *programação de computadores* como a *mulher* está para *X*", ele deu a resposta "*cuidar da casa*". Da mesma forma, um pedido para caracterizar líderes de empresas ou CEOs produziu listas e imagens de homens brancos. Um estudo recente mostrou que a simples entrada de dados de linguagem em um sistema que aprendia a reconhecer imagens não só revelou viés significativo de gênero, mas também o ampliou.[40] Assim, "cozinhar" pode mais provavelmente envolver mulheres do que homens em 33% das vezes, mas o modelo de computador que aprende alegremente a identificar imagens de preparação de comida pode rotular como uma atividade feminina em até 68% das vezes, tendo localizado o desequilíbrio na web em exemplos de quem "fez" a comida.

Os pesquisadores que "treinaram" este modelo verificaram outros exemplos de linguagem da internet que podem entrar nestes sistemas de aprendizagem, e descobriram que 45% dos verbos e 37% dos objetos mostraram algum viés de gênero de mais de dois para um; isto é, era duas vezes mais provável que alguns verbos e determinados objetos fossem associados com um gênero e não com outro. Eles então passaram a mostrar como é possível condicionar o modelo a refletir o viés com mais precisão. Primeiro, não fizeram comentários quanto à sua existência (embora tenham chamado o artigo de "Homens também gostam de fazer compras").

Assim, na compreensão atual do cérebro, reconhecemos cada vez mais que o que nosso cérebro faz no mundo depende muito das informações que extraiu dele, e as regras que gerou para nós se baseiam nestas informações. Para estabelecer seus precedentes, o cérebro agirá como um ávido sistema de "aprendizagem profunda". Se as informações que ele absorve têm algum viés, talvez com base em preconceitos e estereótipos, não é difícil ver qual pode ser o resultado. Assim como os resultados da confiança excessiva em uma navegação por satélite desinformada, podemos nos ver dirigindo por vias inadequadas ou tomando desvios desnecessários (ou podemos até desistir inteiramente da viagem).

A principal questão aqui é como nosso cérebro determina o modo como reagimos ao mundo, e como este reage a nós está muito mais enredado com este mundo do que costumávamos pensar. As diferenças cerebrais (e suas consequências) serão tão determinadas pelo que é encontrado no mundo como por qualquer projeto genético ou marinada hormonal, portanto, compreender estas diferenças (e suas consequências) exigirá um olhar atento ao que acontece fora de nossa cabeça, além de dentro dela.

Outra mudança em foco no século XXI tem sido qual aspecto do comportamento humano nós, neurocientistas, tentamos explicar. Grande parte da especulação sobre a evolução do cérebro humano tem se concentrado na emergência de habilidades cognitivas de alto nível, como a linguagem, a matemática, o raciocínio abstrato e o planejamento e a execução de tarefas complexas, e como isto contribuiu para o sucesso do *Homo sapiens*. Mas existe um foco cada vez maior na ideia de que o sucesso humano se baseou no fato de que aprendemos a viver e trabalhar de forma cooperativa, a decodificar as regras sociais invisíveis indicadas por expressões faciais e pela linguagem corporal ou que simplesmente pareçam ser entendidas por membros do "endogrupo".[41] Precisamos entender quem são os membros de nosso grupo e como devemos nos comportar para sermos aceitos por eles. Também precisamos localizar aqueles que *não são* membros do grupo e por quê. Precisamos ler os pensamentos de nossos companheiros seres humanos e entender suas crenças e intenções, suas esperanças e seus desejos, ver as coisas da perspectiva deles e prever como isto pode influenciar seu comportamento, assim ajustando nosso próprio para abranger, ou talvez frustrar, os objetivos dos outros.

A exploração do como e do quando nós, seres humanos, usamos nosso cérebro para nos tornar seres sociais levou a um novo ramo de neurociência cognitiva, a neurociência cognitiva social, e a um novo modelo do cérebro: o "cérebro social".[42] Os neurocientistas cognitivos sociais exploram o terreno neural por trás de nosso impulso para integrar as muitas redes sociais e culturais que nos cercam e, além disso, mostrar como o enredamento de nossos cérebros com estas redes dará forma a eles.

CAPÍTULO 6:

SEU CÉREBRO SOCIAL

> Somos programados para sermos sociais. Somos impelidos por motivações profundas para permanecermos ligados a amigos e familiares. Somos naturalmente curiosos sobre o que acontece na mente dos outros. E nossas identidades são formadas pelos valores que tomamos emprestado dos grupos que chamamos de nossos.
>
> MATTHEW D. LIEBERMAN[1]

Se você achava bastante complicado entender como nós, como indivíduos, interagimos com nosso mundo complexo e carregado de informações, então entender como interagimos uns com os outros é pior em muitas magnitudes. Assim como lidamos com nossas vontades, nossas necessidades, as crenças e os desejos, temos de prever o mesmo nos outros, em geral com base em algum conjunto de regras misteriosas e tácitas. Precisamos "etiquetar" nossa lista de contatos para classificar nosso mundo em tipos de pessoas, situações, acontecimentos que serão bons ou ruins para nós, ou farão com que nos sintamos bem ou mal. Nosso cérebro (automática e inconscientemente) dará uma "curtida" a membros de nossos vários endogrupos, estimulando-nos a procurar estas pessoas e ficar com elas. E ele pode, com igual rapidez e automatismo, ligar um "alerta de ameaça" a pessoas que não foram projetadas como parte de nossa rede social real, desencadeando uma reação "evasiva" que pode ser de difícil superação. Parte de nossa capacidade de sermos sociais implica que tenhamos uma tendência embutida ao viés, tanto positiva como negativamente.[2]

Como parte de tudo isso, precisamos de um senso claro de identidade pessoal, de quem somos e como podemos nos descrever aos outros (ou como podemos preencher nosso perfil em uma rede social na internet), e de um sentimento do lugar a que pertencemos em quaisquer das numerosas redes sociais reais em que nos vemos enredados. Aqui também existe um aspecto emocional pitoresco. Precisamos de uma boa dose de autoestima, um orgulho de nossos pontos fortes, reforçado por reações positivas daqueles que nos cercam, dando-nos um espírito de grupo. E qualquer golpe nesta autoestima pode desencadear uma cascata de reações cerebrais e comportamentais capazes de ter consequências catastróficas para nosso bem-estar.

Desde o momento em que nascemos, procuramos o tipo de informação necessária para nos tornarmos sociais. Concentramo-nos em rostos, nossa audição é sintonizada com o som dos sotaques familiares, rapidamente distinguimos o conhecido do desconhecido. Podemos até ter um app "aah" que nos garanta que nossos sorrisos cativantes e gorgolejos alegres despertem algum comportamento de vínculo recíproco da parte de nossos outros significativos (ou até, quando somos muito novos, de estranhos, mas isto rapidamente desaparece quando passamos a distinguir os endogrupos dos exogrupos). Como veremos, nosso cérebro é extraordinariamente permeável a esses dados sociais, e as mensagens que absorvemos podem ter um efeito profundo em como nos comportamos.

Nosso poderoso cérebro previsor, que lida com as visões e os sons cotidianos que nos cercam, também é equipado para extrair do mundo as regras necessárias de engajamento social.[3] Na verdade, o comportamento social tem forte relação com a previsão; vamos adquirir um conjunto de roteiros que delineiam as regras para situações sociais e torná-las previsíveis para nós, permitindo-nos falar e fazer o que é certo e evitar as gafes. E parte desses roteiros incluirão estereótipos – atalhos sociais que nos permitem o acesso rápido (mas não necessariamente correto) a todo um leque de expectativas sobre como alguém se comportará, como pode reagir a nós, se serão sociáveis e desejarão formar uma rede, ou se serão pessoas rabugentas e meio solitárias. E os estereótipos também podem ser incorporados em nosso senso de identidade – o que se espera de Alguém como Você? Se sou homem ou mulher, como devo me comportar, com o que (e com quem) devo brincar, o que serei quando crescer, com quem trabalharei, quem vai querer trabalhar comigo?

A pesquisa deste cérebro social tem recebido ênfase fundamental dos pesquisadores de imagens do cérebro deste século. Marca uma mudança no foco, do cérebro individual e suas habilidades para as interações entre o cérebro e seu ambiente e, de fato, entre um cérebro e outro.[4] O mapeamento daquelas áreas cerebrais que estavam envolvidas na cognição, como visão, linguagem, leitura ou solução de problemas de alto nível, foi um alvo inicial da imagem cerebral funcional, e foram elaboradas muitas formas diferentes de testar os vários componentes destes processos. O mapeamento daquelas partes do cérebro que são envolvidas na cognição social é muito mais desafiador porque, devido à sua própria natureza, é difícil imitar as tarefas sociais nos confins de escâners cerebrais claustrofóbicos e barulhentos. Mas o que não falta a neurocientistas sociais é inventividade.

Oferecer-se como voluntário para participar de uma experiência de imagem cerebral às vezes implica que você fique deitado ali, olhando apresentações intermináveis de tabuleiros de xadrez em preto e branco ou grades rotativas pelo que parecem muitas horas, tentando desesperadamente não cochilar enquanto os neurocientistas testam sua mais recente teoria sobre a atividade gama no córtex visual.[5] O tipo de tarefa elaborado para investigar o cérebro social sem dúvida é mais interessante. Você pode se ver classificando adjetivos como "sem-jeito", "inteligente", "atraente" e "popular" em termos de como o descrevem, ou ao seu melhor amigo, ou uma celebridade famosa, ou até mesmo Harry Potter, assim os pesquisadores podem ver como o cérebro processa o *self* comparado com outras informações.[6] Ou eles podem lhe mostrar imagens de alguém batendo o martelo no polegar (vendo o quanto você "partilha da dor do outro"), com uma guinada a mais porque você já classificou este outro em uma escala de "confiabilidade".[7]

O resultado de tanta diversão no escâner foi o mapeamento de uma rede de áreas denominadas de o "cérebro social" e sua ligação a aspectos específicos do comportamento social.[8] A rede de cérebro social abrange algumas das partes evolutivamente mais antigas de nosso cérebro, bem como muitas das mais novas. As partes mais antigas, bem enterradas nele, incluem áreas do cérebro associadas a reações emocionais, como a raiva, o prazer ou a repulsa, assim como sinalizam ameaça ou recompensa. Embora "ser social" seja identificado como uma de nossas mais recentes e mais sofisticadas formas de comportamento, ainda se fundamenta em reações emocionais muito básicas, que podem ser expressas em termos de "abordagem", ou "evasivas", ou talvez "deslizar para a direita" ou "deslizar para a esquerda", em termos da mídia social de hoje.

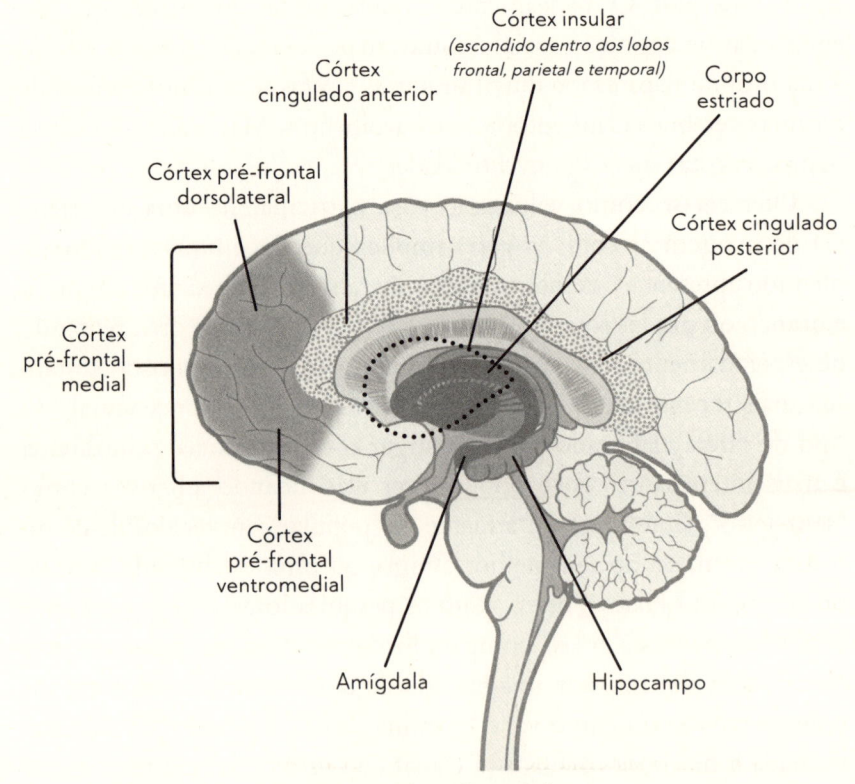

Figura 2: O cérebro social.

Este processo de "avaliação" é associado inicialmente com atividade em uma das partes mais antigas de nosso cérebro, a amígdala.[9] A amígdala é uma estrutura quase amendoada, enterrada abaixo do córtex nos hemisférios direito e esquerdo. Tem um papel central na percepção e na expressão das emoções. Com relação a habilidades sociais, a amígdala parece ser útil no processamento em alta velocidade de expressões faciais emocionais, particularmente as potencialmente ameaçadoras. Também parece "etiquetar" a associação a um grupo, por exemplo, identificando integrantes úteis, como os pais ou cuidadores.[10] A marcação também parece se aplicar à codificação de exogrupos, como a ativação da amígdala mostrou em resposta a pessoas de outras raças.

Enquanto isso, uma das partes mais novas do cérebro, o córtex pré-frontal, está envolvida no controle de processos abstratos como a autorreflexão e a identidade própria – um sistema de orientação baseado no "eu", sinalizando e selecionando opções que podem ser boas ou ruins para nós, satisfazendo nossos gostos e aversões.[11] Além disso, está envolvido na identificação de "outros", os contatos por aí que podem ou não fazer parte de nossas redes sociais reais. Este sistema está ligado a nossas habilidades sociais de leitura das mentes, nossa compreensão dos outros, de seus pensamentos, desejos e crenças. Estes processos se estendem a nosso armazenamento de memórias, onde guardamos informações sobre nosso mundo social e as redes sociais reais, inclusive a caracterização de perfis para nos ajudar, por exemplo, a tomar decisões de endogrupo em contraposição a exogrupos.

Existem também conexões íntimas com os sistemas que controlam o movimento, de modo que as ações e reações associadas com o comportamento social possam ser supervisionadas, garantindo que façamos o movimento certo ou inibindo aqueles errados, ou, como parte de nossa condução no mundo social, entender as intenções por trás dos atos dos outros.[12] Precisamos de *feedback* quando cometemos erros, com um sistema de "parada" semelhante a um freio e um sistema de leme para nos ajudar a alterar o curso.

Um terceiro sistema nesta rede de mecanismos de controle forma a ponte entre nossas estruturas de controle emocional impetuoso e nossos sistemas sociais de entrada/saída de alto nível. Em vez de um limitador de velocidade em um motor, ele estará monitorando nossas atividades e se intrometerá para impedir um desvio por estradas socialmente inadequadas.[13]

O *self* e a dor social

Vamos dar uma olhada naquelas partes do cérebro que estão mais preocupadas com nosso *self*, com quem sentimos que somos e queremos (ou não queremos) ser. Os neurocientistas da cognição social terão acesso a isto levando você a trabalhar com os adjetivos que melhor descrevem sua personalidade, ou a refletir sobre memórias autobiográficas que só você conhece ou que sejam especiais, ou contar de suas reações emocionais a diferentes imagens, até a olhar imagens de celebridades e decidir que semelhança você tem com pessoas como Rihanna ou Daniel Craig.[14]

Do ponto de vista evolutivo, o córtex pré-frontal é a parte mais nova de nosso cérebro e fica no meio ou na parte medial desta estrutura mais comumente ativada quando estamos refletindo sobre nossos vários *selves*. A pesquisa mais recente nas leituras destas redes cerebrais sugere que este processo é uma constante "obra em progresso", de forma que mesmo quando nosso cérebro supostamente está em repouso (sem realizar nenhuma tarefa em particular), nossas redes de *self* estão ativas. É como se nossa antena da identidade pessoal se mexesse constantemente, atualizando o que acontece em nosso sistema social de "navegação no mundo".[15]

Acontece que não só mantemos um catálogo detalhado de nossas características pessoais, mas precisamos que seja acompanhado de algum tipo de fator tranquilizador de bem-estar. Embora existam alguns que parecem barganhar o jeito que têm em seu mundo social em termos de "é isto que eu sou, é pegar ou largar", independentemente das consequências sociais, para a maioria de nós a autoestima é muito determinada pelo nível de nossa inserção nos grupos sociais em que nos encontramos. Os golpes a esta autoestima podem causar fortes reações no cérebro. Isto foi demonstrado pelos neurocientistas cognitivos mais engenhosos.

Uma tarefa popular é a Cyberball, teste desenvolvido por Matthew Lieberman e Naomi Eisenberger em seu laboratório de neurociência cognitiva social na Universidade da Califórnia, em Los Angeles (UCLA).[16] A Cyberball é um jogo de bola on-line em que informam que você é um dos três participantes, com os outros dois representados por pequenas figuras de desenho animado. Segundo a fachada, todos os três passam por um *scan* do cérebro enquanto jogam Cyberball pela internet. A partida começa e a bola é jogada de um lado a outro entre os três. Mas depois os outros dois param de lhe jogar a bola e você só pode assistir os dois se divertindo. Se você é como a maioria dos participantes de Lieberman e Eisenberger, isto causará uma irritação e/ou perturbação verdadeira, e você classificará a experiência como "extremamente frustrante" ou "dolorosa" quando tiver essa chance.

Outra tarefa para esculachar a autoestima envolve o que entra na conta de um jogo de "primeiras impressões".[17] Você forma um par com outro participante (na verdade, um assistente de pesquisa) para uma sessão de avaliação de entrevista. A entrevista compreende perguntas muito pessoais, como "Do que você tem mais medo?" e "Qual é sua melhor qualidade?" Dizem-lhe que, enquanto estiver no escâner, sua entrevista gravada será reproduzida para outra pessoa participante, que então classificará as impressões de você que surgem à medida que a entrevista é tocada. A classificação será feita em um painel eletrônico de 24 botões, cada um deles carregando um adjetivo, como "irritante", "inconstante", "sensível" ou "gentil". Você pode ver as reações neste painel por meio de um cursor que se desloca e clica em um novo botão a intervalos de dez segundos. Depois de cada palavra de *feedback*, solicitam que você pressione um entre quatro botões para indicar como se sente, de 1 (muito mal) a 4 (muito bem). A grade de *feedback*, porém, na verdade é uma gravação com 45 adjetivos, 15 positivos ("inteligente", "interessante"), 15 neutros ("realista", "loquaz") e 15 negativos ("maçante", "superficial"), mostrados em ordem aleatória. O objetivo é ver como seu cérebro reage quando você vê o cursor pairar sobre "maçante" enquanto a gravação chega à parte em que lhe solicitam indicar sua melhor qualidade. Assim, em essência, é um teste muito cruel.

Só para mostrar que os neurocientistas cognitivos sociais estão antenados com a cultura, eles também pensaram em cenários do tipo Tinder e *Big Brother* para fazer os participantes se sentirem mal.[18] Aos participantes no escâner são mostradas fotos de pessoas que supostamente cederam fotografias para serem curtidas ou descurtidas. Os participantes então são solicitados a "responder às pessoas com curtidas ou descurtidas", seguido de *feedback* de que resposta foi despertada por sua própria foto. A rejeição social máxima é entendida quando uma reação de "curtir" de sua parte recebe uma de "descurtir" de coparticipantes invisíveis.

Uma versão mais elaborada da tarefa de primeiras impressões mencionada aqui foi baseada em um teste de seleção para o *Big Brother*, em que as pessoas participantes eram levadas a acreditar que elas e outras duas (invisíveis) eram classificadas por seis jurados sobre se tinham ou não as características para seguir à próxima rodada ("o jurado David agora está classificando você quanto à atratividade social", ou "a jurada Suzanne agora vai classificar você quanto à sensibilidade emocional").[19] Como você deve ter calculado (embora quem participou aparentemente nunca o tenha feito), era uma armação, projetada para gerar reações cerebrais e comportamentais quando alguém era classificado como "pior" ou "melhor" em alguma característica socialmente atraente.

Então, como nosso cérebro reage a saber que somos maçantes, ou que ninguém quer jogar conosco, ou a ver alguém deslizar para a esquerda em vez de a direita quando confrontado com nosso perfil? Muitas respostas a esta pergunta vieram do trabalho dos pesquisadores que conceberam a tarefa Cyberball e o resultado causou uma bela agitação na comunidade de neurociência cognitiva social, mas também fora dela. Estas descobertas teriam consequências importantes para nossa compreensão do que realmente significa a dor social para nós.

Parece que existem paralelos muito próximos entre o jeito como nosso cérebro lida com a dor física e com a dor social.[20] Como se já não fosse crueldade suficiente ter seu ego esmagado enquanto participa de um estudo de imagem cerebral, às vezes, em nome da ciência, espera-se que você sucumba a níveis crescentes de choque elétrico ou estímulo ao calor. Depois lhe solicitam que classifique a experiência em graus que vão, neste último caso, do eufemismo "calor confortável" a "nocivo".

Duas áreas principais do cérebro são ativadas quando passamos por essas experiências, o córtex cingulado anterior e a ínsula. O córtex cingulado é uma daquelas estruturas de ligação no cérebro que ficam espremidas entre centros de controle emocional evolutivamente mais antigos e nosso córtex de processamento de informações de alto nível, mais novo. Ele cerca o corpo caloso, a ponte de fibras que conecta as duas metades do cérebro (que conhecemos no Capítulo 1). A parte frontal (ou anterior) é encontrada imediatamente atrás do córtex pré-frontal, com a parte de trás (posterior) estendendo-se para os centros de controle emocional mais antigos. É estruturalmente bem situado, então, para ligar essas áreas de controle emocional com os sistemas de processamento de informações de alto nível encontrados no córtex frontal – o que significa que o córtex cingulado anterior (ou CCA, para resumir) parece ser um participante fundamental em nossa vida social.

A ínsula tem uma ligação anatômica estreita com o CCA. É encontrada dentro da longa dobra na lateral do cérebro e parece estar associada com alguns julgamentos de valor sobre situações, principalmente relacionando-os a sensações corporais (pense em estômago revirado, coração disparado, palmas das mãos suadas) – o que não é insensato quando associadas com um pesquisador dizendo à pessoa que está prestes a aumentar o estímulo de calor a "nocivo".

Repetidas vezes, os estudos mostraram que a dor física ativa as mesmas redes da dor social. Você talvez esteja pensando, o que isso tem a ver com o ser social? Em sua maioria, as atividades de grupo normalmente não envolvem levar choques elétricos ou queimar seus conspecíficos. Mas parece que, no curso da evolução de nosso impulso para sermos sociais, o cérebro se constituiu com base em mecanismos de motivação existentes. A fuga da dor real é uma das forças motivadoras mais poderosas do mundo, levando-nos a esforços extraordinários para evitar ou escapar da fonte de qualquer sofrimento. O fato de que a dor da rejeição social é impelida pelas mesmas redes que fundamentam nossa experiência dessa dor mostra como o impulso para ser social é central ao comportamento humano. A exclusão ou a classificação como maçante pode ferir tanto quanto um choque elétrico.

Nosso envolvimento em redes sociais reais parece tão essencial à nossa sobrevivência que temos um mecanismo de "dor social", que nos alerta para a necessidade de repensar nosso comportamento, mudar os planos, só para que voltemos a nos envolver com nossos companheiros seres humanos.

Seu sociômetro

Parece que temos um "medidor" ou "sociômetro" interno, sintonizado para monitorar como estamos nos saindo no jogo social, se temos aceitação ou não da parte dos outros em nossas redes sociais reais preferidas, ou os endogrupos, ou se existe a probabilidade de rejeição por parte deles.[21] A autoestima é uma medida de nossa avaliação do sucesso social e é monitorada por nosso sociômetro. Se tivemos um dia bom, com muito *feedback* positivo de nossos pares, a autoestima é elevada e nosso sociômetro diz "cheio"; se tudo que podia dar errado de fato deu e a batata quente parece ter parado na nossa mão, então a autoestima afundará e nosso sociômetro estará na faixa vermelha. O impulso para garantir que a autoestima seja mantida no máximo é potente, como demonstrado por nossas reações a cenários de rejeição social bem banais. Isto quer dizer que as estruturas de "dor social" também podem fazer parte dos mecanismos cerebrais que alicerçam o sociômetro – assim, precisamos dar uma olhada mais atenta no CCA e em suas atividades.

O CCA parece agir como um sistema de sinais de trânsito em nossa rede social real. O cérebro social precisa garantir que nem sempre soltemos automaticamente as respostas que podem ser sinalizadas por nossos circuitos mais antigos e mais impetuosos. Precisamos ter algum sistema regulatório ou de "checagem" que possa pôr um freio em uma reação emocional exagerada e considerar qual reação pode servir melhor a nossas necessidades, e até (talvez seja socialmente mais relevante) às necessidades dos outros. Às vezes o sistema precisará buscar as regras manifestas em seu mundo e pode até precisar resolver um conflito.

Existem dois tipos de tarefa que os psicólogos experimentais conceberam para demonstrar como nosso cérebro lida com informações conflitantes e como conseguimos dar um fim ao que é chamado de "reação prepotente". Um experimento chama-se tarefa de Go/NoGo [ou aprovação/reprovação] – a pessoa precisa apertar um botão com a maior velocidade possível quando vê um sinal, mas *não* apertar o botão quando aparece outro sinal.[22] Isto é mais difícil do que se pode pensar. Um dos games on-line que minha equipe de pesquisa jogou com crianças envolve uma viagem intergaláctica em que elas têm de disparar um foguete quando veem um alienígena por uma abertura, mas *não* devem disparar o foguete quando veem um astronauta. Enquanto o desenvolvíamos, experimentamos com colegas de laboratório. Basta dizer que, pelo futuro do universo, torcemos para que não coloquem muitos pesquisadores de imagens do cérebro encarregados de nenhum botão de arma nuclear!

O outro jogo traiçoeiro é chamado de tarefa Stroop.[23] Se a palavra "verde" é escrita em verde e a pessoa é solicitada a dar o nome da cor da palavra escrita, pode resolver isto com muita rapidez. Se, entretanto, a palavra "verde" é escrita em vermelho, o ritmo da participante se reduz drasticamente. Esta é uma medição de um efeito de interferência causado por um descompasso entre as diferentes informações que são processadas, ou as mensagens confusas que a pessoa pode estar recebendo do mundo.

Detectar conflitos como estes também parece estar no âmbito do CAA, em sinergia com aquela parte dos lobos frontais ligada com nossa identidade própria, o córtex pré-frontal medial. Você está em uma situação em que realmente gostaria de realizar determinado ato, mas socialmente seria mais aconselhável não (deixarei que imagine seu próprio exemplo...)? O CCA vai pisar nos seus freios (ou não!). Isso ecoa seu papel nos mecanismos de controle *cognitivos*, mudando de tática depois que um erro foi sinalizado (avaliação do erro) ou reagindo a mensagens possivelmente confusas ou contraditórias do mundo (monitoramento de conflito).

E a ínsula? Como sua habilidade de registrar sensações corporais está ligada com o comportamento social? Ela parece ter um talento vasto para marcar os aspectos positivos e negativos de muitos comportamentos diferentes. Como foi resumido por um pesquisador, a atividade em sua ínsula estará associada a um amplo leque de atividades, "da distensão intestinal e os orgasmos, a desejar um cigarro e o amor materno, e a tomar decisões e ao *insight* súbito".[24] (Você pode estar matutando que parte destas atividades insulares é bem *anti*social, mas felizmente a evolução social também garantiu que os sistemas de controle físicos costumem produzir reações adequadas para a situação social.)

Uma forma pela qual foi caracterizado o envolvimento insular no comportamento social é a codificação da quantidade de incerteza nas situações, ou o risco envolvido, e tomar decisões baseadas quase literalmente em seu "instinto".[25] E, em parceria com o CCA, ela identifica as situações em que você deve seguir e aquelas as quais é melhor evitar. Como uma das emoções associadas à ínsula é o nojo, passa a ser bem compreensível o comportamento aversivo a risco, ou um precedente Go/NoGo.

Os pesquisadores da UCLA, Lieberman e Eisenberger, investigaram até que ponto o CCA e a ínsula podem fazer parte do sistema de sociômetro.[26] Testaram isto com a tarefa de primeiras impressões delineadas anteriormente, medindo as reações em fMRI a classificações descritivas pela parceria invisível, ao mesmo tempo fazendo com que participantes sem sorte classificassem de 1 a 4 como se sentiram com o *feedback*. O que se revelou foi que quanto maior a ativação no CCA e na ínsula nesta tarefa, mais baixa a autoestima relatada.

Mas será que isto foi somente desencadeado pela tarefa em si? Nosso sociômetro neutro pode medir a chamada autoestima "característica", as diferenças individuais em como as pessoas costumam se sentir a respeito de si mesmas? Isto foi testado por uma equipe japonesa em Hiroshima, usando a tarefa Cyberball.[27] Inicialmente, as pessoas tinham de indicar como se sentiam a respeito de declarações como "às vezes, acho que não sirvo para nada" ou "Sinto que sou uma pessoa de mérito". Depois eram divididas em dois grupos, de autoestima alta e baixa. Embora os dois grupos tenham mostrado o aumento habitual na ativação do CCA e da ínsula quando eram excluídos do jogo, aquelas pessoas do grupo de autoestima baixa mostraram uma ativação muito maior nesta fase de ostracismo. Os pesquisadores também mostraram que o grupo de autoestima baixa tinha uma conectividade maior com o córtex pré-frontal, sugerindo que este "golpe a mais em seu orgulho" era alimentado no sistema de identidade pessoal.

Por outro lado, outros estudos, desta vez usando a tarefa do tipo Tinder, mostraram que se a pessoa recebe um *feedback* positivo, se ela foi curtida, isto foi novamente sinalizado pela atividade no CCA, mas agora acompanhada por atividade em outra parte do cérebro, o corpo estriado.[28] O corpo estriado é uma fração mais antiga de nosso cérebro, parte de um sistema de processamento de recompensas, e parece particularmente orientado para dar *feedback* sobre o valor de um acontecimento. Se você anteriormente "curtiu" um indivíduo cuja foto lhes foi apresentada no escâner, seu corpo estriado estará muito mais ativo se este indivíduo também curtir você. O corpo estriado também é ativado quando as pistas do ambiente sinalizam que algo agradável está para acontecer, como, por exemplo, um rosto atraente prestes a ser mostrado. Também fica ativo quando uma dica parece ter sido mal interpretada e um rosto sem atratividade aparece diante da pessoa. Isto é conhecido como um erro de previsão de recompensa e tem paralelo com o tipo de codificação preditiva delineado no capítulo anterior, inicialmente relatado no contexto de processos cerebrais mais básicos, como a visão ou a audição.[29] Aqui também há um elemento social; seu corpo estriado será mais ativo se, digamos, você vencer um jogo quando outras pessoas estão assistindo. Segundo o mesmo raciocínio, é provável que você dê mais dinheiro em um jogo de caridade se outros estiverem assistindo, e isto é acompanhado por uma atividade maior no corpo estriado.

Assim, parece que temos toda uma rede de sociômetros em funcionamento. Situações que levam à estima social mais baixa resultarão em atividade aumentada do CCA e da ínsula e uma baixa leitura em seu sociômetro, enquanto um reforço na autoestima de um combo CCA/corpo estriado levaria seu sociômetro de volta a uma leitura positiva.

Às vezes, uma autoimagem negativa nem sempre é associada com baixas "pontuações" em algum sistema de classificação social, mas parece ter se gerado sozinha. O status socioeconômico (SSE) pode ser um fator-chave nos níveis de capacidade em habilidades como cognição espacial e linguagem, assim como algumas formas de processamento de memória e emocional, mesmo quando outras características como o QI, o gênero e a etnia são levados em consideração.[30] Este efeito também aparece no cérebro, com evidências de tamanho reduzido em partes responsáveis pela memória e a compreensão das emoções. É possível que estas diferenças cerebrais reflitam aqueles aspectos do mundo que variam com o SSE, como acesso à instrução formal, a riqueza da linguagem ambiental e também fatores de estresse adicionais associados com a renda mais baixa, a dieta mais pobre e o acesso limitado a assistência médica. Todos os fatores que nossa consciência mais recente da plasticidade eterna do cérebro agora nos levaria a chamar de elementos mundanos transformadores do cérebro.

É intrigante que um estudo de 2007 tenha mostrado que os autorrelatos de status social *subjetivo* baixo também podem afetar estas partes do cérebro.[31] Mostraram a participantes do estudo a imagem de uma escada de classificação social, com o "melhor" em termos de dinheiro, instrução e emprego no topo, e o "pior" na base. As pessoas tinham então de marcar com um X o degrau que melhor descrevesse seu status atual. Os pesquisadores descobriram que o tamanho do CCA – que, como vimos, é importante na ligação de habilidades emocionais e cognitivas como o efeito de cometer erros – variava mais como função do SSE percebido das pessoas do que de seu SSE real. Em outras palavras, onde a pessoa *sente* que estava na hierarquia também tinha associação com diferenças nas mesmas áreas cerebrais.

Um estudo de meu próprio laboratório demonstrou que as atitudes negativas e positivas em relação a nós mesmos se refletem em diferenças na atividade cerebral.[32] As pessoas foram expostas a cenários "emocionais", como "Uma terceira carta seguida de rejeição a emprego chega pelo correio" e são solicitadas a imaginar uma reação de autocrítica ("Não me surpreende, eu sabia que nunca teria uma chance; sou um fracasso") ou tranquila ("Não me surpreende, a concorrência seria muito forte; sempre foi um tiro no escuro"). A autocrítica estava associada com uma atividade muito maior no CCA (de novo), enquanto padrões de ativação associados a tranquilidade se concentravam mais nas áreas frontais do cérebro.

Assim, o CCA não é necessariamente um intermediário imparcial nos acontecimentos no cérebro social e pode estar associado, pelo menos em algumas pessoas, com leituras desnecessariamente baixas no sociômetro.

Nós e eles

Da mesma forma que o senso de *self* pode ser medido em um escâner, também pode ser o senso do "outro", envolvendo o mesmo tipo de tarefa, usando adjetivos ou histórias, mas desta vez indaga-se ao participante como o outro é ou o que faria.[33] Não surpreende que exista uma sobreposição muito próxima entre as áreas envolvidas nestes dois tipos de avaliação, com o córtex pré-frontal medial como um elemento-chave. Mas o processamento social é primorosamente sintonizado nesta parte de nosso cérebro, e os pesquisadores mostraram que julgamentos do "eu" e dos "outros" ativam partes ligeiramente diferentes de nosso córtex pré-frontal medial. Assim, esta parte fundamental do ser social é apoiada por uma rede de sintonia muito fina, garantindo que tenhamos *feedback* constante sobre nós e como nos combinamos com aqueles que nos cercam.

Como esta associação em grupo parece ter sido essencial à nossa sobrevivência e nosso progresso em termos evolutivos, evidentemente é importante que sejamos bons no reconhecimento de quem faz parte de nosso endogrupo e também que tenhamos certeza de fazermos as coisas certas para garantir sua sobrevivência. Acontece que os seres humanos e seus cérebros são categorizadores inveterados e têm uma miríade de maneiras de colocar a si mesmos e os outros em grupos – seja por idade, etnia, time de futebol, status social ou, naturalmente, gênero.[34] E este não é apenas um exercício de rotulagem; a dimensão "nós" versus "eles" pode mudar todo tipo de processo social. O precedente que o cérebro estabelecerá refletirá o que parece ser uma das partes mais importantes de nosso comportamento social, distinguindo endogrupo de exogrupo.

Um estudo mostrou que mesmo que você divida as pessoas aleatoriamente em time azul e time amarelo, e as façam distribuir dinheiro ou a integrantes de seu próprio time, ou aos do time de outra cor, houve mais ativação na rede de identidade pessoal quando elas alocaram dinheiro para o próprio grupo do que quando o entregaram aos outros.[35] O laboratório de James Rilling, em Atlanta, também mostrou que os indivíduos que foram aleatoriamente atribuídos a um grupo Vermelho ou a um grupo Preto, com base em um falso teste de personalidade, mostravam diferentes padrões de atividade cerebral durante o jogo de cooperação se os parceiros fossem membros da mesma equipe, do que se pertencessem a um time diferente.[36]

As áreas do cérebro ativadas durante a tarefas de categorização social se sobrepõem estreitamente com aquelas envolvidas nas reações de identidade "eu" e "outro", em particular no córtex pré-frontal medial. Assim, os grupos a que sentimos pertencer são mais estreitamente ligados à nossa identidade pessoal, o que significa que como aqueles grupos são percebidos, por eles e pelos outros, se tornará estreitamente enredado com a visão que temos de nós mesmos.

Porém, precisamos mais do que um sistema de reconhecimento do "outro", se quisermos interagir com eles socialmente. Como indivíduos, você será muito competente para saber o que pensa, o que sabe sobre a situação em que se encontra, o que pode pretender fazer no dia de hoje. Isso é conhecido como compreensão de seu próprio "estado mental". Naturalmente, entender o que os outros estão pensando ou quais são suas intenções é um processo muito mais complicado e fundamental em nosso comportamento social. Requer que de algum jeito consigamos entrar na cabeça dos outros, que nos tornemos "telepatas", que possamos "adivinhar"; em outras palavras, que tenhamos o que é chamado de uma "teoria da mente".[37] Tarefas em *scan* como desenhos animados e pegadinhas que lhe pedem para inferir o que está acontecendo ao ver o comportamento dos outros, ou mesmo vendo se podemos prever o comportamento dos outros participando de jogos como pedra-papel--tesoura, ativarão o córtex pré-frontal medial e o CCA.[38] Estes estão ligados a uma área do cérebro chamada de junção temporoparietal (felizmente abreviada como JTP), que parece estar envolvida com a compreensão e a decodificação do movimento dos outros, um "detector de intencionalidade".

Há até uma sugestão de que parte de nosso repertório social é um "sistema especular" embutido no cérebro. Se assistimos alguém fazer um movimento, então as mesmas partes do cérebro se tornam ativas quando fazemos o movimento nós mesmos.[39] Sugeriu-se que o mesmo processo pode acontecer se tentarmos interpretar diferentes emoções ao analisar as expressões faciais ou outras dicas não verbais das pessoas. Nosso próprio espelhamento interno dos diferentes movimentos faciais associados com a felicidade ou a tristeza nos permite "entender" se a pessoa a quem pertence o rosto se sente feliz ou triste.[40]

Alegou-se inicialmente que esta era a base geral da empatia, mas agora está mais ligado à nossa decodificação dos sentimentos dos outros em vez de partilhar sua "cor emocional"; é mais um processo "Entendo sua situação" do que "Partilho de sua dor".[41] Embora possamos obter uma compreensão dos chamados roteiros sociais com habilidades cognitivas de alto nível, também seria necessário um mecanismo de compartilhamento emocional para tornar o processo verdadeiramente social.

A ideia de o cérebro ter um sistema de espelhamento que nos permite realizar simulações do que os outros fazem para entender por que estão fazendo aquilo ou como se sentem provou-se atraente a muitos neurocientistas cognitivos sociais. O trabalho demonstrando os estreitos paralelos entre padrões cerebrais quando estamos *vivendo* uma emoção (como o nojo ou a tristeza) e quando a estamos *observando* nos outros mostra-se uma fonte poderosa de apoio à ideia do sistema de espelhamento.[42] Atualmente, quase todo modelo de cérebro social que podemos tomar incorpora um sistema como este.

E quais são as bases cerebrais deste sistema de espelhamento? Envolve a JTP, permitindo-nos descobrir quais podem ser as intenções do outro. Por exemplo, existe alguém correndo na minha direção – a pessoa aproxima-se de mim de um jeito ameaçador, ou pode ser porque estou parada debaixo de um toldo e começa a chover? Enquanto tentamos entender isto, partes de nosso sistema motor e do córtex pré-frontal estarão ajudando. A codificação afetiva adequada parece vir da ativação da ínsula anterior, do CCA e, de novo, de partes do córtex frontal.

Assim, temos um sistema de radar social complexo e sofisticado, constantemente decodificando sinais sociais, avaliando erros, atualizando informações sobre nossos vários *selves* e sobre aqueles que nos cercam, representando roteiros sociais e interpretando os cenários sociais em que nos vemos envolvidos. Nossa antena social está sempre em movimento, captando as regras do engajamento social, examinando o mundo em busca de orientação sobre qual é e qual não é nosso lugar, e quem faz parte ou não dos grupos sociais com que nos identificamos, ou queremos nos identificar.

Estereótipos

As informações que nossos cérebros sociais buscam nem sempre serão um perfil muito detalhado e nuançado de cada indivíduo ou situação que encontremos. Na verdade, é muito mais provável que seja um esboço abreviado e genérico de "pessoas como eu" ou "pessoas como eles". Assim, as informações que entram em nosso satélite de navegação social talvez não sejam inteiramente precisas e podem até ser enganosas. Dou-lhes as boas-vindas ao mundo dos estereótipos e do preconceito.

Os estereótipos são definidos pelo *Oxford English Dictionary* como "uma imagem ou ideia de determinado tipo de pessoa ou coisa que se tornou fixa por ser amplamente sustentada". O pressuposto é de que cada integrante de determinado grupo mostrará as características que supostamente são típicas daquele grupo. Frequentemente essas características são negativas – escoceses são muquiranas, docentes cabeças-de-vento, pessoas louras são avoadas – e às vezes se referem a determinadas habilidades ou à falta delas. As mulheres não sabem fazer contas ou ler mapas; os homens não choram e não perguntam como chegar a certo endereço.

Qual é o grau de ligação entre as atividades de nossa rede cerebral social e este registro de preconceitos e estereótipos que, gostemos ou não, podem prontamente ser encontrados no mundo? Com que profundidade esse tipo de informação pode estar incorporado no sistema que é a base de nossa identidade pessoal, nossa associação a grupos e todas as interações que teremos por toda a vida?

Existem evidências de que o cérebro processa as categorias sociais associadas com estereótipos de forma diferente do modo como processa outros conhecimentos semânticos mais gerais. Em um estudo, durante *scan* em fMRI, quem participou recebeu uma tarefa de conhecimento semântico.[43] Mostraram-lhes um rótulo de "características", como "vê comédias românticas", ou "tem seis cordas", ou "cresce no deserto", ou "consome mais cerveja". As pessoas tinham de combinar isto com um par de rótulos de "categoria social" (como "homens" ou "mulheres", "gente de Michigan" ou "de Wisconsin", "adolescentes" ou "banqueiros de investimento", "lutadores de sumô" ou "professores de matemática" – tem-se a impressão de que os pesquisadores se divertiram ali) –, ou rótulos de "categoria não social" (como "violinos" ou "violões", "tornados" ou "furacões", "limas" ou "amoras"). A ideia era ver se a informação transmitida pelos rótulos e pelas características não sociais era processada nas mesmas áreas do cérebro daqueles sociais. O questionamento sobre violões ou violinos tendo seis cordas ativava as áreas padrão da linguagem e da memória, nos lobos frontal e temporal. A ativação nestes depósitos de "conhecimentos gerais" também era vista com as categorias sociais, mas havia um processamento adicional elaborando os fatos básicos. As escolhas sociais sobre gente de Wisconsin ser "quadrúpede" ou "ficar vermelha quando bebe álcool" envolvia aquelas áreas do cérebro mais comumente ativadas por tarefas do tipo teoria da mente, inclusive o córtex pré-frontal medial e a JTP, em conjunção com atividades de avaliação de si e dos outros pela amígdala. Assim, embora alguns aspectos das informações sociais possam ser armazenados em uma base de conhecimento "neutra", são processados separadamente e "marcados" com inferências sobre o que se pode esperar de membros de uma categoria específica, sejam positivas ou negativas, coerentes ou incoerentes com os padrões do endogrupo, e como se relacionam com nosso senso de identidade.

As consequências de atitudes no mundo podem alterar a estrutura e a função cerebrais. A interseção de estereótipos e da autoimagem nos diz algo sobre como o que acontece em nosso cérebro social pode interferir em nossos processos cognitivos. Se nosso portfólio de autoimagem inclui a associação a um grupo negativamente estereotipado, então a ativação deste fato em particular pode produzir a profecia autorrealizável ou efeitos de "ameaça do estereótipo" que vimos no Capítulo 3.

A ameaça do estereótipo funciona no nível pessoal, mas também é um desafio à identidade social da pessoa, porque dá evidências de que a categoria social a que pertencemos é negativamente avaliada pelos outros.[44] Também se sugeriu que as pessoas lutam em situações de ameaça do estereótipo porque elas começam a pensar demais nos problemas com que se deparam. Consumirão grande parte de seus recursos cognitivos no automonitoramento e na verificação de erros, assim como sofrerão dos efeitos a mais do estresse induzido pela sensação de serem julgadas, das expectativas negativas de seu desempenho.[45] Estudos de imagem do cérebro sobre o efeito da ameaça do estereótipo mostram que ela tem correlatos neurais específicos, coerentes com o envolvimento de regiões associadas com o processamento social e emocional (inclusive, de novo, o CCA) em vez daqueles que teriam sido mais adequados para a tarefa em si.[46]

Maryane Wraga, neurocientista cognitiva do Smith College nos Estados Unidos, demonstrou a ameaça e o efeito *lift* do estereótipo em uma série de estudos.[47] Concebeu uma versão da tarefa de rotação mental em que as pessoas participantes ou têm de imaginar a rotação de uma forma com um desenho em um ponto específico de modo que se encaixe em um ponto de observação (tarefa de rotação de objeto), ou imaginam "girar" elas mesmas a um local atrás do ponto de observação (tarefa de autorrotação). Depois, precisam decidir se ainda seriam capazes de ver o desenho. A versão de rotação de objeto foi descrita como aquela em que os homens se saíram melhor; a tarefa de autorrotação, como uma forma de ter perspectiva, em que as mulheres se saíram melhor, de modo geral. Wraga relatou que em versões "neutras" das tarefas, as mulheres ainda tiveram um desempenho abaixo da média dos homens. Mas se dissessem que as mulheres costumavam se sair melhor nesse tipo de tarefa, esta diferença desaparecia, mostrando o efeito *lift* do estereótipo. Do mesmo modo, se dissessem aos homens que a tarefa era uma luta para os homens, eram eles que cometiam mais erros.

Em seguida, ela repetiu o estudo em um escâner de fMRI com três grupos de mulheres.[48] Aquelas com mensagens positivas se saíram significativamente melhor do que as da versão negativa, que se saíram pior do que um terceiro grupo que recebeu mensagens neutras. Isto também se refletiu nos padrões de sua ativação cerebral; aquelas que tiveram mensagens positivas e melhor desempenho mostraram mais ativação nas partes do cérebro apropriadas para a tarefa, as áreas que lidavam com o processamento visuoespacial. O grupo que recebeu a mensagem negativa e teve o pior desempenho mostrou mais ativação naquelas áreas que lidam com o processamento de erros (nosso velho amigo, o córtex cingulado anterior, de novo). A sugestão é de que a ameaça do estereótipo traz um fardo a mais à tarefa – é ativado o sistema de avaliação de erros no cérebro atormentado, a ansiedade mobiliza o sistema de regulação das emoções e os recursos atencionais são desviados.

É interessante observar que podemos identificar as mudanças cerebrais associadas com a aquisição ou a absorção de um estereótipo e também mostrar como nosso cérebro reage quando há uma desconexão entre a expectativa criada por esse estereótipo e o que acontece na realidade. Em um estudo de Hugo Spiers, da University College London, e sua equipe, os participantes receberam diferentes tipos de informação sobre grupos fictícios, algumas boas (como "deram um buquê de flores à mãe") e algumas ruins (como "roubou uma bebida de uma loja").[49] A distribuição desses fragmentos foi "fixa", e assim, aos poucos, um grupo acumulava mais pontos bons e outro, mais pontos ruins. Os pesquisadores conseguiram identificar, em um ensaio após outro, como se formavam os estereótipos negativos sobre os "bandidos" e os "mocinhos".

Como vimos antes, o banco de memória social estereotipante é parcialmente associado com atividade no lobo temporal, uma área associada com a memória em geral, e também com determinados aspectos da linguagem. Se fôssemos solicitados a indicar se homens ou mulheres teriam "maior probabilidade de gostar de comédias românticas", ou se o "atletismo" era mais característico de indivíduos negros ou brancos, quem se tornaria ativo seria o lobo temporal. Acontece que nosso cérebro presta muito mais atenção às coisas ruins enquanto forma um quadro de um grupo; informações negativas da variedade "eles-roubam-bebidas" foram processadas muito mais ativamente enquanto o cérebro criava o perfil desses novos grupos.

Em consonância com nosso modelo cerebral como nosso guia pela vida ao conceber modelos com os quais comparar os acontecimentos da vida, houve uma forte reação quando uma informação inesperada era relacionada a um grupo. Era muito mais forte quando a informação contrariava um estereótipo *negativo* emergente – um bandido comprando flores para a mãe, por exemplo – em comparação com a reação ao mesmo tipo de transgressão de um mocinho. A rede que mostrou mais atividade a este "erro de previsão" foi encontrada nas áreas frontais do cérebro, em uma parte da rede social cerebral que se torna ativa quando uma tarefa envolve atualizar impressões do comportamento dos outros.

Assim, nosso cérebro não só é mudado por dados concretos a respeitos de visões e sons no mundo, ou por experiências e acontecimentos muito específicos; ele absorve e reflete as atitudes e expectativas daqueles que nos cercam.

Mostramos como nosso cérebro preditivo pode gerar padrões para nos guiar pelo mundo. Da mesma forma, esse cérebro usará as informações sociais que permeiam o mundo para definir os modelos sociais, não só sobre o que devemos esperar dos outros, mas também do que devemos esperar de nós. Os estereótipos são transformadores do cérebro e, como veremos, dão uma orientação extraordinária na determinação do ponto final de nosso comportamento e de nosso cérebro.

Assim, temos conjuntos complexos de redes em operação que nos permitem nos tornar seres sociais, assumir nosso lugar nas arenas sociais. Parece ser uma parte fundamental de nossa sobrevivência que estejamos constantemente envolvidos em "fazer o jogo social", monitorando o que acontece à volta, aprendendo e reaprendendo as regras sociais do engajamento. Evitar a rejeição social ou certificar-se de que se faz o que é certo para ser socialmente aceito é um pano de fundo constante para o engajamento do cérebro com o mundo e pode comprometer seus recursos de processamento mais continuamente do que outras atividades mais "cognitivas".

A posse dessa poderosa rede social cerebral foi aclamada como a base de nosso sucesso evolutivo: nossa capacidade de cooperar, alterar o comportamento para nos encaixarmos nas normas sociais dos grupos em que operamos, desenvolver uma identidade pessoal que se coadune com quem nos cerca.[50] Mas é preciso soar um alerta: nossa compreensão das regras de engajamento social, que determinam nosso lugar no mundo e nossa jornada por ele, podem se basear em informações tendenciosas, em diretrizes que não combinam mais com os fins pretendidos (se é que um dia combinaram). Examinar como essas regras parecem diferentes para meninas e meninos, mulheres e homens, pode revelar que este importante avanço evolutivo não serviu bem aos dois sexos.

Mas quando é que tudo isso começa? Sempre soubemos que os primeiros anos são uma época de enorme plasticidade do cérebro, que fundamentam todas as habilidades necessárias que nossos bebês humanos indefesos têm de adquirir.[51] As mudanças físicas que acontecem nos cérebros dos bebês desde o momento do nascimento (e mesmo antes) são espantosas; coerentes com nossa compreensão da importância da conectividade no cérebro, agora sabemos que a maior parte destas mudanças é associada com o estabelecimento de muitíssimas vias diferentes, até mais, na verdade, do que esses bebês aprenderão quando adultos. As habilidades básicas de sobrevivência vêm com muita rapidez; sabemos que os bebês logo aprendem a entender as informações sensoriais e perceptivas em seu mundo e começam a se mover com eficiência por ele. Mas estamos começando a entender que esses humanos minúsculos, que parecem tão indefesos ao nascimento, na verdade são coletores altamente sofisticados e ávidos por regras que, com seu cérebro plástico, flexível e moldável, são muito mais concentrados do que pensamos no aprendizado de regras de engajamento social em seu mundo. E que eles começam cedo, muito cedo mesmo.

PARTE TRÊS

PARTE TRÊS

CAPÍTULO 7:

Os bebês importam – Comecemos do começo (ou até um pouco antes)

Dos brinquedos pelos quais é cercada em seus primeiros anos às atitudes e expectativas de professores na escola primária (assim como os pais que, por mais que tentem, terão diferentes crenças e esperanças para suas filhas); passando pelo alvorecer da consciência de gênero e dos estereótipos de gênero; da presença ou ausência de exemplos e do poder da pressão dos colegas e das mudanças cerebrais na adolescência, a decisões educacionais e ocupacionais e entrando em profissões e/ou na maternidade: uma menina e seu cérebro não seguirão o mesmo caminho que um menino e o dele.

Olhando pela janela de uma unidade neonatal, se todos os bebês estivessem embrulhados em mantas de cor neutra, você teria dificuldade para saber quais são meninas e quais são meninos. Existem alegações, porém, de que em questão de dias seria possível distinguir um do outro, mesmo que estivessem embrulhados em mantas de cores neutras. Pendure um móbile feito de peças de trator sobre um berço e a atenção extasiada do bebê lhe dirá que é um menino; se, por outro lado, o bebê que balbucia parece mais encantando com seu rosto, então é muito provável que seja uma menina.[1] Mas, como veremos, existem problemas com essas alegações e, de todo modo, apesar do que a brigada da organização cerebral pode nos dizer, estas diferenças comportamentais não revelam nada sobre os cérebros por trás delas. Se realmente quisermos alegar que os cérebros de menino e menina são diferentes, não deveríamos olhar seus cérebros?

Graças mais uma vez aos recentes avanços tecnológicos, temos uma ideia muito melhor de como são os cérebros de bebês quando eles chegam, ou mesmo antes. Também aconteceram progressos na psicologia do desenvolvimento, agora fundamentada por novos modelos de compreensão da relação entre o cérebro dos bebês, o mundo em que são imersos e o comportamento que surge como consequência disto. Isto nos dá *insights* sobre como são incríveis os bebês e seus cérebros. Mas estes *insights* também soam como sinos de alarme sobre o mundo em que estão sendo mergulhadas estas esponjas cerebrais e suas donas.

Janelas para o cérebro do bebê

Ver o cérebro de recém-nascidos é algo que só recentemente pudemos fazer – a maioria das observações iniciais sobre cérebros de recém-nascidos se baseavam em bebês que foram monitorados porque eram extremamente prematuros, ou naqueles que morreram no parto ou antes dele. Mas agora podemos usar nossas novas técnicas de imagem cerebral e ver as estruturas nos cérebros mínimos dos bebês nascidos a termo, sem distúrbios cerebrais e também, o que é mais empolgante, a formação de conexões e vias. E podemos até fazer a pergunta de um milhão de dólares: os cérebros das meninas são diferentes dos cérebros dos meninos?

Vale a pena destacar aqui que a imagem cerebral de bebês é uma das tarefas mais desafiadoras que os neurocientistas podem enfrentar. Se lermos nas entrelinhas de qualquer artigo de imagem cerebral em que os participantes eram adultos, notaremos referências a "dados perdidos devido a movimento excessivo", ou "participante descartado por fracasso em completar a tarefa" e "conjuntos de dados incompleto". O que isto significa é que a cobaia supostamente disposta foi incapaz de ficar imóvel, dormiu, esqueceu-se da tarefa pela metade do caminho ou apertou o botão "pare, por favor" porque superestimou a capacidade da bexiga. Então, imagine como é muito mais complicado com os bebês. Cada sessão de coleta de dados quase invariavelmente é precedida de uma sessão de aclimatação, com os pesquisadores mostrando a seus participantes mínimos (e acompanhantes de idade adulta) no que eles estão se metendo. Isto pode incluir visitas extra à sala de *scan*, fazer CDs de ruídos da máquina para tocar antecipadamente, ou programar visitas ao *scan* que coincidam com os horários de sono ou vigília, dependendo de quais círculos cognitivos queremos fazer os bebês atravessarem. O movimento no escâner é um grande problema para os pesquisadores e os bebês não são famosos por sua imobilidade cooperativa.

Um promissor rumo para o mapeamento do cérebro do bebê é o desenvolvimento da espectroscopia no infravermelho próximo (NIRS, *near-infrared spectroscopy*).[2] Baseia-se no mesmo princípio dos aparelhos de fMRI, de que o fluxo sanguíneo flui a partes mais ativas do cérebro e os níveis de oxigênio sanguíneo mudam em paralelo com a atividade. Os aparelhos de NIRS fazem uso do fato de que a luz é refletida de forma diferente de vasos sanguíneos, dependendo do nível de oxigenação. Na prática, painéis de lanternas mínimas são presos a couros cabeludos, a luz infravermelha é acesa pelo crânio na superfície do cérebro e detectores no couro cabeludo medem a luz refletida. Os níveis variáveis de oxigênio no sangue podem ser calculados vendo-se os diferentes comprimentos de onda de luz refletida. Isto permitiu um mapeamento muito mais eficiente da função cerebral e sua ligação com o comportamento, dando-nos todo um novo quadro dos bebês e seus cérebros impressionantes.

Desde o momento da concepção, o cérebro do bebê terá um crescimento incrivelmente rápido. Sabemos que até neurocientistas sóbrios usaram termos como "exuberantemente" e "vigorosamente" e citaram estatísticas impressionantes sobre a formação, antes do nascimento, de 250 mil células nervosas por minuto e setecentas novas conexões entre células nervosas por segundo.[3] O crescimento mais drástico nas células nervosas é concluído no final do segundo trimestre; outros acontecerão mais para o final da gestação e mesmo depois disso, mas a maior parte dos elementos estão em seu lugar bem antes que o cérebro do bebê conheça o mundo. No terceiro trimestre, está claro que as vias já estão sendo estabelecidas, porque há um aumento na massa branca, o que indica conexões no cérebro.[4] Espantosamente, novos desenvolvimentos na imagem cerebral implicam que também podemos ver o surgimento das primeiras redes nestes cérebros mínimos enquanto o bebê ainda está no útero.[5] O cérebro dos adultos é organizado em conjuntos padrão de redes, ou módulos, com cada rede focalizada em tipos específicos de tarefas – assim, o fato de que estas redes são evidentes em bebês mesmo antes de nascerem é um sinal claro de como as crianças estão "preparadas para a experiência" quando chegam.

No nascimento, o cérebro de uma criança que acabou de vir ao mundo pesa cerca de 350 gramas, aproximadamente um terço do peso de um cérebro adulto de 1.300 a 1.400 gramas. O volume cerebral (uma medida melhor do tamanho do cérebro) é de cerca de 34 centímetros cúbicos, de novo aproximadamente um terço do cérebro adulto. Os meninos tendem a ter cérebros maiores em volume do que as meninas, mas esta diferença desaparece quando consideramos o fato de que os meninos pesam mais ao nascimento. A área de superfície é de cerca de 300 centímetros quadrados, e as cristas e os vales característicos, causados pela dobra do cérebro no crânio, são surpreendentemente semelhantes àqueles do cérebro de um adulto.[6]

Depois que o bebê nasce, a taxa drástica de crescimento continua – inicialmente em cerca de 1% ao dia, depois aos poucos "desacelerando" para cerca de 0,5% ao dia após os primeiros noventa dias. A essa altura, seu tamanho passou do dobro. A taxa de crescimento não é a mesma em todo o cérebro; vemos mudanças mais rápidas naquelas áreas associadas com as estruturas mais básicas, como as que controlam a visão e o movimento. A maior mudança acontece no cerebelo, que controla o movimento, e supera o dobro do tamanho nos três primeiros meses, em comparação com o hipocampo, um elemento fundamental nos circuitos de memória, que só mostra uma alteração no volume de cerca de 5% (o que possivelmente conta para o motivo de ninguém se lembrar de aprender a andar).[7]

Quando uma criança tem seis anos de idade, seu cérebro terá cerca de 90% do tamanho do cérebro adulto (ao contrário, é claro, do corpo, que ainda tem para onde espichar). A parte da massa cinzenta deste crescimento é associada com o aumento drástico no desenvolvimento dos dendritos – os locais receptores ramificados nas células nervosas – e com a proliferação das sinapses, locais de interconexão no sistema nervoso. Assim, há uma grande ênfase em fazer conexões; na verdade, há mais conexões sinápticas no cérebro de bebês do que no de adultos, quase o dobro, refletindo o entusiasmo no início da jornada do cérebro para juntar tudo com todo o resto.[8] Durante a infância e a adolescência, há uma poda gradual até que se alcançam os níveis adultos.

Por baixo deste crescimento superficial, muitas outras conexões de curto prazo aparecem e desaparecem com muita rapidez. Depois de estabelecidas, as conexões são isoladas com mielina, a bainha de gordura branca em volta de cada fibra nervosa que ajuda a atividade nervosa a fluir mais rapidamente. Esta é uma época de muitos destinos possíveis e muitas alternativas possíveis.

Antigamente se pensava que este crescimento inicial impressionante se devia unicamente à formação das conexões entre as células nervosas. Ao contrário de todas as outras células em nosso corpo, a compreensão era de que as células nervosas não eram substituíveis; temos grande parte de nossa dotação no início, as conexões entre elas crescendo drasticamente a partir do nascimento, com a ocasional organização ou poda, e qualquer perda celular causada por acidente ou doença e, por fim, o envelhecimento era permanente e insubstituível. Por implicação, isto parecia confirmar a natureza amplamente fixa do cérebro; se todos os elementos básicos estavam em seu lugar ao nascimento, então talvez parte do que era feito com esses elementos possa ser atribuída ao mundo, mas grande parte era predeterminada pelo que já tínhamos antes de sairmos do útero. Os "limites impostos pela biologia" são uma máxima citada com frequência em discussões sobre as diferenças cerebrais.

Contudo, a versão da "recém-nascida com o número de neurônios do adulto" não conta toda a história. Agora sabemos que o número total de neurônios no córtex da bebê cresce mais de 30% nos três primeiros meses de vida.[9] Também sabemos que podemos adquirir, e adquirimos, novas células nervosas, embora em uma oferta muito mais limitada do que no início de nossa vida.[10] Como você pode imaginar, dadas as implicações para a recuperação de lesões ou doença no cérebro (ou apenas o puro e simples envelhecimento), este processo de "neurogênese" é intensamente estudado.[11] Mas grande parte do drástico crescimento *se deve* ao crescimento de conexões neuronais, o estabelecimento das redes de comunicação, em particular nos dois primeiros anos de vida. As conexões locais dentro de áreas aparecem primeiro, como se fossem redes de ruas dentro de vilarejos, e depois aparecem redes mais distribuídas, conectando estruturas mais distantes.[12] A cabeça de uma bebê em geral crescerá cerca de 14 centímetros na circunferência durante os dois primeiros anos de vida, criando essa explosão de massa branca no cérebro.[13] São as funções sensoriais e motoras mais básicas que amadurecem primeiro, com aquelas redes preocupadas com habilidades cognitivas superiores sendo conectadas mais tarde e por períodos muito mais prolongados, até o início da idade adulta (com uma fase especial reservada para a puberdade).[14] Mas, como veremos, mesmo este sistema aparentemente primitivo pode realizar tipos bem complexos de processamento de informações e produzir alguns níveis surpreendentemente sofisticados de comportamento.

Estas mudanças drásticas no cérebro do bebê, e a ordem com que acontecem, são universalmente válidas para todos os bebês humanos. Mas, como acontece na maioria dos processos biológicos, existem variações individuais na extensão das mudanças em seu tempo. O cérebro de alguns bebês cresce um pouco mais rápido do que em outros, alguns chegam ao produto acabado, ou "ponto final do desenvolvimento", mais cedo ou mais tarde do que outros. Uma questão fundamental na neurociência do desenvolvimento é o que isto pode significar para quem possui o cérebro. Será que estas diferenças individuais têm importância para os padrões de comportamento posteriores? Poderemos localizar a origem de diferenças adultas nos cérebros de bebês? E se pudermos, isto significaria que estas diferenças são predeterminadas e inatas? Ou que fatores a influenciar o desenvolvimento inicial são espetacularmente importantes?

Cérebro azul, cérebro rosa?

Coerente com o que já vimos sobre a história da pesquisa cerebral, uma das primeiras perguntas feitas a partir das descobertas emergentes sobre cérebros de bebês é se o cérebro das meninas é diferente do dos meninos. Nos primeiros dias da imagem cerebral, esta era uma questão difícil de abordar, porque geralmente o número de bebês em um estudo era muito pequeno, assim, era complicado fazer comparações estatísticas válidas entre meninas e meninos. Porém, graças às novas técnicas de *scan* especializadas e a bancos de dados acumulados, estamos pelo menos começando a abordar a questão, embora as respostas sejam muito díspares. A essa altura, talvez você esteja pensando que já contestamos essa abordagem de "caçada às diferenças". Mas um dos pressupostos mais fundamentais em todo o debate "culpe o cérebro" é o de que o cérebro feminino é diferente do masculino porque eles começam desse jeito, que as diferenças são pré-programadas e evidentes em todas as fases iniciais possíveis que podemos medir. Examinemos, então, as evidências desta alegação.

Como acontece com tantos dados nesta área, a descoberta de diferenças parece ser uma função da medição usada. Um grupo de pesquisadores, usando o volume total do cérebro ao nascimento, relatou que não havia diferença significativa entre bebês meninas e meninos.[15] Por outro lado, pesquisadores do Laboratório de Desenvolvimento do Cérebro de Rick Gilmore, na Universidade Estadual da Pensilvânia, declaram firmemente que "o dimorfismo sexual está presente no cérebro neonatal". Um dos estudos informou que os bebês meninos têm 10% a mais de massa cinzenta cortical e 6% a mais de massa branca do que as meninas, embora esta diferença diminua enormemente depois que se leva em consideração o volume cerebral maior dos meninos,[16] e as diferenças desapareceram inteiramente em outro artigo de pesquisa depois da mesma correção.[17]

Mesmo que comecem mais ou menos iguais, existe evidência melhor de que o cérebro dos meninos cresce mais rapidamente do que o das meninas (em cerca de 200 milímetros cúbicos por dia). E o crescimento continua por mais tempo, com um cérebro maior no fim. O volume cerebral nos meninos chega ao auge quando eles têm 14,5 anos, se comparados com as meninas, cujo auge chega aos 11,5 anos. Em média, o cérebro dos meninos é cerca de 9% maior que o das meninas. Ao mesmo tempo, o auge das massas branca e cinzenta parece anterior nas meninas (lembrem-se de que, depois dos primeiros dias inebriantes do crescimento da massa cinzenta, seu volume começa a diminuir à medida que tem início a poda do cérebro), mas, depois que foram feitos ajustes para o volume total cerebral, essas diferenças desapareceram. Porém, os autores de uma revisão das mudanças no cérebro em desenvolvimento são muito claros a respeito do que isto significa:

> As diferenças no tamanho total do cérebro não devem ser interpretadas no sentido de transmitirem qualquer vantagem ou desvantagem funcional. As medidas estruturais brutas podem não refletir diferenças sexualmente dimórficas em fatores funcionalmente relevantes como a conectividade neuronal e a densidade de receptores. Isto é ainda mais destacado pelo grau extraordinário de variabilidade visto em volumes e formatos gerais de trajetórias individuais neste grupo cuidadosamente selecionado de crianças saudáveis. Crianças funcionalmente saudáveis da mesma idade podem ter 50% de diferenças no volume cerebral, enfatizando a necessidade de cautela com relação às implicações funcionais do tamanho absoluto do cérebro.[18]

Esta advertência claramente passou despercebida pelo movimento das escolas de sexo único, com sugestões de que os neurocientistas mostraram que devemos escalonar o currículo para meninos e meninas a fim de levar em conta a diferença no tamanho do cérebro (isto é, ensinar a meninos de 14 anos as mesmas coisas que você ensina a meninas de dez anos).[19] Serão sombras da incompreensão básica do que significa o tamanho do cérebro que fundamentou os alegres defensores dos "140 gramas a menos" do século XIX?

E as diferenças esquerda-direita no cérebro de bebês meninas e meninos? Invocadas como a base das diferenças entre homens e mulheres em habilidades como o processamento espacial e da linguagem, podemos encontrar essas diferenças tão cedo? Existem relatos de diferenças estruturais direita-esquerda em *todos* os bebês ao nascimento, em geral em relação ao volume de algumas estruturas fundamentais maiores no lado esquerdo do que no direito.[20] É interessante observar que isto é o contrário do padrão mais característico de crianças mais velhas e adultos, o que mostra que este padrão não é fixo ao nascimento, mas surge com o tempo, talvez relacionado com o aparecimento de diferentes habilidades e/ou o efeito de diferentes experiências.

Embora exista uma concordância geral acerca da existência desta assimetria cerebral desde o nascimento, a existência de diferenças sexuais, como sempre, é discutível. A resposta, de novo, parece variar segundo a medição feita. Em 2007, o laboratório de Gilmore, examinando volumes cerebrais, relatou que bebês meninos e meninas têm padrões semelhantes de assimetria.[21] Em 2013, pesquisadores do mesmo laboratório usaram medições diferentes, como a área de superfície e a profundidade dos sulcos (a profundidade dos vales na superfície do cérebro, causadas pela dobra). Neste exemplo, parece que surgiram diferentes padrões de assimetria.[22] Por exemplo, um determinado "vale do cérebro" era até 2,1 milímetros mais profundo no lado direito de meninos. Porém, no espírito de examinar atentamente o que se pretende dizer com "diferente", devemos observar que o tamanho do efeito desta diferença era de 0,07. Se você se lembra de nossa discussão no Capítulo 3, isso seria descrito como "remotamente pequeno". Sem dar uma ideia de exatamente qual pode ser o significado funcional de uma ruga hemisférica direita mais funda, descrever essas descobertas como evidência de "dimorfismos sexuais consideráveis de assimetrias estruturais corticais presentes ao nascimento" deve pelo menos parecer meio suspeito.[23]

Um aspecto a mais da motivação para medir diferenças sexuais na assimetria hemisférica é a ligação com os hormônios pré-natais e a sugestão de que a exposição diferencial a estes hormônios, em particular a testosterona, terá um impacto diferente nas assimetrias cerebrais direita–esquerda.[24] O laboratório de Gilmore aborda explicitamente esta questão ao examinar a relação entre as diferenças sexuais nos cérebros em que relataram medições genéticas de sensibilidade a andrógenos e também na proporção dedos 2D:3D (como vimos no Capítulo 2). Os pesquisadores usaram as diferenças bem acentuadas entre meninos e meninas no volume absoluto de massas cinzenta e branca em diferentes partes do cérebro para examinar este efeito hormonal – mas estas diferenças na verdade desapareceram quando as medições foram corrigidas para o volume intracraniano (o volume do cérebro como função do tamanho da cabeça – lembrem-se, os meninos têm a cabeça maior). Embora isto não se refletisse no resumo do artigo, reconhece-se que não havia evidências de que a sensibilidade a andrógenos (como mostrou a análise genética) ou a exposição a eles (como mostrou a proporção de dígitos) tivesse relação com suas medidas de diferenças sexuais no cérebro. Como os próprios pesquisadores escreveram, "as diferenças sexuais na estrutura cortical variam de forma complexa e muito dinâmica em toda a expectativa de vida humana".[25] E sem dúvida variam.

A essa altura, você deve ter deduzido que a resposta simples à questão de existirem diferenças sexuais no cérebro no nascimento ou na primeira infância é "não sabemos". O consenso geral parece ser de que existem poucas diferenças sexuais *estruturais* no cérebro no nascimento, se existirem, depois de consideradas variáveis como o peso ao nascimento e o tamanho da cabeça. Fiz um levantamento no motor de busca PubMed sobre a pesquisa de medições estruturais e funcionais em cérebros de bebês humanos nos últimos dez anos. Eram 21.465; apenas 394 delas relataram diferenças sexuais.

Agora o foco se volta para as medidas de conectividade no cérebro de bebês (como foram feitas em estudos de imagens cerebrais de adultos) e em seu exame em busca de provas de diferenças sexuais. Hoje sabemos que existem evidências de conectividade funcional muito sofisticada no cérebro mesmo antes do nascimento, com provas de formação precoce das redes complexas que fundamentam o comportamento adulto.[26] Um artigo recente (novamente do laboratório de Gilmore) sugeriu que existem diferenças na velocidade e na eficiência em que estas redes são unidas nos dois primeiros anos de vida, com os meninos mostrando conexões mais rápidas e mais fortes nas redes frontoparietais, assim chamadas devido a seu papel na ligação da áreas frontais com as áreas parietais mais posteriores.[27] Será interessante ver se descobertas como esta podem ser reproduzidas em diferentes laboratórios e com amostras maiores, mas, repito, não fica claro o que isto significa em termos de diferenças comportamentais.

A dinâmica de como e quando são formadas as conexões funcionais no cérebro poderá nos dar um *insight* muito maior sobre a relação entre a função cerebral e o mundo do que examinar obsessivamente medidas cada vez mais minúsculas de partes ainda mais mínimas do cérebro. Entender como essas conexões são fixas ou fluidas nos dará um guia muito melhor sobre a origem e os significados de quaisquer diferenças em quaisquer cérebros, que pertençam a homens ou mulheres, ou ligados a comportamento típico ou atípico. No geral, existe um número crescente de estudos examinando os detalhes de cérebros de bebês, suas características e como eles mudam com o tempo. Isso é um empreendimento impressionante, quando consideramos as drásticas mudanças que acontecem nos primeiros anos, diária ou semanalmente, se não em escalas de tempo de horas. Deve ser um pouco como tentar contar o número de grãos de areia que escorrem por uma ampulheta. Praticamente todos os grupos de bebês estudados incluem meninas e meninos, e ainda assim poucos relatam diferenças sexuais. Procurei por autores destes estudos e perguntei se tinham verificado alguma diferença sexual e em geral eles respondem ou que não as encontraram, ou que o tamanho das amostras era pequeno demais para fazer comparações significativas. Mesmo onde é explicitamente explorada, é escassa a evidência de quaisquer meios confiáveis de diferenciar as estruturas em cérebros de meninas daquelas de cérebros de meninos, no início de sua jornada na vida. Assim, para dar a esta campanha da "caçada às diferenças" um julgamento imparcial, talvez precisemos ver como e por que as diferenças podem surgir e se isto tem ligação com o desdobramento interno de algum programa fixo nesses cérebros mínimos, ou se existe a ação de agentes externos.

A plasticidade no cérebro de bebês

Sabemos que é no desenvolvimento cerebral inicial, especialmente no estabelecimento de diferentes vias e o surgimento de conexões entre as células nervosas, que o cérebro se encontra em seu estado mais plástico e mais moldável. Embora o tempo e o padrão de crescimento possam refletir o desdobramento cuidadosamente orquestrado de algum projeto genético, a expressão deste projeto, omissões, inclusões e até desvios quase invariavelmente serão afetados pelo que acontece no mundo e como esse cérebro em crescimento pode interagir com ele. O desenvolvimento cerebral é entrelaçado com o ambiente em que se desenvolve – o cérebro é extraordinariamente reativo às informações fornecidas pelo mundo, mas se a informação é deficiente, ele espelhará esta deficiência.

Às vezes, o problema é o mundo. Um estudo de caso horripilante é a história dos órfãos romenos.[28] Em 1966, o então líder comunista romeno Nicolae Ceausescu introduziu uma política "natalista" que pretendia aumentar a força de trabalho ao proibir a contracepção e o aborto, e tributar quem tivesse poucos filhos. Isso, combinado com os níveis crescentes de pobreza e a superpopulação, resultou em muitas milhares de crianças colocadas em orfanatos estatais. Em mais de 80% dos casos, elas tinham menos de um mês de idade. Eram deixadas em seus berços (às vezes amarradas a eles) por mais de vinte horas por dia; os cuidadores (que, como ficou evidente pelo estado das crianças, eram de modo geral negligentes e com frequência abusivos) "cuidavam" de dez a 12 crianças cada um. Aos três anos, as crianças eram transferidas a outros orfanatos e outra vez quando chegavam aos seis anos; algumas podiam ser reclamadas pelas famílias quando tinham uns 12 anos de idade, para trabalhar. Muitas fugiam ou eram jogadas nas ruas. É difícil imaginar uma privação social mais prolongada e severa nessa escala maciça.

Depois da revolução romena em 1989, estas condições foram descobertas e grandes esforços feitos para melhorá-las. Muitas crianças encontradas em instituições nesta época foram oferecidas à adoção, e algumas foram acompanhadas por pesquisadores para tentar avaliar que danos foram causados e se seria possível alguma recuperação.[29] Os efeitos desta privação inicial podiam ser vistos no nível do cérebro e do comportamento. Havia déficits cognitivos graves, com baixa pontuação geral em testes de QI e em geral pouca ou nenhuma linguagem. Eram comuns os problemas de atenção semelhantes àqueles vistos em crianças com diagnóstico de TDAH, bem como uma incidência alta de agressividade e impulsividade. Embora muitas habilidades cognitivas tenham alcançado níveis normais no prazo de um ano, em particular entre as crianças mais novas, as famílias adotivas ainda contavam que os filhos tinham problemas emocionais e comportamentais acentuados, em particular associados com habilidades sociais.[30] Uma característica comportamental dos órfãos romenos, e, na verdade, de muitas crianças institucionalizadas, foi descrita como "amizade indiscriminada"; as crianças se aproximavam de qualquer um, inclusive adultos que nunca viram na vida, de braços estendidos para serem apanhadas no colo, agarrando-se às pernas de completos estranhos. Depois de obterem uma reação, em geral elas "se desligavam", ficavam moles, exigiam ser baixadas. No contexto de uma história de muito pouco contato humano, é quase como se elas estivessem cientes do início de algum roteiro social, mas não soubessem como terminava.

A estrutura e a função cerebrais destas crianças pareciam ter sido afetadas por suas experiências iniciais. Foram vários os relatos mostrando que o volume de células nervosas nos cérebros era menor do que o de grupos compatíveis de crianças, em geral um sinal de que os sistemas de comunicação entre estas células tinham sido restringidos.[31] O exame da massa branca, uma medida da integridade das vias das células nervosas no cérebro, também mostrou uma redução significativa na eficiência destas vias. Em um dos estudos mais recentes do Projeto de Intervenção Precoce de Bucareste, a equipe contou sobre volumes de massa cinzenta significativamente menores no cérebro de crianças que *sempre* estiveram em instituições, daquelas que estiveram ou não nelas, ou nas que foram adotadas, comparados a crianças que nunca foram institucionalizadas.[32] Porém, as comparações de massa branca foram mais otimistas, mostrando que as crianças adotadas, neste caso, não eram diferentes do grupo controle, embora as que permaneceram no orfanato mostrassem volumes reduzidos. A equipe também conseguiu mostrar melhorias acentuadas no sinal de EEG das adotadas se comparadas com as medidas que tiraram quando começaram a estudar as crianças, e quanto mais nova a criança quando adotada, maior a melhora em seu EEG. Os pesquisadores interpretaram isto em termos esperançosos, sugerindo que essas mudanças podiam ser tomadas como medidas da possibilidade de "alcance" no desenvolvimento.

Parece que um foco nas redes cerebrais, e não em estruturas específicas, pode ser uma indicação muito melhor do que o ambiente inicial devastador fez com esses cérebros em desenvolvimento. Em termos de nosso interesse em como o cérebro pode ser plástico (para o bem ou para o mal), este é um *insight* útil. Nim Tottenham, agora na Universidade de Colúmbia, e suas equipes de pesquisa investigaram o problema da amizade indiscriminada para saber se podiam identificar as bases cerebrais deste comportamento social atípico. Em um estudo, examinaram 33 crianças, com idades entre seis e 15 anos, criadas em instituições estrangeiras nos três primeiros anos de vida, antes de serem adotadas nos Estados Unidos.[33] Estas crianças mostravam uma incidência muito maior desta amizade indiscriminada do que um grupo de comparação de crianças com criação típica. Enquanto estavam em um escâner de fMRI, elas viam imagens ou de sua mãe, ou de estranhos "compatíveis", com expressões felizes ou neutras. A tarefa era identificar se as pessoas que viam estavam felizes ou não, mas o verdadeiro interesse dos pesquisadores era saber se o cérebro das crianças reagiria de forma diferente às imagens de suas mães se comparados com aquelas de estranhos. Eles se concentraram na amígdala, que, como vimos no Capítulo 6, é uma parte do cérebro social ativada por informações associadas às relações sociais. O que descobriram foi que, no grupo de comparação, a reação da amígdala a estranhos era muito menor do que a reação à mãe; mas nas crianças anteriormente institucionalizadas, a reação era a mesma, quer a pessoa vista fosse a mãe ou uma estranha. Também houve evidências de conectividade reduzida entre a amígdala e outras partes do cérebro, inclusive o córtex cingulado anterior, sugerindo que a rede cerebral social não estava bem estabelecida. Quanto menor a diferença entre mãe e estranha no grupo antes institucionalizado, e quanto mais tempo elas passaram em uma instituição antes de serem adotadas, mais alta a pontuação na escala de amizade indiscriminada.

Felizmente, são raros eventos adversos extremos como este. Mas o cérebro em desenvolvimento é tão plástico que mesmo adversidades mais leves da infância, como uma discussão familiar significativa, a exposição a maus-tratos emocionais ou poucos cuidados parentais podem ter seus efeitos, em particular na rede cerebral social.[34] Graças à própria plasticidade que fundamenta a flexibilidade e a adaptabilidade do cérebro humano, seu mundo pode influenciar um processo fortemente programado ou até se desviar dele, às vezes a destinos dos quais talvez não exista um retorno fácil. Esta adaptabilidade pode significar um mundo de vulnerabilidades ou de possibilidades.

O que o cérebro do bebê pode fazer?

Quando chegam, os bebês humanos não parecem capazes de fazer muita coisa. Diferentes animais têm diferentes capacidades e habilidades ao nascimento; alguns, conhecidos como animais "precociais", surgem relativamente prontos para ser independentes, capazes de ficar de pé e mamar nos primeiros minutos – as girafas são um exemplo favorito. Outros, conhecidos como animais "altriciais", são bem indefesos, possivelmente cegos, surdos e incapazes de se mover, e continuam dependentes de quem cuida deles por períodos de tempo relativamente longos. O tempo em que os bebês humanos são dependentes dos cuidados dos outros os coloca firmemente no segundo grupo (junto com os ratos, os gatos e os cães, entre outros).

Sugeriu-se que o tamanho que o cérebro terá quando a pessoa for adulta é um fator do quanto a pessoa (e seu cérebro) estava desenvolvida ao nascer. E o tamanho do canal de parto pelo qual fazemos nossa entrada interfere neste fator. Para a espécie humana, as alterações na pelve que nos permitem andar eretos impõe limites ao tamanho do canal de parto e, assim, a cabeça do bebê tem limitações de tamanho antes que eles precisem fazer seu aparecimento no mundo. A natureza bondosamente (e felizmente) determinou que se sua prole tão esperada um dia terá uma cabeça de 56 centímetros, então seu corpo pede tempo depois que a cabeça temporária da anfitriã possa caber em um gorro de tricô de 35 centímetros.

A desvantagem é o desamparo físico da recém-chegada, mas um dos alegados pontos positivos de ser altricial é que (bem literalmente) há espaço para desenvolvimento cerebral pós-natal. Ser uma girafa implica que o cérebro ao nascimento permitirá que ela se coloque de pé e toque a vida prontamente, mas depois desta realização a girafa só cresce, mas não fica mais inteligente. Por outro lado, o potencial para o desenvolvimento do cérebro de bebês humanos é enorme. E é aqui que entra o argumento do que pode parecer uma divagação sobre os bebês de girafa – os bebês humanos chegam ao mundo com cérebros inacabados. Entender como e por que estes cérebros inacabados mudam pelo caminho que percorrem fará parte de qualquer tentativa de compreender quaisquer diferenças entre cérebros e o comportamento e as personalidades que eles alicerçam.

Assim, o que um cérebro humano inacabado pode fazer quando chega? Se olharmos o comportamento de sua dona, podemos inferir que é um sistema muito básico, embora altamente focalizado. A chegada da Filha nº 1 foi minha experiência em primeira mão do cérebro recém-nascido em funcionamento, fora das páginas dos estudos de psicologia do desenvolvimento. Rapidamente ficou claro que eu tinha produzido um dispositivo de transmissão mínimo, mas extremamente barulhento, programado para sinalizar continuamente algum déficit associado com seu sistema digestivo e/ou o estado de suas partes baixas, ou apenas para dar uma demonstração espontânea da capacidade de gerar sons. Seu cronômetro era ajustado para a atividade máxima durante as horas de escuridão e reiniciava mais ou menos a intervalos de 35 minutos; verificações aleatórias seriam realizadas para garantir um constante estado de prontidão por parte de sua força de trabalho. Ela não parecia tanto um dispositivo receptor, com exceção de algum monitoramento altamente eficaz de sons, como passos se afastando na ponta dos pés ou portas se fechando com hesitação, cuja percepção imediatamente ativa seu sistema de alarme; ela certamente não reagia à ampla gama de cantigas de ninar supostamente infalíveis, caixinhas de música ou ciclos de rotação da máquina de lavar que conselheiros externos garantiram que ativaria o botão de desligar. Para todos os fins, ela parecia ser operada por um programa primitivo e nada sofisticado, presumivelmente refletindo a atividade de um cérebro primitivo e nada sofisticado. (Ah, uma bebê girafa!)

Contudo, pesquisadores mais qualificados (e possivelmente menos insones) conceberam meios extraordinariamente engenhosos de testar as habilidades dos recém-nascidos e verificar se eles realmente são apenas dispositivos receptores passivos e bem ineficientes, ou se acontece mais do que as aparências podem sugerir. Agora podemos ter as técnicas para obter imagens detalhadas de todo tipo de elementos mínimos no cérebro de uma bebê, mas o que ela realmente pode *fazer* com este kit cortical emergente? É aí que encontramos outro desafio para os neurocientistas do desenvolvimento: como sabemos se uma bebê notou uma mudança no mundo à sua volta? É difícil conseguir que ela pressione uma chave de resposta. Como sabemos se uma recém-nascida prefere listras horizontais pretas e brancas ou a voz da mãe, ou sabe se estamos falando com ela em uma língua estrangeira? Não conseguimos que ela complete uma escala Likert de 0 a 5, com o 0 sendo "não dou a mínima" a 5 significando "mais mais mais, agora agora agora".

Os psicólogos do desenvolvimento são como Sherlock Holmes na concepção de meios de saber o que recém-nascidas podem ou não fazer. Com o tempo, eles reuniram um portfólio de sinais mínimos que indicam que a bebê está prestando atenção, que "gosta" do som ou da visão que lhes apresentam, que ela está "escolhendo" um estímulo e não outro. Uma medida do "interesse" de bebês é o olhar preferencial, isto é, mostrar a ela dois estímulos de uma vez e cronometrar quanto tempo ela olha para cada um deles, supondo-se que ela olhará mais tempo para as coisas de que gosta.³⁵ Em geral há um tipo de tempo mínimo de olhar (costuma ser de cerca de 15 segundos) estabelecido pelo pesquisador, para saber que não estão sendo enganados por movimentos oculares aleatórios. A habituação é outra técnica: mostra a mesma coisa repetidas vezes e mede o declínio habitual no olhar, depois apresenta algo diferente – se a bebê olha por mais tempo para a coisa nova, isto é considerado um indicador de que ela notou a novidade e está prestando atenção. Outro sinal comportamental é a taxa de sucção, medida por chupetas eletrônicas, com aumentos nestas taxas considerados uma medida do interesse ou do entusiasmo. Agora é até possível ver uma mudança comportamental no útero, em geral comparada com mudanças no batimento cardíaco. Assim, mesmo antes de os bebês humanos chegarem ao mundo, podemos ter algumas pistas de como este mundo já tem impacto em seu cérebro.³⁶

Também podemos ver de perto os cérebros de bebês usando uma medição de EEG chamada "reação de negatividade de incongruência" (MMN, *mismatch negativy response*): um aumento na atividade cerebral associado com uma reação a mudanças no ambiente do tipo "arrá – vi uma diferença".³⁷ Será que este cérebro pode dizer a diferença entre uma voz humana e um som eletrônico, ou entre a voz da mãe e a voz de uma estranha? Essas medidas revelaram o quanto uma recém-nascida é consciente e reage ao mundo. Parece que há uma gama impressionante de habilidades ao nascimento que a torna muito mais preparada para enfrentar o mundo do que aparenta a princípio. O que também significa que o mundo terá um impacto muito maior em seu cérebro minúsculo do que supúnhamos anteriormente.

O mundo sonoro de um bebê

Mesmo antes do nascimento, o mundo auditivo de seres humanos minúsculos é muito sofisticado. Um estudo mostrou que o córtex auditivo, a parte do cérebro que monitora sobretudo o som, era maior em bebês prematuros que, enquanto estavam na unidade de cuidados intensivos, eram expostos a sons maternos (a voz e o batimento cardíaco da mãe) do que naqueles que só receberam os ruídos de rotina do hospital.[38] Assim, os bebês e seus cérebros já são seletivos sobre o que podem ouvir. Há muito tempo se sabe que isto inclui principalmente os sons da voz da mãe, para muitos até mesmo antes de nascerem.[39]

Alguns pesquisadores conseguiram medir reações em EEG a sons em bebês muito prematuros (nascidos cerca de dez semanas antes).[40] Eles também mostraram que o cérebro destes bebês já distinguia sons, como as consoantes [b] e [g], e vozes masculinas e femininas. Ao nascimento, os bebês parecem saber a diferença entre os sons de sua língua natal, que ativam o lado esquerdo do cérebro, e sons de uma língua diferente, que ativam o lado direito.[41] Os recém-nascidos também parecem saber a diferença entre sons felizes e neutros, assim eles já estão captando algumas dicas sociais úteis.

Um estudo usou a reação MMN para demonstrar esta habilidade. Bebês recém-nascidos ouviram versões neutras, felizes, tristes e temerosas das sílabas "dada".*[42] Séries de tons padrão ("dadas" neutros) eram interrompidas aleatoriamente a determinados intervalos pelos tons "desviantes" ("dadas" felizes, tristes ou temerosos), e as reações dos cérebros foram comparadas. Se a "receptora" não notasse diferença nenhuma, não seria registrada nenhuma reação incongruente. Apareceram grandes diferenças entre reações a sílabas neutras e a cada uma das emocionais, com as maiores reações aos "dadas" temerosos. Neste estudo, foram testados 96 bebês, entre um e cinco dias de idade, 41 deles meninas. Embora os pesquisadores tenham procurado explicitamente, não encontraram nenhuma diferença sexual nas reações. Isto é interessante porque, como veremos adiante, uma das medidas da empatia supostamente maior nas mulheres é sua maior capacidade de resposta a informações emocionais, inclusive a entonação da voz.[43] Assim, mesmo

---

* O trabalho árduo não foi só dos pesquisadores; os bebês tiveram de ouvir dois ou três blocos, cada um deles com duzentas ocorrências destes sons, e isto é conhecido como um paradigma *oddball*, ou excêntrico. Produzir esses sons deve ter sido um desafio pinteriano para a "locutora" recrutada para o estudo, tendo de gravar na cara dura o "dada" feliz, além do "dada" triste e assim por diante. E, é claro, para os 120 ouvintes que depois tiveram de classificar todos os sons "dada" por sua emocionalidade ou falta dela. Nós, neurocientistas, somos muito criativos!

que as mulheres tenham essa sensibilidade aumentada à emoção usando esta medida, ela não parece estar presente ao nascimento.

Também parece que os recém-nascidos são primorosamente sintonizados com diferenças sofisticadas em sua paisagem sonora. A evidência de preferências mostrou que o sistema auditivo da bebê não só tem uma sintonia muito fina, como é mais do que um simples receptor passivo de informações. Desde o início, novamente usando reações MMN, os pesquisadores mostraram que uma bebê reagirá principalmente a qualquer coisa que seja diferente, por exemplo, um som "bop" em uma série de "bips" (conhecido na área como "desvio acústico").[44] A diferença tinha de ser bem acentuada antes que houvesse evidências de a bebê notar, mas não parece importar muito que ruído fosse – trechos de ruído branco despertaram o mesmo tipo de reação que um assovio semelhante ou o som de uma ave. Mas em dois a quatro meses de idade, há evidências de reação diferencial a sons ambientais, como o toque de uma campainha ou o latido de um cachorro, bem como a sons da fala e sons não verbais. É como se o sistema auditivo da bebê começasse a filtrar o que vale sua atenção e o que pode ser ignorado.

A perda de sensibilidade a determinados sons, se eles não aparecem na paisagem sonora, é uma medida da plasticidade do sistema auditivo. Se sua língua natal é o japonês, por exemplo, você não estará exposto à distinção [r]/[l], importante no inglês.[45] Os bebês de seis a oito meses (independentemente da língua a que foram expostos e que falarão) ainda podem distinguir todos esses sons; mas aos dez a 12 meses, só distinguirão aqueles sons característicos de sua própria língua. Isto foi mostrado no nível comportamental, usando o virar da cabeça como medida de "localizar a diferença", e no nível cerebral, examinando-se diferentes reações evocadas a diferentes sons.[46]

Assim, parece que nossos pequenos humanos, além de serem ouvintes que discriminam, são capazes de pegar dicas sofisticadas como o significado social do que podem ouvir, não só da língua que virão a falar, mas também sons diferentes naquela língua que podem, por exemplo, indicar a expressão de diferentes emoções.

Ah, sim, os olhos

A visão de bebês é bem menos sofisticada do que a audição. Os elementos fundamentais da retina e dos nervos óticos estão a postos pela trigésima semana de gestação,[47] mas, ao nascimento, o mundo da bebê será bem nebuloso, porque o aparato ocular não se desenvolveu o suficiente para formar imagens nítidas na retina. Elas têm dificuldade para focalizar em objetos a mais de 20 a 30 centímetros de distância. Além disso, os dois olhos não trabalham bem juntos nos três ou quatro primeiros meses, portanto, sua percepção de profundidade é limitada. À medida que as informações do sistema visual começam a se tornar mais precisas e detalhadas, o cérebro em desenvolvimento é capaz de fazer melhor uso delas, o que se revela em mudanças comportamentais, como a bebê conseguir acompanhar objetos em movimento ou estender a mão precisamente para eles e pegá-los, capacidade em funcionamento por volta dos três meses de idade.[48]

Porém, em nossa busca para verificar o quanto são sofisticados nosso recém-nascidos supostamente indefesos, vamos dar uma olhada no que o sistema visual do bebê *pode* fazer em vez do que ele não pode. O processamento de luminância (reagir a diferenças de claro/escuro) parece estar presente desde o nascimento. De fato, mostraram que varia com o período gestacional (o que significa que é mais fraco em bebês prematuros), sugerindo ser um bom exemplo de habilidade pré-programada.[49] Apesar de sua fraca acuidade visual, desde a primeira semana elas já conseguem discriminar entre estímulos lisos e listrados e mostram preferências por padrões de alto contraste, como listras em preto e branco e horizontais em vez de verticais.[50]

Ter dois olhos que trabalhem juntos permite que vejamos objetos em profundidade e tenhamos uma visão muito menos nebulosa do mundo que nos cerca, inclusive uma apreensão mais detalhada de coisas como rostos e melhor oportunidade de alcançar precisamente brinquedos ou dedos. Os olhos de recém-nascidos às vezes se mexem de uma forma independente que é alarmante – para quem é novato como mãe ou pai, em um daqueles muitos momentos de folga em que estiverem dispostos a tentar, procurem mover o dedo para o nariz de seu bebê para demonstrar isso. Mas com seis a 16 semanas de idade, os olhos começam a trabalhar juntos e sua reação a diferentes padrões e à capacidade de acompanhar com mais precisão o movimento mostram que eles começam a usar a visão binocular.[51] As evidências indicam que as meninas adquirem esta habilidade antes dos meninos e sugeriu-se que esta diferença precoce pode ser um dos fatores que confere às meninas uma vantagem quando se trata do processamento de rostos.[52] Vamos falar do motivo para que seja assim no próximo capítulo.

Os bebês têm uma visão básica das cores desde o nascimento; os recém-nascidos preferem estímulos coloridos ao cinza simples e, se puderem escolher, olham por mais tempo para estímulos avermelhados e menos para amarelados e esverdeados. Isto é válido para todos os bebês, não só as meninas (algo em que a brigada do cor-de-rosa talvez precise pensar). Aos dois meses de idade, eles podem mostrar diferentes reações a toda gama de cores, ainda sem evidências de qualquer diferença sexual.[53]

É claro que os olhos são mais do que apenas dispositivos para receber informações visuais; eles também têm uma função social. O contato visual, ou a troca mútua de olhares, em geral é considerado um indicador primário de envolvimento e comunicação sociais. Os recém-nascidos em geral preferem rostos que têm os olhos abertos àqueles que os têm fechados, e olharão por mais tempo para rostos quando os olhos estão diretamente voltados para os deles, em vez de desviados.[54] Aos três meses, os bebês podem ficar muito agitados se a mãe desvia os olhos e costumam agitar a mão ou se sacudir para cima e para baixo a fim de recuperar sua atenção.*[55]

O olhar também parece ser um dispositivo de comunicação, aparenta indicar algo a que vale a pena prestar atenção. Bebês de quatro meses mostraram aprender sobre objetos bastando que fossem expostos

---

* Uso o termo "mãe" o tempo todo para descrever a cuidadora principal, uma vez que, na maioria dos estudos realizados, quem cuida é a mãe da criança. Porém, naturalmente existem muitas variações de parentalidade e se quem cuida da criança desde o nascimento é o pai, isto se aplicaria a ele também.

ao olhar dirigido a eles, talvez acompanhado por um rosto temeroso ou feliz.[56] As preferências do olhar também se mostraram uma boa medida das habilidades emergentes; a atenção preferencial às regiões dos olhos e da boca em um rosto estão ligadas à eficiência no processamento de faces, e isto em si relaciona-se com o desenvolvimento da socialização.

É claro que os olhos existem para ver, e discriminar o que se olha é um sinal inicial de análise do ambiente em busca de informações potencialmente úteis. Além disso, saber que o que *outros* olhos estão olhando pode ter algum significado é um mecanismo de coleta de informações ainda mais sofisticado. E está claro que os bebês têm estas habilidades sob controle nem mesmo na metade do primeiro ano de vida.[57]

Uma consciência social nascente?

Como descrevi anteriormente neste livro, nosso impulso para sermos sociais pode ser o segredo de nosso sucesso evolutivo, apoiado por redes especialistas no cérebro. Portanto, será que encontraremos essas redes cerebrais sociais nos bebês? E quando e como elas podem estar ativas?

Assim como o foco inicial no estudo do cérebro humano adulto estava no centro de habilidades cognitivas como a linguagem e a comunicação, e em habilidades emergentes de alto nível como o raciocínio abstrato e a criatividade, grande parte do interesse inicial no cérebro em desenvolvimento do bebê estava em como as mudanças cerebrais tinham paralelos em habilidades emergentes nos fundamentos da percepção e da linguagem, junto com as capacidades de movimento e coordenação. Supunha-se que as áreas evolutivamente mais sofisticadas do cérebro, as áreas pré-frontais, eram funcionalmente silenciosas em recém-nascidos humanos, enquanto outras seguiam com o crescimento da estrutura para o básico da vida. Como estávamos enganados! Como veremos no próximo capítulo, as habilidades sociais dos bebês podem estar bem adiantadas em relação àquelas do comportamento mais fundamental, com suas antenas sociais sintonizadas desde muito cedo para captar dicas vitais.

O psicólogo Tobias Grossmann, agora na Universidade da Virgínia, revisou muitos estudos que procuraram o cérebro social na primeira infância e concluiu que "os bebês humanos entram no mundo sintonizados com seu ambiente social e prontamente preparados para a interação social".[58] Ele observa que os primeiros sinais de comportamento social nos bebês são focalizados em si mesmos; os bebês captam pistas relevantes para eles e suas necessidades por meio de processos como o monitoramento do olhar ou cenários de atenção compartilhada. Agora sabemos que as bases cerebrais para estes sinais iniciais de comportamento social envolvem principalmente o córtex pré-frontal, a base do funcionamento cognitivo e social superior, o que não teria sido previsto nos modelos iniciais de bebês como "reativos, reflexivos e subcorticais".[59] E os pesquisadores recentemente mostraram que as principais características do olhar "social", como o foco nas regiões dos olhos e da boca em um rosto, e a duração e direção de olhar ativamente para aspectos fundamentais de cenas sociais têm um forte componente genético, e, assim, são integrados desde o princípio.[60]

Como sempre, as considerações sobre como nos tornamos seres sociais também abrangem a questão de se existe ou não alguma evidência de diferenças sexuais nas funções cerebrais que fundamentam este processo. Talvez não surpreenda a ninguém, em vista da ausência acentuada de evidências de que as estruturas cerebrais dos bebês possam ser divididas por linhas puras menina-menino, que está se revelando igualmente difícil encontrar diferenças sexuais muito precoces no comportamento social.

Alegou-se que as meninas recém-nascidas se envolvem em contato olho no olho por mais tempo do que os meninos, embora não tenha sido possível reproduzir esta descoberta.[61] Outro estudo mostrou que, embora não existam diferenças sexuais ao nascimento, se olharmos os mesmos bebês quatro meses depois, terão surgido diferenças bem drásticas. A frequência e a duração do contato visual nos meninos continuaram em grande parte as mesmas; nas meninas, quase quadruplicaram.[62]

A equipe de Simon Baron-Cohen também observou maior frequência de contato visual em meninas de doze meses.[63] Assim, mesmo que os meninos e meninas comecem iguais em relação a suas habilidades sociais fundamentais, parece que surge uma diferença nos gêneros com o tempo. Não existem evidências claras de que as mães passam mais tempo em contato visual múltiplo com meninas do que com meninos, mas pode ser que o maior estímulo à mobilidade e as brincadeiras turbulentas em meninos impeçam o tempo passado em contato cara a cara, reduzindo, assim, suas "oportunidades de aprendizado".[64]

Uma pessoa familiarizada com esses guias de "marcos do desenvolvimento" entregues a pais e mães novatos e apavorados deve saber que a caraterística mais comum de qualquer forma de desenvolvimento nos bebês é a imensa variabilidade mostrada por este grupo ansiosamente estudado. Quando deve surgir um sorriso social? Bom, pode ser em quatro semanas, ou talvez seis, ou pode não haver nada antes de 12 semanas. E a maravilhosa primeira palavra? Uns otimistas seis meses ou os mais realistas 12 meses? Sabemos que grande parte das coisas acontecem na mesma ordem, mas, além disso, em geral estamos nas mãos de sabedoria popular mais ou menos tranquilizadora de painéis de especialistas (compreendidos por familiares supostamente de alta qualificação, agentes de saúde, estranhos de passagem e/ou autores do pior tipo de livro neurolixo sobre bebês). Eles quase invariavelmente nos dirão que os menininhos farão coisas de forma diferente das menininhas e em épocas diferentes. Que grau de habilidade têm os pequenos humanos, e estas habilidades realmente se dividem pelas linhas puras de gênero afirmadas por esses ditos especialistas?

Com a atenção na neurociência agora se voltando ao ser humano como um ser social, os bebês e adultos são examinados atentamente em busca de suas habilidades neste front. Embora os bebês pareçam muito impotentes ao nascimento, como vimos, seus sistemas de processamento de informações mostram um nível surpreendentemente alto de eficiência e eles logo parecem adquirir consciência de diferenças sutis no mundo que os cerca. Com que precocidade e o quanto eles podem usar essas habilidades como sistemas de envolvimento social ativo? Os bebês precisam andar e falar antes que consigam começar a assumir seu lugar no mundo como seres sociais? Ou, na realidade, eles são seres sociais desde o começo, *chatbots* pouco interativos, pegando quaisquer mensagens que o mundo lhes dê?

A resposta pode surpreender você.

CAPÍTULO 8:

Palmas para os bebês

Nossa compreensão do que os recém-nascidos podem fazer (e como eles por fim se desenvolvem em membros plenamente funcionais da raça humana) tem sido caracterizada pelo conhecido debate "natureza X criação".

Na versão "natureza" da história, os bebês se desenvolverão seguindo linhas predeterminadas, sendo o produto final praticamente fixo pelo projeto genético de seus donos. Isto incluiria o cérebro e os comportamentos que ele sustenta. Este programa embutido inexoravelmente se desdobrará e determinará que tipo de adulto um bebê virá a ser, com quaisquer diferenças sendo um reflexo das habilidades necessárias para esta versão da espécie. Esta versão "a natureza manda" às vezes é conhecida como o "modelo do bonde", em que o destino é basicamente fixo pelo ponto de partida e pelas rotas já estabelecidas. Há certa quantidade de flexibilidade para lidar com as demandas em mudança, mas as flutuações drásticas são evitadas; o produto final precisa ser bem adequado a seu papel predeterminado. Biologia é destino.

O projeto genético incluirá, naturalmente, o sexo de um bebê. No que Daphna Joel descreve como o modelo 3G,[1] a crença é de que os genes que determinam diferenças características nos genitais e nas gônadas do bebê também determinarão diferenças em seu cérebro. Estas diferenças cerebrais "programadas" definirão as aptidões e capacidades de mulheres e homens recém-chegados e os levarão a suas diferentes estradas na vida, chegando a diferentes destinos marcados pelas diferentes ocupações e realizações dos adultos que se tornaram. Quaisquer diferenças muito iniciais entre bebês meninas e meninos será aclamada como prova da versão congênita, ou "inata", destas diferenças – e é bem possível que sejam prestativamente embaladas em textos apropriadamente codificados por cores chamados "É uma Menina", ou "É um Menino", listando a "natureza singular, maravilhosa e especial" destes recém-nascidos.

O outro lado da moeda é o que se chama de abordagem da "criação", focalizada na ideia de que os bebês humanos são "tabulas rasas" e que as experiências pós-nascimento traçam seus efeitos. A premissa básica é que o que os bebês e seus cérebros podem fazer, o conjunto de habilidades que eles adquirem, a língua que vierem a falar, talvez até sua visão de mundo, são inteiramente modelados pelo ambiente em que foram criados, pelas experiências de aprendizado que têm e os papéis sociais que podem encontrar. Essa abordagem dependente da experiência pode ser considerada uma abordagem de "socialização": os bebês aprendem a ser adultos imitando o mundo adulto em que nasceram. As diferenças em como meninas e meninos, mulheres e homens se comportam e o que eles realizam não é determinada por alguma forma de pré-programação biológica, mas por diferenças nas expectativas que seu mundo tem deles e pelas diferenças nas experiências de vida que eles têm (ou lhes permitem ter).

Uma fusão mais contemporânea destas visões praticamente opostas ainda implica características biológicas, mas estas recebem muito menos força na determinação do produto final do que as versões iniciais de "biologia é destino". Nesta visão, você e seu cérebro podem começar em uma trajetória bem padrão, mas depois podem ser desviados por pequenas mudanças no que Anne Fausto-Sterling chama de "paisagem corrugada" de uma via de desenvolvimento do cérebro.[2] Muitas vias possíveis estão presentes no início da jornada e diferentes acontecimentos ou experiências podem alterar a rota de uma via para outra. Estas mudanças podem ser provocadas por desvios bem pequenos, refletindo variações mínimas na vida da bebê, por exemplo, como a mãe fala com ela, ou o quanto ela foi estimulada a ficar de pé e se deslocar.

Fausto-Sterling modelou estas primeiras interações comparadas com capacidades posteriores e mostrou como diferenças muito iniciais nas reações a bebês meninos e meninas são relacionadas com diferenças nas habilidades (como o caminhar precoce) que, no passado, foram tomadas como inatas.[3] Uma descoberta relativamente sólida sobre as diferenças emergentes nas habilidades dos bebês é a de que os meninos tendem a se movimentar mais e andar mais cedo; mas também é uma descoberta relativamente sólida a de que os bebês meninos recebem mais "estímulo motor" do que as meninas. Isto é verdade mesmo quando o menino na realidade é uma menina, ardilosamente disfarçado em um macacão (então os estereótipos podem ter sua utilidade!).[4] Como aprendemos no capítulo anterior, o cerebelo, parte do cérebro central ao controle do movimento, dobra de tamanho nos primeiros três meses de vida. Agora sabemos que ele cresce significativamente mais rápido nos meninos, em média, do que nas meninas.[5] Uma questão importante é se esta mudança impele as habilidades de movimento nos meninos, ou se reflete as maiores experiências de movimento que eles têm.

A principal mensagem aqui é que a trajetória de qualquer cérebro pode não ser fixa, ela pode ser desviada por diferenças mínimas nas expectativas e atitudes – podemos partir em uma rota, mas uma pequena bifurcação na estrada nos manda para um caminho diferente. Se por acaso o desvio é específico de gênero, então o vale no qual entramos pode nos levar a um mundo de princesas cor-de-rosa, em contraposição ao reino do Lego para onde nos encaminhamos em caso contrário. Este é um modelo muito mais complexo de desenvolvimento do que o clássico "natureza X criação" – a estrada que o cérebro em desenvolvimento pode seguir será determinada por uma mistura estreitamente enredada de muitos fatores, inclusive as características do próprio cérebro, mas também as partes bloqueadas ou os desvios encontrados pelo caminho.

As descobertas sobre a eterna plasticidade e natureza "preditiva" de nosso cérebro, que vimos no Capítulo 5, trouxeram mudanças tanto para o argumento da natureza quanto para o da criação. A antiga ideia de "natureza" agora se metamorfoseou em uma concepção de um sistema programado e hormonalmente determinado em que o sistema de suporte neuronal está em vigor ao nascimento, mas confere-se um papel ligeiramente maior ao mundo. Em vez de um smartphone pré--carregado com determinados aplicativos, o que o cérebro um dia pode fazer é determinado pelos dados que são inseridos. O sistema, porém, ainda será limitado pela presença do aplicativo "certo" para determinada tarefa – se não temos o Google Maps, será espinhoso encontrarmos o caminho. Este é muito mais um modelo de "limites impostos pela biologia" do que um modelo que propõe a biologia como um destino inflexível.

Por outro lado, em uma nova versão do argumento em prol da "natureza", se o cérebro é mais concebido como um "SMS preditivo", então o cérebro do bebê pode ser pensado como os primeiros estágios de um sistema emergente de "aprendizado profundo". Sistemas assim efetivamente extraem regras das informações a que são expostos, com os mais avançados acabando por dispensar alguma ajuda ou orientação explícita, mas usando *feedback* do sucesso ou de tentativas anteriores para refinar seu próximo envolvimento com o ambiente. Embora esses sistemas, baseados como são no cérebro, sejam biologicamente determinados, é claro que são muito mais fluidos e flexíveis, com mais "montagens suaves" temporárias para captar os dados necessários e gerar um modelo adequado, cujo produto então resulta em uma atualização e um novo foco na solução do próximo desafio.

Cada um destes modelos tem significado para nossa compreensão das diferenças sexuais. Se não tivermos o aplicativo, não teremos os meios para resolver o problema/participar do jogo/ler aqueles sinais emocionais traiçoeiros. Por outro lado, talvez tenhamos o *app*, mas o mundo não nos dá os dados. Ou os dados que conseguimos variam segundo uma função do smartphone que somos: versões cor-de-rosa fofinhas conseguem um conjunto de mensagens, as versões azuis blindadas, outro.

Mas ainda há a importante questão de quando tudo isso começa. Como vimos no capítulo anterior, agora temos acesso muito melhor a cérebros de bebês e às mudanças drásticas que acontecem nos primeiros anos. Mas o que os bebês estão fazendo com esses cérebros? Será que estão simplesmente ocupados com a aquisição das bases cognitivas para ver, ouvir, se movimentar, encontrando formas de informar os dados corretos para ajudar pelo caminho? O que mais eles podem estar aprontando? Será que eles captam as regras sociais com a rapidez com que adquirem as "competências cognitivas" essenciais? O trabalho de psicólogos do desenvolvimento e de neurocientistas cognitivos do desenvolvimento está revelando algumas descobertas impressionantes sobre o mundo de nossos bebês, ajudando-nos a entender o que eles podem fazer e quando, e até que ponto podemos ver nossos humanos minúsculos como smartphones pré-carregados ou aprendizes intensos e novatos.

Linguistas diminutos

Como o cérebro reage à fala ou a sons semelhantes à linguagem talvez seja excepcionalmente importante para a bebê humana, que na maioria dos casos se tornará parte de uma comunidade social que se comunica pela linguagem ou por processos relacionados com a linguagem. O cérebro inacabado de nossa nova bebê é incrivelmente bem equipado para imergir em sua comunidade linguística, embora tudo o que pareça ser dado de bandeja sejam alguns gorgolejos ou alguns gritos agudos em um volume espantoso. Uma recém-nascida pode distinguir a diferença entre sons de fala gravados quando tocados no sentido normal e ao contrário – diante disto, talvez não seja uma habilidade obviamente útil, mas mostra que o cérebro já está preparado para reagir a sons organizados em um padrão de fala e não apenas a uma coleção aleatória.[6] A bebê também distingue a diferença entre sua própria língua e línguas estrangeiras.[7] O que é impressionante, ao chupar com mais ou menos entusiasmo uma chupeta, bebês de cinco dias podem mostrar que sabem a diferença entre inglês, holandês, espanhol e italiano.[8] Algum sinal de diferenças sexuais iniciais nesta habilidade que se supõe seguramente generificado? Até agora nada foi relatado.

E um pouco mais tarde, quando as diferenças emergentes podem dar pistas do caráter inato ou não da capacidade verbal? Uma diferença inicial é relatada constantemente, com as meninas falando antes e mostrando melhores habilidades de vocabulário e linguagem espontânea.[9] Como acontece com tantas diferenças, o tamanho do efeito na verdade é bem pequeno, e assim há uma considerável sobreposição entre meninos e meninas. Entretanto, a diferença, apesar de leve, parece ser verdadeira em uma ampla gama de comunidades de linguagem, o que pode sugerir a operação de fatores inatos. Mas os estudos de acompanhamento das interações linguísticas entre mãe e bebê ao longo do tempo mostraram que as mães verbalizavam mais com as meninas ao nascimento e ainda mais tarde, aos 11 meses, e assim alguns fatores ambientais estão em jogo por aqui.[10] Este é um bom exemplo da interação de fatores biológicos com uma paisagem variável. O córtex auditivo em bebês se desenvolve drasticamente nos primeiros meses depois do nascimento e o crescimento das células nervosas e das conexões entre elas é dependente da experiência, com os sons a que uma bebê é exposta acabando por determinar a(s) língua(s) que ela reconhece e à qual reagirá.[11] Se as mães falam mais e respondem verbalmente mais a meninas, estão proporcionando a suas filhas uma "experiência de som" diferente. Como sugeriu Anne Fausto-Sterling, talvez as habilidades iniciais de linguagem mostradas em meninas sejam uma consequência das experiências de "chamado e resposta" (ou "serve and return", "dar e receber", como também são conhecidas) que as meninas tiveram.[12] Na realidade, já pode ter havido diferenças nos sistemas de fala de meninas que deram início às diferentes reações de quem cuida delas, antes de tudo, mas o princípio ainda é o mesmo: não é só a natureza, nem só a criação, que determina o ponto final, mas o vaivém contínuo entre elas.

Como veremos posteriormente, o estereótipo da superioridade verbal feminina não sobrevive a uma análise atenta. Existem distribuições imensamente coincidentes de pontuações homens-mulheres e muitas diferenças desaparecem quando são aplicados diferentes testes. Assim, o que é muito incomum nesta história, existem centelhas de dessemelhanças sexuais iniciais em alguns aspectos da aquisição da linguagem, mas sua existência, e a busca por elas, baseia-se em uma crença em uma diferença entre mulheres e homens adultos, diferença que, na verdade, parece ter desaparecido.

Cientistas bebês

Se lhes pedissem para classificar as várias realizações de alto nível da raça humana, a matemática e a compreensão das leis da física provavelmente estariam bem perto do topo de sua lista. Também podemos caracterizar estas proezas como realizáveis somente depois de muitos anos de instrução formal e, mais ainda, além do alcance de muitos, não importa quantas oportunidades estas pessoas tenham recebido. Então, você ficaria surpreso em saber que bebês muito novos já apreenderam os princípios básicos da ciência de alto nível. Dois dias depois de chegar ao mundo, sabem distinguir a diferença entre números grandes e pequenos, associar explosões curtas de bips a imagens que mostram alguns rostos sorridentes e explosões longas de bips a imagens com muitos rostos sorridentes.[13] Dois ou três meses depois, expressarão surpresa se uma bola não rolar da ponta do tubo que viram rolar;[14] cinco meses depois, ficam perturbados quando o que parece um líquido em um copo se mostra um sólido, quando seu canudinho listrado para na superfície da falsa água em que foi mergulhado.[15] Assim, em cinco meses de presença no mundo, os bebês já demonstram uma apreensão da matemática básica (ou aritmética) e de física intuitiva, de como os objetos se comportam normalmente e quais são as características básicas das substâncias. A posse deste "conhecimento essencial", como é chamado, é ainda outra demonstração de como bebês humanos estão longe de ser receptores impotentes ou passivos do mundo que os cerca, mas são capazes de observações e interações incrivelmente sofisticadas com este mundo.

Naturalmente, uma questão fundamental para nós é se existe ou não alguma diferença sexual ao nascimento nestas aptidões intrínsecas. As mulheres são sub-representadas nos campos STEM, no qual seria primordial a habilidade física e matemática demonstrada por minicientistas. Quem sabe, politicamente incorreto ou não, possamos procurar evidências de que existe algum hiato de gênero inato? Se existem diferenças sexuais na "sistematização", em interesses em sistemas físicos baseados em regras e suas características, quem sabe estas sejam refletidas na emergência inicial da habilidade de "física ingênua" demonstrável desde o nascimento?

Em todos os estudos da "física dos bebês" delineados anteriormente, nenhum relatou qualquer diferença sexual. Precisamos ter isto em mente quando mais tarde passarmos a examinar as bases do problema contínuo com hiatos de gênero na ciência. Mas quem sabe se, desde o início, existam mais diferenças genéticas, com os meninos mostrando uma preferência por informações não sociais?

Acontece que as primeiras alegações de que isto foi demonstrado em recém-nascidos têm sido objeto de algum debate. Um estudo de Jennifer Connellan, do laboratório de Simon Baron-Cohen, foi amplamente citado como prova de uma preferência masculina inata por objetos mecânicos em lugar de rostos.[16] No estudo de Connellan, mostraram a recém-nascidos a própria pesquisadora ou um móbile com formatos de rosto, em que tinham colado fotos embaralhadas de partes do rosto dela. O tempo de exame dado a cada um dos estímulos foi considerado medida de preferência. Vale a pena explicitar em certo grau de detalhes as verdadeiras descobertas, para que você veja por que as alegações feitas são um tanto surpreendentes. Das 58 meninas testadas, quase metade delas (27) *não* mostrou preferência pelo rosto ou o móbile; do número restante, 21 olharam por mais tempo o rosto e dez passaram mais tempo olhando o móbile. Dos 44 meninos testados, 14 não mostraram preferências, onze preferiram o rosto e 19, o móbile. Assim, embora 40% dos bebês não tenham mostrado preferência nenhuma, o foco principal na interpretação destes resultados estava na diferença entre as proporções de meninos e meninas que mostraram preferência pelo móbile – 25% e 17%, respectivamente. Isto foi interpretado como evidência de uma preferência masculina por objetos mecânicos, mostrando "movimento psicomecânico", em lugar do rosto, caracterizado por "movimento biológico natural". Os pesquisadores alegaram que, como os bebês eram recém-nascidos, as diferenças tinham que ter origem biológica. Esta descoberta foi saudada como importante, porque parece dar provas de que as supostas diferenças sexuais nas habilidades sociais, ou em preferências pelo que prestamos atenção no mundo, estavam presentes desde o nascimento.

As críticas ao estudo foram quase tão numerosas quanto as citações; por exemplo, a pesquisadora não estava cega com relação ao sexo dos bebês que testava e os estímulos eram apresentados um a um, e não juntos, como é a prática padrão.[17] Em vista deste e de outros problemas, não surpreende que o estudo não tenha sido reproduzido. Tivemos outros estudos fazendo a mesma pergunta (rostos X objetos), mas foram realizados em bebês mais velhos (veteranos de pelo menos cinco meses), e usaram brinquedos como objetos, o que, como veremos, traz outras questões à mesa.[18] Mesmo que a experiência tenha sido metodologicamente sólida, faz dela um estudo de caso revelador de como descobertas aparentemente inequívocas podem esconder uma história bem menos clara.

Porém, não estou dizendo que não existem evidências de diferenças sexuais iniciais em habilidades relacionadas com a ciência. Como sabemos, uma área que recebeu muita atenção é a capacidade de "rotacionar mentalmente" objetos, dando uma habilidade de manipulação espacial que alegam ser fundamental para compreender os principais conceitos da ciência e da matemática.[19] A capacidade de rotação mental costuma ser citada como uma das diferenças sexuais mensuráveis mais sólidas, com os homens (em média) repetidamente superando as mulheres, com meta-análises destes estudos falando em tamanhos do efeito de pequenos a moderados.[20]

Assim, será esta habilidade evidente no início da vida, tendo em mente que acharíamos difícil explicar a um bebê de um mês que queremos que ele ou ela "imagine a manipulação de uma representação bidimensional de um objeto tridimensional"? Os estudos com bebês tendem a usar a abordagem "surpresa" ou "novidade" em que, seguindo-se várias repetições de pares de imagens idênticas (digamos, do numeral "1" em ângulos diferentes), mostra-se um par teste em que um integrante do par é uma imagem especular do que teria sido sua outra metade correspondente. Como os bebês mostram uma preferência por qualquer novidade, se eles notarem esta mudança, passarão mais tempo olhando para este par incongruente.

A hipótese em um estudo que investiga a rotação mental em bebês de três a quatro meses usou esta medição da preferência pela novidade.[21] Os resultados contam que os meninos olharam o par novo em 62,6% do tempo (uma diferença acima do acaso), comparados com apenas 50,2% do tempo nas meninas. Com crianças um pouco mais velhas (seis a 13 meses de idade) que realizaram uma tarefa semelhante, ambos os sexos olharam o par com o estímulo da imagem especular por mais tempo do que o acaso. Houve uma diferença sexual mínima, com os meninos olhando o par de imagens especulares por um tempo 3,4% maior do que as meninas, mas as pontuações eram imensamente coincidentes. Há um consenso geral, então, de que os bebês meninos olham por mais tempo imagens em que a novidade foi introduzida pela rotação de um dos constituintes. Mas isso não significa necessariamente que as meninas não conseguem ver a imagem especular, pode ser apenas que elas não tenham dado a mesma atenção que os meninos. Também é possível que os estudos que não conseguem relatar diferenças sexuais usem estímulos mais "interessantes", como vídeos de objetos em movimento ou objetos em 3D da vida real, e assim talvez as meninas simplesmente não gostem de imagens de numerais ou formas do tipo Lego, simples, em preto e branco. Porém, as diferenças sexuais mínimas estão presentes (por enquanto).

Com relação a níveis mais elevados de habilidades cognitivas, como conceitos de linguagem e da ciência, os bebês são surpreendentemente sofisticados desde uma idade muito tenra. Tendo em mente que a fluência verbal, a cognição espacial e a perícia matemática foram três das competências essenciais que Eleanor Maccoby e Carol Jacklin, lá pelos idos dos anos 1970, identificaram como mais confiáveis para demonstrar as diferenças sexuais, podemos esperar que estas seriam claras desde muito cedo. No entanto, faltam evidências, mas não por falta de tentativa. Em 2005, Elizabeth Spelke, que chefia o Laboratório de Estudos do Desenvolvimento na Universidade Harvard e pesquisa a competência dos bebês há décadas, publicou uma importante revisão crítica sobre o tema da aptidão intrínseca pela matemática e pela ciência. Esta incluiu uma consideração do trabalho dela própria e de outros sobre habilidades científicas em recém-nascidos e bebês. Ela é da firme opinião de que não existem evidências de diferenças sexuais nesta fase: "Milhares de estudos de bebês humanos, realizados por três décadas, não mostram evidências de uma vantagem masculina na percepção, no aprendizado ou no raciocínio em torno de objetos, seus movimentos e suas interações mecânicas."[22]

Dada a existência constante de hiatos de gênero na sociedade, porém, talvez devamos voltar nossa atenção às habilidades sociais, para ver se existe alguma diferença em como bebês meninas e meninos passam a assumir seu lugar na sociedade e se isto pode determinar as diferenças em seus futuros destinos.

Bebês e rostos

Da mesma forma que a habilidade precoce para processar sons, como os da língua, pode estabelecer as fundações para a futura socialização, alega-se que uma capacidade precoce de processar rostos é uma habilidade essencial para novos seres humanos. Se serão seres sociais, os bebês precisam desenvolver esta habilidade eficientemente, o quanto antes, por terem nascido com o "aplicativo de processamento de rostos" adequado; e/ou por terem uma estrutura neural rudimentar em operação para avançar na aquisição da competência necessária; e/ou por aprenderem muito rapidamente a reconhecer que um rosto é um rosto, mas que alguns rostos são mais úteis do que outros. E que as expressões nestes rostos também podem ser pistas úteis de como os donos deles podem se comportar.

Primeiro de tudo, então, o que é um rosto e como um bebê pode reconhecê-lo? Você pode pensar que um jeito fácil de responder a esta pergunta seria mostrar a um bebê a foto de um rosto e a foto de outra coisa, e ver o que prefere. Mas, como qualquer cientista cognitivo do desenvolvimento lhe dirá, "acho que você vai descobrir que é um pouco mais complicado do que isso". Seriam os rostos "especiais", com sua própria rede cerebral dedicada ao processamento deles, o que faria de seu reconhecimento e de suas expressões uma atividade muito mais social, e, assim, as pessoas que são boas nisso seriam marcadas como "boas socializadoras"? Ou um rosto é apenas uma coleção de formas em determinada configuração, geralmente uma espécie de triângulo com duas formas redondas no alto e uma única forma mais para reta na base (conhecido agradavelmente na área como uma "configuração assimétrica de cima para baixo")? Isto significaria que o processamento do rosto pode ser classificado como uma forma mais superior de processamento visual e pode ser controlado pelos sistemas que usamos para processar *qualquer* informação visual.[23] A competência nisto não nos levaria necessariamente para cima na escala da socialização. Será que o coração se acelerando, o aumento na taxa de sucção do bebê, a boca se abrindo porque reconhece *você* (e tudo que você significa para ele), possivelmente aumentando seu próprio batimento cardíaco (astutamente) para garantir que você continue a se esforçar para ter este reconhecimento? Ou será porque o bebê só está reagindo a um conjunto específico de formas organizadas em um triângulo de cabeça para baixo, que pode marcar pontos mais baixos nas apostas do vínculo materno?

Esta pode parecer uma discussão do tipo "e daí?", mas faz muito sentido em termos da compreensão de como são "sociais" os bebês e da precocidade com que começam. Uma teoria proposta por Mark Johnson, do Birkbeck College, Universidade de Londres, dá um exemplo excelente de como um sistema rudimentar recém-nascido pode rapidamente ser sintonizado e refinado por estímulos do mundo, resultando em uma habilidade sofisticada e altamente especializada, neste caso parte de um repertório social essencial.[24] Ele sugeriu que os recém-nascidos têm uma predisposição inata a se orientar para estímulos semelhantes a rostos, assim não precisamos apresentar um rosto verdadeiro – bastam três bolhas de cores vivas em uma configuração de olhos e boca dentro de um contorno no formato de um rosto. Ele chama o sistema cerebral que escora isto de "ConSpec" (porque, neste caso, acabará por ajudar seu dono a reconhecer conspecíficos). As operações deste sistema, focalizadas em estímulos específicos, influenciará o estímulo para o sistema de desenvolvimento visual e, por meio da segunda fase do processo (chamada "ConLern", relacionada com a aprendizagem), "orientará" a parte relevante do sistema, que então se torna cada vez mais seletivo. Há um eco aqui, então, dos precedentes preditivos que nosso cérebro continuamente cria para nós. Por fim, este sistema facial começará a reagir a determinados tipos de rostos e conseguirá localizar as diferenças entre rostos conhecidos e desconhecidos, de homens e mulheres, deles próprios e dos outros. Além disso, o sistema pode codificar para características mais sutis, como expressões emocionais diferentes. E tudo isso no intervalo de três meses![25]

Desde o nascimento, os bebês são mais reativos a conjuntos de três bolhas quando elas são organizadas como um rosto em vez de aleatoriamente.[26] E justo quando pensávamos que devia existir uma idade mínima limite para a participação nos estudo de psicologia do desenvolvimento, algumas pesquisas muito recentes até mostraram que é possível, acendendo-se tipos específicos de luz através da parede uterina, mostrar uma versão correta e invertida das três bolhas a um feto no terceiro trimestre de gestação.[27] Usando tecnologia de ultrassonografia em 4D, pesquisadores conseguiram demonstrar que o feto voltará a cabeça significativamente com mais frequência para a configuração correta (de um rosto) de bolhas do que para aquela invertida. Assim, mesmo antes de entrar no mundo, o bebê humano parece preparado para prestar atenção a um dos estímulos sociais mais significativos que existem. Este foi um estudo em pequena escala (o que não surpreende) que precisará de reprodução, mas nos dá um *insight* intrigante de como os bebês estão prontos para a experiência mesmo antes de nascerem.

Alegou-se que (em média) as mulheres adultas são melhores do que os homens em alguns aspectos do processamento de rostos, como o reconhecimento e a memória.[28] Então, poderemos dizer o mesmo de crianças, especialmente bebês? Estaremos vendo algum mecanismo inato e independente da experiência que invariavelmente se desenrola na criança em desenvolvimento, ou que pelo menos fornece a base para suas habilidades emergentes? Ou ser competente com rostos é algo ensinado, talvez mais a meninas do que a meninos, em vista da crença na aptidão feminina para o papel de ser aquela que reconforta, aconselha, consola?

Com relação ao reconhecimento facial, muitos estudos confirmaram uma superioridade feminina geral nesta habilidade, embora algumas pesquisas sugiram que isto pode simplesmente se limitar ao fato de as mulheres terem uma memória melhor para rostos femininos (conhecido como "viés do próprio gênero").[29] Ao examinarem os dados de quase 150 estudos diferentes, Agneta Herlitz e Johanna Loven, psicólogas do Instituto Karolinska, na Suécia, realizaram uma meta-análise que confirmou que as mulheres, em média, são melhores no reconhecimento e na recordação de rostos e que isto era válido não só para mulheres adultas, mas também para crianças (com idades entre três e 11 ou 12 anos) e adolescentes (entre 13 e 18 anos).[30] Embora tenhamos visto anteriormente que os bebês são excelentes processadores de rostos desde muito cedo, ninguém demonstrou uma diferença sexual nesta fase. Esta meta-análise também demonstrou que as mulheres, mesmo as muito jovens, eram muito melhores na lembrança do rosto de outras mulheres do que os homens ao se recordar de rostos masculinos. É interessante observar que ambas as observações têm paralelos nas descobertas sobre o cérebro. Meninas e mulheres mostram ativação na rede de processamento de rostos em estudos de fMRI de reconhecimento facial, e também uma reação maior a rostos do próprio grupo, maior que a dos homens.[31]

Então, de onde vem essa habilidade especial e por que as mulheres são melhores do que os homens (em média, é claro), especialmente quando olham rostos do próprio sexo? Uma explicação para a habilidade superior de reconhecimento tem base no olhar, o papel do contato olho no olho no estabelecimento da interação humana. Quanto mais tempo você olha, mais informações pode armazenar sobre a pessoa observada, particularmente, é claro, no rosto. Como vimos antes, embora isto não pareça uma boa evidência de diferenças sexuais no olhar de recém-nascidos, aos quatro meses de idade o olhar mútuo nas meninas era mais longo e mais frequente que nos meninos, o que possivelmente é uma base para suas habilidades emergentes de processamento de rostos.[32] Deste modo, talvez vejamos aqui a consequência de um aplicativo pré-carregado, com uma vantagem feminina em uma habilidade social emergindo cedo e estabelecendo as fundações para uma abertura posterior a futuros dados.

Um aspecto adicional deste louvor às habilidades femininas no processamento de rostos é que as mulheres supostamente são muito melhores na decodificação de expressões emocionais. Não só o absoluto "Estou apavorado" comparado ao "Estou em êxtase", mas também os padrões faciais "Estou muito decepcionado" contra o "Isto pode ser bem legal".[33] A pesquisa sugere que as mulheres são melhores na "leitura de pensamento nos olhos", um teste concebido pelo laboratório de Simon Baron-Cohen para avaliar a capacidade de reconhecer emoções como uma medida de empatia, embora não tenha sido uniformemente reproduzido.[34] Em 2000, a psicóloga Erin McClure realizou uma revisão imensa de estudos sobre diferenças sexuais e no processamento de expressões faciais (PEF) em bebês, crianças e adolescentes, numa tentativa de responder às mesmas perguntas sobre a origem desta habilidade.[35] Seriam as mulheres boas nesse tipo de coisa como uma característica inata, seriam treinadas para ser boas ou o mundo tirou vantagem de uma habilidade com que elas nascem? Ao identificar as mudanças ao longo do tempo que podemos esperar para cada uma das possíveis rotas ao destino final de superioridade feminina no processamento de rostos, McClure pôde investigar de onde pode ter vindo esta diferença.

É significativo que sua revisão tenha mostrado que certamente havia alguma indicação de superioridade feminina no PEF em todas as idades, embora ela tenha notado a existência de um pequeno número de estudos com bebês (o mais novo deles tinha três meses). Mas os tamanhos do efeito eram relativamente constantes da primeira infância à adolescência. Então isto se reduzia à biologia, à socialização ou à interação entre as duas coisas?

Houve alguma evidência de diferenças sexuais precoces nas estruturas cerebrais que alicerçam o PEF, em particular a amígdala e partes do córtex temporal. Possivelmente isto tem relação com efeitos hormonais nestas estruturas (a amígdala tem uma alta densidade de receptores para hormônios sexuais).[36] Também apareceram diferenças claras no fornecimento do que McClure chama de "estrutura emocional" associada com o aprendizado para entender expressões faciais. Cuidadores frequentemente acrescentam às suas interações com jovens bebês expressões faciais exacerbadas (sorrisos largos, grandes Os de surpresa, caras tristes exageradas como as de palhaços).[37] Alguns estudos mostraram que isto variava, dependendo do sexo da criança, com as mães, em geral, sendo mais expressivas com as filhas.[38] Este ensino precoce e extra pode ser responsável pela maior capacidade de resposta de jovens meninas a pistas emocionais das mães. E também é outro grande exemplo de como uma diferença inicial não pode ser invocada como evidência pura de diferenças em uma habilidade inata, mas parece ser o produto do vaivém entre um sistema de dados prontos e aqueles que o mundo fornece.

Em um estudo, crianças de um ano sentadas alegremente em um tapete com suas mães viram vários brinquedos desconhecidos, como um *hootbot*, um robô coruja cujos olhos piscavam emitindo luzes e garras que estalavam ritmadamente em um pedestal.[39] As mães foram instruídas a reagir de forma feliz (expressão sorridente, vocalizações alegres) ou com medo (rosto assustado, sons hesitantes). Os pesquisadores do desenvolvimento, sempre fervorosos, classificaram a "referenciação social", o número de vezes em que a criança olhava a mãe antes de se aproximar do brinquedo (ou não), a intensidade das mensagens que as mães enviavam aos bebês e o quanto a criança realmente chegava perto do brinquedo. Além de comentários bem sarcásticos sobre a ineficácia geral das mães na transmissão do medo (deixando de lado que esta não foi uma audição em uma escola de teatro e que essas mães podiam muito bem pensar nas consequências de longo prazo de criar nos filhos uma fobia a corujas), observou-se que as mães enviavam mensagens de medo muito mais intensas aos meninos. Porém, foram as filhas que mostraram a maior capacidade de resposta às pistas que as mães davam. Assim, aos 12 meses, os meninos não estavam ouvindo e as meninas captavam sinais sociais, embora estes fossem mais sutis.

Sua revisão deste e de muitos outros estudos levou McClure à conclusão de que uma superioridade feminina no PEF surge de uma sensibilidade precoce biologicamente baseada em expressões faciais que é então mantida pela "estrutura" PEF dada pelo mundo em que ela nasce. Isto entra em algum conflito com a falta de evidências em estudos de recém-nascidos, mas as diferenças bem drásticas que surgem em três meses certamente indicam ou que as meninas são biologicamente preparadas para ser mais habilidosas nesta tarefa social fundamental, ou que a pressão do mundo em que elas nascem garante que elas recebam fortes oportunidades de treinamento.

Bebês como pessoas sociáveis

Ser um integrante do mundo humano é mais do que apenas reagir a visões e sons. Requer também algumas habilidades sociais: precisamos conseguir interagir com os outros – e as evidências de reatividade seletiva precoce a alguns rostos e vozes e não a outros, a sons semelhantes na língua em vez de campainhas ou latidos de cães, a expressões faciais felizes ou tristes mostram que os recém-nascidos têm um "kit inicial" muito bom para ajudá-los em sua jornada para se tornarem seres sociais.

Alega-se que a imitação, a reprodução de atos ou expressões de outra pessoa, é uma arma poderosa nos "sistemas de envolvimento social" dos bebês – na verdade, de qualquer pessoa. Além de ser a forma mais sincera de lisonja, indica uma consciência de um "outro": que existem pessoas no mundo além de você e que elas fazem coisas que podem ser úteis, se você fizer também. Precisamos compreender como podemos coincidir o que fazemos e, portanto, aprender a habilidade que os outros já têm, seja jogar críquete ou entender as regras sociais.

A imitação foi supostamente demonstrada em recém-nascidos, com os pesquisadores diligentemente curvando-se sobre berços e mostrando a língua, agitando os dedos, abrindo e fechando a boca como peixes de aquário e/ou piscando intensamente.[40] Existem muitos relatos de todos esses atos imitados por bebês de apenas horas de idade.[41] Evidências de imitação em recém-nascidos são tomadas como provas de um sistema especializado inato, biologicamente determinado e programado para garantir que façamos o necessário para ganhar nosso lugar no mundo social. As versões iniciais do sistema de neurônios espelho, parte do cérebro social, foram identificadas como o sistema cerebral herdado que fundamenta esta habilidade.[42] Déficits posteriores em habilidades sociais, como a leitura da mente ou a empatia, são explicados em termos de um sistema neuronal especular disfuncional. Os que acreditam nesta abordagem foram chamados de grupo "*Homo imitans*" ou os "pré-formacionistas", na crença de que os recém-nascidos chegam ao mundo com conhecimento pré-formado das técnicas necessárias para adquirir habilidades cognitivas ou sociais.[43]

Existem outros que alegam que o que parece imitação é, na verdade, uma coincidência acidental entre movimentos aleatórios de um recém-nascido e a projeção entusiasmada da língua e a abertura da boca dos pesquisadores. Ou que a projeção da língua é apenas algo que os bebês fazem quando acontece alguma coisa interessante em seu novo mundo, que pode incluir alguém mostrando a língua para eles ou, da mesma forma, segmentos curtos da abertura de *O Barbeiro de Sevilha* (é sério, gente).[44] Uma revisão examinou 37 estudos diferentes tentando mostrar que os recém-nascidos imitavam 18 gestos distintos e concluiu que, de fato, a projeção da língua era o único regularmente induzido.[45] Esta escola de pensamento alega que a imitação genuína só surge de fato quando a criança já entrou no segundo ano. Os proponentes desse argumento alegam que, se observarmos as interações mãe-bebê, muitas envolvem algum tipo de comportamento de imitação, mas é cinco vezes mais provável que as mães estejam imitando os bebês do que o contrário.[46]

Então o que está acontecendo aqui é mais um processo interativo de aprendizagem, com os atos dos bebês induzindo sessões de treinamento pessoais, que por fim dão forma ao desempenho cognitivo ou social adequado. A mãe/o pai/responsável é meio parecido com um primeiro espelho do bebê – é assim que ficamos quando mostramos a língua, mexemos os dedos, abrimos bem a boca; isto pode ser útil; aquilo, nem tanto. Os pesquisadores que seguiram esta linha de raciocínio formam o grupo "*Homo provocans*", ou os "performacionistas". Começamos a vida com um enorme potencial para o desenvolvimento cognitivo e social, mas como nos desenvolvemos vai depender muito da vida que nos oferecem.[47]

E o gênero nessa história toda? Um estudo de Emese Nagy, psicóloga da Universidade de Dundee, relatou que meninas recém-nascidas foram mais ágeis e mais precisas na imitação de um movimento simples do dedo e sugeriu que esta habilidade social precoce pode induzir mais aquelas sessões de treinamento pessoal que mencionamos anteriormente, criando o cenário para diferentes tipos de interações com os outros significativos, mesmo que assumam a forma de eles imitando com entusiasmo o bebê em vez de o contrário.[48]

O argumento do "jogo da imitação" é outra versão do debate sobre se os bebês nascem com *apps* prontos para a experiência e surgem no mundo pré-programados para corresponder ao que acontece nele, rapidamente capazes de assumir seu lugar no endogrupo, demonstrando que "qualquer coisa que você puder fazer, eu também posso". Ou, por outra, eles chegam com um aplicativo dependente da experiência, capaz de observar, ouvir e aprender, mas precisam absorver gradualmente o que está por aí afora, modelado por seu mundo, inicialmente por quem cuida dele, mas depois por meio do que este mundo tem a oferecer. Como veremos, o que o mundo tem a oferecer na forma de estímulo pode variar imensamente, dependendo das oportunidades e expectativas gerais neste mundo, bem como diferenças culturais específicas, definindo e induzindo o que é visto como comportamento apropriado para o ser humano emergente.

Houve alguma sugestão de que os bebês são, na verdade, socializadores proativos: que, como parte de seu repertório inato, eles sabem manipular os que os cercam para interagir com eles (e não estamos falando do conhecido rugido das duas da madrugada exigindo interação na forma de alimento e/ou diversão). O psicólogo veterano Colwyn Trevarthen, da Universidade de Edimburgo, há muito sugeriu que os bebês podem induzir reações sociais e que eles se envolvem ativamente com seus cuidadores, correspondendo sorriso com sorriso, "mu" com "bu".[49] Quer esteja treinando ou sendo treinada, a maioria das pessoas que têm alguma relação com os bebês sabe que induzir um sorriso radiante em troca de vários minutos de caretas estranhas parece trazer suas próprias recompensas. E, mais importante, aumentará a probabilidade de que venha a se repetir esse toma-lá-dá-cá. Acontece, porém, que os bebês podem adquirir rapidamente, e pelo visto sem esforço algum, um repertório impressionante de habilidades sociais que vão incorporá-los firmemente em sua cultura e sociedade.

A pesquisa do olhar e do processamento de rostos mostrou que os bebês, praticamente desde o nascimento, coletam informações a respeito de outros significativos em seu círculo social, construindo rapidamente modelos para sua "lista de contatos". Mas interagir com os outros envolve mais do que apenas monitorar as informações imediatas; também precisamos verificar a história, levar em consideração outras pistas e dicas. Por que esta pessoa está dizendo isso, e por que está dizendo desse jeito, e o que devo fazer a respeito disso? Por que elas me olham desse jeito e, de novo, o que devo fazer a respeito disso? Precisamos entender as intenções, fazer previsões, selecionar a partir de nosso repertório de reações (ou até inventar umas novas). Como as bebês meninas parecem mais sensíveis a informações sociais que recebem, talvez sejam mais envolvidas com este aspecto de seu mundo social.

Existem pistas precoces muito claras de que os bebês são observadores de gente, como todos nós. Sente-se na frente de um bebê de cerca de nove meses e olhe fixamente para algo à esquerda. Logo o bebê olhará para lá também.[50] E o apontar? Alinhar um de nossos dedos com um objeto distante, ao que parece, talvez não seja um sinal social sofisticado, mas na realidade é. Estamos dando o que pode parecer um sinal arbitrário de que existe alguma coisa de interesse para a qual queremos chamar a atenção dos outros e se eles se derem ao trabalho de alinhar os olhos com o facho invisível da ponta de nosso dedo, então também poderão partilhar de nosso fascínio. Assim, é uma comunicação social relativamente complexa, mas bebês novos, de nove meses, a captam, não só olhando o que apontamos, mas muito em breve adotando a técnica em seu arsenal "quero isso/pegue aquilo".[51] Não foi relatada nenhuma evidência de diferenças entre os sexos e, assim, esta arma específica no arsenal da atenção parece ser igualmente compartilhada.

Uma boa medição das habilidades sociais de um bebê em desenvolvimento é quando e como surge a teoria da mente, que vimos no Capítulo 6. Como vimos anteriormente, o olhar é uma medida inicial da emergência da atenção compartilhada e do entendimento de que se os olhos não estão voltados para você, então eles podem, por mais difícil que seja acreditar nisso, olhar algo mais interessante do que você. Além do mais, pode valer a pena verificar isso também. Este compartilhamento de informações é considerado um dos primeiríssimos estágios da aquisição de uma teoria da mente – é interessante observar que uma incapacidade nesta atenção compartilhada pode ser um sinal precoce de distúrbio do espectro autista, um problema de desenvolvimento caracterizado principalmente por um déficit central no comportamento social.[52] Para sermos leitores de pensamentos plenamente qualificados, precisamos também entender que o que as pessoas têm "na cabeça delas" impelirá seu comportamento e que às vezes elas terão informações diferentes sobre nós, talvez (e não existe um jeito fácil de dizer isso) devido a algo que nós sabemos que sabemos que eles não sabem. Como podemos testar isso em crianças que só têm uma linguagem muito simples e mais nenhuma outra?

Os psicólogos do desenvolvimento diabolicamente astutos, como sempre, têm meios de descobrir essas coisas. Eles conceberam tarefas "e se", nas quais o resultado é uma medida de se a criança tem ou não uma teoria da mente. Uma destas é uma tarefa de "falsa crença" e embora use bonecos ou personagens de livros, na verdade é muito complicada.[53] Existe uma história se desenrolando, em geral envolvendo dois participantes, e quem a assiste consegue enxergar os dois lados da história. Essa história incluirá uma mudança na situação que será conhecida apenas por uma das personagens.

Um bom exemplo é a tarefa "Maxi e o chocolate". Cena 1: Maxi coloca seu chocolate no armário e sai da casa. Cena 2: a mãe de Maxi (Maxi ainda está lá fora) pega o chocolate no armário e o coloca na geladeira. Cena 3: Maxi entra para pegar o chocolate. Onde Maxi vai procurar pelo chocolate? Se você tem uma teoria da mente, vai indicar o armário porque sabe que é ali que Maxi *pensa* que está (embora *você* saiba que ele foi transferido). Assim, você entende que Maxi tem uma falsa crença sobre o paradeiro do chocolate e que isso norteará seu próximo passo. Se você ainda não entrou no jogo da teoria da mente, vai indicar a geladeira, porque foi onde *viu* que o chocolate foi colocado. Você supõe que o que está em sua mente é igual ao que está na mente dos outros. Isto parece uma habilidade social de alto nível, mas é uma tarefa realizada com sucesso por quase todas as crianças de quatro anos (e algumas de três).[54]

Assim, o olhar e a atenção compartilhada nos mostram que mesmo bebês muito pequenos têm habilidades simples de leitura de pensamento, podem identificar o que interessa aos outros e entender que existem outras perspectivas por aí. Como vimos anteriormente, existem pistas emergentes de que há diferenças sexuais precoces no olhar e na reatividade a diferentes emoções, com as meninas, em média, parecendo ter mais "dados prontos" para estes aspectos do estímulo social. Aos quatro anos, as crianças parecem ser telepatas altamente sofisticadas, passando facilmente por tarefas de falsas crenças que mostram que elas estão cientes de que os Outros podem ter perspectivas diferentes das delas.[55] Aqui, porém, não há evidências conclusivas de diferenças sexuais em crianças de desenvolvimento típico. Assim, embora as meninas pareçam ter uma antena mais sensível em algumas técnicas de captar as regras do engajamento social, como (possivelmente) a imitação e o olhar, e têm a vantagem em algumas habilidades sociais úteis, como reconhecer rostos e captar diferenças emocionais, isto não se traduz necessariamente em uma vantagem plena na leitura da mente.

Porém, ser social também significa entender as regras e normas do mundo em que vivemos. Com relação às habilidades cognitivas, vimos antes que os bebês podem ir além da simples consciência de visões e sons e mostrar provas de apreensão dos princípios básicos dos números e da ciência. Será que nossos minimatemáticos também demonstram algum sinal de compreensão das leis da sociedade?

Minimagistrados

Imagine a seguinte hipótese. Uma juíza observa três indivíduos representando peças de minimoralidade. Um dos atores, distinguido pelo macacão amarelo, tenta abrir a tampa de uma caixa em que está um prêmio cobiçado, mas tem enorme dificuldade e evidentemente não consegue fazer isso sozinho. Em uma versão da história, um dos outros participantes, distinguido pelo macacão vermelho, ajuda o Macacão Amarelo a abrir a tampa e pegar o prêmio. Em outra versão, o segundo participante, usando um macacão azul, pula na tampa da caixa e impede o Macacão Amarelo de abri-la. A juíza então é solicitada a indicar se prefere o Macacão Vermelho (o Ajudante) ou o Macacão Azul (o Estorvo). A juíza escolhe o Macacão Vermelho! Cenários diferentes incluem Ajudantes empurrando o participante batalhador morro acima, ou devolvendo uma bola perdida, contra Estorvos impedindo que algumas coisas boas aconteçam. Depois de várias repetições da peça, com diferentes juízes (e o equilíbrio cuidadoso de quem veste qual cor de macacão), fica claro que os juízes quase sempre ficam do lado do mocinho. O que é impressionante nisto é que os juízes, na verdade, são bebês de três meses, vendo coelhos de brinquedo com macacões e sinalizando sua aprovação ao coelho Bom Samaritano ao estender a mão para ele quando têm a chance.[56]

Essas peças de moralidade infantil foram concebidas pelos psicólogos Paul Bloom e Karen Wynn, agora na Universidade da Colúmbia Britânica, e Kiley Hamlin, de Yale, com suas respectivas equipes de pesquisa. Eles estudaram intensamente a existência de habilidades de avaliação moral em bebês muito pequenos, sua perícia para localizar as regras sociais da sociedade educada.[57] Como nas escolhas mais simples de mocinho e bandido, eles conseguiram mostrar a sutileza emergente nas decisões de bebês sobre o que constitui um mocinho. Usaram bebês de cinco e oito meses e, primeiro, mostraram a peça moral de abrir a tampa ou bater na tampa. Depois observaram se o Ajudante (Alvo Pró-social) ou o Estorvo (Alvo Antissocial) brincavam com a bola, que ele largou. Ela era depois devolvida por um Doador ou tirada por um Tomador. Os minijuízes, então, tinham de indicar sua aprovação ou reprovação ao Doador e ao Tomador. Os bebês de cinco meses preferiram o Doador, fosse o Alvo Pró-social ou Antissocial que tivesse sido ajudado. Os bebês de oito meses foram mais judiciosos na avaliação. Escolhiam o Doador se o Alvo Pró-social deixava cair a bola, mas escolhiam o Tomador se quem deixava a bola cair era o Alvo Antissocial. Assim, bebês de menos de um ano não só reagem a acontecimentos imediatos que se desenrolam na frente deles, como também levam em conta o comportamento anterior "bom" ou "mau".[58] Talvez devamos baixar a idade para a magistratura!

Nenhum dos estudos publicados relata nenhuma diferença sexual. Perguntei aos pesquisadores se era assim porque elas inexistiam, ou porque os números eram pequenos demais para fazer comparações adequadas (ou porque eles queriam evitar este vespeiro!). Eles responderam que nunca encontraram nenhuma diferença entre gêneros em todos os seus estudos dessas crianças muito novas. Então, a essa altura da vida, ambos os sexos parecem igualmente bons na captação de regras fundamentais de comportamento social, pelo menos quando se trata de decisões de Coelhinho Bom/Coelhinho Mau, e cuidam para que o Coelhinho Mau tenha o castigo que merece.

Como na compreensão do tipo cognitivo de sutilezas sociais, a maioria das habilidades sociais também tem um componente afetivo, em que precisamos partilhar os sentimentos dos outros, bem como compreender suas intenções e motivações. Mais uma vez, podemos encontrar evidências de que os bebês são capazes deste comportamento.

Assistentes sociais diminutos

A empatia, a compreensão das emoções dos outros em particular, mas também de seus pensamentos e intenções em geral, é uma habilidade fundamental para se tornar um membro bem-sucedido de um grupo social e assim permanecer. Uma pessoa verdadeiramente empática não apenas "lê" a angústia nos outros, ela compartilha ativamente de seus sentimentos, possivelmente tornando-se angustiada ela própria. Assim, existem um componente cognitivo e outro emocional ou afetivo na empatia.[59]

Como disse em capítulos anteriores, Simon Baron-Cohen propôs que empatizar e sistematizar eram duas características fundamentais da mente humana e, mais ainda, que elas alicerçam aspectos fundamentais das diferenças entre os gêneros. Ele declarou firmemente que as mulheres são melhores no empatizar e que o cérebro feminino é programado para a empatia, embora, como observei antes, ele também diga que não é preciso ser mulher para ter competência na empatia, nem é preciso ter um cérebro feminino. Assim, se esta é uma diferença sexual genuína, na verdade uma diferença sexual "essencial", e programada desde o início, é de se esperar que esteja presente ao nascimento ou certamente surja pouco depois disto.

Se tocarmos para um bebê o choro de outro bebê, muito em breve ele chorará também.[60] Isto é descrito como "choro contagiante" e pode sugerir algum nível de sentimento de companheirismo pelo amigo gritão. Mas também foi rejeitado por ser apenas uma forma de aflição pessoal ("Eu não gosto nada desse barulho") em vez de uma medida verdadeira de preocupação pelo outro bebê. Assim, não existe acordo sobre a existência de empatia nos bebês de ambos os sexos.

A maioria dos estudos recrutou bebês um pouco mais velhos, entre oito e 16 meses, depois de eles terem um repertório inicial de gestos e expressões faciais que podem ser "codificados" pelos pesquisadores que procuram evidências de empatia. Para estudos como esses, em geral uma mãe participa junto com a prole, "abrindo o berreiro" vigorosamente depois de fingir bater um martelo de brinquedo no polegar ou esbarrar em um móvel.[61] Então, o que a bebê faz? Algum sinal de testa franzida? Isto é uma medida de "afeto preocupado". Será que nossa miniempatizadora, enquanto observa a mãe martelando o polegar, esfrega o próprio polegar ou olha ansiosamente os outros adultos na sala? Será que a filha observadora mostra sinais de choramingar ou de chorar? Estas reações dariam altas pontuações na escala de aflição. E, por fim, será que a bebê acaricia a mãe "machucada" ou oferece "verbalização pró-social repetida" (a versão dos bebês de "Pronto, passou")? Isto daria um 4 na escala de "comportamento pró-social". Conforme medidas por "indícios de empatia" (como a testa franzida), existe alguma evidência de diferenças sexuais começando a surgir aos dois anos. Há também medidas físicas, como sinais de aflição (alterações no batimento cardíaco, dilatação da pupila, reações de condutância cutânea) quando confrontadas com "cenários negativos" envolvendo os outros, por exemplo, alguém batendo a mão na porta do carro. Mas estas diferenças entre os gêneros não parecem estar presentes ao nascimento e, assim, a vantagem supostamente conferida pela programação da empatia não se mostra muito cedo ou, pelo menos, só quando já avançamos no segundo ano.

Isto entra em desacordo com as alegações da equipe de Simon Baron-Cohen, mas eles basearam suas alegações em uma bateria diferente de medições. Uma delas, a preferência em recém-nascidas por rostos humanos comparada com a preferência de bebês meninos por móbiles, restringiu-se, como sabemos, à pilha do "definitivamente podia fazer melhor e precisa de reprodução". O contato visual foi designado como uma medida precoce de empatia e um estudo de 1979, que descobriu que meninas recém-nascidas olhavam por mais tempo quem cuidava delas do que os meninos, é citado em apoio a isto; contudo, não foi reproduzido com sucesso em um estudo de 2004, embora, como vimos anteriormente, foi encontrado contato visual mais longo nas meninas mais velhas (de 13 a 18 semanas).[62] Os autores deste estudo de 2004 concluíram que "o *aprendizado* social [o grifo é meu] pode ser o ímpeto primário para o desenvolvimento de diferenças de gênero em comportamento de troca de olhares nos primeiros meses de vida".

A detecção do olhar (isto é, localizar se alguém está olhando para nós ou desviando os olhos de nós) supostamente também faz parte da bateria da empatia, ou pelo menos é uma medida da compreensão de que "rostos podem refletir estados íntimos de parceiros sociais".[63] Os recém-nascidos mostram clara evidência de preferir direcionar a desviar os olhos, mas não foi relatada nenhuma diferença sexual.[64]

Porém, sem dúvida existem diferenças entre os gêneros na empatia em estudos com bebês mais velhos e crianças. A equipe de Baron-Cohen relata pontuações mais altas na empatia para meninas de quatro a 11 anos em uma versão infantil das escalas de Quociente de Empatização e de Quociente de Sistematização, com os meninos marcando mais pontos neste último.[65] (É importante lembrar, como observamos antes, que as pontuações nestas escalas se baseiam em classificações dadas por pais de como os filhos se comportaram e, portanto, talvez seja uma medida pouco objetiva.)

Mais recentemente, reações cerebrais foram acrescentadas ao portfólio de medidas, com medições em fMRI captando atividade aumentada em partes do cérebro associadas com a "matriz da dor".[66] Kalina Michalska, neurocientista do desenvolvimento da Universidade da Califórnia, e colaboradores compararam o autorrelato, a dilatação da pupila e a atividade no fMRI em 65 crianças com idades entre quatro e 17 anos. Nas medidas de autorrelato, surgiu um padrão interessante. Embora houvesse pouca diferença nas pontuações de empatia no nível de quatro anos de idade, as pontuações masculinas diminuíram significativamente com a idade, enquanto (você deve ter adivinhado) as pontuações femininas aumentaram. Mas nenhuma das medições implícitas, de dilatação da pupila e ativação cerebral, mostrou qualquer diferença sexual, embora as meninas tenham relatado ficar consideravelmente mais aborrecidas do que os meninos com os vídeos que assistiram.

Assim, parece que os sinais iniciais de empatia não se diferenciam entre os sexos, e, mais tarde, são apenas as avaliações pessoais que se encaixam no modelo de "mulher empática". Como supôs um estudo, que não encontrou evidências de diferenças sexuais na empatia precoce, "As diferenças de gênero na empatia podem se tornar mais destacadas depois da transição para o meio da infância, quando as crianças internalizam expectativas sociais relacionadas com papéis e identidade de gênero por meio de processos de aprendizado social e agem de acordo com eles".⁶⁷ Inclusive preencher um questionário para demonstrar como são empáticas, não?

Os cérebros por trás de tudo?

Ao examinarmos adultos, temos alguma ideia das habilidades que os tornam seres sociais e cooperativos e das redes cerebrais que fundamentam esses processos. Sabemos que estas habilidades precisam estar sintonizadas com o ambiente, que lhes fornecerá dados para atribuir uma importância maior ou menor aos acontecimentos. Precisamos ter a capacidade, por exemplo, de localizar diferenças mínimas em identidade facial e expressão emocional, ou captar dicas não verbais sobre a que devemos dar atenção e por quê. Vimos que bebês muito novos têm pelo menos versões rudimentares destas habilidades – será que as redes cerebrais que as fundamentam são as mesmas dos adultos? Como o ambiente refina ou calibra estas redes? A identificação das bases cerebrais deste processo de calibração no bebê em desenvolvimento pode nos dar *insights* do grau de precocidade em que entra em vigor esta estrutura cerebral social e como sua construção pode refletir o efeito do mundo da criança em desenvolvimento.

Como vimos, o processamento de rostos em bebês é evidente desde o começo. Assim que chegam ao mundo, os recém-nascidos preferem rostos e padrões em forma de rosto a outros estímulos. A ideia de um sistema embutido de preferência por rostos, sugerida por Mark Johnson, baseia-se no fato de que esta preferência parece preceder o amadurecimento do sistema visual (em outras palavras, antes que os olhos dos bebês sejam plenamente funcionais); assim, esta preferência não é apenas uma reação a um padrão visual comum. Mas, desde muito cedo, bebês e seus cérebros mostram reações corticais sofisticadas que combinam com aquelas dos adultos. Bebês bem novos, de três meses, mostram o mesmo tipo de reação cerebral dos adultos a rostos e estímulos semelhantes, que se dão em partes do cérebro semelhantes àquelas que lidam com o processamento facial em adultos.⁶⁸

Johnson observou que a identificação de mudanças relacionadas com a idade no cérebro e as capacidades de processamento de rostos dos bebês fornecem *insights* poderosos sobre a sintonia fina dessa importante habilidade social. Os bebês gostam de rostos, em geral, sobretudo, o das mães, mas inicialmente são alegremente indiscriminados quando se trata de outros rostos; os recém-nascidos não mostram preferência pela própria raça em contraposição a rostos de outras raças, mas quando chegam aos três meses começam a exibir esta forma inicial de discriminação endogrupo/exogrupo.[69] Os pesquisadores também mostraram que este efeito da própria raça é uma medida poderosa de estímulo ambiental, porque não aparece em bebês criados em um ambiente racial diferente do deles.[70] Assim, não parece existir nenhuma preferência embutida por "pessoas como eu"; isto é algo que aprendemos.

Assim como as diferenças raciais, as crianças discriminam mais rostos conhecidos e desconhecidos durante o primeiro ano de vida, mas existem evidências de que, mesmo entre os oito aos 12 anos elas estão processando rostos de forma diferente dos adultos, com regiões específicas para rostos no cérebro sendo ativadas por uma ampla gama de estímulos semelhantes a rostos.[71] Assim, mais uma vez, um aspecto crucial do comportamento social, embora presente muito cedo na vida, leva vários anos para chegar a seu ponto final, e depois de muita experiência no mundo social.

Outro exemplo de sintonia fina é a formação e depois o rompimento de uma ligação entre o olhar e o processamento facial. Sabemos que o olhar é uma parte fundamental da comunicação social; uma conversa rapidamente se desintegrará se não houver pelo menos alguma troca de olhares entre os falantes. Os recém-nascidos parecem conscientes deste processo e preferem rostos quando os olhos estão voltados diretamente para eles; rapidamente ficam aflitos se lhes mostram um rosto com o olhar desviado.[72] Em adultos, os sistemas de controle do olhar no cérebro são distintos da rede de processamento facial e mais estreitamente relacionados com a rede da teoria da mente, sugerindo que o olhar, à medida que envelhecemos, é destacado a um papel mais genérico na leitura da mente e na interpretação das intenções.[73] Em bebês de quatro meses, porém, a atividade cerebral induzida pelo olhar direto é mais estreitamente associada com a área de processamento de rostos.⁷⁴ Então aqui temos um exemplo de uma habilidade social muito focalizada, exibida por jovens bebês, adaptando-se a um leque mais amplo de exigências sociais. Ou, pensando de outra forma, um aplicativo social rudimentar recebendo uma atualização dependente da experiência para se ajustar a atividades mais sofisticadas.

O processamento da emoção sinalizada por rostos vem depois do reconhecimento dos próprios rostos. Até que ponto os cérebros mínimos dos bebês são sofisticados quando se trata dessa parte fundamental do desenvolvimento das habilidades de ler a mente? Os estudos iniciais sugerem que os bebês de seis ou sete meses reagem mais a rostos temerosos do que aos felizes, com a atividade cerebral surgindo das áreas frontais, inclusive nosso amigo, o córtex cingulado anterior.⁷⁵ Significaria, então, que bebês só reagem a emoções negativas, e não a positivas, talvez porque possam ser mais úteis para a sobrevivência? Mas se pegarmos o cérebro de um bebê para comparar rostos demonstrando raiva ou outro tipo de emoção negativa, com rostos felizes, neste caso, os felizes têm o voto do cérebro.⁷⁶ Quem sabe bebês estejam mais acostumados a rostos felizes (supondo-se que nossas socialites emergentes estejam cercadas principalmente de sorrisos)? Mas está claro que, antes de um ano de idade, as crianças têm os recursos neurais certos para saber se estão olhando alguém que está triste, feliz, temeroso ou com raiva, o que é uma habilidade social muito útil para se adquirir bem cedo.

Compartilhar uma experiência é uma característica essencial do envolvimento social. No nível do adulto, pode ser uma cotovelada nas costelas e um movimento do queixo para algum acontecimento externo que pode provocar uma sobrancelha erguida, um esgar, um muxoxo, até um sorriso. Como atraímos a atenção de um bebê muito novo para alguma coisa? Aqui o olhar é útil novamente; podemos monitorar as reações cerebrais do neném quando, por exemplo, um adulto olha para um bebê e depois a tela de um computador que mostra um novo objeto, um comando tácito de "Ei, olha isso aqui". Tricia Striano, neurocientista cognitiva de Leipzig, demonstrou atividade aumentada nas áreas frontais do cérebro usando este paradigma.⁷⁷ Como observamos no capítulo anterior, parece que as áreas pré-frontais do cérebro do bebê não são tão funcionalmente silenciosas como pensávamos.

A identificação de uma linha do tempo para a emergência da cognição social, como fizeram as neurocientistas cognitivas Francesca Happe e Uta Frith, do Reino Unido, confirma que as habilidades sociais de alto nível e seus fundamentos neurais estão em operação no ser humano desde uma idade muito tenra.[78] As aparentes buscas por uma compreensão da sociedade e dos outros parece preceder o surgimento de habilidades cognitivas.

Como acontece com frequência na psicologia e na neurociência, podemos aprender muito sobre um processo baseado no cérebro estudando como ele se desenvolve ao longo do tempo, ou quando faz sua transição de uma fase para outra. A disponibilidade de técnicas melhores para estudar o cérebro de bebês, combinada com a eterna engenhosidade de psicólogos do desenvolvimento na elaboração de testes astutos das habilidades de bebês, está nos dando *insights* extraordinariamente reveladores sobre os poderosos processos por trás da formação de um ser social.

Tudo isso deve nos fazer parar para pensar no mundo que estes cérebros questionadores estão encontrando. As crianças muito pequenas são esponjas sociais diminutas, ávidas por experiências, prontas para se envolver com o que seu novo mundo tem a oferecer. Mas o que exatamente o mundo tem reservado para elas?

CAPÍTULO 9:

AS ÁGUAS GENERIFICADAS EM QUE NADAMOS – O TSUNAMI ROSA E AZUL

> As crianças buscam ativamente significado no mundo social que as cerca e querem entendê-lo, e o fazem usando dicas de gênero proporcionadas pela sociedade para ajudá-las a interpretar o que elas veem e ouvem.
>
> C. L. MARTIN E D. N. RUBLE, 2004[1]

Embora os bebês humanos pareçam muito passivos e indefesos quando nascem, com cérebros aparentemente ainda nos estágios bem iniciais de desenvolvimento, está claro que eles chegam com kits corticais de partida muito sofisticados. Sua capacidade de esponja para absorver informações sobre o mundo que os cerca indica que precisamos prestar atenção ao que o mundo diz a eles. Quais regras e diretrizes vão encontrar? Existirão regras diferentes para bebês diferentes? E quais acontecimentos e experiências podem determinar seu destino final?

Entre os primeiros, mais ruidosos e mais persistentes sinais sociais que um bebê pode captar estão, naturalmente, as diferenças entre meninos e meninas, homens e mulheres. Mensagens sobre sexo e gênero estão em quase toda parte para onde olhamos, das roupas e brinquedos para crianças, passando por livros, instrução formal, empregos e a mídia ao sexismo "casual" cotidiano. Uma rápida pesquisa pelo supermercado pode gerar uma lista de produtos inutilmente divididos por gênero – sabonete líquido ("Banho de chuva tropical" se você é mulher; "Terapia Muscular" para os homens), pastilhas para garganta, luvas para jardinagem, mix de frutas secas (Mix Energia para os homens e Mix

Vitalidade para as mulheres), caixas de chocolate de Natal (ferramentas para meninos, joias e maquiagem para meninas) – garantindo um tema constante segundo o qual, mesmo quando só estamos pensando em gargantas inflamadas ou em podar as plantas, precisamos marcar com um rótulo de gênero, para ter certeza de que "homens de verdade" não usem o tipo "errado" de luvas de jardinagem, ou que "mulheres de verdade" não usem por acidente o sabonete "Terapia Muscular" para homens.

Em junho de 1986 eu estava em uma maternidade, tendo acabado de dar à luz a Filha nº 2. Foi a noite em que Gary Lineker marcou três gols consecutivos na Copa do Mundo; nove bebês nasceram naquela noite, oito meninos e uma menina (a minha) e disseram que todos, exceto esta última, chamavam-se Gary (bem que fiquei tentada). Eu trocava observações com minha vizinha (não sobre futebol), quando tomamos consciência do que parecia a aproximação de um trem a vapor, mais alto a cada segundo: nossos bebês nos eram trazidos em carrinhos. Minha vizinha recebeu seu pacote embrulhado em azul, com as palavras de aprovação: "Aqui está o Gary. Um par de pulmões de rachar!" A enfermeira, em seguida, entregou-me meu pacote, embrulhado em uma manta amarela (uma vitória feminista inicial e de difícil conquista), com uma fungadela perceptível. "Aqui está a sua. A mais barulhenta de todos. Não é bem uma mocinha!" Assim, à tenra idade de dez minutos, minha filha minúscula teve seu primeiro encontro com o mundo "dos gêneros" a que acabara de chegar.

O papel dos estereótipos é tamanho neste mundo que, se solicitados, podemos inquestionavelmente gerar listas de quais pessoas (ou lugares, ou países, ou empregos) são "parecidos". E se compararmos os resultados de um levantamento desses com aqueles gerados por nossos colegas ou vizinhos, encontraremos um alto nível de consenso. Os estereótipos são atalhos cognitivos, imagens em nossa cabeça que, quando encontramos pessoas, situações ou acontecimentos, ou prevemos fazer isso, permitem que nosso cérebro siga seu SMS preditivo e preencha os espaços para gerar rapidamente um precedente útil que norteará nosso comportamento. Eles fazem parte de nossos depósitos semânticos sociais e da memória social, compartilhados com outros membros de nossa rede social real.

Voltemos ao final dos anos 1960, quando uma equipe de psicólogos concebeu um questionário do estereótipo.[2] Eles pediram a universitários que relacionassem os comportamentos, as atitudes e as características de personalidade que acreditavam ser típicas de homens ou de mulheres. As características tipicamente femininas foram agrupadas sob um título, as tipicamente masculinas, sob outro. Foram 41 itens em que houve pelo menos 75% de consenso e estes foram designados por rótulos estereotipados. Os itens "femininos" incluíam descrições de mulheres como "dependentes", "passivas" e "emotivas", enquanto os homens eram "agressivos", "autoconfiantes", "arrojados" e "independentes". Este passou a ser o Questionário de Estereótipo Rosenkrantz, que mediu a concordância com os itens relacionados como um índice da extensão do pensamento estereotipado dos participantes. Uma questão importante extra é que os estudantes foram solicitados a classificar quais características pensavam ser mais desejáveis socialmente; todos classificaram as características masculinas como mais desejáveis.

Trinta anos depois da criação do levantamento, os itens originais do questionário voltaram a ser testados.[3] Houve certa evidência de mudança no pensamento estereotipado, com um número bem menor de itens seguramente classificados como tipicamente masculinos ou femininos. Qualquer coisa relacionada com viver ou expressar a emoção ainda era firmemente feminina, mas a mulher típica não era mais classificada como menos lógica, direta ou ambiciosa. O homem típico ainda era mais agressivo, mais dominante e menos gentil. Houve uma mudança significativa naquelas características femininas "novas" consideradas mais socialmente desejáveis, levando os autores a especular que a "exposição das pessoas a mulheres em uma gama muito ampliada de papéis" estava por trás das mudanças nos estereótipos de gênero.

Porém, uma revisão independente sugeriu outra coisa.[4] Os pesquisadores aqui compararam as respostas de um questionário de 1983, que pedia a participantes que identificassem características masculinas-femininas (semelhante ao estudo de Rosenkrantz), com respostas ao mesmo questionário em 2014. A única mudança nas atitudes nos trinta anos que se passaram dizia respeito aos comportamentos típicos das mulheres, em que houve um aumento na estereotipia de gênero, e a única tarefa atribuída igualmente a homens e mulheres era "lidar com questões financeiras". "Atividade" ou ação ainda eram vistas como características essenciais atribuídas a homens, abrangendo características como competência e independência, enquanto "comunhão" ou formação de redes ainda eram vistas como atributos essenciais femininos, associados com o calor humano e cuidados com os outros; o mesmo conjunto de ocupações ainda era visto como tipicamente masculino ou feminino (por exemplo, política X assistente administrativo); e, talvez menos surpreendente, homens e mulheres ainda eram diferenciados no mesmo conjunto de características físicas (como altura e força). Assim, talvez tenha sido otimista demais o relato inicial de que a estereotipia de gênero sucumbia a mudanças sociais.

Sugeriu-se que existiam dois importantes processos que podiam prever a mudança nos estereótipos, ou sua estabilidade. Se os estereótipos de gênero são baseados em observações em tempo real de homens e mulheres, então as mudanças contínuas na sociedade deveriam induzir mudanças nos estereótipos. Mas se os estereótipos são mais profundamente arraigados, então não seriam alterados pelas mudanças na sociedade. Os estereótipos podem ser mais firmemente incorporados na psique social pela operação de processos como o "viés de confirmação", em que mais provavelmente valorizamos ou acreditamos em evidências que deem apoio às crenças que já temos, ou até o *backlash*, em que há uma ênfase nas consequências negativas de tentar superar estereótipos preexistentes.[5]

Como vimos, nosso cérebro social é uma espécie de coletor de regras, procurando as leis de nossos sistemas sociais e as características "essenciais" e "desejáveis" com que devemos capacitar nosso *self* para nos encaixarmos em nossos endogrupos identificados. Isso inevitavelmente incluirá informações estereotipadas sobre como são as "pessoas como nós", como devemos nos comportar, o que podemos e não podemos fazer. Parece haver um limiar relativamente baixo ligado a este aspecto de nossa identidade pessoal, na medida em que pode ser desencadeado ou sofrer *priming* com muita facilidade. Já vimos como pode ser muito discreta a manipulação que induz à reação de ameaça do estereótipo.[6] Você não precisa de muitos lembretes de que é uma mulher de desempenho fraco para se tornar uma mulher de desempenho fraco. Ou mesmo só de um lembrete de que você é mulher, com seu *self* fazendo o resto. Isto é demonstrado até em meninas de quatro anos, em que se associa colorir a imagem de uma menina brincando de boneca com um desempenho mais fraco nos testes de cognição espacial.[7]

As redes cerebrais associadas com o processamento e o armazenamento de rótulos sociais são diferentes daquelas associadas com o processamento e o armazenamento de itens mais do tipo conhecimentos gerais.[8] E as redes de processamento de estereótipo se sobrepõem àquelas associadas com o processamento do *self* e a identidade social. Assim, as tentativas de desafiar os estereótipos, em particular aquelas relacionadas com um autoconceito ("Sou um homem, portanto..."; "Sou uma mulher, portanto..."), acarretarão mais do que um ajuste rápido para uma reserva de conhecimentos gerais, apesar de bem fundamentada. Crenças como estas são profundamente incorporadas em um processo de socialização que está no cerne de ser um humano.

Alguns estereótipos têm seu próprio sistema de reforço embutido que, depois de desencadeado, impelirá o comportamento atribuído à característica estereotipada. Por exemplo, pensem no efeito da ameaça do estereótipo sobre o desempenho espacial, em que o desempenho em uma tarefa de rotação mental pode ser alterado quando se invoca um estereótipo positivo ou negativo.[9] Como veremos adiante, estereotipar os brinquedos que são "para meninas" ou "para meninos" pode afetar a gama de habilidades que eles adquirem; as meninas que pensam que Lego é para meninos são mais lentas nas tarefas baseadas em construção.[10]

E às vezes os estereótipos podem servir como uma forma de gancho ou bode expiatório cognitivo, em que o fraco desempenho ou a falta de capacidade podem ser atribuídos exatamente ao déficit característico deles. Por exemplo, a síndrome pré-menstrual tem sido usada para explicar ou ser a culpada de acontecimentos que podem igualmente ser atribuídos a outros fatores, como vimos no Capítulo 2. Um estudo mostrou que era provável que as mulheres culpassem seus problemas biológicos relacionados com a menstruação pelo estado de espírito negativo, mesmo quando fatores situacionais podiam ser igualmente a origem das dificuldades.[11]

Alguns estereótipos são proscritores e descritivos: assim como enfatizam aspectos negativos de capacidade ou temperamento, parecem "impor a lei" sobre que atividade é adequada ou inadequada para a pessoa que está sujeita a seus mandamentos. De forma mais significava, eles reforçam sinais persistentes de que um grupo é melhor do que outro em atividades importantes, que existem coisas que integrantes de um grupo simplesmente "não podem" fazer e devem evitar, um ângulo "superior/inferior". O estereótipo de que as mulheres *não sabem* fazer ciência implica que elas *não fazem* ciência, deixando a ciência como uma instituição masculina, cheia de cientistas homens (ajudados por algum *gatekeeping* muito determinado). Os estereótipos de hoje são mais sutis do que o rótulo do gorila-de-duas-cabeças, mas, como detalhou Angela Saini em seu livro *Inferior*, existem muitos exemplos de como "a saúde das mulheres, seu trabalho e seu comportamento, do nascimento à velhice, têm sido caracterizados como menos adaptativos ou menos socialmente úteis do que nos homens".[12]

Isto faz eco a um estudo de 1970, em que apareceram psicólogos clínicos (homens e mulheres) traçando uma distinção clara entre as características de um adulto típico e saudável e aquelas de uma mulher típica e saudável. O que é mais preocupante, as características que relacionaram como tipicamente femininas (dependente, submissa) não eram características de uma pessoa que eles pudessem considerar psicologicamente saudável. A conclusão deles traça um retrato arrepiante de uma vida de baixas expectativas: "Assim, para que uma mulher seja saudável do ponto de vista do ajuste, ela deve se adaptar e aceitar as normas comportamentais para seu sexo, embora estes comportamentos sejam menos socialmente desejáveis e considerados menos saudáveis para o adulto maduro e competente de modo geral."[13]

No ano passado, um levantamento da organização de caridade Girlguiding do Reino Unido relatou que meninas, já aos sete anos, sentiam-se enclausuradas pela estereotipia de gênero.[14] Em um levantamento de cerca de 2 mil crianças, descobriram que quase 50% sentiam que era reduzida sua disposição de falar alto e participar na escola. Um comentarista do levantamento observou: "Ensinamos as meninas que agradar aos outros é a virtude mais importante e que ser bem-comportada depende de ser calada e delicada."[15] Está claro que estes estereótipos não são inofensivos, mas têm verdadeiro impacto nas meninas (e nos meninos) e nas decisões que elas tomarão sobre sua vida. Devemos lembrar que o cérebro social em desenvolvimento de nossas crianças sempre estará em busca de regras e expectativas que acompanham ser um membro de uma rede social real. Está claro que os estereótipos de gênero/sexo dão diretrizes muito diferentes a meninas e meninos, e que aquelas que são apresentadas a nossas pequenas mulheres não parecem lhes dar uma jornada desimpedida e confiante para os possíveis pináculos da realização.

Detetives mirins de gênero

Em vista do bombardeio de gênero incansável da mídia cultural e das redes sociais virtuais evidente no século XXI, é provável que os estereótipos associados tenham *priming* e incorporação mais frequente em nossa compreensão das "exigências" sociais do gênero com que nos identificamos. Estatísticas alarmantes indicam que crianças muito novas têm pronto acesso a estas fontes de informação generificadas; 21% de crianças de três anos ficam on-line diariamente e 28% das crianças de três a quatro anos são expostas a tablets.[16] Nos Estados Unidos, os dados de 2013 indicam que 80% das crianças de dois a quatro anos usam dispositivos móveis, quando em 2011 eram 39%.[17]

Assim, a "codificação de gênero" ou a "sinalização de gênero" faz parte do mundo em que está imerso o cérebro ávido por informações de nossos pequenos humanos, desde o primeiríssimo dia. E será que nossos bebês e crianças captam mensagens como estas? Estarão elas prestando atenção a brinquedos codificados por cores, brincadeiras divididas por gênero e quem pode brincar na casinha infantil? Pode apostar que sim!

Há muito tempo sabemos que até crianças muito novas são detetives ávidas de gênero, procurando ativamente pistas sobre gênero, quem faz o quê, quem pode brincar com quem e com o quê. Psicólogos do desenvolvimento, monitorando o uso da linguagem generificada em crianças novas, observando-as brincar ou pedindo que classifiquem imagens ou objetos como "coisas de meninos" ou "coisas de meninas", relataram que as crianças, já aos quatro ou cinco anos, tinham uma consciência bem desenvolvida das diferenças entre homens e mulheres, não só em termos de sua aparência e do que normalmente vestiam, mas também da ligação destas diferenças às coisas que as pessoas podem fazer: os homens eram bombeiros, as mulheres eram enfermeiras; os homens faziam o churrasco e aparavam a grama, as mulheres lavavam os pratos e a roupa. E elas também sabiam rotular objetos cotidianos como masculinos (martelo) ou femininos (batom), e brinquedos como "de meninos" ou "de meninas".[18]

Mas será que nossos detetives mirins de gênero começam a entender essas diferenças ainda mais cedo do que suspeitávamos? Supunha-se que esse tipo de habilidade social surgia depois que uma criança aprendia a falar e socializar. De todo modo, era difícil testar até que ponto crianças muito novas podiam desenvolver "esquemas" precoces de gênero, redes de informações conectadas sobre homens e mulheres. Mas depois de aplicadas a esta questão as técnicas de "observação de bebês" descritas nos capítulos anteriores, a sofisticação precoce que vimos em nossos minimagistrados e cientistas bebês ficou evidente aqui também.

Uma regra muito precoce que nossos "aprendizes profundos" minúsculos captam é a das ligações entre as principais diferenças físicas em homens e mulheres – que existem vozes agudas e graves, e que isto em geral combina com diferentes tipos de rostos. Segundo um paradigma de olhar preferencial, crianças de seis meses olharão por mais tempo para vozes agudas combinadas com rostos masculinos, ou vozes graves combinadas com rostos femininos, mostrando que foi violado seu precedente perfeitamente estabelecido de quem tem voz aguda e voz grave. Assim, bem cedo, os pequenos humanos notam que em geral existem dois grupos de pessoas que podem distinguir de modo fiável.[19]

O surgimento da linguagem nos dá *insights* claros da atividade de coleta de pistas de nossos detetives mirins do gênero. Usar rótulos específicos de gênero, como "menina" em vez de "criança", parece muito precoce na linha do tempo do desenvolvimento da linguagem. Uma equipe de psicólogos de Nova York identificou a emergência destes rótulos em um grupo de crianças com idade entre nove e 21 meses e descobriu que havia pouca evidência de rotulação de gênero antes dos 17 meses, mas aos 21 meses a maioria das crianças usava apropriadamente múltiplos rótulos como "homem", "menina" e "menino". E isto incluía a rotulação de si mesmos ("eu garotinha"), bem como a rotulação de pessoas e coisas no mundo que as cercava.[20]

Os pesquisadores também notaram que as meninas produziam estes rótulos antes dos meninos. Eles propuseram a socialização como uma possível explicação para isto, observando que roupas e enfeites "de menina" eram mais peculiares (o fenômeno "PFD" – que você saberá que significa "pink frilly dress", o "vestidinho rosa de babados") e, assim, que as meninas recebem pistas visuais precoces sobre quais indivíduos são mulheres e o que essas mulheres devem vestir. Um estudo posterior de alguns integrantes desta equipe mostrou que era muito mais provável que meninas de três a quatro anos passassem por uma fase de "rigidez de gênero" em sua aparência, mostrando oposição implacável a vestir qualquer coisa diferente de saias, tutus, sapatilhas de balé e, sim, vestidinhos rosa de babados.[21]

E as pistas que nossas jovens detetives estão captando não são só a respeito delas mesmas. As crianças mostram um nível surpreendentemente precoce também de conhecimento geral de gêneros, rotulando objetos ou acontecimentos no mundo como "apropriados para o gênero". Mostre a uma criança de 24 meses a foto de um homem passando batom ou uma mulher colocando uma gravata e certamente você chamará a atenção dela.[22]

Junto com a capacidade de reconhecer com precisão as diferentes categorias de gênero e suas características associadas, as crianças parecem fortemente motivadas a se encaixar com as preferências e atividades de seu próprio sexo, como a pesquisa PFD já indicou. Depois que elas entendem a que grupo pertencem, podem se tornar bem rígidas nas escolhas que fazem sobre com quem e de que querem brincar. Elas também podem ser bem impiedosas com a exclusão de quem não pertence a seu grupo; muito parecidas com membros recém-iniciados em uma sociedade exclusiva, elas garantem que seguirão servilmente as regras e são severas na garantia de que os outros também as obedeçam. Elas darão declarações muito firmes sobre o que meninas e meninos podem e não podem fazer, às vezes parecem ignorar deliberadamente contra-exemplos (uma amiga minha cirurgiã pediatra ouviu do filho de quatro anos a certeza de que "só os meninos podem ser médicos") e expressar surpresa quando lhes mostram exemplos, como mulheres que são pilotas de caça, mecânicas de automóveis ou bombeiras.[23] Até cerca de sete anos, as crianças são muito inflexíveis em suas crenças sobre características de gênero e seguirão obedientemente a rota montada para elas por seu satélite de navegação de gênero.

Mais tarde, pode parecer que as crianças aceitam mais as exceções a regras de gênero sobre quem é ou não melhor em determinada atividade, mas isto pode mostrar, de forma preocupante, que suas crenças podem simplesmente ter "entrado na clandestinidade". Por definição, estas crenças "implícitas" são de difícil acesso, mas foram encontrados meios para tanto. Isto foi demonstrado por uma versão da tarefa Stroop que conhecemos no Capítulo 6. Se você se recorda, se a palavra "verde" é escrita em verde, podemos nomear a cor escrita com muita rapidez. Se, entretanto, a palavra "verde" é escrita em vermelho, nossa velocidade se reduz drasticamente. Isto é uma medida do efeito de interferência causado por um descompasso entre os diferentes tipos de informações que processamos. Em uma versão auditiva astuta deste teste, os ouvintes têm de identificar o sexo da pessoa que diz determinadas palavras, algumas estereotipadamente masculinas (futebol, rude, soldado) ou femininas (batom, maquiagem, cor-de-

-rosa). Crianças já aos oito anos foram muito, mas muito mais lentas e cometeram muito mais erros quando ouviram "descompassos" (como uma voz masculina dizendo "batom" ou uma voz feminina dizendo "futebol").[24] Portanto, em sua breve vida, parece que as crianças novas já geraram algum mapa internalizado das coisas associadas com ser homem ou mulher, que talvez as esteja guiando subliminarmente para pontos finais predeterminados.

Nossos detetives mirins rapidamente estão descobrindo sobre estereótipos de gênero, aqueles atalhos cognitivos ou "imagens em nossa cabeça" que reúnem em dois pacotes separados muitas características supostamente específicas de gênero, com rótulos de conteúdo bem diferentes.

Rosificação

Se existe uma coisa que caracteriza a sinalização social das diferenças sexuais no século XXI é a ênfase maior em "rosa para meninas e azul para meninos", com a "rosificação" das meninas talvez trazendo a mensagem mais estridente. Roupas, brinquedos, cartões de aniversário, papel de presente, convites para festas, computadores, telefones, camas, bicicletas – escolham o que quiserem, o pessoal de marketing parece preparado para "rosificar" tudo. O "problema do rosa", agora com muita frequência com uma forte ajuda da "princesa" na mistura, tem sido tema de uma discussão preocupada mais ou menos na última década.[25] A jornalista e escritora Peggy Orenstein comentou sobre isso em seu livro de 2011, *Cinderella Ate My Daughter: Dispatches from the Front Lines of the New Girlie-Firl Culture*, notando que havia mais de 25 mil produtos da Princesa da Disney no mercado.[26] O tema desta rosificação galopante foi aberta e frequentemente criticado, em livros como este e muitos outros, assim, achei que eu não precisaria cobrir de novo a questão do rosa. Mas, infelizmente para todos nós, este é outro problema Acerte a Toupeira e mostra evidências de que não vai sumir tão cedo.

Para uma palestra que dei recentemente, eu explorava a internet em busca de exemplos daqueles cartões cor-de-rosa pavorosos de "É uma Menina" quando me deparei com algo ainda mais medonho e meu queixo caiu: festas de revelação de gênero ou o "chá-revelação".[27] Se você ainda não ouviu falar nisso, são algo assim: lá pela vigésima semana de gestação, em geral é possível saber o sexo da criança esperada por um exame de ultrassonografia e, assim, aparentemente, desencadeia-se a necessidade de dar uma festa cara. Existem duas versões e ambas são o sonho de consumo do marketing. Na versão 1, você decide continuar na ignorância e instrui o pessoal técnico da ultrassonografia a colocar a notícia empolgante em um envelope lacrado e mandar à organização escolhida para sua festa de chá-revelação. Na versão 2, você mesma descobre, mas decide dar a notícia na festa. Você então convoca familiares e amigos para o evento por meio de convites que trazem uma pergunta como "Um saltitante 'ele' ou uma lindinha 'ela'?", "Pistolas ou Purpurina?", ou "Fuzil ou Fofoca?". Na festa em si, você pode ser confrontada com um bolo com cobertura branca que pode ser cortado e revelar o recheio azul ou rosa (ele também pode ser decorado com as palavras "Gatinho ou Gatinha, corte para saber").

Ou pode ser uma caixa lacrada que, quando aberta, libertará uma frota de balões cheios de hélio, cor-de-rosa ou azuis; uma roupa embrulhada da loja para bebês mais próxima que será aberta e revelará a criação rosa ou azul em que você meterá sua criança recém-nascida; até uma piñata que você e seus convidados podem martelar até que solte uma enxurrada de guloseimas cor-de-rosa ou azuis. Existem jogos de adivinhação que parecem envolver patos ("Waddle it be?", corruptela de "What will it be?", "O que será?") ou abelhas de brinquedo ("What will it bee?"), ou algum tipo de rifa em que, ao chegar, coloca-se o nome do convidado em um pote e quem vencer ganha um prêmio após feita a revelação. Ou (o preferido daqueles de pior gosto) você recebe um cubo de gelo contendo um bebê de plástico e, em uma corrida de "minha bolsa estourou", tenta encontrar o meio mais rápido de derreter seu cubo para revelar se o bebê é cor-de-rosa ou azul. Caso você pense que estou inventando tudo isso, aqui está uma citação direta de um site que aconselha como dar uma dessas festas: "Seja simples com coquetéis, velas, pratos, copos, guardanapos, tudo em rosa e azul – escolha o objeto que quiser. (Eu até coloquei toalhas cor-de-rosa e azul para os convidados no banheiro!) Em lugar de uma tigela de Doces, tenha uma Tigela da Revelação."[28]

Então, vinte semanas antes de os pequenos humanos chegarem, talvez o mundo já os esteja metendo firmemente em uma caixa cor-de-rosa ou azul. E está claro, por vídeos no YouTube (sim, fiquei obcecada), que, em alguns casos, valores diferentes são ligados à rosice ou azulzice da notícia. Alguns vídeos mostram irmãos assistindo à empolgação da "revelação" e não é difícil se perguntar o que as três irmãzinhas entendem dos gritos de "Até que enfim!" que acompanharam a cascata de confete azul. Só uma diversãozinha inofensiva, talvez, e um triunfo do marketing, certamente, mas é também uma medida da importância que está ligada a esses rótulos de "menina"/"menino".

Até as tentativas de nivelar o campo de jogo atolaram na maré cor-de-rosa – a Mattel produziu uma Barbie STEM para estimular o interesse das meninas em tornarem-se cientistas. E o que a nossa Barbie Engenheira sabe construir? Uma máquina de lavar cor-de-rosa, um guarda-roupa giratório cor-de-rosa e um carrossel cor-de-rosa para joias.[29]

Talvez você esteja se perguntando por que afinal isso tudo importa.[30] Tudo se resume ao debate se a rosificação sinaliza uma divisão biológica natural (fixa, programada, sem sofrer interferências) ou reflete um mecanismo de codificação socialmente construído (possivelmente associado com necessidades sociais do passado, mas com o potencial de ser reconstruído à luz das exigências sociais cambiantes). Se isto for de fato o sinal de um imperativo biológico, então talvez deva ser respeitado e apoiado. Se estivermos olhando uma criação social, precisamos saber se a codificação binária associada ainda serve bem aos dois grupos (se é que um dia serviu). Além da sinalização de gênero garantir que os homens não usem sem querer sabonete líquido de lavanda e camomila, o cérebro viajante de nossas meninas foi ajudado a ser afastado de brinquedos de construção e livros de aventura, e as contrapartes dos meninos de jogos de panelas e casas de bonecas?

Talvez devamos verificar primeiro se o poder da maré cor-de-rosa tem alguma base biológica. Como dissemos no Capítulo 3, uma preferência feminina pelo rosa já foi colocada em termos evolutivos. Em 2007, uma equipe de cientistas visionários sugeriu que suas descobertas desta preferência estavam relacionadas a uma necessidade muito antiga de as fêmeas da espécie serem eficazes "coletoras de frutas".[31] A reatividade ao rosa "facilitaria a identificação de frutas maduras e amarelas ou folhas vermelhas comestíveis integradas na folhagem verde". Uma extensão disso foi a sugestão de que a rosificação também é a base da empatia – auxiliando nossas cuidadoras a captar aquelas mudanças sutis no tom da pele que correspondem a estados emocionais. Tendo em mente que o estudo, realizado em adultos, usou uma tarefa de escolha simples e forçada envolvendo retângulos coloridos,* este é um acorde esticado, mas claramente tangido, com a mídia, que aclamou de modos variados as descobertas como prova de que as mulheres eram "programadas para preferir o rosa" ou que "garotas modernas nascem para se decidir pelo rosa".[32]

Porém, três anos depois, a mesma equipe realizou um estudo semelhante em bebês de quatro a cinco meses, usando os movimentos oculares como medida de sua preferência pelos mesmos retângulos coloridos.[33] Não descobriram nenhuma evidência de diferenças sexuais, com todas as crianças preferindo a ponta vermelha do espectro. Esta descoberta não foi acompanhada do alvoroço da mídia que recebeu a primeira. O estudo com adultos foi citado quase trezentas vezes como apoio à ideia das "predisposições biológicas". O estudo com bebês, em que não encontraram diferenças sexuais, foi citado menos de cinquenta vezes.

---

* Escolhas forçadas significam que comparamos itens e *temos* de escolher um – não existem opções como "não ligo", "não me importo", "não sei". Neste caso, exibiam dois retângulos e era preciso indicar qual deles você preferia (e, assim, talvez você não pudesse gostar de nenhum dos dois, mas desgostar menos de um que do outro).

Os pais e mães exclamarão que deve haver algo fundamental nesta preferência por rosa quando eles descobrem que tudo é varrido pela maré da princesa cor-de-rosa mencionada anteriormente, apesar de seus esforços na "criação com gênero neutro" de suas filhas. Crianças já aos três anos atribuirão gêneros a animais de brinquedo com base na cor; rosa e roxo são para animais meninas e azul e marrom para animais meninos.[34] Certamente deve haver um motor biológico por trás do surgimento de uma preferência assim tão cedo e tão determinada, não?

Mas um estudo revelador das psicólogas americanas Vanessa LoBlue e Judy DeLoache acompanhou mais atentamente com que precocidade surgia esta preferência.[35] Quase duzentas crianças, com idades entre sete meses e cinco anos, receberam pares de objetos, um dos quais era sempre rosa. O resultado foi claro: até mais ou menos os dois anos, nem meninos nem meninas tinham alguma preferência pelo rosa. Depois deste ponto, porém, houve uma mudança drástica, com as meninas mostrando um entusiasmo acima do acaso por objetos cor-de-rosa, enquanto os meninos os rejeitavam ativamente. Isto ficou mais acentuado a partir dos três anos de idade. E coincide com a descoberta de que depois que as crianças aprendem os rótulos de gênero, seu comportamento se altera para se encaixar no portfólio de dicas sobre gêneros e suas diferenças, que aos poucos elas estão reunindo.[36]

Como sabemos, os cérebros fazem "aprendizagem profunda", são ansiosos para entender as regras e evitar "erros de previsão". Portanto, se a dona do cérebro e sua identidade de gênero recém-adquirida se aventuram em um mundo cheio de poderosas mensagens cor-de-rosa solicitamente sinalizando o que elas podem ou não fazer, o que podem vestir ou não, então seria necessário um projeto de redirecionamento verdadeiramente imperioso para desviar esta maré. Assim, podemos estar vendo um processo baseado no cérebro, mas que foi desencadeado pelo mundo em que o cérebro se encontra.

E a evidência de uma divisão rosa-azul ser um mecanismo de codificação culturalmente determinado? Por que (e quando) o rosa passou a ser ligado com meninas e o azul a meninos tem sido questão de debate acadêmico bem fervoroso. Um lado alegou que antigamente era o contrário e que, até os anos 1940, o azul era visto como a cor adequada para meninas, possivelmente devido a sua ligação com a Virgem Maria.[37] Esta ideia foi criticada pelo psicólogo Marco Del Giudice, que, depois de uma pesquisa detalhada no arquivo por meio do Google Books Ngram Viewer, alegou encontrar poucas evidências da defesa azul-para-meninas/rosa-para-meninos. Ele batizou isto de a Pink-Blue Reversal ("Reviravolta Rosa-Azul") e, naturalmente, seguiu-se um acrônimo (PBR); ele até o premiou com o status de "lenda urbana científica".[38]

Mas a evidência por algum tipo de universalidade cultural para o rosa como uma cor feminina não tem essa força toda. Os exemplos da própria revisão de Del Giudice sugerem que qualquer codificação por cores relacionada com gênero estava estabelecida mais de cem anos atrás e parece variar com a moda, ou depender de a pessoa ler o *New York Times* em 1893 ("Elegância para Bebês: Ah, rosa para um menino e azul para uma menina") ou o *Los Angeles Times* do mesmo ano ("A última moda para o quarto do bebê é uma rede de seda para o novo neném [...]. A rede recebe primeiro uma manta xadrez de seda, rosa para uma menina, azul para um menino"). Para aumentar a confusão, o *El Paso Herald* publicou esta carta em 1914: "Prezada srta. Fairfax: Pode, por gentileza, me dizer a cor usada para meninos? Mãe Ansiosa." O que levou a esta resposta: "O rosa é para os meninos. Azul para as meninas. Antigamente era o contrário, mas este arranjo parece mais adequado." Não é uma mensagem com alguma coerência (e infelizmente na época não existiam psicólogos por aí para verificar alguma combinação do fenômeno do Vestidinho *Azul* de Babados).

Assim, o júri ainda não se decidiu sobre esta reformulação da divisão natureza-criação em termos da origem biológica X social da rosificação. Aqueles que contestam a ideia de que existe alguma ligação essencial entre meninas e cor-de-rosa podem se ver seriamente sob um tiroteio. Um artigo de Jon Henley no *Guardian* em 2009 conta a história de duas irmãs que começaram a campanha Pink Stinks ("Rosa é horrível"), realçando a cultura de consumo que escorava estereótipos prejudiciais. Em resposta, uma sugestão nos comentários do artigo era de que as irmãs vestissem camisetas dizendo "Sou uma comunista de esquerda maluca tentando fazer lavagem cerebral nas meninas".[39]

Em relação à compreensão do significado da rosificação para nossos cérebros viajantes, a questão principal, naturalmente, não é o rosa em si, mas o que ele representa. O rosa se tornou um sinal ou significante cultural, um código para determinada marca: Ser uma Menina. A questão é que este código também pode ser um "limitador de segregação de gênero", canalizando seu público-alvo (as meninas) para um pacote extraordinariamente limitado e limitante de expectativas e, além disso, excluindo o público não alvo (os meninos). Tricia Lowther, da campanha Let Toys Be Toys ("Que os brinquedos sejam só brinquedos"), observa que os brinquedos que agora são codificados com rosa-para-meninas são quase universalmente associados com a vestimenta (enfatizando, assim, a importância da aparência), ou com atividades domésticas, como cozinhar ou passar o aspirador, ou cuidar de filhotinhos fofos ou bonecas. Não há nenhum problema nisso, mas também significa que essas princesinhas *não* estão brincando com criativos blocos de armar nem têm aventuras como super-heroínas.[40]

"Agentes de socialização", como a famosa Barbie, podem transmitir a meninas mensagens limitantes para a carreira profissional. Aurora Sherman e Eileen Zurbriggen mostraram que as meninas que brincavam com bonecas "Barbie Fashion" tinham uma probabilidade menor de escolher carreiras dominadas pelos homens como possibilidades para elas mesmas, como bombeira, policial, pilota, do que as meninas que usavam brinquedos mais neutros (e os dois grupos de meninas mostraram aspirações profissionais bem baixas, de todo modo).[41]

Paradoxalmente (e para fazer justiça ao outro lado da discussão), às vezes o rosa parece servir como uma assinatura social que "dá permissão" para as meninas se envolverem com o que seria visto como um domínio dos meninos. Mas, conforme meu exemplo da Barbie STEM, a rosificação também é ligada frequentemente com uma corrente paternalista, de que não se pode conseguir que as mulheres se envolvam com as fortes emoções da engenharia, ou da ciência, a não ser que as relacionemos com "aparência e batom", e o ideal é que sejam vistos por lentes – literalmente – cor-de-rosa.

Toy Story

É claro que esta demarcação muito clara entre meninos e meninas, codificada por cores desde o início, aplica-se aos brinquedos. O tipo de brinquedo que as crianças usam pode ter efeitos significativos nas habilidades que elas venham a desenvolver ou nos papéis que representarão, assim, qualquer processo que estreite as escolhas para meninos ou meninas deve ser visto com alarme.

Toda a questão da generificação de brinquedos e da contribuição disso para sustentar os estereótipos tem sido o foco de muita preocupação nos últimos anos, ao ponto em que a Casa Branca promoveu uma reunião especial para discutir a questão em 2016.[42] Será que a escolha do brinquedo pode ser uma trapaça para nossos cérebros viajantes? Ou eles já foram colocados nesta rota antes do nascimento? A escolha dos brinquedos *reflete* o que acontece no cérebro? Ou *determina* o que vai acontecer no cérebro?

Os pesquisadores desta área podem ser muito firmes quanto ao *status quo* neste aspecto do comportamento das crianças: "Meninas e meninos diferem em suas preferências por brinquedos, como bonecas e caminhões. Estas diferenças sexuais estão presentes na primeira infância, são vistas em primatas não humanos e se relacionam, em parte, com a exposição pré-natal a andrógenos."[43] Esta declaração resume com perfeição os conjuntos de crenças sobre a escolha de brinquedos na infância, assim, vamos explorar a história dos brinquedos, quem brinca com o que e por que (e se isto importa ou não) nestes termos.

A questão da preferência por brinquedos adquiriu o mesmo significado do debate rosa-azul. Desde uma idade muito tenra, possivelmente já aos dois meses, parece que meninos e meninas mostram preferências por diferentes tipos de brinquedos. Podendo escolher, é mais provável que os meninos procurem o caminhão ou a arma, enquanto as meninas podem ser encontradas com bonecas e/ou jogos de panelas. Isto foi adotado como prova para diferentes e variados argumentos. O campo essencialista, apoiado pelo lobby do hormônio, alegaria que isto é um sinal de cérebros organizados de forma diferente, seguindo suas vias canalizadas de forma diferente; por exemplo, uma preferência precoce por brinquedos "espaciais" ou de armar é uma expressão de uma capacidade natural. O campo do aprendizado social iria alegar que a preferência generificada por brinquedos é o resultado da modelagem ou do reforço do comportamento das crianças de formas adequadas para o gênero; isto pode surgir do comportamento dos pais ou familiares ao presentearem ou pode ser o resultado de um poderoso lobby de marketing que determina e manipula seu mercado-alvo. Um campo cognitivo-construcionista apontaria para um esquema cognitivo emergente em que identidades de gênero recentes agarram-se a objetos e atividades que "pertencem" a seu próprio sexo, percorrendo o ambiente em busca das regras de engajamento que especificam quem brinca com o quê. Isto sugeriria uma ligação entre a emergência de rótulos de gênero e a emergência da escolha generificada de brinquedos.[44]

Existem argumentos sobre as *causas* da preferência por brinquedos, o que significam as preferências por brinquedos para aqueles que tentam entender diferenças sexuais/de gênero, sejam essas pessoas os pais ou neurocientistas cognitivos (ou ambos). Mas existem outros argumentos que giram em torno das *consequências* dessa preferência. Se passarmos nossos anos de formação brincando com bonecas e aparelhos de chá, será que isto nos afastará das habilidades úteis que nos trazem brincar com kits de construção ou brinquedos com alvos? Ou estas diferentes atividades podem apenas reforçar nossas capacidades naturais, dando-nos oportunidades de treinamento adequadas e talento aprimorado para o nicho ocupacional que será nosso? Examinando particularmente o século XXI, se os brinquedos que usamos trazem a mensagem de que a aparência, e com muita frequência uma aparência sexualizada, é o fator definidor do grupo a que pertencemos, será que existem diferentes consequências de usar brinquedos que dão a possibilidade de ação heroica e aventura?[45] Com relação a nossa busca nesta arena, poderia alguma dessas consequências da escolha precoce de brinquedos ser encontrada não só no nível comportamental, mas também no nível cerebral?

Como sempre, as questões de causas e consequências são enredadas. Se a preferência por brinquedos "por gênero" é uma expressão de uma realidade biologicamente determinada, então a interpretação tende a ser de que é inevitável e não devemos interferir, e que aqueles que a contestam devem ser afastados com o mantra "Que os meninos sejam meninos e as meninas sejam meninas" soando nos ouvidos. Especificamente para pesquisadores, significaria que as diferenças sexuais na preferência por brinquedos podem ser um indicador muito útil das mesmas diferenças na biologia subjacente, uma autêntica ligação cérebro-comportamento. Por outro lado, se a preferência generificada por brinquedos na verdade é uma medida de diferentes informações ambientais, seria possível medir os diversos impactos destas informações e, talvez mais importante, as consequências de sua alteração.

Porém, antes de nos lançarmos nos prós e contras das várias teorias ligadas à preferência por brinquedos, precisamos examinar as verdadeiras características destas diferenças. Será uma diferença sólida, encontrada seguramente em diferentes épocas, em diferentes culturas (ou mesmo só em diferentes estudos de pesquisa)? Quem realmente decide o que é um "brinquedo de menino" e o que é um "brinquedo de menina"? São as crianças que brincam com eles, ou os adultos que os fornecem? Em outras palavras, estamos examinando as preferências de quem?

"É claro que eu compraria uma boneca para meu filho"

Entre os adultos, parece haver um consenso muito difundido do que constituem brinquedos do tipo neutro, femininos ou masculinos. Em 2005, Judith Blakemore e Renee Centers, psicólogas de Indiana, pediram a quase trezentos universitários (191 mulheres, 101 homens) para classificar 126 brinquedos em categorias "adequado para meninos", "adequado para meninas" ou "adequado para ambos".⁴⁶ Com base nestas classificações, elas geraram cinco categorias: fortemente masculino, moderadamente masculino, fortemente feminino, moderadamente feminino e neutro. É interessante observar que houve um consenso quase universal entre homens e mulheres quanto aos gêneros dos brinquedos. Houve classificações divergentes apenas quanto a nove dos brinquedos, com a diferença maior relacionada a um carrinho de mão (classificado como fortemente masculino pelos homens e moderadamente masculino pelas mulheres); da mesma forma, houve alguma queda-de-braço a respeito de cavalos e hamsters de brinquedo (classificados como moderadamente femininos pelos homens e neutros pelas mulheres), mas não houve incidência intergênero. Assim, pareceria que a "tipificação de brinquedos" é muito clara na mente dos adultos. E as crianças, concordam com essas classificações? Será que todos os meninos escolhem brinquedos de meninos e todas as meninas, brinquedos de meninas? Para considerar isto, vejamos um estudo em laboratório sobre a questão. Como em muitos outros exemplos que vimos, que perguntas eram feitas, como eram feitas e como as respostas foram interpretadas podem nos fazer parar para pensar nas alegações de que a preferência por brinquedos é uma das diferenças sexuais mais sólidas que os psicólogos já encontraram.

Brenda Todd, psicóloga da City University em Londres, pesquisa brincadeiras de crianças. Seu grupo estava interessado na emergência de preferências por brinquedos "tipificados por gênero", assim, começaram por um levantamento com 92 homens e 73 mulheres, com idades entre vinte e setenta anos, para identificar como os adultos podem generificar brinquedos, do mesmo modo que o estudo que já citamos.⁴⁷ Perguntaram aos participantes que brinquedos vinham à mente quando pensavam em uma garotinha ou em um garotinho. Para um menino, a resposta mais comum foi "carro", seguida por "caminhão" e "bola". Para uma menina, foi "boneca", seguida por "equipamento de cozinha". Os ursinhos de pelúcia foram identificados como um brinquedo feminino, mas os pesquisadores depois argumentaram que os meninos bebês também escolhiam ursinhos de pelúcia, então decidiram propor um urso de pelúcia azul e outro rosa. (Você pode refletir por que os pesquisadores, tendo identificado corretamente a necessidade de obter alguma confirmação externa de como rotular os brinquedos que testavam, decidiram ignorar as respostas que obtiveram. E, além disso, jogar todo o cenário rosa-azul nessa mistura.) Todavia, na seleção final, uma boneca, um ursinho cor-de-rosa e uma panela receberam rótulos "para meninas", e os rótulos "para meninos" foram dados a um ursinho azul, um carro, uma escavadeira e uma bola.

Depois que estes brinquedos rotulados por adultos são testados em campo com crianças, será que todos os garotinhos servilmente querem o carro/escavadeira/bola/ursinho de pelúcia azul? E todas as garotinhas procuram a boneca/panela/ursinho de pelúcia rosa? Os brinquedos foram dados a três grupos de crianças: um entre nove e 17 meses de idade (identificados como a idade em que as crianças começam a se envolver em brincadeiras independentes), outro na faixa dos 18 a 23 meses (quando as crianças mostram sinais de aquisição de conhecimento de gênero) e um terceiro na faixa entre 24 e 32 meses (quando as identidades de gênero se tornam mais firmemente estabelecidas). O teste envolveu um cenário de "brincadeira independente", em que os brinquedos escolhidos foram arrumados em um semicírculo, em que cada criança e uma pesquisadora estimulava seus participantes a brincar com qualquer brinquedo que quisessem. Um procedimento de codificação complexo deu uma medida da escolha dos brinquedos.

Os meninos foram mais prestativos com as pesquisadoras na escolha de "brinquedos para meninos", mostrando um aumento estável, relacionado com a idade, no tempo com que brincavam com o carro e a escavadeira. Se você estiver (como deve estar) se perguntando o que aconteceu com o ursinho de pelúcia azul e a bola, a equipe de pesquisa decidiu (*a posteriori*) abandonar o primeiro porque "não houve diferença sexual significativa na brincadeira". Também decidiu abandonar o ursinho cor-de-rosa, porque as crianças mais velhas não brincavam com ursinho nenhum. E depois perceberam que havia um número desigual de brinquedos em suas duas categorias, assim, abandonaram a bola (embora ela de fato tenha mostrado uma diferença sexual, com os meninos brincando mais com ela do que as meninas). Então, agora eram o carro e a escavadeira contra bonecas e panelas. Como você se lembrará, foram os dois primeiros para cada grupo no levantamento mencionado anteriormente. Deste modo, os dados relatados agora eram apenas das escolhas entre os brinquedos mais estereotipados (sem brinquedos neutros ou menos fortemente divididos por gênero para comparação). Na verdade, na seção de "depoimento" do relato deste estudo, os pesquisadores alegaram que este era um ponto forte de seu estudo, o resultado de uma "decisão tomada a fim de evitar a diluição de diferenças sexuais dicotômicas na escolha de brinquedos pela introdução de uma terceira opção".[48]

Portanto, existe um elemento de profecia autorrealizável nas descobertas relatadas de que, em todas as idades, os meninos brincavam por mais tempo com os brinquedos que foram rotulados de "brinquedos de meninos", e as meninas com os "brinquedos de meninas". É interessante observar que houve uma pequena reviravolta no quadro geral. Para os meninos, um aumento constante na brincadeira com brinquedos de meninos tinha paralelo com uma redução na brincadeira com brinquedos de meninas, mas a história foi diferente para as meninas. Embora as meninas mais novas parecessem mais interessadas em brinquedos de meninas do que os meninos em brinquedos de meninos, este interesse não se sustentou no grupo do meio, em que houve uma queda no tempo despendido com brinquedos de meninas. E as meninas mostraram um aumento no tempo com brinquedos de meninos à medida que ficavam mais velhas. Os autores do estudo interpretam prestativamente isto da seguinte maneira: "Embora inicialmente as meninas *preferissem mais* brinquedos típicos de meninas, esta preferência decresce a uma preferência *meramente forte* [o grifo é meu]".[49] Assim, embora os pesquisadores tenham admitido alegremente aumentar as probabilidades com relação à rotulação de gênero dos brinquedos que usaram, seus pequenos participantes não mostraram a dicotomia clara que se poderia esperar. Em vista da ênfase colocada na escolha do brinquedo como um forte indicador da natureza essencial das diferenças de gênero, junto com a insistência contemporânea do lobby do marketing de brinquedos generificados de que eles apenas refletem as escolhas "naturais" de meninos e meninas,[50] este tipo de nuance em toda a saga dos brinquedos deve receber mais atenção.

Talvez a questão possa ser resolvida por um recente artigo de pesquisa que relata uma combinação de uma revisão sistemática e uma meta-análise de um leque de estudos nesta área, junto com uma análise dos efeitos das principais variáveis, como a idade das crianças nos vários estudos, se os pais estavam presentes ou não, até o grau de igualitarismo de gênero dos vários países em que os estudos ocorreram. O artigo examinou 16 estudos diferentes, envolvendo 27 grupos de crianças (787 meninos e 813 meninas) no total.[51] Se alguma coisa pode confirmar a confiabilidade, a universalidade e a estabilidade da preferência por brinquedos, quem sabe não seja isto?

A conclusão geral foi de que os meninos brincavam com brinquedos tipificados como masculinos mais do que as meninas, e as meninas com brinquedos tipificados como femininos mais do que os meninos. Não havia o efeito da presença de um adulto (controlando, assim, por fator "cutucão"), o contexto do estudo (casa ou creche) ou a localização geográfica (assim, parece valer para diferentes países). Mas não recebemos nenhum detalhe sobre o que eram esses brinquedos ou quem decidia seu "gênero". Os autores desta revisão incluíram seu próprio estudo, aquele que acabamos de ver, em que a tipificação de gênero dos brinquedos pode ser caracterizada como bem menos objetiva do que se poderia esperar. Para ser justa, os autores levantaram eles mesmos esta preocupação, observando, por exemplo, que quebra-cabeças seriam classificados como "de menina" em um estudo e neutro em outros. Nem nos deram nenhuma informação se as crianças tinham irmãos e que brinquedos eram encontrados em seu ambiente doméstico. Assim, não sabemos quem ou o que separou os brinquedos em suas diferentes categorias, ou que experiência as crianças tinham com eles (apesar de rotulados) antes de participar de um desses estudos. Quando considerarem uma das conclusões gerais da revisão, tenham em mente que "a uniformidade na descoberta de diferenças sexuais nas preferências das crianças por brinquedos *tipificados para seu próprio gênero* [o grifo é meu] indica a força deste fenômeno e a probabilidade de que [ele] tenha uma origem biológica".[52]

Também devemos pensar nas mensagens que nossos detetives mirins de gênero estão captando sobre que brinquedos eles têm "permissão" de usar, dado o pressuposto, nos estudos que examinamos antes, de que as crianças podem escolhê-los livremente. Mas esta rédea solta é simétrica? Meninas procurando caminhões de brinquedo? Beleza! Meninos escolhendo um tutu em uma caixa de fantasias? Peraí um minutinho.

Mesmo que exista uma mensagem patentemente igualitária, as crianças são muito astutas para captar a verdade. Um estudo em pequena escala de Nancy Freeman, especialista em formação de professores da Carolina do Sul, ilustrou muito bem isto.[53] Pais de crianças de três a cinco anos foram entrevistados sobre suas atitudes na criação dos filhos e solicitados a indicar sua concordância ou discordância de declarações como "Um pai ou mãe que pagaria aulas de balé para um filho homem está procurando problemas", ou "As meninas devem ser estimuladas a brincar com blocos de construção e caminhões de brinquedo". Os filhos, então, foram solicitados a classificar uma pilha de brinquedos em brinquedos de meninos ou de meninas e também a indicar quais brinquedos eles achavam que o pai ou a mãe gostaria que eles usassem. Houve concordância quanto a quais brinquedos eram o quê, divididos nas linhas generificadas previsíveis, com uma concordância a mais da aprovação parental para usar brinquedos correspondentes ao gênero: aparelhos de chá e tutus para as meninas; skates e luvas de beisebol para os meninos (sim, algumas crianças tinham apenas três anos). O ponto em que surgiu a desconexão foi que essas crianças pequenas tinham uma compreensão muito clara do nível de aprovação que receberiam por brincar com um brinquedo "intergênero". Por exemplo, só 9% dos meninos de cinco anos pensavam que o pai aprovaria eles escolherem uma boneca ou um aparelho de chá para brincar, enquanto 64% dos pais alegaram que comprariam uma boneca para seu filho e 92% não achavam má ideia aulas de balé para meninos. Com um cérebro catando regras em busca de dicas de gênero, essas crianças ou tinham interpretado mal a mensagem ou, como proclama Freeman no título do artigo, sabem captar as "verdades ocultas".

O que acontece se inventarmos propositalmente rótulos de brinquedos "para meninos" e "para meninas"? Isto foi testado em outro grupo de crianças de três a cinco anos, 15 meninos e 27 meninas.[54] Mostraram às crianças uma forma para calçados, um quebra-nozes, um boleador de frutas e um espremedor de alho, ou rosa ou azul, com os objetos aleatoriamente rotulados de "para meninas" e "para meninos". Perguntaram às crianças o quanto elas gostaram do brinquedo e quem pensavam que deveria brincar com eles. Os meninos foram muito menos afetados pela cor ou pelos rótulos, classificando-os como igualmente interessantes. As meninas, porém, foram muito mais submissas ao rótulo de gênero em um nível, rejeitando fortemente os brinquedos azuis de meninos e aprovando os brinquedos cor-de-rosa de meninas. Mas elas também mostraram uma mudança significativa na taxa de aprovação para os chamados brinquedos de meninos se eram pintados de rosa, por exemplo, indicando nitidamente que outras meninas podiam gostar do espremedor de alho "de menino", se fosse produzido em rosa. Os autores descrevem isso como um efeito de "dar permissão às meninas", em que o efeito do rótulo para meninos pode ser contrabalançado por um banho de cor de menina. Que resultado dos sonhos para a indústria do marketing!

Deste modo, pelo menos com relação aos brinquedos, as escolhas das meninas parecem ser afetadas mais pelos sinais sociais, neste caso, rótulos generificados verbais e de cor. Por que o mesmo não é válido para os meninos – por que eles não ficaram igualmente entusiasmados com um boleador de frutas "de menina", se pudesse ser azul? Será possível que, enquanto as meninas em geral são *des*estimuladas a brincar com brinquedos de meninos e, de fato, podem de vez em quando ter permissão para escolher um martelo ou outro (desde que tenha um cabo rosa claro, naturalmente), o contrário não acontece, com provas de intervenção ativa, em particular dos pais, se os meninos parecem preferir brincar com brinquedos de meninas?

Uma preocupação crescente no século XXI é o poder do marketing na determinação da escolha dos brinquedos. Como sabemos que as crianças são ansiosas para se encaixar em seu círculo social e que sempre estão verificando as regras deste círculo, então elas reagirão fortemente a mensagens sobre brinquedos "adequados para o gênero" (e, naturalmente, sapatos e lancheiras e pijamas e bicicletas e camisetas e super-heróis e mochilas escolares e papel de parede e fantasia de Dia das Bruxas e adesivos e livros e colchas e kits de química e escovas de dente e raquetes de tênis – fiquem à vontade para acrescentar o produto inutilmente generificado que quiserem!).

A extrema divisão dos brinquedos por gênero como um fenômeno recente tem recebido muita atenção. Aqueles de nós que tivemos nossos filhos nas décadas de 1980 e 90 sentem que o marketing dos brinquedos para *seus* filhos é muito mais generificado do que na época. Mas, segundo Elizabeth Sweet, que fez um estudo detalhado da história do marketing dos brinquedos, pode ser assim porque vivíamos os efeitos da segunda onda do feminismo naquela época.[55] Ela observa que havia evidências claras de marketing de brinquedos divididos por gênero nos anos 1950, com um foco em encaixar os pequenos humanos em seus papéis estereotipados – limpadores de tapete de brinquedo e cozinhas para as meninas, kits de construção e de ferramentas para os meninos. Entre as décadas de 1970 e 90, os estereótipos de gênero foram contestados muito mais ativamente e isto se refletiu em brinquedos mais igualitários (o que podia, é claro, ser uma boa notícia para quaisquer tentativas de reverter a tendência de marketing de brinquedos generificados [GTM, ou *gender toy trend*]). Mas isto parece ter sido eliminado nas décadas recentes, em parte, assim pensa Sweet, devido à desregulamentação da televisão para crianças, de modo que os programas infantis puderam ser comercializados e usados como oportunidades de marketing, impulsionando a "necessidade" de Rainbow Brite, She-Ra ou do próximo Power Ranger.

Campanhas populares como a Let Toys Be Toys refletiram uma preocupação crescente com o possível poder dos brinquedos generificados, em particular onde podem estar encorajando uma ênfase autoconstruída na suprema importância da aparência física para as meninas. A pesquisa sugeriu uma ligação entre os perigos deste tipo de perfeccionismo e os problemas de saúde mental, como os distúrbios alimentares.[56] Além disso, se as mensagens transmitidas por esses brinquedos estereotipados servem para limitar as escolhas de qualquer dos dois gêneros, então elas são uma fonte de estereotipia que podemos muito bem dispensar.

Deste modo, está claro que meninos e meninas *brincam* com brinquedos diferentes. Mas uma pergunta a mais deve ser – por quê? Por que os meninos preferem caminhões e as meninas, bonecas? É porque eles obedecem docilmente às regras sociais de suas famílias, das redes sociais reais e da pressão dos magnatas do marketing? Sabemos que meninos e meninas recebem diferentes brinquedos dos pais e que um armário de brinquedos de menino provavelmente será diferente de um armário de menina já aos cinco meses de idade. Assim, se procurarmos pelas regras do engajamento, então a escolha dos brinquedos é fortemente sinalizada. Nossos detetives mirins de gênero estão agudamente sintonizados com o que se espera deles, e alegar que a escolha dos brinquedos é inevitável, como a preferência pelo rosa, ignora o poder dos sinais sociais com que são bombardeados nossos aprendizes profundos altamente sensíveis, desde uma época extraordinariamente precoce na vida.

Mas talvez estes brinquedos estejam servindo a alguma necessidade inata, alguma oportunidade de treinamento para garantir que você esteja preparado para seu destino. Se os brinquedos estimulam o "ninar", será que você pode brincar de boneca, porque um motor primordial (um construtor de precedente social) sabe que isto fará de você uma mãe melhor? Se sua escolha de brinquedos é de um brinquedo de "manipulação", será isto uma reação a seu gene da "engenharia"?[57]

Voltamos às coletoras de frutas e aos caçadores que correm os olhos pelo horizonte, talvez? Será que as regras sociais evoluíram para incorporar brinquedos e assim garantir que homens e mulheres adquiram as habilidades distintas e "apropriadas", necessárias para os futuros papéis sociais? Para examinar esta proposição, precisaríamos ver se existe algum motor inato por trás da preferência pelos brinquedos.

Precisaríamos examinar a escolha de brinquedos em crianças muito novas, que supostamente não foram expostas a influências socializantes, ou até em não humanos, de novo com base no pressuposto de que não precisaríamos levar em conta os fatores de socialização.

Aqueles macacos desgraçados de novo, não

Os recém-nascidos não conseguem estender a mão e pegar nada. Eles são reféns dos brinquedos que recebem de quem cuida deles. Essas pessoas provavelmente terão suas próprias ideias sobre o que é adequado para seus minúsculos encargos, mesmo que só para garantir que seja o brinquedo que foi dado por quem esteja prestes a fazer uma visita.

Sabemos que a aparente preferência mostrada por meninos recém-nascidos por móbiles e meninas por rostos foi refutada de modo geral e nunca foi reproduzida. Gerianne Alexander, da UCLA, mediu o tempo e a frequência do olhar em crianças de quatro a cinco meses que viam bonecas e caminhões, com a medida de frequência sugerindo uma preferência das meninas por bonecas.[58] Mas, como vimos anteriormente, já existem provas de diferenças de gênero no ambiente de brincadeiras de bebês desde os cinco meses, assim, é difícil extrair uma resposta definitiva à pergunta se a preferência por brinquedos está presente desde o nascimento. Acrescente alguns irmãos mais velhos na mistura, junto com avós ou babás conscientes de gênero, e fica complicado ver como se pode obter provas desta afirmação. Naturalmente, a ideia é de que os recém-nascidos supostamente nos dão uma oportunidade de ver o comportamento pré-socialização, embora aqueles chás-revelação de gênero sugiram que esses bebês não estão entrando em um mundo isento de expectativas.

Mas existe (de novo, supostamente) outro jeito de descobrir que brinquedos podem ser escolhidos por indivíduos "não socializados". Segundo minha experiência, sempre que se debate o "caráter inato" das crianças em relação à preferência por brinquedos, a certa altura alguém dirá: "Mas e os macacos?" Isto porque um atraente "mito do macaco" acompanhado, em alguns casos, de um pequeno vídeo convincente, entrou na consciência do público como prova de que as preferências por brinquedos não são socialmente construídas, mas biologicamente baseadas. Certa vez apareci em um programa matinal da Sky News depois de uma alegação de que uma escassez de cuidadores pode ser "curada" deixando que os meninos brinquem com bonecas.[59] Pediram-me para checar o áudio justo quando o apresentador anunciou em meu fone de ouvido que eles mostrariam o clip do macaco antes de meu aparecimento. Assim, em algum lugar nos arquivos da Sky News, há uma gravação de minha exclamação exasperada e pelo visto claramente audível: "Esses macacos desgraçados de novo, não!"

Várias versões deste vídeo mostram macacos machos avidamente pegando brinquedos com rodas, quase parecendo fazer "vrum vrum" com eles, como os meninos pequenos fazem com os caminhões, enquanto suas contrapartes fêmeas podem ser vistas aninhando brinquedos semelhantes a bonecas. Como os macacos, segundo se alegou, não podem ter sido expostos a processos de socialização de gênero, esta divisão "clara" entre gêneros é prova de que a preferência por brinquedos é um reflexo de algum viés biológico, uma expressão "natural" de predisposições baseadas em gênero ou para "manusear" ou "aninhar", com toda uma série de consequências rio abaixo nas escolhas de estilo de vida e futuras profissões.

Existem dois estudos citados com frequência neste esforço de desvencilhar "natureza" de "criação". Um deles é da professora Melissa Hines, agora diretora do Centro de Pesquisa do Desenvolvimento de Gênero da Universidade de Cambridge.[60] Junto com Gerianne Alexander, ela estudou a preferência por brinquedos em macacos vervet. Um grupo grande de macacos (machos e fêmeas) recebeu seis diferentes brinquedos, um de cada vez (uma viatura policial, uma bola, uma boneca, uma panela, um livro ilustrado e um cachorro de pelúcia) e foi medido quanto tempo de contato os macacos tiveram com cada brinquedo. As descobertas foram depois relatadas em termos de categorias de gênero nos brinquedos, com a viatura policial e a bola sendo consideradas "masculinas", a boneca e a panela "femininas" e os outros dois brinquedos, neutros. Esta generificação obviamente foi em prol das pesquisadoras; os macacos, supomos, não estavam familiarizados com o conceito de utensílios de cozinha – nem, aliás, de viaturas policiais.

O que se descobriu foi que os macacos machos passavam mais tempo com um dos brinquedos neutros (o cachorro) e períodos aproximadamente iguais com a bola e a viatura policial "masculinas" e a panela "feminina". As fêmeas passaram mais tempo com a panela e o cachorro, seguidos pela boneca, com um tempo menor com a bola e a viatura policial. Assim, o "gênero" dos macacos não estava bem alinhado com aqueles dos brinquedos com que tiveram contato. Mas o resumo geral das descobertas, embora estatisticamente correto, encobriu muito este fato, referindo-se a simples comparações gerais que mostravam que as fêmeas passaram mais tempo com os brinquedos femininos e os machos, com brinquedos masculinos. Não se falou no vencedor geral, o cachorro de pelúcia de gênero neutro, nem na atração dos machos pela panela.[61] O artigo também continha imagens de uma fêmea com a boneca (embora não fosse o brinquedo preferido de modo geral) e um macaco macho com a viatura policial (de novo, não era o preferido deles). Quando os brinquedos foram reagrupados por linhas sem gênero, se os brinquedos eram como animais (cachorro, boneca) ou objetos (panela, pote, livro, carro), não foi encontrada nenhuma diferença sexual na preferência dos macacos por brinquedos.

O segundo exemplo frequentemente sacado em defesa do campo da "natureza" é um estudo posterior, desta vez com macacos rhesus, envolvendo uma comparação mais simples, em que deram a eles a escolha entre brinquedos de pelúcia (ou macios) e brinquedos com rodas.[62] Neste caso, havia uma hipótese mais explícita sobre que preferência por brinquedos podia ser demonstrada, visando a oportunidade de "manusear ativamente" ou de "ninar". Parece que as macacas não distinguiam muito entre brinquedos de pelúcia ou com rodas, enquanto os machos mostraram uma preferência acentuada, claramente desprezando os de pelúcia pela chance de interagir com aqueles com rodas. Devemos observar que, embora as fêmeas tenham manuseado menos os brinquedos com rodas do que os machos (tocando neles em média 6,96 vezes, comparadas com as 9,77 vezes dos machos), houve uma sobreposição nas pontuações (um tamanho do efeito moderado de 0,39). Também deve ser particularmente observado que quase metade do grupo original de macacos machos e quase dois terços das fêmeas não deram a mínima para os brinquedos, interagindo com eles tão raramente que foram excluídos do estudo.

Para resumir os resultados, os autores declaram que "a magnitude de preferência por brinquedos com rodas em detrimento de brinquedos de pelúcia diferiu significativamente entre machos e fêmeas".[63] Embora, repito, isto seja estatisticamente verdadeiro, mascara o fato de que ambos mostraram um nível muito semelhante de interesse pelos brinquedos com rodas (e que, embora os machos tenham brincado menos com os de pelúcia, houve uma variabilidade enorme neste efeito, e, assim, alguns machos ficaram muito entusiasmados com os Ursinhos Pooh e as bonecas de pano).

Os autores desses estudos enfatizam fortemente que os macacos machos "mostram mais interesse do que as fêmeas em brinquedos de meninos". Mas, como vimos, no primeiro estudo as diferenças refletiam o fato de que as fêmeas vervet não ficaram assim tão interessadas nos brinquedos de meninos (a viatura policial), enquanto no segundo estudo os machos rhesus não preferiram o brinquedo de menina, mas as fêmeas ficaram muito felizes com qualquer dos dois tipos (mas, em nome da total revelação, devemos observar que um dos brinquedos com rodas era um carrinho de supermercado).

A essa altura talvez você esteja revirando os olhos, o que é compreensível, e pensando "chega de macacos!". Mas esses macacos não vão embora. Uma matéria no noticiário sobre se estimular meninos a brincar com bonecas pode aumentar o número de cuidadores no Reino Unido? Roda o vídeo dos "macacos com brinquedos". O programa *Horizon*, da BBC, que pergunta se seu cérebro é masculino ou feminino? É imprescindível uma visita rápida com uma braçada de brinquedos a um santuário de macacos. Em um debate entre Elizabeth Spelke e Stephen Pinker sobre a aptidão natural (ou a falta dela) das mulheres para a ciência, as descobertas dos macacos foi um dos exemplos citados por Pinker como prova da base biológica das diferenças sexuais nas aptidões científicas.

Assim, nossa busca por claras preferências por brinquedos em indivíduos pré-socializados, sejam humanos ou símios, ainda não revelou uma base sólida para a sugestão de que esta é uma boa medida indicadora para fundamentar as diferenças inatas de sexo/gênero. Então, em vez de olhar para o lado da "escolha de brinquedos" desta equação biologia-igual-a-destino (vulgo bolinhas X caminhões), temos de examinar mais atentamente o lado da biologia.

Furacões hormonais

A caçada por evidências de aspectos inatos de preferências por brinquedos nos levou, até agora, a pesquisar bebês humanos e macacos. Uma terceira linha dessa busca tem sido procurar os efeitos de hormônios pré-natais, em particular a exposição pré-natal a andrógenos. Como vimos no Capítulo 2, as alegações para os efeitos masculinizantes destes hormônios foram além da mera determinação de genitais à configuração organizacional da estrutura e da função cerebrais e, daí, ao comportamento.[64] Evidentemente existe uma dificuldade ética na exploração do papel causal dos hormônios em humanos pela manipulação de níveis hormonais e a observação dos efeitos, assim, os pesquisadores se voltaram para fontes "naturais" destas informações, em que fetos têm sido expostos a altos níveis de hormônios do sexo oposto, como as meninas com hiperplasia adrenal congênita (HAC). Essas meninas foram identificadas como uma oportunidade "ideal" de investigar o poder das forças biológicas sobre as pressões sociais, ou, naturalmente, o contrário. Será que essas meninas mostram que a exposição a hormônios "masculinizantes" vencerá o impulso da sociedade para que elas sejam "femininas"? As meninas HAC brincam de um jeito diferente, e com brinquedos diferentes, de suas irmãs não afetadas pelo problema? Estão surgindo evidências de que este aspecto de seu comportamento com certeza parece menos fortemente generificado.[65]

Um estudo recente de Melissa Hines e sua equipe em Cambridge lançou uma luz interessante sobre as contribuições potencialmente divergentes de processos de desenvolvimento de base biológica e pressões da socialização.[66] Ela examinou a escolha de brinquedos no contexto dos processos de autossocialização, manipulando as dicas que podem dizer às crianças se um brinquedo era para menina ou para menino, ou os rotulando como tais, ou permitindo que as crianças observassem as escolhas feitas por outras mulheres e homens.

O estudo envolveu meninas e meninos HAC com idades entre quatro e onze anos, junto com grupos controle correspondentes, meninos e meninas. Os rótulos de gênero foram ligados a brinquedos neutros – um balão verde, um balão prateado, um xilofone laranja e um xilofone amarelo. Disseram às crianças que os balões e xilofones de uma cor eram para meninos e os balões e xilofones de outra cor eram para meninas. Depois as crianças tinham a chance de brincar com eles. O tempo que as crianças passaram com cada um dos brinquedos foi cronometrado e depois disso as crianças contaram aos pesquisadores qual dos dois balões e qual dos dois xilofones elas mais gostaram.

As crianças também foram envolvidas em um protocolo de "modelagem". Observaram quatro mulheres adultas e quatro homens adultos escolhendo um de 16 pares de objetos de gênero neutro (como uma vaca de brinquedo ou um cavalo de brinquedo, uma caneta ou um lápis). Em cada caso, os "modelos" femininos sempre escolhiam o mesmo de cada par, com cada homem escolhendo o outro. As crianças depois foram indagadas que objeto de cada um dos 16 pares elas preferiam.

As crianças-controle mostraram os efeitos esperados da rotulação e da modelagem, com as meninas preferindo objetos rotulados para meninas e brincando com eles, ou escolhendo aqueles objetos que tinham sido escolhidos pelas mulheres adultas. E o mesmo se aplicou aos meninos. Mas as meninas HAC mostraram um tempo de brincadeira significativamente reduzido e uma preferência menor por aqueles brinquedos que foram identificados como "de meninas", ou pela rotulação, ou pela modelagem.

Hines e sua equipe interpretaram estas descobertas como um reflexo dos efeitos hormonais sobre processos de autossocialização, especificamente nas meninas. As preferências reduzidas exibidas pelas meninas HAC foram consideradas um reflexo da suscetibilidade reduzida às pressões de socialização que seriam indicadas por rotulação de brinquedos ou percepção dos atos "correspondentes ao gênero" de adultos.

Isto complementa o estudo que vimos anteriormente, em que o efeito intergênero específico da cor-de-rosa para meninas foi interpretado como uma demonstração da maior conformidade delas para com as regras sociais, interpretando a cor rosa de um brinquedo como "ter permissão" para adotá-lo, mesmo que apenas temporariamente, como uma escolha adequada para o gênero. Será que uma diferença sexual fundamental pode ser encontrada em uma sensibilidade diferencial a regras sociais, um impulso maior para obedecer a essas regras? Ou, quem sabe, isto reflete uma pressão de socialização maior para a conformidade das meninas? Ou uma coisa está enredada na outra? Guarde essa ideia – voltaremos a ela no Capítulo 12.

Este modelo proporciona uma importante reconsideração dos processos simplistas e unidirecionais da organização cerebral e reconhece um papel central de fatores externos (da mesma forma que a epigenética transformou nossa compreensão da relação entre um projeto genético e o resultado fenotípico). Isto nos dá uma perspectiva teórica muito mais flexível com que interpretar as descobertas até agora e proporciona uma compreensão não só de como a atividade hormonal atípica pode ser refletida no comportamento relacionado com o gênero, mas também, antes de mais nada, do surgimento deste comportamento.

As consequências da escolha do brinquedo

E se a escolha do brinquedo não for uma manifestação de um processo predeterminado, parte de uma jornada a um ponto final adequado, mas, na verdade, ele mesmo um determinante deste ponto final? Será que os brinquedos com que você brinca, talvez impostos pelos agentes de um mundo generificado, podem mesmo guiar a um determinado caminho – ou, o que é mais preocupante, desviar dele?

Os meninos mostram evidências de habilidades superiores de processamento visuoespaciais já aos quatro ou cinco anos de idade[67] e esta capacidade parece ser a mais forte de todas as diferenças de gênero (muito pequenas) que estivemos discutindo,[68] embora seja uma diferença que mostra alguns sinais de diminuição e pode desaparecer inteiramente se a testarmos de forma diferente.[69] Porém, como veremos, existe um foco nesta capacidade em particular (ou na falta dela) como o motivo para a sub-representação das mulheres em áreas científicas. Assim, se tivermos esperança de que nossa garotinha cresça e se torne cientista, devemos cuidar para que esta rota cerebral permaneça desimpedida.

Sabemos que partes específicas do cérebro estão envolvidas no processamento espacial – mas experimentar as tarefas espaciais (que podem envolver brinquedos de montar e videogames) mudam essas partes do cérebro? A resposta é um firme "sim", como vimos no Tetris e nas atividades de malabarismo que examinamos no Capítulo 5 – a pesquisa recente tem mostrado que o que eram diferenças sexuais aparentes na cognição espacial na verdade se deviam a uma experiência com videogames.[70] Quando os dados foram reavaliados com a experiência de jogos como principal efeito, as diferenças foram muito mais fortes (e, o que é interessante, não interagiram com diferenças sexuais, e, assim, as meninas que jogam videogames tinham a mesma superioridade dos *gamers* meninos).

As psicólogas Christine Shenouda e Judith Danovitch mostraram que os blocos de Lego são também um participante neste debate, com uma associação entre uma tarefa de montar com blocos de Lego e atitudes estereotipadas para com meninas e com o que elas podem brincar.[71] Como dissemos anteriormente neste capítulo, as meninas de quatro anos eram significativamente mais lentas que outras na conclusão da tarefa se antes fossem expostas a uma tarefa de "ativação de gênero" (colorir a imagem de uma menina segurando uma boneca). Em outra experiência, depois de ler uma história sobre uma criança sem gênero específico que ganhou uma competição de blocos de montar, pediram às meninas para repetir a história, e os pesquisadores observaram que pronome as crianças usavam quando se referiam ao vencedor desta competição. Um pronome masculino foi usado em quase três de cinco casos (59% das vezes), mais que o dobro da frequência do neutro (27%) e nada menos que quatro vezes mais que um feminino (14%). Se meninas desta idade são afastadas de experiências úteis com brinquedos de montar, então a existência desse tipo de sugestão generificada merece atenção. Quando o treinamento em jogos como o Tetris pode mostrar que altera drasticamente o cérebro e o comportamento associado, a ausência de experiências assim é uma mudança de rumo séria para nossos cérebros viajantes.

Estradas não percorridas

Existem fortes mensagens generificadas por aí afora, talvez mais potentes do que nunca. A sinalização de gênero está em vigor mesmo antes que nossos pequenos humanos cheguem, e suas primeiras experiências serão de sinais codificados por cores sobre qual caminho está aberto para eles e quais não estão, quais oportunidades de treinamento estarão disponíveis e quais não estarão.

Exploramos os primeiríssimos pontos em que os cérebros encontram o mundo. Vimos como são inesperadamente sofisticados os cérebros dos bebês, em particular com relação às redes de adultos que fundamentam o comportamento social – o radar do olhar, por exemplo, sintonizado desde muito cedo nas nuances de quem é ou pode ser um outro significativo. Em paralelo, testemunhamos a compreensão extraordinariamente avançada das regras do engajamento social mostradas por humanos diminutos – abaixo os Estorvos e vida longa aos Ajudantes! Vimos como os antigos debates natureza X criação, inato X aprendido não apreendem realmente os múltiplos fatores enredados que nossos cérebros viajantes encontrarão. E um fio constante neste emaranhado é que esses cérebros encontrarão mensagens generificadas muito claras sobre o que é "para" meninas e "para" meninos, mensagens do tipo "meninas serão meninas" e "meninos serão meninos". Estas mensagens podem ser transmitidas por estereótipos externos ou internos, por crenças generificadas sobre atitudes femininas e masculinas e os papéis "apropriados", firmemente arraigados em um senso de *self* construído desde o primeiro dia (se não antes). Nossos focos no rosa e nos brinquedos servem como um *insight* de como este processo começa cedo. Existe uma visão intrigante segundo a qual as meninas podem ser mais suscetíveis a esta divisão – mais prontamente se servindo do molde feminino da sociedade. E que os meninos, apesar dos protestos dos pais que comprariam tutus, têm muito claro que será mais sensato ficar longe de tiaras. Assim, as placas de sinalização e os desvios generificados nos mundos aos quais são expostos nossos cérebros em desenvolvimento estão presentes e são poderosos desde o comecinho.

Mas, à medida que crescemos, não superamos nem nos livramos do poder dos estereótipos – eles podem continuar a moldar nosso cérebro e nosso comportamento por toda a vida.

PARTE QUATRO

PARTE QUATRO

CAPÍTULO 10:

Sexo e ciência

No mundo ocidental desenvolvido, um dos hiatos de gênero mais examinados e proclamados é a sub-representação das mulheres nas chamadas áreas STEM: ciência, tecnologia, engenharia e matemática (science, technology, engineering e mathematics). Isto pode ser ilustrado por estatísticas de muitos níveis diferentes de ciência e em muitos países diferentes. O relatório de 2018 do Instituto de Estatística da Unesco mostra que, globalmente, apenas 28,8% da pesquisa científica é feita por mulheres. Os números do Reino Unido (38,6%) e da América do Norte e Europa Ocidental (32,3% cada um) revelam que as mulheres compõem apenas cerca de um terço da força de trabalho na ciência, mesmo nos países mais desenvolvidos. Com relação à indústria em todo o mundo, apenas 12,2% dos integrantes de conselhos diretores em áreas STEM são mulheres. De toda a gama de força de trabalho STEM no Reino Unido, um relatório de 2016 revelou que havia pouco mais de 450 mil mulheres; se houvesse paridade de gênero, o número seria de 1,2 milhão.[1]

Segundo uma revisão recente das atitudes da ciência na Europa, na taxa atual de aumento em cátedras científicas ocupadas por mulheres, o Reino Unido terá de esperar até 2063 pela paridade de gênero entre professores acadêmicos, e a Itália esperará até 2138.[2] No nível universitário, em 2016, 15% dos graduandos em ciência da computação e 17% em engenharia e tecnologia no primeiro ano eram mulheres (comparadas com pouco mais de 80% que ingressaram em áreas como medicina, indicando que o problema não é a capacidade em áreas científicas). Em 44% de todas as escolas estaduais, nenhuma menina cursou física avançada (embora 65% das meninas tivessem tirado uma das suas quatro maiores notas no exame do ensino secundário em física).[3] No outro extremo da escala (e de possível relevância), um relatório recente da confederação de indústrias mostrou que apenas 5% dos professores de escolas primárias (dos quais 85% são mulheres) tinham algum diploma em ciências ou relacionado a ciências.[4]

Estes hiatos de gênero não serão novidade para a maioria das pessoas – mas o que ainda não conseguimos responder é por que eles existem. Por que há menos mulheres nas áreas STEM no nível universitário e depois dele? Quando esses hiatos começaram a aparecer em nossa vida? E o que esses hiatos significam quanto a capacidades, interesses e, sobretudo, cérebros de homens e mulheres? A ausência de mulheres em empregos STEM nos dá um exemplo forte de quase todas as questões que examinamos. As visões essencialistas de o que é capaz (ou não) o cérebro das mulheres são entrelaçadas com atitudes fortemente baseadas em gênero e estereotipadas em relação à ciência e a cientistas, e os efeitos disto podem distrair e desviar nosso cérebro viajante. A questão da sub-representação das mulheres nas áreas STEM não é apenas preocupante no nível social (estimou-se que há um déficit de cerca de 40 mil pós-graduados STEM no Reino Unido a cada ano), mas também expõe os papéis de estereótipos sobre ciência e cientistas, sobre ciência e o cérebro e sobre ciência e diferenças sexuais na emergência destes hiatos e, mais importante, em sua aparente resistência a tentativas de reduzi-los. O que é ciência? Quem pode fazê-la e quem não pode?

A "sexagem" da ciência – a ciência não é para as mulheres

No que pensamos quando nos pedem para descrever a ciência? O Conselho Internacional de Ciência a definiu como "a busca e a aplicação do conhecimento e da compreensão do mundo natural e social seguindo-se uma metodologia sistemática com base em evidências".[5] A última parte é particularmente importante, enfatizando que a atividade científica gira em torno de dados, de descobrir meios para gerar medições objetivas do que acontece no mundo que nos cerca, em nossa tentativa de entendê-lo. É um sistema (guarde esta palavra) que *deveria* nos afastar da confusão de anedotário múltiplo e em geral contraditório de pessoas com preconceitos, ideias preconcebidas ou pautas pessoais ou políticas.

O escritor e cientista Isaac Asimov apareceu com uma definição mais acessível: "A ciência não fornece a verdade absoluta, a ciência é um mecanismo. É um meio de tentar melhorar seu conhecimento da natureza, é um sistema para testar seus pensamentos em contraposição com o universo e ver se os dois combinam."[6] Em geral, a ciência é vista como um meio sistemático de fazer perguntas, de gerar e testar teorias. Ela pode explicar o *status quo* (O que provoca as marés? Por que o céu é azul?) ou pode falar de descobertas (da gravidade, radioatividade, da dupla hélice do DNA). Pode ser vista como uma força benéfica (antibióticos, tratamentos do câncer), mas também como uma potencial força prejudicial, mexendo com a natureza (safras geneticamente modificadas, pesticidas, clonagem) ou criando meios para a destruição catastrófica (armas nucleares, guerras químicas).[7]

A ideia de que o conhecimento científico é de certo modo diferente do conhecimento geral, no sentido de ser adquirido pela aplicação de conjuntos de regras e princípios, remonta a Aristóteles. O que agora conhecemos como ciência moderna tem seus primórdios no século XVII, mas mesmo antes sempre houve atividades reconhecivelmente científicas em instituições como mosteiros e universidades. Muitas destas instituições eram exclusivamente para homens e era raro que as mulheres recebessem alguma instrução formal. Assim, embora a ciência em si costume ser personificada como uma mulher, é uma atividade que envolve quase exclusivamente homens.[8]

Historicamente, o envolvimento de mulheres na ciência apareceu e desapareceu em paralelo com a mudança em suas sinas, de sua manifestação inicial como uma forma de passatempo da moda para seu estabelecimento como uma profissão muito respeitada, amplamente reconhecida, bem elitista (e, em geral, extremamente lucrativa). A ciência começou a deixar de ser uma busca não regulada pelo conhecimento, acessível a qualquer um que tivesse os meios e a instrução para se dedicar a ela, e passou a ser uma profissão institucionalizada, exercida em sociedades exclusivas das quais as mulheres são explicitamente excluídas. A Royal Society foi fundada em 1660 como uma sociedade erudita para "filósofos naturais" e médicos, mas a primeira petição para ingresso de mulheres só aconteceu em 1901, com as primeiras integrantes sendo eleitas apenas em 1945.*[9]

Mas quando as mulheres começaram a ganhar acesso à educação ou tiveram os meios para buscar seus próprios interesses acadêmicos, quase sempre as encontramos como especialistas em áreas científicas. A astronomia era uma predileta e um livro unicamente sobre o tema de mulheres astrônomas foi publicado em 1786.[10] Mas ainda havia um sopro de sexismo; áreas como geologia e astronomia eram vistas como "mais seguras" para as mulheres porque letras e história podiam incentivar a militância política. No geral, porém, o envolvimento de mulheres na ciência, a essa altura, não era considerado incomum nem problemático.**

Como vimos algumas vezes neste livro, a ascensão dos movimentos "essencialistas" no século XIX julgou que homens e mulheres tinham diferentes características de base biológica, que as das mulheres eram mais certamente inferiores às dos homens e isto as tornava incapazes de altos níveis de pensamento científico. Assim, uma mulher que mos-

---

* A física Hertha Ayrton foi indicada em 1902, mas decidiu-se que, sendo casada, não podia ser considerada uma "pessoa" aos olhos da lei e, portanto, não era qualificada.

** Nos séculos XVII e XVIII, o interesse pela ciência e por aspirações científicas era muito comum entre mulheres que tinham dinheiro e tempo para se dedicar. Não há evidências de que fossem vistas como inferiores de alguma forma – assim como astrônomas competentes, elas eram aclamadas pela excelência na matemática. Schiebinger descreve como o *English Ladies Data* (publicado entre 1704 e 1841), inicialmente com uma missão muito ampla de ensinar "Escrita, Aritmética, Geometria, Trigonometria, a Doutrina da Esfera, Astronomia, Álgebra, com seus dependentes, a saber, Topografia, Aferição, Marcação, Navegação e todas as outras Ciências Matemáticas", metamorfoseou-se em uma publicação unicamente para "questões de enigmas e aritmética" em resposta ao entusiasmo de seus leitores. Em 1718, seu editor escreveu que as mulheres tinham "uma clara Capacidade crítica, uma Inteligência animadamente rápida, um Gênio penetrante, e Faculdades tão perspicazes e sagazes quanto as nossas e, segundo meu conhecimento, elas resolvem, e sabem resolver, os Problemas mais difíceis".

trasse qualquer interesse e capacidade, por exemplo, por astronomia ou matemática, agora mais provavelmente seria descrita como um gorila de duas cabeças em vez de elogiada por sua "inteligência animada e gênio penetrante".[11]

As mulheres foram apanhadas em um movimento duplo e convergente. Agora não só se considerava que seus corpos de modo geral, e os cérebros em particular, eram inadequados para qualquer forma de exercício mental desgastante, mas elas eram deliberadamente excluídas daquelas instituições em que se formava a profissão recém-surgida do cientista.

Além da proibição física de mulheres nestas instituições científicas, outro meio de excluí-las da ciência é gerar visões de mundo de suas características determinantes e das exigências para sua prática bem-sucedida, que por acaso eram incompatíveis com as capacidades, aptidões e preferências das mulheres. Uma versão disto aparece no argumento de que as mulheres são sub-representadas em áreas da ciência porque seus interesses não estão ali. Elas são mais interessadas em pessoas do que em coisas, portanto, não escolhem áreas STEM, que supostamente recaem na categoria de "coisas".[12]

Se você se recorda, vimos como é medida esta variável Pessoas X Coisas no Capítulo 3. Embora claramente seja uma métrica falha, ainda é um mito popular na arena mulheres-e-ciência e está no cerne de muitos argumentos sobre as causas (e curas) para os hiatos de gênero em áreas STEM. Como veremos, quando isso está ligado a um argumento biológico, de que o desinteresse das mulheres por ocupações do tipo Coisas tem relação com a organização cerebral associada com hormônios pré-natais, pode levar a sugestões na linha de deixar que a natureza siga seu curso e cessar as tentativas de abordar os hiatos de gênero.

Isso também nos leva de volta ao conceito de Simon Baron-Cohen de sistematização e empatização. Em vista da definição de sistematização, não será surpresa nenhuma ver o quanto ela é mapeável nas medidas das características da ciência (em particular em áreas como a engenharia, a física, a ciência da computação e a matemática) e nos perfis de personalidade de cientistas. A dimensão Coisas X Pessoas não foi inicialmente elaborada para aplicação à ciência em geral, ou a áreas STEM em particular. Da mesma forma, a dimensão E-S (para colocar em termos simplistas) não trata de Ciência X Artes. Porém, o exame atento do comportamento sistematizador nas características da ciência "dura" (não surpreende, em vista de seus critérios definidores) gerou esta ligação.

A pesquisa do laboratório de Baron-Cohen descobriu que um estilo "sistematizador" era um previsor significativamente eficaz para um estudante de ciências físicas, mas que o sexo/gênero não era assim.[13] Isto é um tanto surpreendente, em vista da ligação explícita entre o sexo e o E-S feita por Baron-Cohen. Talvez os autores do artigo também tenham ficado meio surpresos, porque seu resumo das descobertas sugeria que o sexo/gênero *era*, de fato, uma variável relevante: "Portanto, os indivíduos com baixas pontuações em sistematização (predominantemente mulheres) podem ter uma probabilidade menor de se dedicar a disciplinas acadêmicas científicas, presumivelmente um resultado das dificuldades para lidar com os domínios em que a sistematização é necessária."[14] Assim, ainda temos esta questão de uma mensagem persistente que faz mais para sustentar um estereótipo do que refletir uma realidade bem mais sutil.

Outro aspecto da dimensão empatizador-sistematizador e seu papel em explicações essencialistas de hiatos de gênero na ciência é que ela delineou firmemente diferentes tipos cerebrais. Quem tem habilidades empatizadoras mais fortes que as sistematizadoras pertence ao tipo E; quem tem habilidades sistematizadoras mais fortes que as empatizadoras são do tipo S; e as pessoas com uma igual distribuição de ambas são "equilibradas", ou do tipo "B", de "balanced".[15] Baron-Cohen pregou suas cores ao mastro sexo/gênero no início de seu livro: "O cérebro feminino é predominantemente programado para a empatia. O cérebro masculino é predominantemente programado para compreender e construir sistemas."[16] Isto nos mostra um caminho claro para um estereótipo do cérebro e, além de tudo, um caminho generificado.

Quando vemos as ligações feitas entre cérebros masculinos, sistematização e ciência, com a afirmação adicional de que as características biológicas são fixas, é fácil entender como pode surgir um estereótipo sem fundamento da ligação natural, até essencial, entre sexo e ciência. Devemos reconhecer a ressalva a mais de que não precisamos ser mulher/homem para ter um cérebro feminino/masculino, mas nossos sistemas de orientação questionadores e catadores de regras talvez não se detenham por muito tempo nas sutilezas semânticas de que um "cérebro masculino" não significa "o cérebro de um homem". Mensagens persistentes sobre diferenças sexuais/de gênero, em particular quando se conformam a estereótipos preexistentes, em geral ressoam mais alto e mais claro do que as qualificações mais sutis.

Ciência é brilhantismo

Outro aspecto deste estereótipo arraigado da ciência está na crença de que um "talento bruto e inato" é necessário para se destacar em qualquer disciplina científica. Isso foi perfeitamente compreendido por Sarah-Jane Leslie, da Universidade Princeton, em um estudo que media uma "crença na capacidade" em um levantamento de mais de 1.800 acadêmicos, cobrindo trinta disciplinas.[17] Solicitaram aos participantes para classificar sua concordância com declarações como "Ter uma erudição de peso em [disciplina x] requer uma aptidão especial que não pode ser ensinada" (medindo uma crença em alguma forma de capacidade inata), ou "Com o nível certo de esforço e dedicação, qualquer pessoa pode adquirir uma erudição de peso em [disciplina x]" (medindo uma crença de que o trabalho árduo pode trazer o sucesso). As pontuações resultantes na crença na capacidade nos diferentes campos acadêmicos foram depois comparadas com a porcentagem de estudantes de doutorado mulheres em cada disciplina (como uma medida prática de um hiato de gênero). Talvez você não se surpreenda ao ler que, quanto maior a crença na necessidade de talento inato em uma disciplina, menos mulheres faziam doutorado naquela área.

Leslie e sua equipe também deixaram escapar uma declaração para identificar elementos sexistas: "Embora não seja politicamente correto dizer isso, em geral os homens são mais adequados do que as mulheres para fazer trabalho de alto nível na [disciplina *x*]." Era mais provável que integrantes destas disciplinas (que eram homens e mulheres), que endossaram a ideia de que o sucesso se baseia em algum talento bruto e inato, concordassem com uma declaração dessas. Em áreas científicas, as disciplinas com a mais alta pontuação de crença na capacidade específica para o campo foram engenharia, ciência da computação, física e matemática, em outras palavras, a essência das áreas STEM, aquelas mesmas áreas em que existe tanta coisa escrita sobre a sub-representação das mulheres. Assim, temos um endosso ao *status quo* (não ao trabalho das mulheres) e, por inferência, uma explicação baseada na biologia.

Leslie caracterizou esta capacidade bruta e inata ligando-a a uma concepção de "o Feixe" nos círculos da pesquisa científica.[18] Este é um dom especial apenas de algumas pessoas que parecem trazer um feixe invisível do talento, como um laser, e que podem lançá-lo nos problemas com que outros pelejaram por longos períodos de tempo, e quase instantaneamente chegar a uma solução. Ela exemplificou isto comparando o "gênio feroz" de Fox Mulder de *Arquivo X* com Dana Scully, obediente às regras e árdua trabalhadora. Uma boa desculpa para ver televisão seria encontrar paralelos nas muitas séries policiais ou periciais como *CSI* ou *Criminal Minds*, observando também os respectivos gêneros dos pés-de-boi e dos gênios ferozes.

Relacionada com isso está a metáfora popular na ciência do momento "eureca" ou da lâmpada acesa, quando alegam que uma solução apareceu em um lampejo de inspiração.[19] Embora dois exemplos conhecidos disto (a história da banheira de Arquimedes e o incidente da queda da maçã de Newton) provavelmente sejam apócrifos, existem histórias semelhantes mais confiáveis, inclusive a descoberta da penicilina por Fleming (identificando que o mofo que contaminava seus ensaios antibióticos tinha ele mesmo funcionado como antibiótico) e a descoberta do conceito de coordenadas cartesianas por Descartes (identificando a posição de uma mosca andando por um teto, tendo como referência sua distância de duas das paredes).

Como uma descoberta atribuída a um lampejo de inspiração ou um momento de eureca afeta avaliações da qualidade desta descoberta? Será que isto também contribui para a percepção de quem inventou como genial, em vez de um obstinado pé-de-boi? Essas ideias foram testadas em uma série de estudos por Kristen Elmore e Myra Luna-Lucero, que examinaram a "inspiração" em contraposição com a metáfora do "esforço" em avaliações do trabalho de Alan Turing com computadores.[20] Um grupo de participantes leu uma passagem que descrevia o trabalho de Turing em termos de eureca – "uma ideia que lhe ocorreu como uma lâmpada que se acendia" –, enquanto outro grupo leu sobre uma ideia que "criou raiz", como "uma semente em crescimento que finalmente dera frutos". Quando solicitados a classificar a excepcionalidade do trabalho de Turing, o grupo da lâmpada o classificou muito mais favoravelmente do que o da semente.

Um segundo estudo introduziu uma dimensão de gênero. A invenção neste caso era no campo da tecnologia da comunicação sem fio e contava a história de Hedy Lamarr, mais conhecida como uma estrela de cinema de Hollywood (*Sansão e Dalila*), mas também uma consumada inventora. Ela e o compositor George Antheil conceberam uma técnica de "saltos de frequência", manipulando frequências de rádio para impedir que mensagens secretas fossem lidas quando interceptadas (a base das técnicas atuais de criptografia para dispositivos móveis). Esta história foi brevemente apresentada nos termos lâmpada acesa de "uma ideia brilhante para um sinal que saltaria por múltiplas frequências", ou, em termos mais laboriosos, de "a semente de uma ideia para um sinal que saltaria por múltiplas frequências". A primeira versão foi ilustrada com uma imagem, mostrando ou Lamarr ou Antheil, e uma lâmpada acesa; a segunda versão tinha a mesma escolha de quem inventou, desta vez com a foto de uma pequena semente brotando. Os participantes de cada grupo foram solicitados a classificar o gênio e a excepcionalidade de quem inventou e sua ideia.

O que aconteceu foi que as classificações dependiam de os leitores verem uma mulher ou um homem. A metáfora da semente aumentou significativamente a avaliação de Hedy Lamarr como um gênio, enquanto diminuiu significativamente aquela de seu parceiro homem. Por outro lado, a metáfora da lâmpada não impressionou os leitores de Lamarr, mas aumentou as classificações de gênio de Antheil. Os pesquisadores sugerem que isso reflete a congruência entre as expectativas de como os homens podem ter sucesso, fazendo uso daquele "algo" inato e extra que conjura uma solução do nada, comparados com a estrada para o sucesso das mulheres, que muito provavelmente envolve esforço obstinado e trabalho árduo.

O principal aspecto aqui é a visão de "esforço" nas grandes ideias. Falando de modo geral, parece que as pessoas acreditam que o trabalho dos gênios é associado com mais inspiração do que esforço, mas isto se cruza com a questão de o gênio ser homem ou mulher. Para ser saudada como genial, a ideia de um homem precisa parecer fácil, alcançada em um momento de inspiração. Qualquer sugestão de que houve trabalho árduo ou esforço desvaloriza esta realização. Para as mulheres, a expectativa é de que suas realizações sejam quase invariavelmente associadas com treinamento e persistência, e elas merecem um alegre tapinha nas costas quando isso gera frutos. Aqui, qualquer sugestão de um momento lâmpada acesa pode ser desprezada e considerada um fogo de palha, um golpe de sorte.

O que tudo isso significa para as mulheres na ciência? Se há uma visão de mundo de que a estrada para o topo é ladeada de momentos de inspiração e nisto, a propósito, a probabilidade de as mulheres terem essa "coisa" associada com esses momentos é significativamente menor, quanta confiança isto pode instilar nas mulheres de que elas podem ter tanto sucesso na ciência quanto os homens? Da mesma forma, se trabalho e determinação (aqueles adjetivos "esforçados" que, como veremos adiante, são muito mais possíveis de serem encontrados em cartas de recomendação para mulheres) são considerados virtudes secundárias na geração de ideias de sucesso, então, como uma mulher, você pode se perguntar o que poderia ter a oferecer a esta instituição em particular.

A equipe de Sarah-Jane Leslie também examinou isso, manipulando "mensagens de brilhantismo" por meio de anúncios hipotéticos de estágio e medindo seu efeito no interesse das mulheres pelas postagens, sua avaliação do quanto elas pensavam poder ficar ansiosas ao postar e se elas pensavam ou não que podiam se encaixar no contexto do cargo.[21] As descrições da função enfatizavam ou o brilhantismo ("estouro intelectual", "mente aguçada e penetrante") ou dedicação ("grande foco e determinação", "alguém que nunca desiste"). Uma descoberta fundamental foi que as mensagens sobre brilhantismo tiveram efeitos negativos nas mulheres, mas não nos homens. As mulheres mostraram menos interesse pelo estágio "brilhante" do que por aquele "dedicado", e relataram que o primeiro tipo de estágio as deixaria mais ansiosas. O interesse ou os níveis de ansiedade dos homens não diferiu entre os dois. Manipulações relacionadas demonstraram como as mulheres davam alta classificação à sua necessidade de um sentimento de integração e de ser como os outros, e que suas preocupações com possíveis inadequações aumentavam porque elas se comparavam desfavoravelmente com os outros. Assim, as próprias mulheres, consciente ou inconscientemente, engoliam a ideia de que existem determinados empregos, profissões, carreiras em que é necessário algum brilhantismo inato e que, como mulheres, era improvável que elas tivessem esse dom.

Nascida para fazer ciência?

Outro problema nas histórias de estereótipos de sexo e ciência que acompanhamos aqui é que podemos ver efeitos assim desde muito cedo e identificar as consequências sobre os caminhos desviados de nossos cérebros viajantes. Podemos encontrar diferenças sexuais nas percepções e expectativas que os professores têm das atitudes e capacidades de seus pequenos alunos e, infelizmente, nas percepções e expectativas que esses aluninhos têm de si mesmos.

Vimos que crianças muito novas mostram evidências de habilidades científicas muito sofisticadas, como a consciência de números e quantidades e as leis do movimento, sem nenhuma evidência sólida de diferenças sexuais nas capacidades para matemática e ciência exibida por bebês. Porém, como disse no Capítulo 8, descobertas recentes sugerem que existe alguma evidência de diferenças sexuais precoces (e muito pequenas) em uma habilidade específica relacionada com a ciência, a rotação mental.[22] A rotação mental é vista como uma habilidade fundamental para o sucesso em um leque de atividades baseadas na ciência, como a arquitetura, a engenharia e o design, e, assim, qualquer vantagem aqui pode lhe dar um ganho útil.[23]

Também exploramos a evidência de algumas diferenças sexuais na escolha de brinquedos entre bebês na idade de engatinhar (embora sejam caracteristicamente pequenas e sobrepostas), com os meninos desde cedo dirigidos a objetos que podem melhorar a cognição espacial, como brinquedos de montar, ou que podem indicar interesses do tipo sistematizador, como quebra-cabeças e brinquedos mecânicos. Embora existam, naturalmente, debates constantes sobre de onde vêm estes comportamentos, citando os fatores biológico e a socialização, qualquer que seja a causa, o resultado é que existem maiores "oportunidades de treinamento" relacionadas à ciência para meninos nos primeiros anos.

É possível, então, com relação a uma vantagem maior em uma habilidade espacial específica e um nível mais alto de experiência espacial, que os meninos venham a ter uma pequena dianteira no mundo da ciência. Porém, um olhar atento na ampla gama de estatística disponível mostra que os hiatos de gênero não existem no nível do jardim de infância, eles só começam a aparecer entre os seis e sete anos e depois disso aumentam.[24] Como veremos, está claro que isto não se deve inteiramente ao surgimento de alguma habilidade inerente, mas está associado com potentes forças externas movidas por visões estereotipadas sobre quem pode fazer ciência (e quem não pode). E isto pode não vir apenas daqueles responsáveis por alimentar o aparecimento de quaisquer talentos que existam, mas também de quem possui esses talentos.

Você pode pensar que só depois de anos de exposição a estereótipos negativos sobre as capacidades intelectuais das mulheres é que seu cérebro preditivo, sempre prestativo, pode captar a ideia de que, no todo, as mulheres não fazem ciência. Ou a ideia de que aquelas que fazem não vão muito longe e, de todo modo, você ficará muito sozinha e isolada caso se meta em situações científicas. Infelizmente, porém, versões incipientes de crenças assim parecem ser estabelecidas muito cedo na vida. Em outro estudo do grupo de Leslie, examinaram os estereótipos de gênero sobre capacidades intelectuais em crianças entre cinco e sete anos de idade.[25] Usando narração de histórias e técnicas de correspondência de imagens, descobriram que as crianças, aos cinco anos, tendiam a dar classificações mais positivas de "muito inteligente mesmo" a modelos do mesmo gênero delas (uma pontuação de "brilhantismo do próprio gênero"), mas, aos sete anos, as meninas tinham uma probabilidade significativamente menor de equiparar brilhantismo com as mulheres, mesmo que elas estivessem representadas. Será que essas crenças afetam o comportamento das crianças? Separadamente, crianças mais velhas, de seis a sete anos, foram apresentadas a dois videogames desconhecidos. Depois de receberem as regras, elas também souberam que os jogos ou eram para crianças "muito inteligentes de verdade", ou para crianças que "se esforçavam muito, de verdade". Depois, foram indagadas se gostaram do jogo e se estariam interessadas em jogar. As meninas mostraram um interesse significativamente menor do que os meninos pelo game que foi apresentado para crianças inteligentes e isto teve relação com sua pontuação no brilhantismo do próprio gênero. Quanto menos acreditassem que as meninas em geral podem ser inteligentes, menos provável que elas próprias expressassem interesse em fazer algo que era para pessoas "inteligentes". Se o precedente estabelecido é de que seu esquema de gênero feminino firmemente fixo não inclui uma marcação de "muito inteligente de verdade", então, para evitar erros de previsão desagradáveis, você precisa se afastar de qualquer coisa que seja rotulada só para pessoas "muito inteligentes de verdade".

Em geral, a matemática é incluída como uma dessas coisas que são para pessoas "muito inteligentes de verdade", e não é rotulada "para meninas" em nosso cérebro. O estereótipo de que a matemática é domínio masculino foi bem demonstrado em adultos, no nível explícito, mas também em uma crença implícita.[26] Se, por exemplo, em um teste de associação pareada, a palavra "matemática" é exibida mais rapidamente com a palavra "homem", considerou-se isto uma medida de uma ligação mental mais forte entre esses termos do que (digamos) uma combinação como "linguagem" e "homem". Deste modo, mesmo que um participante negue explicitamente quaisquer crenças estereotipadas, é possível demonstrar que estas crenças existem, ainda que seus donos não tenham consciência delas.

A psicóloga Melanie Steffens e colaboradores usaram esta abordagem com crianças de nove anos.[27] A presença de estereótipos gerais de gênero sobre meninos e meninas já havia sido demonstrada em crianças de seis a oito anos e o objetivo do estudo era ver se havia evidências de estereótipos generificados sobre temas mais específicos, como matemática ou ciência. Eles também coletaram dados sobre o desempenho das crianças em matemática e ciências e, além disso, perguntaram às crianças se elas achavam ou não que podiam continuar com a matemática em um nível mais alto. Os resultados mostraram que as meninas tinham associações matemática-homens muito mais fortes, associações muito mais baixas de si mesmas com a matemática ou palavras como matemática, e intenções muito mais fortes de largá-la. Será que isto refletia apenas o fato de que elas precisavam se esforçar com a matemática? Não – na verdade, não havia nenhuma diferença sexual nas notas alcançadas pelas crianças. Assim, infelizmente, meninas de nove anos acham que a matemática não serve para elas e que provavelmente desistirão da área, embora estejam se saindo bem, como suas contrapartes masculinas.

É interessante observar que os meninos não mostraram nenhuma estereotipia de gênero com a matemática e, assim, aparentemente não fizeram a ligação feita pelas meninas. Bem semelhante à sugestão que vimos ao examinarmos a preferência por brinquedos e o poder do rosa, este pode ser outro exemplo de as meninas serem mais conscientes das "regras" sociais, neste caso um estereótipo sobre quem faz matemática.

Outro fator que alimenta isto pode ser as atitudes dos pais, que mostraram acreditar que a matemática é mais importante para seus filhos homens do que para as filhas, e mais provavelmente estimularão mais os meninos que as meninas a fazer cursos de ciência de nível mais avançado.[28] E, como vimos no Capítulo 9, o exame da consciência que crianças muito novas têm da provável aprovação dos pais quanto aos brinquedos escolhidos mostra que estão sintonizadas com o que se espera delas (ou não), apesar do que estes mesmos pais alegarão.[29] Assim, aberta ou disfarçadamente, quem porta um cérebro viajante receberá diferentes rotas recomendadas para o Destino Ciência.

É evidente que os professores têm seu papel na aquisição de conhecimento científico pelas crianças, mas parece que também possuem uma forte influência sobre quem pode se considerar potencialmente bem-sucedido na ciência. Um estudo longitudinal recentemente divulgado sobre crianças em Israel examinou os efeitos de um "viés dos professores" muito precoce, calculado como a diferença entre notas atribuídas sem o conhecimento dos professores em um exame de matrícula externo e aqueles dados em uma versão interna de notas atribuídas por eles ao mesmo tipo de prova.[30]

A principal descoberta aqui é o efeito deste viés dos professores na avaliação do desempenho em matemática. Na primeira fase do teste, as meninas superaram os meninos no exame externo. Com relação aos professores, houve uma clara evidência de um viés sistemático em favor dos meninos, com professores avaliando para mais a capacidade dos meninos e para menos a das meninas. Estas crianças foram acompanhadas dois e quatro anos depois. Havia claras diferenças sexo/gênero nas notas do ensino médio, em resultados de matrícula e, mais acentuadamente, em quem escolheu fazer os cursos optativos de nível avançado. Em matemática, era de 21,1% dos meninos, comparados com 14,1% das meninas; em física, era de 21,6% dos meninos e 8,1% das meninas; em ciência da computação, era de 13,0% dos meninos e 4,5% das meninas.

Os pesquisadores então modelaram estes dados com uma ampla gama de outras informações para ver o que estas diferenças estariam provando. Poderia ser o tamanho da turma, se era ou não de capacidade mista? Poderiam ser as qualificações dos professores? Poderia ser o nível de escolaridade dos pais? Poderia ter alguma relação com quantos irmãos tinham as crianças? Nada disso afetou as medidas resultantes tão profundamente quanto a pontuação do viés inicial dos professores (e precisamos ter em mente que as meninas se saíram melhor que os meninos no início desta jornada educacional). Está claro que expectativas generificadas, mesmo que infundadas, mostraram-se uma força motriz poderosa sobre quem chega ao ponto final de "cientista", com consequências futuras para empregos e ganhos de nível mais alto e, naturalmente, a impressão geral (e o estereótipo) de quem pode fazer ciência.

Com relação à ciência, então, parece que existem poderosas forças canalizadoras que podem afastar jovens mulheres bem cedo para um caminho que se desviará das ciências, em particular da matemática. Se você e seus professores acham que não podem, então há uma forte probabilidade de que não consigam.

O frio ambiente da ciência

Outro fator pode ser que a ciência não proporcione um ambiente muito acolhedor para as mulheres. Mesmo que tenhamos passado por *gatekeeping* deliberado, a mensagem dominadora é de que a ciência, por sua própria natureza – exigindo brilhantismo bruto e inato e lampejos de mero talento por um lado, mas impondo uma abordagem sistemática e presa a regras por outro, com o objeto sendo coisas em vez de pessoas –, não é lugar para uma mulher.

Se você é um ser social, tenta corresponder ao grupo ao qual aprendeu a pertencer; escolhe um ambiente em que vá encontrar integrantes de mentalidade semelhante deste grupo; combina seu conjunto de habilidades a um ambiente, na esperança de que vá se encaixar nele. Quando se depara com um "ambiente frio", em que as pessoas acham que aquele não é o seu lugar e você tem a impressão de que não existem muitas "pessoas como você", então é perfeitamente compreensível que você, de modo geral, mantenha distância. Se você é a única garota em um dia de visitação de matemática ou física em uma universidade, talvez possa repensar suas opções de universidades (ou pode, naturalmente, ficar emocionada com as outras oportunidades que isto proporciona).

Parece que as mulheres observam mais o ambiente em que podem estar trabalhando. A psicóloga americana Sapna Cheryan e colaboradores testaram os resultados de recrutamento mostrando a possíveis candidatos a ciência da computação ou uma sala de aula "típica" de ciência da computação – cheia de pôsteres de *Jornada nas Estrelas*, livros de ficção científica e "latas de refrigerantes empilhadas" (presumivelmente muito bem empilhadas) –, ou uma sala de aula neutra com pôsteres da natureza e garrafas de água.[31] Era muito mais provável que as mulheres expressassem interesse por ciência da computação se tivessem estado na sala neutra. Estes pesquisadores também manipularam o conteúdo de aulas introdutórias virtuais de ciência da computação, uma cheia de objetos estereotipados associados com computadores e outra sem eles. Somente 18% das mulheres escolheram a primeira sala de aula, se comparadas com mais de 60% dos homens. Outros estudos mostraram que o recrutamento feminino para escolas de ciência de verão pode ser afetado pela manipulação da proporção homens/mulheres em vídeos de amostra, com as meninas menos inclinadas a se matricular se a maioria dos alunos exibidos era de homens, enquanto os estudantes homens não pareciam se importar com nada.[32] Estes dados apoiam o conceito de que as mulheres são mais sensíveis ao contexto social das escolhas que podem fazer, os sinais de que seja algum lugar a que elas possam "pertencer" (ou não).

Isto nos leva ao Paradoxo da Igualdade de Gênero, que vira uma espécie de assunto polêmico hoje em dia. Um artigo publicado em 2018 investigou as matrículas em áreas STEM entre 2012 e 2015 em 67 países usando um banco de dados internacional.[33] O estudo revelou que havia, universalmente, menos mulheres do que homens obtendo diplomas STEM, indo de 12,4% em Macau a 40,7% na Argélia (com o Reino Unido e os EUA em 29,4% e 24,6%, respectivamente). Estas descobertas foram então relacionadas com uma medida da igualdade de gênero, o índice global de Hiato de Gênero do Fórum Econômico Mundial, baseado em desigualdades de gênero em áreas como salários, saúde, assentos em parlamentos, independência financeira e assim por diante. Foi aí que surgiu o aparente paradoxo: naqueles países com a *maior* igualdade de gênero, o hiato de gênero nas matrículas para STEM era o mais elevado. A Finlândia (em que 20,0% dos estudantes de pós-graduação STEM são mulheres), a Noruega (20,3%) e a Suécia (23,4%) foram os exemplos máximos deste enigma.

Medições do desempenho acadêmico em ciências e matemática revelaram diferenças ínfimas entre sexo/gênero (com um tamanho do efeito médio geral de -0,1). Para as ciências, a maior diferença estava na Jordânia, com as mulheres superando os meninos (um tamanho do efeito de -0,46); e para a matemática, os meninos na Áustria mostraram a maior diferença (um tamanho do efeito de +0,28); mas na maioria esmagadora dos países avaliados havia muito pouca diferença entre meninos e meninas. Assim, a ausência de mulheres na instrução STEM superior não vem da falta de capacidade. Os dados para leitura mostraram uma história diferente: em todos os países medidos, as meninas se saíram melhor. Neste caso, alguns tamanhos do efeito eram bem grandes (-0,76 para a Jordânia, -0,61 para a Albânia) e em todos os casos as diferenças de sexo/gênero eram maiores do que aquelas para ciências e matemática.

Os autores do artigo concentraram-se na disponibilidade de uma força acadêmica diferente como resposta potencial para o Paradoxo da Igualdade de Gênero. Eles geraram um índice de "melhor matéria" para todos os participantes, classificando pontuações de desempenho em ciências, matemática ou leitura para identificar a área mais forte de cada participante. Aqui, houve diferenças de sexo/gênero acentuadas, com 51% das meninas tendo a leitura como sua matéria mais forte em comparação com 20% dos meninos; a ciência era a matéria mais forte para 38% dos meninos e para 24% das meninas. Assim, embora as meninas fossem tão boas quanto os meninos em ciência, elas eram acentuadamente melhores no que pode ser visto como uma habilidade mais baseada em humanas.

O elo seguinte na corrente deste argumento foi de que, em países menos desenvolvidos, fatores como a necessidade econômica e o reconhecimento de que uma educação STEM podia ser de melhor valor em termos de emprego e ganhos futuros teriam prioridade na carreira escolhida por meninas e meninos. No entanto, em países com maior igualdade de gêneros, as meninas tinham a liberdade de escolher as áreas que consideravam mais adequadas, isto é, aquelas em que elas eram boas. A satisfação geral na vida podia receber prioridade em detrimento da necessidade econômica. A cobertura da imprensa sobre o artigo propôs "pintura e escrita" como as opções que poderiam ser escolhidas. Será que detecto aqui o cheiro da velha "armadilha da complementaridade"?

Uma espécie de nota de rodapé não examinada é que também havia dados sobre medidas de autoconfiança em capacidade para a ciência e de prazer com a ciência. Talvez você não se surpreenda com o fato de que, no geral, os meninos tivessem níveis mais altos de confiança em sua capacidade científica; talvez fiquem mais surpresos que isto seja particularmente verdadeiro em países com maior igualdade de gênero – os mesmos países em que as meninas não escolhiam fazer ciência. Que grau de precisão tinham essas avaliações que os meninos fizeram de sua capacidade? Comparando essas avaliações com suas pontuações de desempenho, surgiu o fato de que em 34% dos 67 países cobertos havia provas de que os meninos superestimavam sua capacidade científica, enquanto só havia evidência desta tendência nas meninas em cinco destes países. E, mais uma vez, foi naqueles de maior igualdade entre os gêneros que se manifestou esta confiança excessiva dos meninos.

Imagine o seguinte. Você tem a opção de seguir em uma área de conhecimento na qual sua autoconfiança foi solapada desde a mais tenra idade, em que a mensagem estereotipada (e a realidade) é de que "aquilo" não é para os integrantes de seu endogrupo devido à ausência das habilidades "essenciais" exigidas (mesmo que sua pontuação de desempenho sugira o contrário). Você é sensibilizada a mensagens sobre o "ambiente frio" que pode estar à espera. Qual seria a sua decisão? Aqueles que culpam as meninas por não quererem fazer ciência talvez estejam pensando só na ciência.

"Sexagem" dos cientistas

Mas e quanto às pessoas na ciência, os próprios cientistas? Mesmo que a cultura pareça muito alienante e exclusivista, se você tem o conjunto certo de habilidades, personalidade e temperamento a oferecer, então certamente haverá um nicho, não é? A ciência atualmente deve ser uma instituição instruída, bem fundamentada e esclarecida, que tem visão clara das mulheres como cientistas, não generificadas, não é verdade?

Mas é claro que outro aspecto da estereotipia da ciência é a estereotipia dos cientistas. Talvez você se surpreenda ao saber que o termo "cientista", supostamente, foi cunhado para descrever uma mulher, a polímata escocesa Mary Sommerville.[34] Expoentes desta disciplina que antes tinham descrito a si mesmos como "homens de ciência" perceberam que teriam de encontrar um termo diferente para se referir às mulheres, depois que se depararam com o fenômeno surpreendente de que uma mulher também podia produzir artigos científicos.

Esta invenção inicial não parece ter tido impacto nas impressões atuais sobre o quê e quem são cientistas. Em 1957, pesquisadores estavam interessados em medir sistematicamente a imagem de cientistas em meio a estudantes secundaristas nos Estados Unidos.[35] Colheram mais de 35 mil ensaios sobre ciência e cientistas, escritos em resposta a algumas perguntas indefinidas (com as próprias perguntas dando um *insight* impressionante dos pensamentos generificados sobre as opções profissionais da época). Os objetivos declarados do estudo incluíam o que se segue (com grifos meus, como você pode deduzir):

1) Quando estudantes secundaristas americanos são solicitados a discutir cientistas de modo geral, sem referências específicas a suas próprias opções de carreira ou, *entre as meninas, às opções de carreira de seus futuros maridos*, o que lhes vêm à mente e como as ideias dos estudantes são expressas em imagens?

2) Quando estudantes secundaristas americanos são solicitados a pensar em si mesmos tornando-se cientistas (meninos e meni-

nas) ou *casada com um cientista (meninas)*, o que vêm à mente dos estudantes e como suas ideias são expressas em imagens?

Os estudantes foram requisitados a completar declarações que incluíam "Quando penso em cientista, penso em..." e "Se eu fosse cientista, gostaria de ser do tipo que...". Alarmantemente, havia uma versão separada desta questão para "as participantes" do estudo: "Se eu me casasse com um cientista, gostaria de me casar com um cientista que..."

Então, que imagem combinada foi gerada destes milhares de ensaios? Os pesquisadores montaram a seguinte caracterização das respostas:

> O cientista é um homem que usa jaleco branco e trabalha em um laboratório. Ele é idoso ou de meia-idade e usa óculos [...]. Ele pode ser barbudo, pode deixar a barba por fazer e ser desmazelado [...]. Ele fica cercado de equipamento: tubos de ensaio, bicos de Bunsen, frascos e garrafas, um parquinho de tubos de vidro borbulhantes e máquinas estranhas com mostradores. Passa os dias fazendo experiências [...]. É um homem muito inteligente – um gênio ou quase um gênio [...]. Um dia ele pode se levantar e gritar: Descobri, descobri![36]

Mas é claro que era o ano de 1957 e as coisas avançaram desde aqueles primeiros tempos, em termos das perguntas feitas e das respostas dadas... não avançaram?

Um jeito de identificar a resposta a esta pergunta envolve examinar um teste muito simples que envolve desenhos. Talvez você sinta que isso não conta como informação, mas eles se mostraram surpreendentemente úteis para se ter acesso a modelos mentais pessoais, revelar crenças pessoais e são, além de tudo, um jeito prático de fazer esta medição em crianças, permitindo *insights* sobre como podem se desenvolver as visões estereotipadas precoces sobre cientistas.

Este foi o objetivo do psicólogo David Chambers nos anos 1980 quando elaborou o "Teste Desenhe-uma-pessoa-cientista".[37] Pediram a crianças que "desenhassem uma imagem de cientista", e esses desenhos foram depois analisados para ver até que ponto continham o que era definido como imagens padrão de cientistas. Estas características padrão eram: jaleco de laboratório (em geral, mas não necessariamente brancos); óculos; pelos faciais (inclusive barbas, bigodes ou costeletas anormalmente compridas); símbolos de pesquisa (instrumentos científicos e qualquer equipamento de laboratório); símbolos de conhecimento (principalmente livros e arquivos); tecnologia (ou os "produtos" da ciência); e, por fim, legendas relevantes (fórmulas, classificação taxonômica, a síndrome do "eureca!" etc.). O estudo aconteceu durante 11 anos e foram analisadas imagens de 4.807 crianças com idades entre cinco e 11 anos, de 186 turmas. As crianças mais novas produziram desenhos agradavelmente sem estereótipos. As características "definidoras" começaram a surgir em desenhos das crianças de seis a sete anos, mais comumente jalecos de laboratório e equipamento, mas também barbas e óculos. Na faixa dos nove aos 11 anos, algumas, se não todas as características, estavam presentes em todos os desenhos. Mas, o que é revelador, das mais de 4 mil imagens produzidas, só 28% delas eram de mulheres, todas desenhadas por meninas (assim, as outras 2.327 meninas desenharam cientistas homens).

Este teste foi usado muitas vezes no mundo todo e as descobertas com relação ao gênero estereotipado de cientistas são universalmente semelhantes: cientistas são homens, têm barba e são carecas.*[38]

E parece que as coisas não estão mudando muito com o tempo (e apesar do crescente número de mulheres que podem ser encontradas em todas as formas de ciência, mesmo que sejam lamentavelmente sub-representadas). Um estudo de 2002 mostrou que o retrato de cientistas como homens, como colocaram os pesquisadores, tinha persistido (como também, pelo visto, a presença de pelos faciais como uma característica definidora importante).[39] Qualquer redução na porcentagem de desenhos de homens é atribuída principalmente a um aumento no

---

* O teste foi realizado nos seguintes países: Alemanha, Austrália, Bolívia, Brasil, Canadá, Chile, China, Colômbia, Coreia do Sul, Eslováquia, Espanha, Estados Unidos, Finlândia, França, Grécia, Hong Kong, Índia, Irlanda, Itália, Japão, México, Nova Zelândia, Nigéria, Noruega, Polônia, Reino Unido, Romênia, Rússia, Suécia, Taiwan, Tailândia, Turquia e Uruguai.

número de retratos "indeterminados", o que talvez possa nos dar uma centelha de esperança! A tarefa, evidentemente, é muito aberta e tem se sugerido que induza injustamente a estereótipos.

Será que chegamos imperceptivelmente, hoje em dia, a um mundo da ciência sem estereótipos e estão dedicando esforço demais a barreiras que já desapareceram? Isto foi examinado em um estudo de 2017 com uma nova versão do teste chamada "Teste Indireto Desenhe-uma-pessoa-cientista".[40] Desta vez, o teste continua as seguintes instruções: "Imagine como a pesquisa científica é feita. Apresente o que você vê em um desenho. Coloque também uma descrição abaixo dele." Os autores ficaram muito animados com o que viram como uma mudança drástica na frequência com que cientistas eram representados como mulheres na versão com instrução indireta – porém, fiquei decepcionada quando vi que, na verdade, o aumento foi de apenas 7,8% em relação a ainda míseros 15,8%.

A geração atual, porém, certamente deve ser muito mais informada sobre as diferentes variações de cientistas que existem, por meio de representações da mídia de cientistas forenses, cientistas da computação, patologistas, biólogos da vida selvagem – assim, será que o teste reconheceu isto? O uso do mesmo protocolo do desenho, porém mais específico sobre em que cientista estamos interessados, mostrou certo aumento na porcentagem de vezes em que uma mulher era retratada, mas ainda em números muito inferiores aos dos homens. Um estudo Desenhe-uma-pessoa-engenheira, de 2004, produziu 61% de desenhos de homens e 39% de mulheres;[41] para um estudo sobre descrições de cientistas ambientalistas em 2003, 22% eram de mulheres.[42] E um estudo Desenhe-uma-pessoa-cientista-da-computação, de 2017, produziu 71% de imagens de homens e 27% de mulheres.[43] Todos evidentemente maiores do que os 0,06% de imagens de mulheres do primeiro teste Desenhe-uma-pessoa-cientista, de trinta anos atrás, o que pode ter sido um pouquinho influenciado pelo projeto um tanto generificado do estudo em si, naturalmente, mas ainda é um sinal da capacidade de permanência deste estereótipo em particular, de que cientistas são, sobretudo, homens.

Como fazemos ciência – e as mulheres têm as qualidades necessárias?

Outro meio de medir a divisão da ciência por gênero é ver quais características de personalidade foram associadas a cientistas de sucesso e medir a sobreposição entre estas e características de personalidade de homens ou mulheres. Traços de "agenciamento" ou de "ação" como "persistência, confiança, competência, competitividade, ambição e ímpeto" frequentemente foram associados ao sucesso na ciência, em comparação a traços "comunitários" caracterizados, por exemplo, como "altruísmo, solidariedade, consciência dos sentimentos dos outros, orientação para a família, necessidade de aceitação social e desejo de evitar controvérsias".[44]

A psicóloga Linda Carli e colaboradores mediram até que ponto os participantes universitários classificavam homens, mulheres e cientistas de sucesso como possuidores ou de características "agênticas" ou "comunitárias".[45] Como previsto, houve uma sobreposição estreita entre as características percebidas de cientistas de sucesso e aquelas de homens como ambiciosos, analíticos e agênticos, e muito pouca sobreposição com suas irmãs amáveis, comunais, passivas, diplomáticas e (naturalmente) loquazes. Este quadro foi gerado tanto por homens quanto por mulheres, independentemente do tipo de instituição de origem (de sexo único ou mista) ou as áreas que eles mesmos estudavam (ciências exatas ou biológicas, ciências humanas ou ciências sociais). Assim, a mensagem persistente e muito deprimente é de que as mulheres não são percebidas como possuidoras das virtudes pessoais certas para que sejam cientistas de sucesso e que esta percepção é sustentada não só por homens, mas pelas próprias mulheres – mesmo que estejam estudando ciências. Assim, quer estejamos vendo as figuras de palitinho de homens com barba e óculos, ou escalas de classificação cuidadosamente elaboradas, existe uma mensagem clara em nossas águas genenerificadas de que os homens têm o que é necessário para ser cientistas de sucesso e as mulheres, não.

Uma questão fundamental que surge aqui: será que a existência destes estereótipos afeta como a ciência é realizada e por quem? Importa se há um descompasso entre uma noção teórica do que faz uma "boa cientista" e o que faz uma "boa mulher"? Um descompasso desses, em que existe um desajuste entre o perfil de um papel (embora impreciso) e o perfil de alguém que aspira a este papel (ou já está nele) é chamado pelos psicólogos sociais de "incongruência de papéis".[46] Inicialmente foi proposto para explicar preconceitos para com líderes mulheres, em que incoerências entre características femininas estereotipadas e as características estereotipadas de líderes podem levar a uma avaliação negativa do comportamento das mulheres em papéis de liderança. Se elas mostram comportamentos dominantes, diretivos e competitivos adequados para a liderança, então violaram expectativas de como uma mulher deve se comportar; se demonstram os cuidados, o calor humano e o apoio associados estereotipadamente com ser uma mulher, elas são vistas como líderes incompetentes.[47]

Sugeriu-se que esse tipo de golpe duplo também podia estar em operação na ciência, em que o desajuste entre o que é visto como uma mulher típica e o que é visto como uma cientista tipicamente de sucesso certamente pode levar a preconceito e discriminação (aberto ou velado).[48] Claramente, se você confrontar os comitês de pesquisa ou painéis de nomeações com esta questão, ouvirá negações firmes, referências a métricas de desempenho objetivas e descrições de cargo cuidadosamente elaboradas, alusões a iniciativas de igualdade de gênero e uma infinidade de controles nos recursos humanos. Ainda assim, *existem* provas de um certo desequilíbrio no tratamento dado a mulheres cientistas.

Um estudo na Escandinávia relatou que as mulheres tinham de ser 2,5 vezes mais produtivas do que os homens para conseguir a mesma pontuação em um sistema para obtenção de bolsas de pós-doutorado.[49] Em um exame das pontuações de "competência" dada por analistas a candidatos a dotações do Conselho de Pesquisa Médica em países escandinavos, notou-se que para as medidas principais de impacto (número e qualidade das publicações, com que frequência elas eram citadas), só as candidatas com no mínimo 100 pontos de impacto receberam classificações de igual competência a qualquer dos homens, mas os homens com quem eram equiparadas tinham vinte pontos de impacto ou menos. Como observam os autores, a Escandinávia tem certa reputação de oportunidades iguais e, assim, se esse tipo de coisa acontece por lá, imaginem no resto do mundo. Quem sabe isto não está contribuindo para o Paradoxo da Igualdade de Gênero de que falamos antes?

E as cartas de referência que podem ser dadas em apoio a candidaturas a empregos? Tendo escrito e lido muitas em meus tempos de acadêmica, sei como são importantes para conferir algum valor agregado aos comitês de pesquisa que examinam dezenas, se não centenas de currículos muito semelhantes. Fazemos o máximo para pintar um retrato de estudantes imprescindíveis e excepcionais que já mostraram talento extraordinário e persistência, irão longe, integram equipes com perfeição, pensam criativamente e assim por diante. As linguistas Frances Trix e Carolyn Psenka examinaram mais de trezentas destas cartas de candidatura a docência em uma faculdade americana de medicina.[50] Elas observaram que as cartas de candidatas mulheres eram significativamente mais curtas que as dos homens, e mal cobriam o básico (um exemplo tinha apenas cinco linhas e garantia meramente a quem lia que "Sarah" era "versada, agradável e de fácil convívio").* Elas as batizaram de "cartas de garantia mínima". Mas, um aspecto interessante, como nas visões estereotipadas da lâmpada acesa contra a da semente do sucesso na ciência que vimos antes, houve a inclusão muito maior do que as autoras chamaram de adjetivos "esforçados" em cartas de recomendação para mulheres. Incluíam palavras como "meticulosa", "conscienciosa", "minuciosa" e "cuidadosa". As cartas dos homens tinham com mais frequência o que Trix e Psenka chamaram de adjetivos "destacados", como "soberbo", "excepcional" e "ímpar". As pesquisadoras não acharam que houvesse qualquer evidência de intenção negativa por parte de quem escreveu as cartas, em vez disso, refletia uma forma de viés inconsciente, de diferentes modos de ver homens e mulheres, que podem tingir as decisões a serem tomadas pela equipe de nomeação.

---

* Dez por cento das cartas sobre candidatas mulheres tinham menos de dez linhas, enquanto 8% das cartas sobre homens tinham mais de cinquenta linhas.

Mesmo que consigam ultrapassar essas barreiras, as mulheres então parecem achar mais difícil chegar aos níveis mais altos na profissão científica, ou ser recompensadas com os níveis mais altos de reconhecimento. Um artigo de 2018 sobre os arquivos do prêmio Nobel (disponíveis atualmente de 1901 a 1964) para indicações na ciência (física, química e medicina ou fisiologia) mostrou que das 10.818 indicações, apenas 98 eram para mulheres.[51] Destas, só cinco (Marie Curie, Irène Joliot-Curie, Gerty Cori, Maria Goeppert Mayer e Dorothy Hodgkin) ganharam o prêmio Nobel. Algumas foram indicadas várias vezes; Lise Meitner foi indicada 27 vezes em física e 19 vezes em química, mas jamais ganhou.*

Dados como estes não são necessariamente provas diretas de discriminação, porque vários fatores adicionais podem estar em operação. Porém, estudos baseados em laboratório podem dar essas provas. Um artigo muito citado de Corinne Moss-Racusin e sua equipe de Yale nos dá um exemplo poderoso disto.[52] Mais de cem integrantes de faculdades de biologia, química e física de universidades altamente conceituadas receberam material de candidatura para a nomeação de um estudante a um cargo de chefe de laboratório. Todas as informações eram idênticas, mas metade dos docentes recebeu candidaturas com um nome de homem (John) e metade com um nome de mulher (Jennifer). Podemos muito bem adivinhar o resultado.

Um número significativamente maior de docentes (homens e mulheres) classificaram John como mais competente e mais contratável (por um salário maior). Também estavam mais dispostos a oferecer orientação de carreira a John. Usando a Escala do Sexismo Moderno, que inclui fatores como o conhecimento e explicações de segregação sexual na força de trabalho, as pesquisadoras também puderam obter uma medida de algum viés sexista preexistente em seus participantes. Esta medida

---

* Não há evidências de nenhum homem rejeitado com tanta frequência. Podemos esperar que a abertura dos cinquenta anos seguintes dos arquivos de indicações mostre alguma melhora, contudo, uma contagem rápida do número de laureados homens na ciência desde 1964 (350) e o número de mulheres (12) não se revela muito promissora. Mas é claro que 2018 viu mais duas mulheres laureadas.

mostrou que, quanto mais altos os níveis de viés preexistente, menos competência ou contratabilidade eram percebidas na candidatura de Jennifer, e havia menos disposição de oferecer orientação a ela. Mais uma vez, isto foi válido para docentes homens e mulheres. Por fim, e paradoxalmente, Jennifer foi descrita como mais agradável pela equipe (lembrem-se, todas as informações, com exceção do nome, eram idênticas nas candidaturas). Assim, isso não tem relação com alguma hostilidade genérica para com as mulheres – a Jennifer fictícia obviamente era uma pessoa agradável, só não tinha muito futuro como cientista.

Quem sabe se esse tipo de viés não seria superado se as informações sobre os candidatos não fossem idênticas, mas contivessem evidências de capacidades diferentes? Em uma experiência, os estudantes "empregadores" podiam contratar estudantes "empregados" para realizar uma tarefa de matemática.[53] Todos os estudantes tinham completado anteriormente uma versão da tarefa, então sabiam como ela funcionava e conheciam o próprio nível de desempenho. Os "empregadores" podiam contratar "empregados" unicamente com base na aparência (por uma foto on-line), ou com base na aparência junto com algumas informações sobre o bom potencial que esses "empregados" podiam ter. Os "empregadores" (homens e mulheres) escolheram o dobro de homens se a única informação fosse a aparência; e em geral atinham-se a suas decisões, mesmo quando lhes forneciam informações mostrando que as mulheres que eles não contrataram tinham se saído melhor na tarefa de matemática. Assim, mesmo que você seja uma mulher melhor do que os candidatos homens nas exigências do trabalho, não supera a reação automática de que este é um emprego para os rapazes.

Os dados de hiato de gênero que vimos deixam claro que as mulheres não fazem ciência. Certamente existem evidências históricas de que elas *fizeram*, mas, como revela a crônica de Linda Schiebinger, elas aos poucos foram excluídas, certamente pelas atividades *gatekeeping* das nascentes sociedades científicas e por uma visão generalizada de que esta não é uma esfera de atividade adequada para mulheres. Talvez isto possa ser julgado como um olhar retrógrado aos velhos maus tempos. Mas revisões contemporâneas de desequilíbrio de gênero em nomeações e realizações no nível mais alto sugerem que alguma forma de discriminação, consciente ou inconsciente, ainda está em operação. A face da ciência ainda é de domínio masculino, povoada por indivíduos cujas características trazem semelhanças impressionantes com aquelas do homem estereotipado, agêntico e sistematizador, com acesso inato a lampejos de genialidade do tipo lâmpada acesa. Existem evidências tristemente precoces de que não só os pais e professores de possíveis cientistas engolem esse retrato da ciência e dos cientistas como "só para homens", mas que as próprias possíveis cientistas fazem o mesmo.

Há outra vertente neste argumento, que faz eco à história que estivemos contando o tempo todo: talvez a masculinidade na ciência apenas reflita um resultado natural da mão de cartas da biologia neste jogo. Por mais inconveniente que esta "verdade" possa ser, a realidade é que as mulheres não fazem ciência ou, pelo menos, não podem ser encontradas nos escalões superiores da ciência. No fim das contas, será que isto se deve a uma carência da aptidão "natural" necessária?

CAPÍTULO 11:

A CIÊNCIA E O CÉREBRO

Os dados de hiatos de gênero deixam claro que as mulheres *não fazem* ciência – mas isto não quer dizer que elas *não possam* fazer ciência. Para entender a abordagem essencialista a este hiato de gênero, podemos começar pelo exame da hipótese da "maior variabilidade masculina" (MVM).

Este é outro daqueles temas "Acerte a toupeira" que parecem caracterizar a pesquisa das diferenças sexuais. Refere-se à alegação de que se examinarmos as extremidades superior e inferior de qualquer distribuição de medidas de capacidade intelectual, encontraremos mais homens: mais gênios homens, mais débeis mentais homens. Esta ideia foi proposta nos círculos de psicologia por Havelock Ellis em 1894: notando um número maior de homens do que de mulheres em lares para deficientes mentais e um número muito maior de homens nas esferas de eminência e alta realização, ele concluiu que havia uma "tendência variacional" maior e inata nos homens.[1] (Você talvez note que isso ignora a possibilidade de que a maior eminência em uma extremidade pode ter refletido maiores oportunidades, e que as taxas mais elevadas de institucionalização na outra extremidade podem ter refletido diferentes níveis de redes sociais de apoio disponíveis.)

Talvez não surpreenda que a discussão sobre as implicações desta variabilidade maior se concentrem na extremidade direita da distribuição, nos realizadores mais elevados, em vez de na extremidade esquerda. A tendência variacional tem implicações óbvias para as expectativas de homens e mulheres: é mais provável que os homens sejam gênios e as mulheres estejam mais na "média".

Em geral, a referência à hipótese MVM é feita em explicações de hiatos de gênero na realização: mesmo que, *em média*, mulheres e homens se saiam igualmente bem em alguma tarefa, seja em matemática, lógica ou xadrez, os altos realizadores serão encontrados vários desvios padrão rarefeitos à direita da distribuição, e a maioria deles será de homens.

Um pressuposto por trás da alegação de maior variabilidade nos homens é de que é um universal cultural fixo que deve ser estável com o passar do tempo e evidente em todos os grupos, em todos os países. Na verdade, nenhum destes critérios é atendido. Em 2010, uma meta-análise de estudos internacionais de habilidades em matemática mostrou que, nos EUA, os hiatos de gênero na extremidade elevada não desapareceram absolutamente; na maioria de outros países não havia diferença e em alguns (Islândia, Tailândia, Reino Unido) havia mais mulheres do que homens entre aqueles de maior pontuação.[2]

Mesmo hoje, existem tentativas de demonstrar a validade evolutiva da hipótese MVM, com alegações na linha de que as mulheres são seletivas a respeito de com quem acasalam e só aceitam a metade superior de alguma classificação de capacidade do parceiro, resultando em uma extremidade superior rarefeita na distribuição.[3] Isto deixa a metade inferior para se reproduzir alegremente com o que pintar, dando em resultados altamente variáveis, alguns a soma de praticamente tudo de negativo em que se possa pensar. Na verdade, o artigo de matemática que faz estas afirmações foi retirado em meio a alegações de conspiração política, mas um blogueiro matemático prestativo observou que os pressupostos matemáticos subjacentes eram de qualidade muito duvidosa.[4] Mas não há dúvida de que este mito voltou à tona nas explicações de hiatos de gênero, em *backlashes* contra iniciativas de diversidade ou em quaisquer outros fóruns em que pareça ser necessário voltar a recorrer a uma hipótese de séculos de idade, mesmo que esta seja desacreditada.

Já encontramos pronunciamentos incrivelmente misóginos de séculos anteriores, mas avançamos à nossa época e, como vimos, ainda existe uma tendência "essencialista" geral em discussões sobre o hiato de gênero no STEM. A maior parte permanece oculta, firmemente ligada a estereótipos sobre as mulheres e a ciência, misturada a outros dogmas sobre a natureza da ciência e dos cientistas, talvez impelindo inconscientemente decisões de emprego e escolhas de profissões.

Mesmo de vez em quando, vem à tona de alguma forma pública uma declaração mais aberta da crença "culpe o cérebro". Dois exemplos citados com frequência são o infame discurso de Larry Summers em 2005 e o memorando do Google de 2017. O que caracteriza ambos não é apenas a expressão da crença de que as mulheres simplesmente não têm o necessário quando examinada a realização de alto nível na ciência, mas também que este é um problema baseado na biologia delas.

Primeiramente, Larry Summers, então reitor de Harvard, decidiu falar da "questão da representação das mulheres em posições de cátedra na ciência e na engenharia nas universidades mais importantes" em uma conferência chamada "Diversificando a Força de Trabalho na Ciência e na Engenharia".[5] Os argumentos dele tinham uma firme base no campo da hipótese MVM, sugerindo que, no extremo elevado da ciência, vemos as pessoas cujo desempenho estava quatro desvios padrão acima da média, e os dados indicam que este grupo é povoado por cinco homens para cada mulher. Assim, gostemos ou não, se nosso território é a extremidade superior, seja nos negócios ou na ciência, encontraremos mais homens do que mulheres. Uma das explicações dele para este hiato de gênero foi a "diferente disponibilidade de aptidão no extremo superior".

Houve um clamor considerável depois da declaração de Summers. Assim como expressões mais genéricas de indignação na mídia sobre o que era visto como uma postura ultrapassada e discriminatória, a comunidade acadêmica se uniu para abordar as questões levantadas.[6] Summers cometera alguns poucos erros clássicos. Por exemplo, baseou sua estimativa da proporção de 5:1 entre homens e mulheres no extremo superior em dados de testes que, na mesma conferência de que ele participava, foram identificados como "não altamente preditivos com relação à capacidade das pessoas" – o que ele, espantosamente, apontou em seu próprio discurso. Na verdade, os autores do trabalho a que ele se referiu, Kimberlee Shauman e Yu Xie, discordaram da interpretação que ele deu do que o estudo mostrara.[7] Eles examinaram a progressão profissional nas mulheres e geraram os dados sobre hiatos de gênero a que Summer se referira. Observaram que o hiato de gênero na matemática era pequeno e estava em declínio desde os anos 1960. Em um artigo posterior, Xie declarou explicitamente que "a tendência declinante [...] lança dúvidas sobre a interpretação de que o hiato de gênero na realização em matemática reflete diferenças inatas, talvez biológicas, entre os sexos" e acrescentou que "o reitor Summers deixou de citar a seguinte descoberta: as diferenças de gênero, nem na média, nem na alta realização em matemática, explicam as diferenças de gênero na probabilidade de formação nos campos da ciência/engenharia".[8] (Na verdade, Shauman e Xie pensavam que seus dados mostravam que a principal barreira ao progresso das mulheres na ciência eram as responsabilidades parentais e cunharam a expressão "vazamento no cano" para descrever o problema.)

Desse modo, aqui temos alguém que alegremente reconhece que talvez esteja vendo um "dossiê dúbio" de dados, deturpa o que mostra e depois interpreta mal mesmo assim. Ele foi criticado pelos pesquisadores que produziram os dados e, mais tarde, por um amplo leque de importantes psicólogos, que também criticaram seus argumentos circulares.[9] Com uma pancada tão firme, era de se pensar que esta toupeira tinha sido permanentemente eliminada.

Não tenha tanta pressa. No verão de 2017, um memorando (muito longo) de um funcionário do Google, James Damore, chegou ao conhecimento do público.[10] Aparentemente foi redigido em um ataque de frustração depois do comparecimento a um curso de treinamento em diversidade que desagradou claramente o autor. Ele efetivamente disse ao Google que a empresa estava perdendo tempo (o dele também, supõe-se) com iniciativas de oportunidades iguais para aumentar o número de mulheres na força de trabalho. Encarnando seu "Larry Summers interior", Damore afirmou que "a distribuição de preferências e capacidades de homens e mulheres difere em parte devido a causas biológicas e [...] estas diferenças podem explicar por que não vemos igual representação de mulheres em tecnologia e liderança". Não demorou muito para este memorando ser vazado, para o funcionário ser identificado, para explodir uma imensa tempestade na mídia e, depois, para Damore perder o emprego.

O alvo de Damore era mais amplo do que o de Summers e incluía preferências e aptidões; ele foi muito mais explícito sobre as bases biológicas, chamando-as de "universais nas culturas" e "altamente hereditárias", e citando a testosterona pré-natal como um fator causal importante. A principal dimensão da "preferência" que ele parece ter como alvo é a nossa velha amiga Pessoas X Coisas. Ele é menos específico sobre qual "déficit de capacidade" parece ser um problema para as mulheres (e para a empresa Google), mas declara que os homens são adequados para a codificação devido a suas habilidades de sistematização. Assim, parece que ele registrou a dimensão sistematização-empatização na dicotomia homem-mulher, com os homens sistematizadores tendo o necessário para serem codificadores de sucesso. Quanto ao aspecto empatizador, ele relaciona a tendências de gostar de pessoas que reservava para as mulheres. Extraordinariamente, mais tarde ele apela ao Google para desenfatizar a empatia, sentindo que ela pode causar uma tendência a "foco em anedotário, favorecer indivíduos semelhantes a nós, abrigar outros vieses irracionais e perigosos".

Ele também se concentrou em um estudo de larga escala, cobrindo 55 nações, sobre as diferenças sexuais em características pessoais que relatou que as mulheres, em média, exibem níveis mais altos de neuroticismo e afabilidade.[11] Os dados deste estudo também mostraram que as diferenças sexuais eram maiores nos países mais desenvolvidos, o que os autores entenderam se dever a homens e mulheres serem capazes de expressar naturalmente sua verdadeira identidade quando as restrições são menores. Damore advertiu contra permitir que os homens fossem mais "femininos", sugerindo que isto podia resultar neles deixando a ciência de alto nível e as posições de liderança em troca de "papéis tradicionalmente femininos" (ele não especificou quais). Concluiu a mensagem com uma série de sugestões de como sua perspectiva deveria ser incorporada em futuros programas de diversidade.

Muita coisa mudou desde o discurso de Larry Summers (embora não a mentalidade de gente como Damore), e a velocidade da reação a este memorando foi drástica, com artigos on-line, blogs, tuítes, posts do Facebook jorrando quase instantaneamente.[12] Em vista da extensão e do conteúdo do memorando, havia muito o que comentar. Deixando de lado observações gerais sobre os programas de diversidade e os acertos e erros na demissão de Damore, pelo menos parte do debate tratou da ciência que ele citou.

Tinha gente do lado dele. Aqueles do campo da psicologia evolucionista acharam que ele fez uma boa argumentação, possivelmente relacionada com seu endosso entusiasmado do pensamento deles no memorando de Damore. Você pode ver de onde ele pode ter tirado a relação com a competitividade e o ímpeto por status, coerente com os argumentos de homem-caçador da psicologia evolucionista, mas é difícil ver a história evolutiva por trás da extroversão, da afabilidade e do neuroticismo, todas características que Damore cita como responsáveis pela ausência de mulheres nos escalões mais altos do Google. Debra Soh, neurocientista sexual e escritora de divulgação científica, claramente sente que tem o direito de falar por todos os neurocientistas e ignora imensas áreas de neurociência crítica ao verbalizar seu apoio a Damore:

> No campo da neurociência, as diferenças sexuais entre mulheres e homens – quando se trata da estrutura e da função cerebrais e de diferenças associadas em personalidade e preferências ocupacionais – são compreendidas como verdadeiras, porque a evidência delas (milhares de estudos) é forte. Isto não é informação que seja considerada controversa ou sujeita a debate; quem tenta argumentar o contrário, ou por influências puramente sociais, será motivo de riso.[14]

Contudo, do outro lado havia muita crítica do uso de aparentes evidências por Damore. Em um eco dos problemas com o discurso de Summers, David Schmitt, principal autor do artigo sobre personalidade que entusiasmou tanto Damore, não achava que suas descobertas realmente apoiassem o argumento de Damore. Ele observou que o tamanho de quaisquer diferenças costumava ser pequeno e era necessário levar em conta onde foram medidas, como foram medidas e outros fatores de contexto. Em uma rejeição bem mais incisiva deste uso de sua pesquisa, ele também observou: "Usar o sexo biológico de alguém para essencializar todo um grupo de personalidades é como operar cirurgicamente com um machado. Sem precisão suficiente para fazer bem, provavelmente causará muitos males."[15]

Outros comentaristas notaram que, como nas observações de Summers, não foi dada nenhuma atenção à plasticidade do cérebro humano, o possível papel da experiência na determinação do desempenho em qualquer variedade de medidas, inclusive aquelas que certamente seriam relevantes para o sucesso na ciência.[16] A questão aí era que mesmo que existisse algum fundamento em alegar uma base biológica para o tipo de aptidão que aparentemente faltava às mulheres, ela não era fixa e insuperável como Damore sugeria. Ele incorporava o mantra dos "limites impostos pela biologia" em lugar do "potencial dado pela biologia".

A identificação de Damore com a codificação como coisa de homem foi facilmente abordada observando-se a preponderância de mulheres no campo da computação em países como a Índia e ligando o desaparecimento das meninas da computação a um fenômeno cultural, o advento do computador doméstico nos anos 1980 e seu marketing como um sistema de jogos para homens.[17] Foram muitas as refutações ponto a ponto de suas opiniões essencialistas, com o detalhamento sistemático das deturpações e falácias nestes argumentos. Dois autores que por muitos anos pesquisaram e publicaram amplamente sobre esta questão resumiram o sentimento geral desta forma: "Pesquisamos questões de gênero e STEM (ciência, tecnologia, engenharia e matemática) há mais de 25 anos. Podemos afirmar categoricamente que não existem evidências de que a biologia das mulheres as torna incapazes de realização nos níveis mais elevados de qualquer área STEM."[18]

Assim, foi um Dia da Marmota para uma opinião firmemente essencialista, baseada em dados dúbios, deturpação da ciência citada e parecendo ignorar a pesquisa amplamente publicada que enfatiza a importância do contexto e da experiência no surgimento de aptidões e preferências em homens e mulheres. As afirmações muito divulgadas de Summers e Damore foram criticadas com conclusões claras e firmemente declaradas quanto à natureza equivocada dos pressupostos que fundamentam estas declarações públicas sobre as mulheres na ciência. Estes dois pronunciamentos infames e o *backlash* contra eles resume praticamente todas as questões no eterno debate sobre as mulheres, a biologia e a ciência. Infelizmente, isto parece incluir o caráter pegador de um raciocínio desses e sua propensão a ressurgir de forma quase inalterada.

Portanto, mesmo hoje, com importantes avanços tecnológicos que deveriam nos permitir realmente lidar com as diferenças individuais no cérebro, ainda existem pensadores do século XVIII aparecendo com respostas do século XVIII. Embora tenhamos negações incisivas (e repetidas) de que a biologia das mulheres as torna ineptas para a ciência, prova-se extraordinariamente difícil alterar a máxima subjacente "culpe o cérebro", que nos acompanha desde os dias de Gustave Le Bon. Então, vamos examinar a qualidade das evidências mobilizadas em seu apoio.

A estereotipia da ciência do cérebro

A ideia de que um "cérebro masculino" é uma fonte necessária das habilidades de sistematização que nos colocam no caminho para um prêmio Nobel entrou na consciência do público. Estimulados pelo modelos sistematizador-empatizador de Simon Baron-Cohen, os últimos cinco anos, mais ou menos, viram uma busca pelos correlatos neurais subjacentes a estes tipos de processamento.[19] Uma motivação principal têm sido os *insights* que isso pode dar sobre os distúrbios do espectro autista, que Baron-Cohen descreveu em termos de um "cérebro masculino extremo".[20] Como ele também declarou que o cérebro masculino é programado para sistematizar e o cérebro feminino para a empatia, naturalmente as diferenças sexuais têm uma posição de destaque na análise e na interpretação da pesquisa nesta área.

Então, existe mesmo alguma coisa como um "cérebro científico"? Um "cérebro matemático"? E, por extensão a partir dos estereótipos de ciência e cientistas, existe um cérebro masculino?

Certa vez recebi uma charge de um colega sobre a "sexagem" de um gato. Dois homens tinham encontrado um gato e queriam saber se era macho ou fêmea. O quadrinho seguinte mostra os dois observando o gato tentar estacionar, fazendo uma baliza. Talvez você queira contar o número de vezes que um artigo na imprensa sobre as diferenças sexuais no cérebro é ilustrado por um homem segurando um mapa e olhando com confiança para o que claramente é a direção certa, às vezes com uma companheira de cenho franzido e o semblante confuso, com o mapa de cabeça para baixo, apontando ansiosamente a direção contrária.

Um importante foco nas discussões sobre as mulheres na ciência tem estado na cognição espacial, uma habilidade comumente associada com o sucesso em áreas STEM.* A cognição espacial é uma capacidade geral que vai da capacidade de navegar por nosso ambiente a criar e ler mapas e planos, à capacidade de manipular mentalmente objetos, símbolos e representações abstratas, a identificar padrões e trabalhar em muitas dimensões (e fazer uma baliza). Tem-se alegado que as diferenças sexuais nesta capacidade são das mais "sólidas" de todas elas.[22] Desde os primeiros estudos dos efeitos de lesão cerebral, passando por estudos de manipulação hormonal, tratando da identificação do terreno neural que fundamenta as habilidades espaciais e do mapeamento de redes cerebrais funcionais ativadas por tarefas espaciais, um foco importante no estudo da cognição espacial tem sido por que as mulheres são tão ruins nisso.

A ideia de que a cognição espacial é uma habilidade fixa e baseada no cérebro se tornou outro meme "Acerte a toupeira" em todo o de-

---

* Com efeito, em 2009, Wai e colaboradores relataram um estudo longitudinal com 400 mil estudantes secundaristas americanos, cujo progresso acadêmico foi acompanhado por mais de onze anos.[21] Foram encontradas evidências claras de uma ligação entre sua capacidade espacial precoce e o sucesso em áreas STEM de nível universitário ou carreiras relacionadas com STEM. É bem surpreendente que nem Lawrence Summers nem James Damore tenham escolhido este artigo, porque poderia ter sido um fundamento muito mais firme para suas alegações.

bate sobre diferenças sexuais/de gênero, em particular com relação ao grau de organização dos hormônios pré-natais nos cérebros feminino e masculino. O desempenho em tarefas de processamento visuoespaciais tem sido considerado um indicador do grau da masculinização de cérebros que foram expostos a altos níveis de testosterona.[23] Psicólogos evolucionistas ponderaram com sugestões de que as habilidades espaciais superiores dos homens são ligadas às habilidades de caça, atirar lanças e encontrar caminhos, coisas de que precisaram no passado.[24] Assim, examinar até que ponto um "cérebro espacial" é biologicamente determinado (com temas de "capacidade inata bruta" ou "expectativas de brilhantismo" muito mais comuns no mundo STEM) ou um produto de treinamento orientado por gênero (pensem em Lego e videogames) podia dar um *insight* verdadeiro de quais são as diferenças sexuais neste conjunto de habilidades e de onde elas vêm.

Os níveis altos de capacidade espacial podem ser uma habilidade prática, tornando a pessoa boa na descoberta do caminho em lugares desconhecidos ou sendo capaz de ler mapas, e também pode torná-la boa em tarefas que exigem a compreensão das relações entre diferentes partes de objetos, como construção ou arquitetura. Também pode ser uma habilidade teórica, assim, a pessoa pode ser boa na compreensão de determinados ramos da matemática. Quase universalmente, para onde quer que olhemos, em diferentes épocas e diferentes culturas, tem sido alegada a superioridade masculina nesta habilidade. Mesmo quando os hiatos de gênero diminuem em toda parte, esta suposta diferença homem-mulher continua firme e é saudada como a mais sólida de todas as diferenças sexuais, talvez o último bastião da superioridade masculina.

Na verdade, quando vemos a expressão "cognição espacial" ou "processamento visuoespacial", com muita frequência os cientistas estão falando do desempenho em uma tarefa de rotação mental (TRM), testando a capacidade de girar mentalmente uma figura em 3D para ver se casa com uma segunda versão, o que já encontramos algumas vezes neste livro.[25] Este é, com certeza, o teste mais comumente usado como medida geral de processamento espacial, aquele que normalmente revela as maiores diferenças sexuais (embora, como sempre, ainda estejamos falando de pontuações sobrepostas aqui), que foi demonstrado em crianças muito novas, parece ter mostrado a maior estabilidade no tempo (embora existam evidências de sua diminuição) e a maior uniformidade intercultural.

Se você se recorda do Capítulo 8, houve uma sugestão da existência de diferenças sexuais precoces em capacidade de rotação mental, com meninos de três a quatro meses olhando por mais tempo pares de imagens quando uma delas era rotacionada.[26] Sugeriu-se que isto podia refletir as consequências da exposição pré-natal a testosterona.[27] Da mesma forma, existem boas evidências de que fatores vivenciais, como a escolha do brinquedo, participação em esportes e jogos de computador podem afetar o desempenho na rotação mental. Curiosamente, um estudo recente mostrou que, em bebês meninos, há uma correlação positiva entre níveis de testosterona e capacidade de rotação mental, um efeito que não aparece nas meninas.[28] Por outro lado, houve uma correlação negativa entre atitudes parentais estereotipadas de gênero e desempenho em rotação mental em meninas – quanto mais tradicionais as atitudes dos pais com relação ao gênero, pior as meninas se saíam em uma tarefa de rotação mental. Os pesquisadores sugeriram que fatores biológicos estavam em ação nos meninos e fatores de socialização, nas meninas. Assim, temos evidências de uma diferença precoce em uma habilidade espacial, mas com atribuições inexplicavelmente mistas das causas. Mas aqui ainda estamos examinando correlações entre variáveis, e estas são indiretamente ligadas a processos cerebrais. Talvez o exame do que acontece no cérebro quando alguém realiza uma TRM possa lançar mais alguma luz.

Será que uma TRM revela um conjunto bem ordenado de áreas cerebrais em que a atividade é acionada, com o grau de ativação estreitamente associado com o nível de desempenho? Ou talvez dois conjuntos de áreas cerebrais, um masculino e outro feminino, combinando os diferentes níveis de capacidade? Bom, espero que a essa altura você tenha entendido que isso quase nunca acontece, mas com o estudo da cognição espacial talvez possamos pelo menos extrair alguns princípios gerais de estudos de imagem do cérebro que devem, então, formar o pano de fundo para todas as outras perguntas que precisam ser feitas.

Estudos muito iniciais do efeito de lesão cerebral no comportamento localizaram o processamento espacial no córtex parietal, aquela parte entre as áreas visuais dos lobos occipitais e as áreas executivas dos lobos frontais.[29] Embora uma lesão em qualquer um dos hemisférios na área parietal cause problemas na cognição espacial, ela é mais evidente em danos no lado direito do cérebro. Se você se recorda, um dos primeiros neuromitos era de que o hemisfério direito "desimpedido" dos homens lhes dava vantagem visuoespacial sobre as mulheres, cujo hemisfério direito também dividia a responsabilidade pelas demandas da linguagem. Embora esta concepção tenha sido amplamente descartada, sem dúvida na comunidade científica, ainda pode ser encontrada em alguns livros didáticos desatualizados ou em obras do gênero "neurolixo".[30]

Com relação à rotação mental, na verdade é no lobo parietal direito que a atividade aumentada é mais sistematicamente encontrada, mas em geral isso é acompanhado também por uma ativação no hemisfério esquerdo. Assim, devemos nos fixar no córtex parietal como a estrutura cerebral que fundamenta esta diferença sexual sólida? Um estudo de 2009 revelou que o desempenho superior dos homens em TRM estava associado a uma área de superfície maior no córtex parietal esquerdo, enquanto o desempenho mais fraco das mulheres foi associado à maior profundidade da massa cinzenta, mais uma vez no córtex parietal esquerdo.[31] Assim, um córtex parietal maior nos homens os ajuda a se saírem melhor, mas um córtex mais espesso nas mulheres parece atrapalhar. Mas, tendo em mente os debates de "o tamanho importa" que vimos no Capítulo 1, devemos ter cautela ao atribuir excessivo significado explanatório a isto. E, como sempre, precisamos ter em mente que talvez estejamos vendo as consequências de diferentes experiências visuoespaciais para nossos cérebros plásticos e maleáveis.

Significaria então que a resposta está nas crianças, com menos anos de experiências transformadoras do cérebro? Compreensivelmente, existem menos estudos de imagem cerebral de desempenho em TRM em crianças, mas um estudo com fMRI de 2007 comparou crianças entre nove e 12 anos e adultos fazendo a mesma versão de uma TRM.[32] Em crianças, os pesquisadores encontraram padrões de ativação no córtex parietal direito semelhantes àqueles dos adultos, embora fosse mais provável que os adultos mostrassem também ativação do hemisfério esquerdo. Mas o interessante foi que não havia diferenças de gênero entre as crianças, fosse no desempenho em TRM ou em sua atividade cerebral, enquanto *houve* diferenças na atividade cerebral de adultos, com as mulheres mostrando mais atividade frontal e motora. Pode ser que a tarefa fosse mais voltada para crianças (os estímulos eram imagens de animais, como cavalos-marinhos e golfinhos) ou pode ser que as crianças fossem pré-púberes, mas em vista da ênfase entre deterministas biológicos na emergência *precoce* de qualquer diferença sexual e do que agora sabemos sobre o papel da experiência na configuração do cérebro, este resultado nos dá um forte argumento contra o caráter inato essencial das capacidades espaciais.

Costumamos supor que todo mundo tenta resolver um problema da mesma forma, alguns com mais eficiência do que outros. Mas algumas descobertas sobre o cérebro contam uma história diferente. Quando foi comparada a competência em uma TRM de homens e mulheres, os participantes homens, em média, mostraram maior ativação no córtex parietal, mas as mulheres mostraram maior ativação frontal.[33] O que foi inferido disto é que os homens resolvem o problema de um jeito holístico, mas as mulheres usam uma abordagem mais linear, possivelmente contando os componentes que integram a imagem a ser rotacionada. (Este parece um método perigosamente sistematizador para mim, mas talvez, por enquanto, possamos deixar passar.) Esta última tática consome mais tempo e, assim, quem a empregar demorará mais para chegar a uma solução. Mas ainda vemos uma diferença entre os sexos, e então, como no exame de diferenças estratégicas, existem outros fatores que devem ser considerados antes que possamos concordar que a diferença sólida que alegam existir está no modo como homens e mulheres lidam com o espaço.

Como sempre, às vezes não se trata da questão em si (os homens são melhores do que as mulheres em tarefas espaciais?), mas de *como* se faz a pergunta. Quando são usadas diferentes versões da TRM clássica, as diferenças sexuais supostamente sólidas diminuem ou até desaparecem. Isto foi mostrado em versões do teste com dobradura de papel e nas versões usando objetos reais em 3D ou fotografias deles.[34] No Capítulo 6, vimos o efeito da ameaça do estereótipo sobre a atividade cerebral e a rotação mental.[35] Um estudo mostrou que se descrevermos a tarefa de forma diferente, como uma tarefa de perspectiva em vez de alguma que exija rotação mental, a atividade cerebral e o desempenho na tarefa são afetados. Isto pode sugerir que esta diferença sexual fundamental, no fim das contas, não é tão fundamental assim.

Treinando o cérebro – e um lembrete de que a escolha dos brinquedos importa

Seguindo o mesmo raciocínio, as diferenças no desempenho em TRM talvez não sejam tão estáveis como se supunha. Pode melhorar com o treinamento relevante, que mostrou reduzir as diferenças sexuais ou até eliminá-las por completo, portanto, certamente é uma habilidade maleável.[36] Isto sugere que a diferença supostamente sólida pode não ter associação com uma diferença sexual fixa e de base biológica, na verdade, é um efeito de diferentes níveis de experiência espacial. Já vimos que é mais provável que os meninos tenham brinquedos de montar ou participem de esportes com alvo e fortes elementos espaciais, então quem sabe eles não estejam mostrando o benefício destas oportunidades precoces de "treinamento"?

Dicas comportamentais vêm da observação de pessoas jogando games de computador. Um estudo, de 2008, mostrou que apenas quatro horas jogando Tetris trouxeram melhoras significativas no desempenho em TRM, mais nas mulheres do que nos homens.[37] Outro estudo no ano anterior, de Jing Fenge e colaboradores da Universidade de Toronto, examinou as diferenças sexuais no desempenho em TRM como função de experiências anteriores em videogames.[38] Este mostrou que jogadores experientes se saíram muito melhor em TRM do que os não jogadores, e que as diferenças sexuais no grupo de jogadores eram muito pequenas. Parecia que se sair bem em testes de TRM podia ser mais uma função de quanto tempo passamos com nosso Xbox do que do genótipo XX ou XY. Os pesquisadores confirmaram isto colocando outro grupo de estudantes em dez horas de treinamento em um videogame de ação, com testes TRM antes e depois do treinamento. Homens e mulheres mostraram uma melhora significativa, as mulheres mais do que os homens, reduzindo drasticamente o hiato de gênero pré-treinamento.

Será que essas dicas comportamentais têm correspondência na atividade cerebral? Como vimos anteriormente, o Tetris também foi levado a um escâner cerebral, em que se mostrou que mudanças significativas no cérebro, em estrutura e função, podem ser provocadas pelo treinamento. Em um grupo de 26 meninas, foram encontrados aumentos bem amplos na espessura por todo o córtex, mais particularmente na parte dos lobos temporais esquerdos e dos lobos frontais esquerdos. As diferenças antes e depois no fluxo sanguíneo mostraram que as meninas treinadas no Tetris mostraram alguma redução na atividade no hemisfério direito, coerente com as mudanças reveladas quando nos tornamos mais experientes em uma nova habilidade.[39]

Estudos como esses correspondem a outros sobre a plasticidade cerebral que examinamos e vimos como outras habilidades espaciais (como a perícia em navegação exigida de taxistas e a coordenação mão-olho necessária para o malabarismo), embora claramente relacionadas com padrões de ativação específicos no cérebro, podem ser alteradas como uma função da experiência, nos níveis do cérebro e do comportamento.

Estereotipando-se

Já vimos em outra parte deste livro como a crença nos estereótipos (como o fator "excelência/lâmpada acesa") pode afetar a percepção que os indivíduos têm de suas capacidades e as escolhas de estilo de vida que podem surgir como consequência disso. Parece que isso também pode afetar, à moda da clássica ameaça do estereótipo, o próprio desempenho que supostamente caracteriza a categoria "inferior". A psicóloga Angelica Moè examinou o desempenho em TRM como função das explicações dadas antes do teste.[40] Depois de obter as medidas básicas dos participantes (95 mulheres e 106 homens), ela os dividiu em quatro grupos. Cada grupo ouviu o seguinte: "Este teste mede capacidades espaciais. Elas são muito importantes na vida cotidiana, isto é, para encontrar um caminho em um mapa, orientar-se em um ambiente novo, descrever uma rua a um amigo. A pesquisa mostrou que os homens se saem melhor do que as mulheres neste teste e obtêm pontuações mais altas." Depois, diferentes explicações foram dadas aos diferentes grupos (menos o grupo de controle). A explicação genética dizia: "A pesquisa mostrou que a superioridade masculina é causada por fatores biológicos e genéticos." A explicação do estereótipo dizia: "Esta superioridade é causada por um estereótipo de gênero, isto é, por uma crença comum na superioridade masculina em tarefas espaciais, e não tem nenhuma relação com a falta de capacidade." A explicação do limite de tempo dizia: "A pesquisa mostrou que as mulheres, em geral, são mais cautelosas do que os homens e requerem mais tempo para responder. Daí, seu fraco desempenho se deve ao limite de tempo e não tem nenhuma relação com a falta de capacidade." Em seguida, o desempenho na TRM voltou a ser medido.

As participantes que receberam as explicações do estereótipo e do limite de tempo mostraram uma melhora significativa. Moè sugeriu que havia "explicações externalizantes", que o desempenho fraco não tem nenhuma relação com a falta de capacidade, mas com algum tipo de estereótipo (que vocês podem ignorar) ou alguma escolha estratégica em vez de incompetência básica. Ela atribuiu o desempenho melhorado a um fator de "alívio", segundo o qual o nosso desempenho na tarefa pode ser atribuído a fatores externos e não sugere que nascemos para ser inferiores. O grupo da "genética", que recebeu a mensagem "seu desempenho é uma medida de sua incapacidade inata", mostrou um declínio no desempenho. Devemos observar que houve diferenças sexuais (os homens melhores do que as mulheres) tanto antes quanto depois da fase de instruções, assim, não podemos dizer que as explicações externalizantes contra-atacaram as diferenças, mas mostraram que esse tipo de desempenho pode variar como função das crenças que temos sobre o que era medido no teste, novamente solapando quaisquer declarações de "solidez".

É interessante observar que foram traçados paralelos entre os efeitos da ameaça geral do estereótipo e a "ansiedade com matemática", um problema particularmente relevante para a realização na ciência.[41] Também é um problema para o qual as mulheres parecem tender particularmente. Houve a sugestão de que a ansiedade com matemática está relacionada a uma fraca capacidade de processamento espacial, assim, é apenas uma avaliação realista de suas chances de se dar mal. Mas se examinarmos como a capacidade de processamento espacial é medida, frequentemente é por meio de um questionário autorrelatado, o Questionário das Imagens Objeto Espacial.[42] Isto inclui autoclassificação sobre declarações como "Sou competente em jogos espaciais que envolvem a construção a partir de blocos e papel" e "Posso imaginar facilmente e girar mentalmente figuras geométricas tridimensionais". Então, não é de fato uma medida da capacidade, mas uma medida da *crença* em sua capacidade. Deste modo, a ansiedade com a matemática pode muito bem mostrar que as mulheres que *acreditam* que sua capacidade de processamento espacial é fraca ficam compreensivelmente ansiosas com a realização de tarefas em que são necessárias as habilidades espaciais. Voltamos à terra dos estereótipos e das profecias autorrealizáveis.

No nível cerebral, estudos de ansiedade com matemática, desempenho em matemática e ameaça do estereótipo mostraram como estes processos são estreitamente interligados (e seus efeitos no comportamento também). Em um estudo com EEG que investigou a ansiedade com a matemática, aumentar a ameaça do estereótipo por meio de instruções ("Vamos comparar sua pontuação com a de outros estudantes com o objetivo de estudar as diferenças de gênero na matemática") ativou centros afetivos do cérebro e aumentou a atenção ao *feedback* negativo.[43] As estudantes deste grupo também desistiram mais rapidamente e não fizeram uso dos tutoriais on-line oferecidos. E, como você deve ter imaginado, elas se saíram pior do que colegas que não sofreram a ameaça.

Um estudo com fMRI mostrou mais diretamente que a ativação da ameaça do estereótipo estava associada com o recrutamento diferencial de recursos do cérebro.[44] As mulheres que receberam instruções neutras antes de completar uma tarefa de matemática mostraram ativação das áreas em geral associadas com a matemática, inclusive as áreas parietal e pré-frontal, enquanto as mulheres que foram preparadas com o estereótipo de gênero de fraco desempenho feminino na matemática ativaram áreas mais associadas com o processamento social e emocional. Seu desempenho se deteriorou com o passar do tempo no teste, novamente ao contrário do grupo que não sofreu a ameaça.

Os hormônios e as habilidades espaciais

Já observamos algumas correlações entre níveis hormonais e habilidade espacial em bebês humanos. Existiria alguma evidência de alguma ligação casual de que níveis hormonais alterados podem levar a desempenho visuoespacial alterado?

A manipulação direta de níveis hormonais evidentemente é rara em estudos humanos e é difícil modelar o entrelaçamento da capacidade espacial com a socialização, a experiência, as oportunidades de treinamento e a exposição a estereótipos que vimos neste capítulo. As descobertas de pesquisa com transexuais que passam por tratamento hormonal foram variadas e em geral relatam diferenças insignificantes no desempenho em tarefas espaciais entre participantes transexuais tratados e não tratados e o grupo controle. Um dos estudos de melhor projeto mostrou ativação cerebral reduzida em áreas parietais em transexuais homens para mulheres, embora seu desempenho não tenha diferido do grupo controle de homens.[45]

Estudos de distúrbios do desenvolvimento, como a HAC, deram evidências de capacidade espacial mais elevada em meninas que foram expostas a altos níveis de testosterona, confirmados por uma meta-análise desses estudos, mas sugeriu-se que este pode ser um efeito indireto de um interesse maior pela escolha dos brinquedos e por atividades "masculinas". Um estudo chefiado por Sheri Berenbaum, da Universidade Estadual da Pensilvânia, testou este modelo em um grupo de meninas e meninos HAC comparados com seus irmãos não afetados.[46] Usando uma gama de testes de capacidade espacial, inclusive TRM, o estudo mostrou que as meninas HAC tiveram uma pontuação significativamente maior do que suas irmãs não afetadas, porém mais baixas do que os homens não afetados. Essas meninas também tinham passatempos significativamente mais típicos de meninos, e uma análise posterior mostrou que era esta variável que previa a capacidade em TRM. Assim, o desempenho superior em TRM parece ser uma consequência futura da experiência espacial, potencialmente ligada a alguma preferência precoce pelo tipo de passatempo que oferece isto. Lembrem-se de que o desempenho em TRM em bebês meninas típicas em desenvolvimento foi negativamente afetado pelas visões estereotipadas dos pais.[47] Lembrem-se também de que as meninas HAC pareciam menos afetadas pela permissão generificada dada pelos brinquedos codificados por cores.[48] Assim, esses estudos podem nos dar alguns *insights* novos sobre os fatores enredados, biológicos e sociais, que contribuem para a capacidade espacial.

Atualizando o estereótipo da "leitura de mapas"

A alegação de que a cognição espacial é uma área em que a evidência de diferenças sexuais é confiável e bem estabelecida (e pode, assim, servir como um fórum adequado para considerar todos os aspectos destas diferenças, especialmente a sub-representação das mulheres na ciência) não resistiu a um exame atento posterior. É um estereótipo popular e antigo, mas parece que existe um grau muito maior de semelhança do que se pensava originalmente. Onde havia diferenças, elas podem ser função de como este conjunto de habilidades é avaliado, de quem teve que experiências relevantes e, enredado com estes e outros fatores, do papel da crença pessoal e da ameaça do estereótipo. Sugestões de diferenças inatas e diferenças biológicas causais estão inextrincavelmente relacionadas com expectativas de gênero e experiências generificadas. Usar o "comportamento espacial" como nossa lente para o cérebro feminino ou masculino parece ser um equívoco. Em suma, o estereótipo da "leitura de mapas" precisa de atualização.

Longe de ser a prova padrão ouro de que a aptidão e as diferenças de capacidade femininas-masculinas são arraigadas e fixas em suas diferentes biologias, a cognição espacial nos dá um estudo de caso detalhado e constante do poder do mundo para configurar estas habilidades individuais, entrelaçadas ainda mais com o contexto social em que estas habilidades podem ser usadas. Você pode ter os recursos corticais e cognitivos para ter sucesso na ciência, mas um ambiente frio e pouco acolhedor a faz se afastar.

Como vimos, os estereótipos sociais têm uma característica autossustentável pela qual, depois que passam a fazer parte do sistema de orientação social de um indivíduo ou de uma sociedade, determinarão que o indivíduo ou sua sociedade se comporte de acordo com as mensagens incorporadas no estereótipo. Isto reforça a "verdade" do estereótipo e fortalece ainda mais sua permanência. Os estereótipos não são apenas reflexos inertes do sistema de crenças de uma sociedade; sua própria existência pode influenciar o comportamento de membros desta sociedade: ou o comportamento da sociedade em geral para com esses grupos que são caracterizados pelos estereótipos, ou o comportamento de membros dos próprios grupos. Com nossos cérebros preditivos procurando regras por aí, os estereótipos podem ser adotados avidamente como um sistema de orientação disponível com relação a quem faz ciência, neste exemplo. Um precedente prontamente estabelecido será de que alguns tipos de seres humanos *não* fazem ciência, sustentado por uma crença de que é assim porque estas pessoas *não podem*. Então, que evitem erros de previsão e *não* façam ciência. Se as pessoas são confrontadas com o fazer ciência, processos de *feedback* geram sistemas de alerta perturbadores que têm efeitos negativos no desempenho. Isto pode reforçar triunfantemente a precisão do precedente "não faz/não pode fazer ciência" e aumentar o poder futuro do sistema de sinalização de erro de previsão e a inflexibilidade deste.

A sub-representação de mulheres nas áreas STEM é um problema mundial.[49] A perda de capital humano tem efeitos negativos na ciência e na comunidade científica; evidências claras de que isto não se deve à falta de capacidade indicam um desperdício de potencial humano, com pessoas plenamente capazes afastando-se (e sendo afastadas) de carreiras satisfatórias. Historicamente apresentado como uma simples consequência da biologia, agora está claro que este déficit surge de um entrelaçamento complexo de cérebros e experiências, crenças pessoais e estereótipos, cultura e política, vieses inconscientes e conscientes.

E nossa compreensão deste processo tem implicações para uma compreensão mais geral de como o cérebro passa a ser generificado, como as regras de orientação em nosso mundo dividido podem plasmar nosso cérebro.

CAPÍTULO 12:

AS MENINAS BOAZINHAS NÃO FAZEM

Estamos criando nossas meninas para que sejam perfeitas e nossos meninos para que sejam corajosos.
RESHMA SAUJANI, FUNDADORA DO GIRLS WHO CODE

Desde o momento do nascimento (e até antes), nosso cérebro é confrontado com diferentes expectativas de familiares, professores, empregadores, a mídia e, por fim, nós mesmos. Mesmo com o surgimento da incrível tecnologia de imagem cerebral, homens e mulheres ainda engolem o conceito do cérebro masculino e do cérebro feminino, cujas diferenças inatas determinarão o que eles poderão ou não fazer, o que realizarão e não realizarão.

Agora temos uma consciência muito maior do papel essencial que tem em nosso desenvolvimento nos tornarmos seres sociais, como nosso cérebro preditivo está constantemente em busca de regras sociais de engajamento, como nossa identidade pessoal e nossa autoestima são fundamentais para nosso bem-estar. Em especial, também está claro como isto pode ser ameaçado por encontros com estereótipos negativos ou a rejeição social.

É aqui que podemos encontrar explicações para os hiatos de gênero que têm sido o centro de tanta atenção há tantos anos. Será que toda esta jornada generificada mudou o veículo para navegar pelo terreno? Assim, mesmo que façamos tentativas hercúleas de nivelar a rota ou eliminar outras placas de sinalização desinformadas, será que temos um cérebro que não é mais apto para sua finalidade, cujo jeito de lidar com o mundo é arraigado demais, cujos precedentes são por demais estabelecidos para ser alterados?

Vamos rever o que sabemos sobre o cérebro social e ver se as diferenças sexuais/de gênero sobre as rotas "recomendadas" para ser social podem ter impacto em cérebros viajantes.

Sistemas de alarme no cérebro

Na literatura populista baseada no cérebro, muito se diz sobre a diferença entre a parte altamente desenvolvida de processamento de informações de nosso cérebro e a parte mais primitiva, irracional e emocionalmente carregada. Pode-se caracterizar o sistema cognitivo, em particular o córtex pré-frontal, em termos de Sherlock Holmes: rigidamente racional, implacavelmente lógico, um sistema executivo focalizado e encarregado do planejamento e da solução de problemas. O mais impulsivo e, de vez em quando, excessivamente excitável sistema de controle afetivo, composto principalmente do sistema límbico, tem sido associado a um leque de metáforas, como "a fera interior". O psiquiatra esportivo Steve Peters, em seu livro *O paradoxo do chimpanzé*, denominou esta parte do cérebro de "chimpanzé interior", caracterizando-o como um sistema cerebral mais primitivo e impelido pelas emoções que em geral é controlado pelos sistemas evolutivamente mais jovens e racionais do lobo frontal (mas cujo poder pode ser útil aproveitar, se quisermos ser um atleta de elite com vontade de vencer a qualquer custo).[1]

Um modelo comum de relação entre estes dois sistemas é que o sistema emocional mais velho e mais volátil deve ser monitorado, controlado e, o ideal, geralmente anulado pelo córtex holmesiano, com sua abordagem fria, distante e baseada em provas aos problemas da vida. Agora sabemos que processos cognitivos como o aprendizado, a memória e o planejamento de ação – e até processos perceptivos mais básicos – não ocorrem em um vácuo inócuo. A parte Holmes de nosso cérebro está mais em contato com nossos alicerces emocionais, frequentemente se consulta com eles, comparando observações e até tomando decisões, ou mudando-as, com base em informações muito primitivas de "bem-estar" ou "mal-estar" das camadas inferiores do cérebro. Como vimos no Capítulo 6, isso é particularmente válido nas redes do cérebro social. Embora os aspectos de alto nível do ser social, como a referência em si mesmo ou nos outros e a identidade pessoal ou dos outros, estejam concentrados em várias áreas do córtex pré-frontal, sabemos que estas estão estreitamente ligadas a nosso sistema límbico, trocando informações positivas e negativas e atualizando constantemente nossos catálogos de codificação social.[2] Estes sistemas interligados fazem parte de nossa teoria da rede da mente e são fundamentais para nossas capacidades de ler a mente e nossas habilidades de detecção de intencionalidade.

Mas existe uma terceira parte nesta cadeia, para todos os efeitos, a ponte entre Sherlock Holmes e nosso chimpanzé interior. É baseada em uma estrutura que figurou frequentemente à medida que separamos os vários componentes de nosso cérebro social: o córtex cingulado anterior. Se você se lembra, este fica bem atrás da parte frontal do cérebro e é estrutural e funcionalmente muito ligado ao córtex pré-frontal, e também aos centros de controle emocional, como a amígdala, a ínsula e o corpo estriado.[3] Tem-se sugerido que estas células nervosas incomuns em formato de fuso podem estar ligadas à comunicação de alta velocidade necessária para manter a atividade no cérebro social.[4]

Então, que função especial tem esta área bem situada e especialmente dotada de terreno neural? Ficou claro que a parte anterior do córtex cingulado está envolvida em uma gama extraordinária de tarefas. Por um lado, tem um papel fundamental no controle cognitivo, é seguramente ativada quando alguém comete um erro (como em uma tarefa Go/NoGo); por outro lado, parece ser a chave para mecanismos evolutivos, reagindo de forma distinta a diferentes "colorações" positivas ou negativas associadas com *feedback* de tarefas, e mostra mudança emocional acentuada se sofre uma lesão.[5]

Uma revisão muito influente, publicada em 2000 pelos pesquisadores da neurociência George Bush (é, ele ouve muito isso), Phan Luu e Michael Posner, relatou que uma meta-análise detalhada de um leque de estudos nesta área sugeriu que podemos mapear amplamente as funções cinguladas anteriores em duas áreas.[6] Qualquer ativação associada com tarefas cognitivas estava relacionada com a parte dorsal do cingulado anterior (dCAA), enquanto a ativação associada com a emoção mais provavelmente era encontrada nas áreas ventrais (vCAA). O modelo proposto com base nesta revisão destacava o papel do dCAA como um sistema de detecção de erros; suas ligações com os centros da emoção lhe conferem um papel evolutivo e, assim, as consequências dos erros são registradas e o comportamento é ajustado. O sempre ocupado dCAA também monitora as dificuldades associadas com reações conflitantes (como aquelas que vimos nas tarefas Stroop ou Go/NoGo), quando é preciso tomar uma decisão sobre qual reação pode ou não levar a um erro cometido.

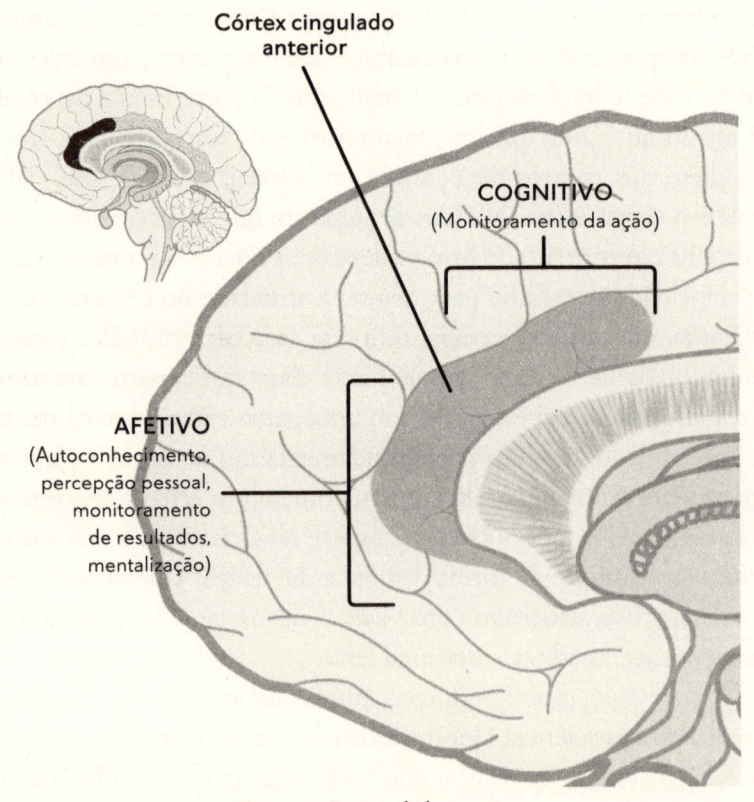

Figura 3: O cingulado anterior.

Bush e colaboradores acharam que estes papéis de "avaliação de erros" e "monitoramento de conflitos" do dCAA faziam um trabalho admirável unindo as descobertas de pesquisas, mas observaram alguns enigmas. Um deles foi que algumas delas mostraram evidências claras de atividade *antecipatória* do dCAA (por exemplo, depois de dadas as instruções das tarefas, mas antes que qualquer estímulo fosse apresentado), que não se encaixa em seu modelo do dCAA como monitor constante de acontecimentos. Agora, naturalmente, podemos ligar este aspecto da atividade cingulada ao papel de estabelecer um precedente – será que o dCAA está codificando um acontecimento como uma situação em que um erro *pode* ser cometido?

Um olhar um tanto diferente sobre o papel do dCAA foi dado por Matthew Lieberman e Naomi Eisenberger, da tarefa Cyberball. Se você se lembra, eles propuseram um medidor ou sistema de "sociômetro" como parte do cérebro social que monitora constantemente nossos níveis de autoestima.[7] Este sistema de alarme será ativado em circunstâncias nas quais esses níveis possam estar abaixo do que é necessário para manter nosso bem-estar social, principalmente em momentos que indiquem rejeição ou exclusão social. Lieberman e Eisenberger colocam o dCAA no palco central em sua rede de sociômetro, com base na observação de que a reação à rejeição social era a mesma à da dor física, ambas seguramente associadas com atividade do CAA.*[8]

Lieberman chama o CAA de "sistema de alarme" do cérebro, com um sistema de detecção cognitivo, que acompanha os problemas que exigirão reações, avalia erros e verifica mensagens conflitantes, e um mecanismo de sondagem emocional, que indicará quaisquer problemas e impelirá o dono do cérebro a ativar/desativar a mudança de rumo ou a fazer o que for preciso para manter suas atividades sociais nos trilhos

---

* Bush excluiu explicitamente os estudos da dor de sua revisão da atividade do CAA, por não ser relevante para sua divisão cognição X emoção, mas Lieberman e Eisenberger acharam que a reação à dor resumia exatamente o envolvimento de ambos os processos, indicando a ocorrência de um evento doloroso e a angústia associada a ele. Eles observaram que nos estudos da dor física, aqueles que relataram níveis mais altos de angústia associada à dor tinham mais atividade no CAA, enquanto os que tinham mais atividade no córtex pré-frontal relataram menos angústia. Assim, havia um mecanismo de controle de cima para baixo que podia modular este aspecto da atividade do CAA.

e o tanque de combustível da autoestima cheio. O foco está em evitar quaisquer acontecimentos que ameacem de alguma forma a autoestima. O sistema é ligado com o córtex pré-frontal e tem certo nível de controle sobre quanta angústia é associada com a dor da autoestima em queda; uma atividade maior aqui é associada a níveis mais baixos de angústia diante da dor social.[9]

Soar o alarme desencadeará uma cadeia de acontecimentos. Suponha, por exemplo, que alguém sugeriu que você pedisse uma promoção no trabalho. Tomando isso inicialmente como uma lisonja, você começa a atualizar o currículo e verificar os critérios de promoção. (Já está claro que você não estudou na escola "se joga!".) Depois, seu crítico interior ultracauteloso começa a disparar alarmes – epa, pare um minuto e pense no que isso pode acarretar. Quantos daqueles quadradinhos da promoção você marcou? Será que você vai trabalhar com pessoas diferentes? Você é esse tipo de pessoa? O que vai acontecer se cometer um erro (muito mais provavelmente se estiver trabalhando em um nível mais alto)? Será que esse é mesmo o "seu" tipo de trabalho? Pense em como você está confortável com o que faz agora – o salário é péssimo (e você tem certeza de que ganha menos do que alguns colegas, mas não vamos fazer uma cena), porém, você acha o trabalho fácil e o faz há tanto tempo que raras vezes erra em alguma coisa. É conhecido como um par de mãos confiável – não se coloque numa situação em que as pessoas pensem ter cometido um erro ao promoverem você. Sim, você deve jogar a solicitação no lixo – ufa, escapou por pouco!

Em termos da neurociência, a reação primária será um "pare" ou do tipo inibitória. Depois de sinalizado um erro ou possível descompasso, o comportamento constante precisa ser "desativado" e respostas alternativas, procuradas. Sistemas adicionais então podem entrar em jogo; talvez uma reavaliação, envolvendo o córtex pré-frontal, que atenuará o componente afetivo e evitará esgotamento demasiado das reservas de autoestima. Assim, em vez de uma reação do tipo chimpanzé ("Está com medo? Vá assim mesmo"), existe um comando do tipo banana de "Está com medo? Pois saia daí o mais rápido que puder". Então, o que determina se nós temos um chimpanzé ou uma banana?

O sociômetro e o "limitador interior"

No capítulo sobre o cérebro social, nos deparamos com a ideia de um medidor interno ou sociômetro medindo nossos níveis de autoestima e alertando nosso sistema de alarme baseado no dCAA se as leituras estão na zona perigosamente baixa.

Em seu livro sobre o cérebro social, Matthew Lieberman descreve problemas com os dois sistemas de alarme em sua casa. Eles compreendem uma campainha que não toca (um sistema sonoro com defeito) e um detetor de fumaça em que um sensor defeituoso faz com que o alarme dispare na ausência de qualquer fumaça (um sistema de detecção com defeito).[10] Neste mesmo espírito, gostaria de lhes contar um pouco sobre um sistema de alarme defeituoso em minha vida para exemplificar um componente com possíveis problemas de que precisamos estar conscientes em nosso sociômetro interior. Minha casa é uma construção antiga, aos poucos convertida por nossos predecessores com o passar das décadas, e as muitas e variadas partes da rede elétrica refletem esta história. Logo depois de nos mudarmos, a instalação de uma lâmpada a mais na varanda exigiu outro circuito elétrico (extraordinariamente caro). O que se seguiram foram semanas de frequentes cortes totais de energia, inexplicáveis e aparentemente aleatórios. Várias visitas (igualmente caras) de eletricistas confusos depois, revelou-se que o problema estava no novo disjuntor instalado – orgulhosamente atendendo a todas as exigências nuançadas de controle de uma iluminação moderna de varanda, mas constantemente entrando em pânico com os caprichos da eletricidade dos tempos de Edison com a qual agora ele também se via conectado. Tocar aquele interruptor meio duro no quarto do segundo andar? Alguém abrindo a porta do roupeiro? Pensando em usar o ferro de passar, talvez? Bastava qualquer leve sugestão de atividade incomum e o nosso disjuntor supersensível pegava a linha de menor resistência (desculpem-me) e desligava tudo. Assim, ao contrário do sistema de detecção de fumaça de Matthew Lieberman, o sensor não tinha defeito nenhum, só era sensível demais.

Como este disjuntor, acho que podem existir diferenças individuais muito acentuadas no limiar acima do qual pode ser ativado nosso sistema de alarme do sociômetro. Como vimos, algumas pessoas conseguem desprezar uma rejeição no trabalho com um toque de racionalização eficiente *a posteriori*; outras mergulharão em um Vale da Desilusão, o sociômetro despencando rapidamente para a zona vermelha. O resultado de um sociômetro ativado pode não ser um incidente de curto prazo pare-no-sinal-vermelho; ao longo de toda sua vida, ele pode afastar a pessoa de acontecimentos potencialmente positivos, ou impedir que ela tome alguma decisão reconfortante.

O que determina o limiar deste sistema? Nós nascemos com algum mecanismo interno ou as regras do nosso mundo podem ser incorporadas a ele? E se as regras são generificadas, temos então um sociômetro orientado por elas?

O sociômetro é apresentado como um sistema reativo, não preditivo. Mas poderá também ter uma função de barômetro, em que as leituras do medidor podem dar uma previsão do que está reservado para nós? Como falamos anteriormente, Bush e colaboradores comentaram sobre a natureza antecipatória da atividade do CAA em algumas tarefas, e nosso modelo do século XXI da natureza preditiva do cérebro sugere que os sistemas de monitoramento estão em busca tanto do que *pode* acontecer quanto do que *está* acontecendo. Uma revisão recente da atividade do dCAA pelo grupo de neuroimagem da Universidade de Oxford identificou especificamente um papel atualizador em seu controle de comportamento.[11] Ao sinalizar erros ou recompensas do passado, ele guiou decisões sobre se seria aconselhável continuar com os mesmos padrões de comportamento ou se era hora de experimentar uma tarefa diferente.

Em muitas circunstâncias, particularmente com relação a atividades sociais, podemos invocar acontecimentos do passado para ter um controle das regras do engajamento. Mas com muita frequência nossas reflexões íntimas têm relação com a previsão do futuro: como alguém *pode* receber sua candidatura a emprego, o que *pode* acontecer se você mudar de emprego, pedir uma promoção, levantar a mão em uma sala de aula, como você *não pode* ter aptidão ou sucesso, ou *não pode* desfrutar do evento para o qual convidaram. Como exemplo, as reações à ameaça do estereótipo que encontramos anteriormente podem ser vistas como uma reação antecipatória; a antena de identidade sua e de seu grupo estão se torcendo com a percepção de que você está em uma situação em que um golpe na estima está em jogo e você pode se sair mal, cometer erros, se ferrar.

Esta parte do sistema também pode dar defeito, no sentido de que a antecipação pode não combinar com o que realmente acontece. Uma queda na pressão nem sempre significa chuva e, assim, pode ser seguro sair sem um guarda-chuva. Mas se o medidor está ajustado para pecar pelo excesso de cautela, então os alertas inibitórios serão muito mais ouvidos do que o necessário. E, é claro, o fracasso em descobrir se a realidade combina ou não com a antecipação reforçará este comportamento de evasão, porque não será registrado nenhum erro de previsão. Se você não sair, não se molhará. Além disso, se o custo estimado das consequências antecipadas (um golpe na autoestima) é ajustado em um valor muito maior que o benefício de as ignorar (eu podia provar que todos estão errados aceitando aquele emprego), então nosso dCAA, que monitora conflitos e limita comportamentos, vencerá.

Para algumas pessoas, esta antecipação ansiosa é tão dominadora que elas relutam ou até são incapazes de se envolver com possíveis vicissitudes da vida cotidiana,[12] o que sugere que a parte preditiva de seu sociômetro é ao mesmo tempo excessivamente ativa e focalizada em resultados negativos. Podemos considerar uma versão do sociômetro que não seria nada útil em nossa rede cerebral social. Esta versão é sensível demais e pode pisar desnecessariamente nos freios do comportamento; ela é impelida por uma análise preditiva de custo-benefício permanentemente ajustada em "não vale o esforço". Para usar uma metáfora do monitoramento, é como se o limitador de velocidade estivesse ajustado baixo demais e nosso cérebro ficará bem abaixo até dos limites de velocidade mínimos, manobrando-os cautelosamente por uma pista interior ultrassegura.

Assim, temos um sistema baseado no cérebro, um limitador interior, que normalmente age como um centro de controle adaptativo e influente no cérebro social, mas cujos ajustes foram alterados para fazer dele um freio excessivamente ativo no comportamento constante. Com base no modelo do sociômetro, o cerne deste sistema é o dCAA. As consequências de nosso limitador cauteloso, portanto, serão evidentes nos problemas com autoestima, ansiedade e comportamento inibido demais. Como veremos, é possível caracterizar as diferenças sexuais/de gênero em processos cerebrais sociais em termos de atividade excessiva nos sistemas do dCAA, o que pode ajudar a explicar de onde vêm esses hiatos de gênero no poder e na realização.

Autoestima

Quando examinamos o cérebro social no Capítulo 6, um senso de *self* ou identidade pessoal foi visto como resultado essencial das atividades de nosso cérebro social. E essas atividades concentravam-se em fazer o que fosse necessário para garantir que a identidade pessoal fosse positiva, procurando as melhores maneiras de garantir altos níveis de valor pessoal e autoestima. Nosso sociômetro baseado no cérebro manterá uma verificação contínua de nossos níveis de autoestima, evitando os perigos da rejeição social e a ativação consequente dos mesmos mecanismos da dor que estariam ativos se estivéssemos para quebrar um braço ou uma perna. Sugeriu-se que manter ou melhorar os níveis de autoestima pode ser quase tão fundamental para nosso bem-estar quanto alimentação e abrigo adequados. Níveis patologicamente baixos de autoestima estão associados com uma série de problemas mentais, como depressão e distúrbios alimentares.[13] Talvez seja devido a este papel central da autoestima em tantas áreas de comportamento que ela seja, indiscutivelmente, um dos construtos mais amplamente estudados nas ciências sociais dos dias de hoje, como alegaram em 2016 em um imenso estudo intercultural da autoestima, com um exame total de mais de 35 mil estudos sobre a autoestima ou medida de identidade pessoal.[14]

Uma descoberta quase universal destes milhares de estudos foi de que sempre existem diferenças de gênero na autoestima, com os homens sistematicamente pontuando mais.[15] E isto não acontece apenas nos países WEIRD (Western, Educated, Industrialised, Rich and Democratic, isto é, ocidentais, instruídos, industrializados, ricos e democráticos). Esse estudo imenso testou quase um milhão de pessoas on-line, em 48 países, e encontrou hiatos de gênero significativos em cada um deles. Em todos os países, as mulheres tiveram uma pontuação mais baixa na autoestima, mas, como se pode esperar, o tamanho do efeito não era o mesmo em todos os países. Onde existiam as maiores diferenças? Entre os dez mais, estavam Argentina, México, Chile, Costa Rica e Guatemala (mostrando que as culturas de alguns países da América Central e do Sul têm um grande problema de autoestima em suas populações femininas), seguidos por Reino Unido, Estados Unidos, Canadá, Austrália e Nova Zelândia (sugerindo que não é de forma alguma um problema exclusivo da América do Sul). As diferenças menores foram encontradas em países asiáticos como Tailândia, Índia, Indonésia, China, Malásia, Filipinas, Hong Kong, Cingapura e Coreia do Sul.

Os pesquisadores também coletaram um leque de variáveis sociopolíticas, como o PIB (produto interno bruto) *per capita*, os dados do Índice de Desenvolvimento Humano (expectativa de vida, níveis de alfabetização e matrículas escolares) e os dados do Índice de Hiato de Gênero (diferenças de gênero na participação econômica e na oportunidade, realização educacional, empoderamento político, saúde e sobrevivência), que foram todos levados em consideração e avaliados para se saber como podiam ter contribuído para as variações nos hiatos de autoestima encontrados. A universalidade da autoestima feminina mais baixa podia ser explicada por fatores biológicos que evidentemente não foram medidos ali, mas a gama de diferenças sugeria a operação de fatores adicionais exacerbantes ou protetores. Talvez paradoxalmente, o quadro geral surgido foi de que quanto mais rico, mais desenvolvido e mais igualitário era um país, maior o hiato de gênero.

Como observaram os autores, isso tem paralelos nas descobertas de outro grande estudo, desta vez examinando diferenças de personalidade, que mostrou que as diferenças sexuais eram maiores em culturas prósperas, saudáveis e igualitárias.[16] Aqui, a interpretação foi de que as diferenças inatas talvez pudessem "divergir naturalmente", a "verdadeira natureza biológica" das diferenças sexuais não era mais mascarada por fatores sociopolíticos. Na verdade, foi este estudo que atraiu a imaginação de James Damore, o autor do memorando do Google que mencionei anteriormente, embora David Schmitt, pesquisador-chefe que realizou o estudo, achasse que Damore o tenha entendido e interpretado mal. Mas Schmitt certamente enfatizou uma base biológica para as descobertas relatadas. Será que as diferenças de autoestima (ou melhor, as semelhanças, porque cada país mostrou um déficit na autoestima feminina) podiam ser relacionadas a fatores semelhantes, de novo culpando a biologia por alguma suposta deficiência? Houve pouca pesquisa da origem biológica das diferenças de gênero na autoestima, embora, como veremos, *seja possível* explorá-las em termos do sociômetro neural proposto por Lieberman e Eisenberger, em particular porque ele pode abranger os fatores sociais explorados aqui.

Outra explicação possível foi formulada em termos de processos de "comparação social". Em algumas culturas, como podemos corresponder a membros de grupos além do nosso, este é um aspecto fundamental da identidade pessoal, uma espécie de processo de verificação da concorrência. É mais comum nas culturas ocidentais desenvolvidas; em culturas não ocidentais, é mais comum comparar a si mesmo somente com membros do próprio grupo. As menores diferenças de autoestima encontradas no estudo citado estavam em países asiáticos como a Tailândia, assim, os pesquisadores sugeriram que as mulheres ali eram culturalmente "protegidas" das consequências negativas das comparações intergênero.

Deste modo, parece haver uma diferença sexual/de gênero mundial nos níveis de autoestima. Será que esta pode ser a base dos hiatos de gênero na realização ou até no engajamento com as possíveis fontes de realização? Até agora, as explicações dos hiatos de gênero foram formuladas em termos de habilidades cognitivas baseadas no cérebro, geneticamente determinadas, hormonalmente organizadas, fixas e independentes do contexto. A revisão das supostas diferenças nessas habilidades no século XXI revelou que elas são ou pequenas demais para explicar os hiatos de gênero que examinamos, ou estão diminuindo ou talvez nunca tenham existido.[17] Devemos, então, voltar nossa atenção aos processos sociais baseados no cérebro? As variações na identidade pessoal que indicam diferenças de gênero na autoestima nos dariam outra fonte de explicações?

Quais podem ser os mecanismos cerebrais por trás desta autoestima baixa? Sabemos que a verdadeira rejeição social, que reduz a autoestima, ativa mecanismos de dor envolvendo sistemas de processamento de emoções e uma parceria córtex pré-frontal-CAA.[18] Alexander Shackman e sua equipe, do laboratório de Richard Davidson, da Universidade de Wisconsin-Madison, concentraram-se no CAA como um eixo em que as informações sobre as consequências negativas da atividade podem ser ligadas a "centros de controle de ação", que inibirão ações para evitar a dor que causam.[19] Assim, no CAA temos um sistema de codificação social que pode estar relacionado a um sistema de ação (ou inação) social.

Um foco no negativo é característico do funcionamento normal do sociômetro – somos mais levados a evitar a leitura zerada de nossos níveis de autoestima do que a registrar quando eles estão cheios. Mas um foco anormal no negativo é característica da depressão clínica, em que numerosos estudos relataram maior reatividade ao *feedback* negativo, maior processamento de expressões faciais negativas, como a tristeza ou o medo, melhor memória para imagens ou acontecimentos negativos.[20] Com relação às condições clínicas associadas à baixa autoestima, como o distúrbio de ansiedade social ou a depressão, cuja incidência é muito maior nas mulheres, havia um foco na autocrítica ou em uma visão negativa do *self* como característica-chave nestes distúrbios.[21] Assim, como acontece com um foco externo no negativo, este foco também se volta para dentro.

A autocrítica é uma forma de avaliação pessoal negativa, dirigida a vários aspectos do *self*, como a aparência, o comportamento, os pensamentos e características de personalidade. Existem boas evidências de que a autocrítica excessiva é um fator de vulnerabilidade no desenvolvimento da depressão, é correlacionada com nível de gravidade e prevê futuros episódios e até o comportamento suicida.[22] O "senso de *self*" de uma pessoa, ou o valor que ela se dá, nem sempre é positivo e pode haver dias (ou, infelizmente para algumas pessoas, longos períodos de tempo) em que a leitura de nosso sociômetro é baixa ou zerada. Nossa autoestima é baseada em nossa avaliação de muitos atributos diferentes, inclusive aparência física e capacidade intelectual, nossas realizações do passado e esperança daquelas futuras, associação com os endogrupos "certos" ou, atualmente, comparação com celebridades e histórias de sucesso nas redes sociais virtuais. Assim, existem muitíssimos meios em que podemos nos ver aquém dos padrões que estabelecemos para nós ou dos padrões que acreditamos que esperam de nós. Em algumas pessoas, isso pode levar a uma saraivada constante de autocrítica e julgamento negativo de si. Este crítico interior poderoso é a voz dominante; se as coisas vão mal, claramente é por nossa culpa e isso é uma medida de nossa inferioridade. Encontramo-nos em um estado elevado de monitoramento de erros, em geral associado com impacto negativo e inibição de resposta. Em outras palavras, meneamos a cabeça de vergonha, calamo-nos e nos desligamos. Estudos psicológicos revelaram consistentemente que as mulheres são mais autocríticas e é muito mais provável que depreciem seu desempenho no trabalho e tenham um medo maior da reprovação do que os homens.[23]

Como sabemos por nosso exame da função cerebral social, o monitoramento de erros é a principal característica do eixo CAA-córtex pré-frontal.[24] Assim, deve ser possível identificar as bases cerebrais da autocrítica e descobrir até que ponto essa autoavaliação negativa se reflete no nível cerebral. Se você se lembra do Capítulo 6, foi o que a pesquisa realizada no Aston Brain Centre mostrou quando estudávamos as bases cerebrais da autocrítica e da autoconfiança.[25] Descobrimos que a "voz crítica" estava associada com a ativação no sistema de monitoramento de erros e de inibição de resposta, o córtex pré-frontal e o CAA. A "voz tranquilizadora" não ativava o sistema de monitoramento de erros, mas estava associada com a ativação em áreas cerebrais coerentes com o comportamento empático. E foram vistos níveis mais altos de ativação no sistema de monitoramento de erros e inibição do comportamento naqueles participantes que se classificaram como tipicamente autocríticos na vida diária.

Deste modo, parece que um "crítico interior" muito diligente pode estar ativando aquelas partes de nosso sistema de autorreferência que estão em busca de erros, constantemente sinalizando erros e colocando freios em escaramuças sociais dolorosas, em vez de nos desviar para ruas secundárias tranquilas, pequenas e seguras.

Sensibilidade à rejeição e autossilenciamento

Como sabemos, a dor da rejeição social ativa as mesmas áreas da dor física, uma medida de como nosso senso de integração é importante para o bem-estar. Em vista da natureza repulsiva destas experiências, precisamos de um mecanismo sensor que nos mantenha na procura por possibilidades de rejeição – um precedente de rejeição. O desejo de evitá-la geralmente é, portanto, adaptativo, mas em alguns casos o mecanismo parece ser excessivamente ativo. Esta "sensibilidade à rejeição" é definida como "a tendência a esperar ansiosamente, perceber prontamente e reagir intensamente à rejeição".[26]

Um questionário de sensibilidade à rejeição pode resultar em uma medida de sensibilidade à rejeição (SR) alta ou baixa, com as pessoas participantes indicando o quanto podem ficar preocupadas ou ansiosas com a possível rejeição em um leque de diferentes situações, como "Você aborda um(a) amigo(a) íntimo(a) para conversar depois de fazer ou dizer algo que o(a) aborreceu seriamente", ou "Você pede ajuda à supervisão com um problema que tem no trabalho".[27] Para aqueles de SR elevada, a rejeição em si (seja real ou percebida) pode levar a uma gama de diferentes comportamentos. Uma resposta comum pode ser a agressividade, medida em estudos de laboratório pelo que é chamado, de forma intrigante, de "paradigma do molho de pimenta".[28] Basicamente, as pessoas que acabaram de viver uma rejeição induzida experimentalmente pelo parceiro antes desconhecido, em um cenário de laboratório, têm a oportunidade de alocar uma quantidade de "molho de pimenta" ao parceiro, junto com a informação "revelada por acaso" de que ele não gosta de molho de pimenta. A quantidade de molho dada é tomada como medida da sua agressividade para com eles. O uso desta e de outras medições indica que, para algumas pessoas com SR elevada, a rejeição será seguida pela agressividade.

Para outros, porém, a reação mais provavelmente levará ao retraimento e a repercussões negativas, possivelmente até tendendo à depressão clínica. A rejeição social é fortemente associada com o início da depressão. A reação "internalizante" adversa associada com a depressão é muito mais característica de mulheres, que têm o dobro da probabilidade dos homens de sofrer de distúrbios de depressão clínica. Este comportamento foi descrito como uma tendência ao "autossilenciamento", a inibir quaisquer pensamentos e sentimentos ou ações preferidas que possam ser percebidas como possíveis causas de conflito ou rejeição. Este conceito do "autossilenciamento" foi desenvolvido nos anos 1990 pela psicóloga Dana Crowley Jack e descrito em associação com uma queda na autoestima e em sentimentos de uma "perda de identidade".[29] É particularmente ligado a relações significativas e descreveu o processo pelo qual as mulheres sentiram que tinham de sacrificar as próprias necessidades ou não declarar seus sentimentos se percebessem que isso poderia causar conflito.

Este autossilenciamento foi fortemente observado não só em mulheres, mas também em grupos minoritários. O laboratório de pesquisa SPICE (Social Processes of Identity, Coping and Engagement, ou Processos Sociais de Identidade, Enfrentamento e Engajamento) de Bonita London na Universidade Stony Brook, no estado de Nova York, estudou os mecanismos associados à ameaça de identidade social em grupos minoritários e/ou instituições em que há um desequilíbrio de presença e poder, em particular instituições educacionais ou corporativas.[30] Os pesquisadores investigaram especificamente a ligação entre SR e autossilenciamento. Com relação às mulheres, propuseram um modelo de SR baseado no gênero para explicar as diferenças individuais em como elas percebem e lidam com ameaças valorativas baseadas em gênero em instituições competitivas e historicamente masculinas.

Para medir as várias manifestações e consequências desse tipo de SR, eles desenvolveram um questionário de SR de Gênero. Apresentavam aos participantes várias hipóteses, como "Imagine que você está começando em um novo emprego em um escritório corporativo. No primeiro dia, a gerência organiza uma reunião do escritório para apresentar você aos colegas funcionários", ou "Imagine que você trabalhou em seu emprego por quase um ano. Uma vaga de gerente é aberta e você procura a direção para pedir a promoção". Os participantes, depois, tinham de indicar em uma escala de seis pontos o quanto ficavam ansiosos ou preocupados por serem tratados de forma diferente ou experimentar um resultado negativo devido a seu gênero. Descobriram que homens e mulheres se relataram familiarizados com as situações descritas no questionário, mas que as mulheres tinham uma probabilidade significativamente maior de antecipar com ansiedade a rejeição baseada em gênero, o que os pesquisadores descreveram como uma forma de hipervigilância. No exame de outras hipóteses, como situações baseadas na raça, eles demonstraram que as mulheres não apresentaram ansiedade baseada em gênero; assim, não é verdade que exista uma probabilidade maior de elas esperarem a rejeição em qualquer situação.

Quando examinaram as estratégias de enfrentamento para lidar com a rejeição, eles também descobriram que era muito mais provável que as mulheres que trabalhavam no meio acadêmico usassem o autossilenciamento, avaliadas por uma adaptação de um questionário "Silenciamento do *Self*" para capturar o autossilenciamento em contextos acadêmicos, do que se expressar (correndo o risco do confronto) ou procurar ajuda. Um resultado desse processo foram níveis mais altos de desvinculação acadêmica nas mulheres, uma abstenção da participação em atividades acadêmicas e utilização reduzida de sistemas de apoio adicionais, como horário de trabalho flexível ou tutoriais extras. Conscientes da acusação de que os estudos de laboratório não costumam refletir a vida real, os pesquisadores acompanharam um grupo de homens e mulheres por três semanas, usando um formato de diário enquanto eles ingressavam em uma faculdade de direito de alto padrão. Descobriram que as mulheres mostraram SR significativamente mais elevada do que os colegas homens e tinham uma probabilidade maior de atribuir acontecimentos negativos a seu gênero. A descoberta geral desta série de estudos foi de níveis muito mais elevados de SR nas mulheres, levando a formas de autossilenciamento e fuga de oportunidades de avaliação que, a longo prazo, pode comprometer qualquer possibilidade de sucesso que a situação venha a lhes oferecer. Essas descobertas têm paralelo com a relutância das mulheres de se envolverem em aspectos mais desafiadores do STEM, como vimos no capítulo anterior.

O tipo definitivo de autossilenciamento pode ser o desejo do anonimato. Um estudo realizado em 2011 mostrou que o desempenho das mulheres em matemática era melhor em uma situação de ameaça do estereótipo induzida experimentalmente quando elas tinham permissão de completar um teste usando um pseudônimo.[31] Os pesquisadores investigavam se a ameaça do estereótipo refletia ansiedade com a reputação pessoal mais do que a reputação do grupo com que a pessoa se identificava. Descobriram que as mulheres, que em geral relataram níveis mais altos de preocupação com os efeitos sobre sua reputação pessoal de se sair pior do que os homens em um teste de matemática, melhoraram significativamente em um teste de matemática "aprimorado para ameaças" sob um nome falso (masculino ou feminino) do que aquelas que tentaram fazer o teste usando o próprio nome. Um efeito desses não foi encontrado nos homens. Assim, se havia um jeito de "desconectar o *self*" (ou o efeito "L'eggo my ego" ["dane-se meu ego"], como os autores ironicamente o denominaram) de uma situação potencial de ameaça ao *self* ou ao grupo, as mulheres se beneficiaram mais do que os homens. Eis outra indicação do maior impacto da avaliação externa sobre as mulheres, de sua necessidade de evitar a perda da autoestima e mais trabalho para o sociômetro.

Então, quais mecanismos cerebrais podem estar em operação? Como mostraram Lieberman e Eisenberger, a interação entre o córtex pré-frontal e o dCAA está associada não só com a experiência da dor, mas também com seu grau. Os participantes que relataram mais dor (social ou física) mostraram mais ativação no CAA do que aqueles com um córtex pré-frontal mais ativo.[32] Será que um sistema desses alicerça a *antecipação* da dor associada com a sensibilidade à rejeição? Pesquisadores da Universidade de Colúmbia investigaram isso usando imagens representando temas de rejeição ou aceitação.[33] Espelhando reações reais à dor, as imagens de rejeição foram associadas a níveis mais altos de atividade pré-frontal e do CAA do que as imagens de aceitação. Porém, diferentes padrões de atividade dentro dessas regiões diferenciaram o grupo de baixa SR do grupo de alta SR; os indivíduos de baixa SR tinham níveis mais elevados de atividade nas áreas pré--frontais, mostrando uma reação semelhante à de indivíduos instruídos a reduzir ou reavaliar reações negativas a imagens repulsivas. Isto sugere que o grupo de alta SR foi incapaz de fazer uso do mesmo processo e não conseguiu repensar seus medos.

Um estudo semelhante do laboratório de Eisenberger e Lieberman examinou a atividade do CAA em reação a expressões faciais de reprovação, identificando que havia pistas socialmente codificadas de possível dano, em vez de o dano real que podia ser indicado por rostos coléricos ou temerosos.[34] O estudo mostrou que os participantes de SR alta tinham mais atividade no dCAA em reação a rostos reprovadores, mas não a rostos que mostravam raiva ou nojo, assim, sua reação acontecia apenas a expressões socialmente negativas. Semelhante ao estudo da Colúmbia, houve uma correlação negativa entre SR e atividade pré-frontal, mais uma vez sugerindo que as pessoas de SR alta eram menos capazes de ativar recursos de avaliação ou controle por redução.

A sensibilidade à rejeição claramente tem um profundo efeito sobre quem a vive e parece ativar um mecanismo de desligamento protetor, resultando em desvinculação e autossilenciamento. Os resultados de estudos de imagem cerebral sugerem que este sistema é baseado no dCAA, coerente com seu papel no monitoramento da autoestima.[35] Este sistema, aparentemente, pode ser modulado por informações do sistema pré-frontal, reduzindo os níveis de angústia associados com a dor da rejeição. Mas parece que existem diferenças individuais na disponibilidade desta influência moduladora, com o resultado de que o poder inibidor do dCAA é descontrolado, como um limitador de velocidade sensível demais. Assim, a SR maior nas mulheres pode refletir atividade atípica do dCAA. Isto é coerente com o trabalho contínuo do laboratório de Eisenberg.[36] Ali, eles mostraram que as meninas que tiveram episódios anteriores de depressão, quando vivem um cenário de rejeição social baseado em escâner, mostraram aumento na atividade do dCAA, bem como um aumento no estado de espírito depressivo.

A sensibilidade à rejeição claramente tem um efeito profundo em quem a vive. E a consequência para as mulheres parece ativar um sistema introvertido e inibidor de "desligamento", resultando em retraimento, fracasso no engajamento e autossilenciamento. As versões extremas desta reação são características da depressão clínica.[37]

Autoestima e ameaça do estereótipo

Além das consequências da rejeição ou mesmo do medo dela, outras fontes de ataque às reservas de autoestima, com consequências para o desempenho e o comportamento, podem ser vistas no processo da ameaça do estereótipo.[38] Os efeitos da ameaça do estereótipo foram demonstrados em homens e mulheres, assim, seria necessário determinar que os níveis mais baixos de autoestima nas mulheres não estão apenas relacionados com uma suscetibilidade maior à ameaça do estereótipo e/ou reações a ela. Isso foi investigado em uma série de estudos realizados pela psicóloga Marina Pavlova.[40] O objetivo foi induzir a ameaça do estereótipo em uma tarefa anteriormente neutra e medir quaisquer efeitos resultantes, inclusive diferenças de gênero. Os participantes realizaram uma simples tarefa de organização de cartões e ou receberam mensagens positivas explícitas, como "Os homens costumam ser melhores nesta tarefa" (a mensagem implícita seria "Então as mulheres costumam ser piores"), ou mensagens negativas explícitas, como "Os homens costumam ser piores nesta tarefa" (com a mensagem implícita "Então as mulheres costumam ser melhores").

O resultado disto foram claras diferenças entre homens e mulheres. Na condição "negativa feminina", as mulheres mostraram desempenho significativamente pior do que o grupo de controle e os homens se saíram significativamente melhor. Na condição "positiva feminina", as mulheres mostraram alguma melhora no desempenho, mas houve pouca mudança nos homens neste grupo. Na condição "positiva masculina", houve desempenho melhorado dos homens, mas uma queda drástica no desempenho das mulheres, que recebiam a mensagem implícita de que provavelmente se sairiam mal na tarefa. Quando surgiu a mensagem "negativa masculina", houve um efeito bem paradoxal. Os homens mostraram alguma deterioração no desempenho, mas também as mulheres, embora elas devessem ter reagido positivamente à mensagem de que, como os homens costumavam se sair pior, as mulheres deveriam se sair melhor.

No geral, então, os homens reagiram como esperado a mensagens explícitas de que, como homens, eles se sairiam melhor ou pior na tarefa, mas foram menos responsivos às mensagens implícitas. As mulheres, por outro lado, foram afetadas mais adversamente pelas mensagens implícitas, mostrando níveis inferiores de desempenho com uma instrução negativa implícita (esta é uma tarefa realizada melhor por homens), mas também com uma mensagem supostamente positiva que podia ter sido inferida da mensagem de que os homens costumavam se sair mal. Os pesquisadores sugeriram que as mulheres talvez tivessem interpretado isto com o significado de que se os homens se saíam mal nesta tarefa, então elas (como mulheres) provavelmente teriam um desempenho ainda pior. Não houve entrevista com os participantes para verificar isso, mas o mesmo efeito não foi visto nos homens, assim, as mulheres claramente reagiam a uma diferente mensagem persistente. Na verdade, das quatro condições, o desempenho das mulheres sugeria que elas recebiam mensagens negativas de três delas, e apenas a mensagem explícita "as mulheres são melhores nisso" resultava em uma pequena melhora. Essas descobertas são coerentes com aquelas de Bonita London, da sensibilidade aumentada à rejeição em mulheres que vimos anteriormente, indicando alguma forma de hipervigilância nas mulheres a uma possível avaliação negativa em situações baseadas em gênero. A não ser que a mensagem seja claramente enunciada, os homens parecem alegremente inconscientes (ou, pelo menos, muito menos suscetíveis) à possibilidade de fracasso, enquanto as mulheres parecem até procurá-lo, a ponto de reinterpretarem uma possível mensagem positiva.

Como vimos antes, uma das consequências da ameaça do estereótipo é que o cérebro envolve redes irrelevantes para tarefas, aquelas associadas com codificação emocional e autorreferência; em outras palavras, as conhecidas áreas límbicas e a parceria pré-frontal-CAA.[41] Vimos isso no capítulo passado, quando examinamos as bases cerebrais da ansiedade com a matemática. Quando participantes sabiam que a tarefa de matemática na qual iam embarcar era "diagnóstica de sua inteligência em matemática", havia padrões muito diferentes de resposta entre aqueles que souberam que a tarefa foi descrita como uma medida de estratégias preferidas para a solução de problemas. E houve muito mais sensibilidade a *feedback* negativo e desvinculação mais rápida de possíveis fontes de apoio. Tudo isso é muito coerente com as consequências comportamentais da SR e também com os padrões de atividade cerebral associados a este processo.

Assim, a atividade cerebral durante a ameaça do estereótipo e situações relacionadas é coerente com a ação de uma espécie de atualização de perfil de Facebook, com um foco específico em *feedback* negativo associado com erros. As evidências de que as mulheres são mais suscetíveis à ameaça do estereótipo negativo, seja real ou inferida, junto com sua maior suscetibilidade a SR, sugerem que elas têm um sistema inibidor ou "limitador interior" muito mais ativo ou, pelo menos, mais sensível. Como sabemos, estas atividades são focalizadas em torno do CAA, parte de um poderoso sistema de controle comportamental socialmente focalizado, que também codifica valores positivos e negativos em nosso mundo. Que outros aspectos do comportamento podem estar associados a um sistema de avaliação de erros excessivamente ativo, com uma abordagem à vida que é por demais cautelosa e avessa aos riscos?

Açúcar, tempero e tudo que há de bom

O desenvolvimento da identidade pessoal está relacionado a uma compreensão destes aspectos de seu comportamento que ganharão reconhecimento positivo, que são "adequados" ao grupo a que pertencemos. Manter esses padrões de comportamento deve garantir que continuemos a ser aceitos por nosso endogrupo significativo e evitemos a verdadeira dor da rejeição social.

Uma medida muito precoce do "bom comportamento" em crianças é a capacidade de autorregulação, de dirigir seu comportamento e sua atenção à tarefa a ser realizada.[42] Isso pode envolver prestar muita atenção a regras e inibir comportamentos inadequados, como correr pelo ambiente, gritar e assim por diante. Com frequência tem relação com a aptidão escolar (assim, é de se esperar que a criança seja muito nova) e também com realizações precoces na escola. Os relatos de pais e professores sugerem que esta capacidade surge mais cedo nas meninas e que elas continuam a se comportar melhor que os meninos em sala de aula.

Mas, como sabemos, o autorrelato nem sempre é confiável. Um grupo de pesquisadores americanos conceberam uma medida mais direta do comportamento de autorregulação baseada no jogo "cabeça, ombro, joelho e pé".[43] As crianças participantes souberam que se o pesquisador gritasse "Toquem a cabeça!", elas teriam de tocar os dedos do pé e vice-versa, ou se ouvissem para tocar os joelhos, tinham de tocar os ombros. Isto resulta no acrônimo HTKS – de *Head* toca *Toes*, *Knees* toca *Shoulders*. A ideia é que as crianças têm de prestar atenção, lembrar-se das regras e inibir a primeira reação para fazer o contrário (muito parecido com o jogo de "Seu mestre mandou"). Um estudo realizado em Michigan examinou o desempenho nessa tarefa de autorregulação em crianças de cinco anos nos períodos do outono e da primavera no ano do jardim de infância.[44] As meninas se saíram melhor que os meninos nas duas fases do teste, confirmando as classificações de professores obtidas na mesma época. A tarefa HTKS também foi usada em um levantamento intercultural comparando a autorregulação nos Estados Unidos e em Taiwan, Coreia do Sul e China.[45] A escolha de países asiáticos foi em parte motivada para comparar culturas em que havia uma história de expectativas comportamentais generificadas muito específicas, esperando-se que as meninas fossem mais passivas e submissas. Este estudo mostrou que, embora as classificações de professores tenham relatado que as meninas foram mais autorreguladas, na verdade elas não se saíram melhor que os meninos na tarefa HTKS, uma medição direta de comportamento. Assim, existe uma impressão quase universal entre professores de que as meninas são mais autorreguladas, o que nem sempre encontra apoio na realidade. Mas sabemos que as expectativas de professores podem servir como um viés poderoso na produção de comportamentos, deixando uma mensagem clara de que as meninas são bem-comportadas e boas na autorregulação.

Um aspecto da autorregulação é que você invariavelmente terá de inibir alguns padrões de comportamento, possivelmente aqueles associados à espontaneidade e à impulsividade, e se concentrar nos que valerão pessoalmente a maioria dos pontos, reforçando sua identidade pessoal e dando uma imagem positiva do grupo a que você pertence, melhorando sua identidade conjunta. Certamente isso ajudará a evitar eventos negativos ou desagradáveis que podem suscitar reprovação.

Um antigo conceito na psicologia da personalidade, elaborado por Jeffrey Gray nos anos 1970, é de um sistema de inibição do comportamento (BIS, *behavioural inhibition system*) sensível a acontecimentos negativos no mundo e que inibirá aqueles padrões de comportamento associados com a punição ou a não recompensa. O comportamento do tipo BIS é avaliado por questionários autorrelatados, inclusive itens como "Sinto muita preocupação ou aborrecimento quando penso ou sei que alguém está com raiva de mim" e "Tenho medo de cometer erros". Isto tem contraste com o sistema de ativação comportamental (BAS, *behavioural activation system*), um sistema de procura por recompensas ("Anseio pela empolgação e por novas sensações"), em geral associado ao comportamento impulsivo. O papel atribuído ao BIS é de processar a ameaça e deter o comportamento constante que pode levar a consequências negativas; isto é, em termos contemporâneos de cérebro preditivo, estabelecer um precedente de "alerta". As mulheres mostram níveis mais altos de comportamento do tipo BIS, também associado a índices mais altos de distúrbios como a ansiedade e a depressão.[46]

Como você já deve ter deduzido, estas funções BIS são coerentes com as funções de monitoramento de conflitos, interrupção da ação e autorregulação identificadas como características do dCAA. Estudos mostraram que as pontuações mais altas no BIS são associadas com a amplitude das reações cerebrais relacionadas com erros em Go/No-Go, cuja origem está ali.[47] Assim, acumulam-se evidências de que os processos de autorregulação inibidora mais comumente encontrados em meninas têm ligação com atividade aumentada em um sistema de monitoramento da autoestima, um sistema baseado no CAA. Mas de onde pode vir esta autorregulação? Será que as meninas nascem bem-comportadas, ansiosas por agradar, avessas ao risco ou à luta? Elas chegam ao mundo com um limitador interior predeterminado que as conduzirá cautelosamente por vias mais seguras? Ou existe algo em seu mundo que pode empurrá-las para esses rumos?

No início da vida acadêmica, por vários anos tive o papel nada invejável de ser a encarregada das admissões para nosso curso de graduação em psicologia. Isto significava que eu tinha de vasculhar milhares de candidaturas e lhes mostrar o polegar para cima ou o polegar para baixo, em caso de rejeição. Também significava que eu precisava examinar em detalhes as declarações e referências pessoais que acompanhavam essas candidaturas, as últimas em geral me dando mais *insight* sobre quem as escrevia do que sobre o candidato (uma das minhas preferidas era "Este jovem precisa ser deixado no rio sem um remo"). É claro que os professores garantiam que os candidatos eram paradigmas de quaisquer virtudes que eles julgassem ser o alvo da busca dos encarregados de admissões. Mas também podia haver um elemento pesado de "que se danem os falsos elogios", em que pairava a impressão de que o docente não podia falar francamente "nem perca seu tempo", mas também não conseguia encontrar nada academicamente valioso no histórico do aluno que pudesse influenciar a decisão. Para mim, "sempre bem apresentada", "útil com crianças novas" ou "sempre trabalha com boa apresentação" recaíam firmemente nesta categoria. E (aqui levanto as mãos aos céus – esta é a única impressão pessoal e com o benefício de muita reflexão posterior) acredito que só via isso em referências a meninas. Mas isso seria coerente com o estudo que examinamos no Capítulo 10, em que as "cartas de garantia mínima" ("Sarah é tranquila de se conviver") em candidaturas da faculdade de medicina eram muito mais comuns para candidatas mulheres.

Será que as meninas são elogiadas por coisas diferentes dos meninos? Em vista do papel do *feedback* social na formação da identidade pessoal, é importante entender se este *feedback* é distribuído de forma desigual. Na educação, certamente parece haver uma espécie de sistema assimétrico de elogios. Enquanto os meninos são mais elogiados por fazer bem as coisas, as meninas recebem mais elogios pelo bom comportamento.[48] Da mesma forma, elas são mais criticadas por cometer erros, enquanto os meninos recebem críticas pelo mau comportamento. Isto significa, de modo geral, que é dada mais atenção positiva ao bom comportamento das meninas do que para sua capacidade acadêmica (com o efeito contrário para os meninos).

Carol Dweck, psicóloga de Stanford, propôs um modelo de "mentalidade" para entender a motivação humana.[49] Falando de forma ampla, uma "mentalidade fixa" indica uma crença determinista em que seu portfólio de habilidades compreende o que a natureza lhe deu. Isto determinará grande parte de seu progresso pelos desafios da vida e há pouco que você possa fazer para mudar as coisas. Como alternativa, uma "mentalidade de desenvolvimento" tem relação com uma crença de que suas habilidades sempre podem ser desenvolvidas, de que você adotará os desafios, acolherá as críticas e sempre terá disposição para aprender. O desenvolvimento de mentalidades fixas ou de desenvolvimento está ligado aos elogios feitos nas fases mais importantes do desenvolvimento. Embora a teoria tenha se provado controversa, com problemas na avaliação de estratégias de intervenção sugeridas em ambientes educacionais, a pesquisa de fundo deu alguns *insights* sobre as diferentes formas com que o elogio é dado a meninas e a meninos.

Dweck sugere que uma ênfase constante em aspectos não intelectuais do trabalho, como "esmero" ou "falar com clareza", podem ter o efeito de desvalorizar o elogio (se houver algum) sobre o resultado do trabalho em si. Dizer somente que algo é "arrumado" não nos dá muito *insight* sobre o quanto apreendemos dos princípios básicos dos problemas de matemática ou do dever de história. E havia um grande desequilíbrio em até que ponto meninos e meninas receberam esse tipo de *feedback*, com muito *feedback* positivo dado a meninas devido ao esmero e assim por diante, enquanto os meninos receberam uma atenção muito menor a estes aspectos não intelectuais de seu trabalho. Com relação ao conteúdo real do trabalho, em um eco das observações educacionais notadas anteriormente, a atenção das meninas mais provavelmente era atraída a seus erros, enquanto era mais provável que os meninos recebessem elogios quando faziam as coisas certas. Assim, meninas e meninos recebiam mensagens diferentes; para as meninas, fazer bem-feito não era uma medida da capacidade, mas sim ter uma boa caligrafia e fazer uso eficaz de marcadores de texto e réguas. A mensagem persistente pode ser a de que seu dever de casa "sempre bem apresentado" poderia contrabalançar a ausência básica de capacidade, evidente nas muitas vezes em que professores tiveram de chamar atenção para seus erros. Por outro lado, os meninos recebiam a mensagem "você tem talento" sempre que possível, com um suspiro quase abafado e infrequente por seu desalinho.

Outra questão que psicólogos educacionais notaram é que o "elogio à pessoa" ("você deve ser muito inteligente") tem um efeito diferente sobre as consequências do fracasso do que o "elogio ao desempenho" ("você deve ter se esforçado muito").[50] O elogio à pessoa parece muito motivador, como alguém que está entendendo bem as coisas, mas se começa a entender mal, é mais provável que fique desmotivado e desista da tarefa (e o tipo de resposta "parece que perdi o entusiasmo"). Aqueles que recebem elogios por seu desempenho, por outro lado, lidam melhor com o fracasso e provavelmente persistirão. A explicação dada é que o elogio à pessoa enfatiza aspectos da identidade pessoal mais do que o elogio ao desempenho, de modo que se seu fator de bem-estar vem do elogio à pessoa, então o fracasso significa que seu senso de valor pessoal está levando uma surra, ou induz uma sensação de que esta tarefa obviamente não é o tipo de coisa em que a pessoa é boa. O elogio ao desempenho, por outro lado, relaciona-se mais especificamente com a tarefa e, assim, um pouco mais de esforço pode garantir a conclusão da tarefa.

As diferenças de gênero nos efeitos destes tipos distintos de elogios foram demonstradas em crianças de nove a 11 anos.[51] Em um estudo, acompanhando alguns sucessos e fracassos em diferentes quebra-cabeças, ofereceram às crianças um dos quebra-cabeças que elas não conseguiram resolver como um presente no final das sessões. As meninas que receberam o elogio à pessoa quando tiveram sucesso tinham uma probabilidade muito maior de rejeitar o quebra-cabeças em que fracassaram do que as meninas que receberam elogios ao processo. Os meninos, por outro lado, tinham uma probabilidade maior de querer levar para casa o quebra-cabeças em que fracassaram, especialmente se o desempenho na tarefa foi associado com o elogio à pessoa.

Assim, ainda em questões nas quais meninos e meninas são elogiados da mesma forma, o elogio com elementos de autorreferência pode ter consequências negativas futuras para as meninas quando elas fracassam. É interessante observar que os pesquisadores repetiram este estudo com crianças em idade pré-escolar, entre quatro e cinco anos, e não encontraram diferenças de gênero. Assim, esta sensibilidade diferencial aos elogios não é evidente nos primeiros anos.[52]

Se examinarmos os hiatos de gênero no comportamento social e as medidas de autoestima, começaremos a ter um quadro muito distinto para homens e mulheres. E isso claramente tem ligação com diferentes padrões de comportamento, surgindo de diferentes sensibilidades em um mecanismo limitador interior baseado no cérebro. Este mecanismo impele um processo de autoconfiguração e auto-organização, baseia seu limiar e induz às regras do engajamento social que absorve. Seu limiar será definido e redefinido de acordo com o programa de recompensas e punições, de aprovação e reprovação que ele encontra no mundo. Ele será supersensível às diferentes mensagens sociais que capta, ao mundo generificado que encontra, e ajustará sua configuração de acordo com isso.

O que isso pode significar para as pessoas que parecem começar a vida sem diferenças distinguíveis além de alguma parafernália física associada com a reprodução, e com conjuntos aparentemente semelhantes de habilidades cognitivas? Se são introduzidas mensagens acentuadamente diferentes, ou conjuntos de dados, o resultado pode ser um portfólio acentuadamente diferente de reações. Se seu mundo estabelece limites muito diferentes sobre seu desempenho, então o seu limitador interior pode impelir você a um caminho muito diferente.

Capítulo 13:

Por dentro de sua linda cabecinha – Uma atualização do século XXI

Está claro que percorremos um longo caminho desde a ideia de Gustave Le Bon de que as mulheres "estão mais próximas das crianças e dos selvagens do que de um homem adulto e civilizado" e que as inovações em tecnologia neste século e no anterior, como a fMRI, nos deram uma ideia mais complexa e refinada de como funciona nosso cérebro. A chegada da fMRI deu oportunidade a um acesso muito melhor ao que acontece no cérebro e também deve ter tido impacto na busca por respostas à velha pergunta, se o cérebro das mulheres é diferente daquele dos homens. No Capítulo 4, acompanhando um ciclo de modismo, vimos que graças à interpretação equivocada das novas e empolgantes imagens, a fMRI não teve lá muito sucesso na superação dos estereótipos ou no desafio ao *status quo*. Uma maré de neuromodismo e neurolixo lavou a promessa da imagem cerebral para o Vale da Desilusão e a nova tecnologia da neuroimagem, combinada com um elenco de apoio de psicólogos e neuroendocrinologistas, contribuiu mais para a sustentação dos estereótipos do que para sua eliminação. Quem sabe agora, alguns anos depois, tenhamos chegado enfim à Ladeira do Encantamento?

A neuroimagem passou por um processo de colocação da casa em ordem, e existem novos modelos de como o cérebro funciona e interage com seu mundo, como vimos ao longo deste livro. A última década, mais ou menos, viu tentativas concentradas por parte da comunidade de neurociência cognitiva de abordar a "neurobobagem" que trouxe certo descrédito a suas atividades.[1] Tentativas de instruir e informar a eles mesmos e a seus ouvintes foram extensivamente transmitidas, e houve melhoras drásticas na qualidade e na quantidade das técnicas disponíveis e em como os resultados são interpretados.

Então como o estudo do sexo, do gênero e do cérebro se saiu nessa faxina? Deve haver uma chance muito maior de descobrir novas respostas àquelas que, agora, são perguntas muito antigas sobre os cérebros de homens e mulheres – não deve?

Já jogamos o neurolixo fora?

Sabemos que o resultado da pesquisa de imagem cerebral inicial sobre as diferenças sexuais foi adotado com entusiasmo e frequentemente mal interpretado por nossos fornecedores de neurolixo. Isto aconteceu apesar do que os pesquisadores realmente diziam ter encontrado, mas às vezes por causa disso. O neuromodismo inicial foi alimentado por um entusiasmo compreensível, mas descabido, e mais tarde abastecido pelo uso emergente de comunicados à imprensa para "elevar" as descobertas de universidades ou centros de pesquisa. Seguindo a onda de críticas que nos levaram ao Vale da Desilusão, os pesquisadores agora estão mais conscientes de que é necessário ter cuidado no viés que eles imputam às próprias descobertas em seus artigos publicados e o viés que permitem ao departamento de marketing. Se os tamanhos do efeito em seus dados são pequenos, por exemplo, então não devem ser usados termos como "fundamental", "significativo" ou "profundo".

Para ver se chegamos tão longe quanto pensamos, vamos examinar um estudo publicado em 2014 que analisou as diferenças sexuais em padrões de conectividade no cérebro que, como sabemos, tornaram-se uma nova área de foco dos neurocientistas, em lugar de remoer os mesmos velhos debates do "tamanho é documento".[2] Graças à técnica usada pelos pesquisadores, foi possível fazer 34.716 comparações; destas, somente 178 mostraram diferenças entre homens e mulheres, com tamanhos do efeito (indicados pelos pesquisadores) bem pequenos (0,32). Isto é, somente 0,51% das diferenças testadas revelaram diferenças entre homens e mulheres.

Espantosamente, porém, os autores ainda descreveram essas diferenças como "proeminentes". Observaram no artigo que "no todo, os cérebros de homens e mulheres são mais semelhantes do que diferentes", mas o título do artigo e as palavras-chave relacionadas incluem as palavras "diferenças sexuais" – assim, há uma probabilidade muito forte de que este artigo caia na pilha que serve de "prova" para as evidências dessas diferenças, apesar de a evidência real ser bem o contrário. Recorrendo a um conjunto de dados impressionante, com 1.275 participantes no todo, o único critério de exclusão foram problemas de saúde ou com o escâner, ou dados comportamentais que foram coletados, e as únicas informações adicionais usadas para os 722 participantes resultantes foram o sexo e a idade (312 homens, 410 mulheres, com idades entre oito e 22 anos). Não havia informações adicionais sobre anos de escolaridade, ocupação ou status socioeconômico. Assim, certamente não é a Ladeira do Encantamento que teríamos esperado.

Mesmo sem que os próprios pesquisadores piorem o problema, às vezes a mídia vai além e cria seu próprio viés. Uma história de diferenças sexuais sem mencionar o cérebro? Isto pode ser remediado facilmente!

Considere um estudo recente, publicado em 2014, que monitorou mudanças em diferenças sexuais em determinadas habilidades cognitivas por várias décadas e em diversas partes da Europa.[3] Houve evidências de aumentos gerais na habilidade com o tempo, como se pode esperar de um acesso mais amplo à educação formal entre os anos 1920 e 1950. Em alguns casos, podemos ver a diminuição ou o desaparecimento de diferenças de gênero; em outros (como a memória episódica), podemos ver aumentos maiores nas mulheres com o tempo, resultando em diferenças de gênero mais expressivas nesta habilidade específica. Os autores do estudo imputam este resultado a mudanças na sociedade, concluindo que "nossos resultados sugerem que estas mudanças acontecem como consequência de as mulheres ganharem mais do que os homens com as melhorias sociais ao longo do tempo, aumentando, portanto, sua capacidade cognitiva geral mais do que eles". Também havia evidências de um hiato de gênero constante, mas em decréscimo, em habilidade numérica em favor dos homens.

Mas adivinha só? A existência *deste* hiato (e não sua diminuição) é que foi o foco do jornal *Daily Mail*. Sua manchete dizia: "Cérebros de mulheres realmente SÃO diferentes da mente dos homens, com as mulheres possuindo melhor memória e os homens se superando em matemática".[4] Supondo que seus leitores talvez não recorressem ao estudo original, o jornal prestativamente interpretou esta descoberta para eles como se segue: "Pensava-se que as diferentes forças podem ser explicadas pelas diferenças na biologia do cérebro, bem como no modo como os sexos são tratados pela sociedade." Entretanto, uma olhada no texto original revela que não aparecem nem a palavra "cérebro", nem a palavra "biologia". Isso nos leva além da interpretação equivocada, a uma quase ficcionalização, tudo em nome da sustentação do *status quo*.

O problema do "telefone sem fio"

Até descobertas de pesquisa confiáveis e válidas podem ser vítimas do problema do "telefone sem fio". O canal da ciência ao jornalismo científico nem sempre foi direto – às vezes divergente, por meio de comunicados à imprensa e editores de jornais, e especialistas que os jornalistas conseguiam encurralar para que tecessem comentários. Acrescentem os sistemas de "pesca de arrasto" da ciência on-line, que colhe manchetes quentes e lhes dá seu próprio viés, e passando por tantas mãos, as histórias podem ficar completamente desfiguradas, com a versão final às vezes tendo muito pouca relação com sua origem.

As manchetes apelativas podem esconder a verdade dos olhos ocasionais ou incautos. "Cérebro regula diferenças de comportamento social em homens e mulheres", trombeteou um artigo na *Neuroscience News* em 2016.[5] O artigo foi prestativamente ilustrado por uma clássica seção transversal de duas cabeças humanas contendo cérebros, uma cor-de-rosa, outra azul (com os símbolos masculino e feminino, por precaução, caso a codificação de cores passasse batido). O estudo original mostrou que diferentes neurossubstâncias influenciavam a agressividade e o comportamento de dominância de formas diferentes em participantes femininos e masculinos. O artigo fazia referência ao significado que isto poderia ter para a compreensão e o tratamento de "diferenças sexuais proeminentes" na depressão e na ansiedade femininas e no autismo e TDAH masculinos.

Só no quarto parágrafo do artigo foi que soubemos que este estudo foi realizado em hamsters. Eles podem mesmo sofrer de versões próprias de estresse pós-traumático ou TDAH, mas sua relevância para a condição humana é, na melhor das hipóteses, discutível.

Esse tipo de problema também é ilustrado pela jornada do periódico ao recurso on-line. Um artigo de periódico apelativamente intitulado "Células Esr1+ no Controle Hipotalâmico Ventromedial da Agressividade Feminina" era uma investigação sobre as bases cerebrais da agressividade em camundongos fêmeas.[6] As descobertas sugeriram que elas podem ser diferentes daquelas dos camundongos machos (que não foram testados). Um jornalista entrou em contato com uma importante pesquisadora neurocientista sobre o potencial significado "humano" do estudo; em resposta, a pesquisadora escreveu uma réplica cuidadosa e bem pensada, e enviou a colegas para verificar se sua visão cautelosa era representativa da opinião na área.[7] Dois pontos importantes ressaltados pela pesquisadora eram que o estudo foi realizado apenas em fêmeas (assim, falar em diferenças sexuais era forçar a barra) e que os participantes eram camundongos, então o significado humano podia ser limitado. Até aí, tudo bem.

Portanto, algumas semanas depois foi um tanto surpreendente ver a manchete "Ciência explica por que algumas pessoas gostam de BDSM e outras não", com a útil ilustração de uma imagem atraente de casal (humano) pouco vestido, ligado pelo que possivelmente era um cinto de couro (levo uma vida recatada), acompanhado de uma frase de introdução: "Você gosta de pegar pesado até mesmo na cama? Bom, estudos recentes alegam que o sexo e a agressividade podem andar de mãos dadas no cérebro humano!"[8] Rastreando a tortuosa cadeia de proveniência, revelou-se que isto se referia ao mesmo estudo de camundongos e hipotálamo que fora cautelosamente comentado anteriormente. Outro exemplo de como a ciência pode ser embaralhada em sua jornada ao domínio público.

O neurolixo e o problema do "Acerte a toupeira"

Pior ainda, mesmo as fontes que claramente foram identificadas como neurolixo ainda são sequestradas pela causa do debate cérebro feminino-masculino. Justo quando se pensava que estávamos seguros para ter discussões bem pesquisadas e fundamentadas sobre onde e por que as diferenças sexuais no cérebro podiam ser encontradas, e o que elas podem significar para quem possui o cérebro, pipoca uma velha composição de neurolixo.

Você se lembrará dos meus comentários pouco elogiosos sobre o livro *Como as mulheres pensam*, de Louann Brizendine, em geral identificado como uma farta fonte de afirmações imprecisas e/ou de origem obscura sobre diferenças sexuais, e agora também um filme (atualmente com uma classificação de 31% no site Rotten Tomatoes).

Alguns colegas e eu recebemos o contato de um jornalista da *Newsweek* para comentar o filme e confirmar uma lista de algumas alegações da neurociência que nele aparecem. Alguns destes "fatos" se mostraram particularmente desconcertantes. Por exemplo, "A fofoca é fundamental para a construção de laços sociais, assim, o cérebro das mulheres tem um sistema 'programado' de recompensa por dopamina por fofocar" (isto parece remontar a versões paleolíticas da revista *Hello!*, prestativamente apoiadas, supõe-se, por descobertas de endocrinologistas paleolíticos). E infelizmente eu desisti da briga depois desta alegação: "Assim, sei que disse que as mulheres procuram consenso, mas, se a amígdala é ativada, sua adrenalina pode lhe dar confiança suficiente para sobrepujar o instinto de ser cooperativa." Joguei o trecho no Google para tentar entender o que diabos significava, e fui direcionada a um site sobre a "psicofarmacologia da pornografia pictórica" e outro sobre comportamento de cavalos. O que acho que dizia tudo (os dois sites eram mais intrigantes que o filme!).[9]

O filme não vai minar sozinho todas as tentativas sérias da neurociência de chegar à verdade, mas ainda é outro eco a acrescentar àquele que circula no éter sem ser questionado. Parece que ainda não conseguimos jogar fora o neurolixo de uma vez por todas.

O neurossexismo vive?

Você se lembrará de que Cordelia Fine cunhou o termo "neurossexismo" com o fim de chamar atenção para as práticas problemáticas na própria neurociência que podiam contribuir para a sustentação de estereótipos e a crença na programação cerebral.[10] Como estamos nos saindo neste front?

Alguns estudos iniciais de imagem do cérebro concentraram-se em diferenças sexuais no tamanho de determinadas estruturas, como o corpo caloso ou o hipotálamo, como possível fonte de certas diferenças no comportamento e na capacidade (ecoando a abordagem dos "140 gramas desaparecidos" do século XIX). Porém, abordagens mais sofisticadas para calcular aspectos relacionados com o tamanho do cérebro, como seu volume como base para o tamanho da cabeça, revelaram que, falando de forma simples, era o tamanho do cérebro, e não seu sexo, que determinava o tamanho de diferentes estruturas dentro dele.[11] Mais recentemente, isto se mostrou verdadeiro sobre as vias entre diferentes estruturas. Mais uma vez, para falar com simplicidade, cérebros maiores têm vias mais longas (e possivelmente mais fortes) para lidar com as distâncias a mais. Se compararmos cérebros grandes (de homens e mulheres) com cérebros pequenos (idem), descobriremos que o tamanho, e não o sexo, é mais importante.[12] Assim, os pesquisadores de imagens do cérebro que estão interessados em comparar homens e mulheres precisam considerar cálculos adicionais em sua análise e, um aspecto importante, demonstrar que fizeram isso.

Eu disse anteriormente que ainda não sabemos que relação existe entre estrutura e função cerebrais. Será que ter uma amígdala maior torna a pessoa mais agressiva? Ter uma proporção mais elevada de massa cinzenta em relação à branca a torna mais inteligente? Se não sabemos as respostas a estas perguntas, vale a pena continuar a usar nossas ainda mais sofisticadas técnicas de imagem cerebral para examinar o tamanho de diferentes partes do cérebro, numa espécie de missão de neocraniologia?

Por um lado, estão desaparecendo as antigas alegações relacionadas com o tamanho, em particular diante de correções detalhadas de tamanho de cabeça ou cérebro (embora, como vimos, ainda existam argumentos sobre que correção de tamanho cerebral usar). Duas meta-análises recentes mostraram que as diferenças antes confiáveis entre mulheres e homens na amígdala e no hipocampo, duas estruturas fundamentais no cérebro, foram eliminadas depois de feitas estas correções.[13] Por outro lado, parece que surgem novas versões destas alegações, em parte, estimuladas pelo acesso a conjuntos de dados maiores sobre imagem cerebral que agora estão disponíveis.

Um recente artigo de uma equipe chefiada por Stuart Richie, psicólogo da Universidade de Edimburgo, relata diferenças sexuais em um grupo compreendido por 2.750 mulheres e 2.466 homens.[14] Uma das coisas interessantes de observar neste estudo é como as descobertas são relatadas, no artigo e no comentário público subsequente. O resumo do artigo faz referência a homens terem volumes brutos (isto é, não corrigidos), áreas brutas de superfície e conectividade de massa branca mais elevados, enquanto as mulheres têm maior espessura cortical bruta e aspectos mais complexos de massa branca. Estas diferenças são ilustradas no texto por curvas distintas em cor-de-rosa e azul, anotadas com dados de tamanho do efeito bem grandes. As diferenças em volume total do cérebro, volume da massa cinzenta e volume da massa branca são particularmente chamativas. Porém, depois que os autores corrigiram estas medidas para o tamanho do cérebro, muitas diferenças desapareceram e aquelas que ficaram foram significativamente reduzidas. Isto foi plenamente reconhecido no texto, mas a impressão inicial para um jornalista potencialmente incauto podia bem ser de que estas diferenças eram altamente significativas (no sentido popular e estatístico do termo).

Na verdade, o trabalho foi comentado em um artigo de título entusiasmado "Por que uma mulher não pode ser igual a um homem?", descrito como "uma espécie de caia na real" para aqueles que acreditavam que não existiam diferenças entre cérebros de homens e mulheres.[15] O autor também jogou na mistura uma "ligação bem estabelecida entre volume cerebral e QI", estranhamente citando em apoio a isto um artigo cujos autores alegaram, como uma de suas principais descobertas, que "o tamanho do cérebro não é uma causa necessária para as diferenças humanas no QI".[16] Assim, o que alguém pode chamar de falta de cautela no artigo original resultou em uma manchete quente para um jornalista mal informado, saudando-o como um caia na real neural.

Esse tipo de salto rápido nas evidências confirmatórias de diferenças entre os gêneros no cérebro também ficou evidente em um acontecimento recente ainda mais preocupante. Um artigo da Universidade de Wisconsin-Madison relatou os resultados de um estudo de estruturas cerebrais em 143 bebês de um mês (73 meninas e 70 meninos).[17] Este foi um estudo em larga escala sobre bebês saudáveis nascidos a termo, usando um escâner de alta resolução, assim, foi um conjunto de dados importante para esta área de pesquisa. Sabemos que, no passado, alegou-se que as diferenças homem-mulher eram evidentes ao nascimento e que isto apoiaria fortemente o ponto de vista determinista biológico, mas, o que é fundamental, que havia uma carência de estudos de larga escala sobre bebês com desenvolvimento típico em apoio a isto. Será que este estudo seria o juiz?

Os autores do artigo relataram diferenças sexuais acentuadas em volume total do cérebro, massa cinzenta e massa branca. Mais uma vez, isto foi rapidamente disseminado na esfera pública, desta vez feita por uma fonte de sumários de pesquisa on-line que apresentou este relato como uma importante inovação na busca por explicações de diferenças homem-mulher no comportamento. A fonte concluiu que "fingir que estas diferenças sexuais precoces não existem não nos ajudará a tornar a sociedade mais justa".[18] O problema foi que as descobertas relatadas estavam erradas. Embora os pesquisadores tenham alegado ter corrigido para o tamanho do cérebro, um neurocientista com olhos de águia observou que os dados no artigo não condiziam com esta alegação. Os autores foram procurados, fizeram uma verificação rápida, seguiu-se uma reanálise e todas as diferenças significativas alegadas desapareceram.

Foi lançada rapidamente uma correção, publicada nos sites do periódico e do sumário de pesquisas.[19] Mas houve um hiato de dois meses entre estes acontecimentos, e as redes sociais on-line já haviam atacado. Referências ao artigo já haviam aparecido no Facebook com um comentário revelador: "Para falar a verdade, muito recentemente tive uma discussão sobre isso com uma pessoa que alegou ter diploma na área. Esfregar isso na cara dela vai me deixar tão feliz". Isso ainda pode ser encontrado no Pinterest também.[20]

Nesses dias de câmaras de eco ideológico, são as *fake news*, ou, neste caso, as neuro-fake-news, que pegam, mesmo que refutadas posteriormente.

O problema do iceberg

Existem evidências ainda de que o "problema do arquivo" ou "problema do iceberg" está vivo e vai bem, obrigada. Como mencionei no Capítulo 3, esta é a antiga questão de um viés de comunicação em que são publicados somente aqueles estudos que encontraram diferenças e são arquivados os que não encontram.[21] Um jeito de verificar isto é calcular as proporções esperadas de diferenças significativas ou não em um campo de pesquisa, dados os tamanhos do efeito conhecidos das diferenças que investigamos. Depois, comparamos isso com o que realmente obtivemos.

Na batalha contra o problema do iceberg, John P. A. Ioannidis, professor de medicina, pesquisador de saúde e política e estatística na Universidade Stanford, tem sido o flagelo da prática estatística medíocre na pesquisa clínica mais ou menos pela última década, e mostrou como a ciência precisa ter mais consciência da necessidade de se autocorrigir, manter um sumário sempre vigilante sobre descobertas que não podem ser reproduzidas ou anomalias em conjuntos de dados publicados. Em 2018, ele e sua equipe voltaram a atenção para estudos de neuroimagem de diferenças sexuais. Examinaram a proporção daqueles que relataram diferenças em comparação com os que relataram semelhanças ou não viram diferenças.[22] Dos 179 artigos examinados, apenas dois destacavam no título o fato de que não tinham descoberto diferença nenhuma. No geral, 88% relataram alguma diferença significativa. Como os autores observaram, esta alta "taxa de sucesso" é implausível. A equipe também examinou a relação entre o tamanho da amostra (número de participantes em um estudo) e o número de áreas cerebrais em cada estudo em que as diferenças sexuais foram identificadas. Deveria haver uma correlação entre estes dois fatores, porque estudos menores e fracos normalmente esperavam encontrar menos áreas de ativação significativa. Por mais que tentassem, porém, os pesquisadores não conseguiram encontrar esta relação estatística esperada. Parecia que existiam muito mais descobertas "positivas" do que se teria esperado nos estudos de pequena escala, que relatavam apenas praticamente o mesmo número de áreas significativas dos estudos de escala maior. Isto pode se dever a uma variedade de motivos, que vão de os pesquisadores apresentarem apenas artigos com descobertas positivas, ou periódicos que só publicavam artigos com descobertas significativas, ou pesquisadores ocultando as negativas.

Dado que as diferenças entre os sexos são muito pequenas, fato plenamente reconhecido até pelos mais ardorosos defensores da posição determinista biológica, a pesquisa que procura diferenças sexuais não deve mostrar esta "taxa de sucesso" imensa. Tem-se visto que a crença na abordagem da "pré-programação" às diferenças sexuais é fortemente reforçada pelos relatos de "diferenças cerebrais", como aqueles examinados pelo grupo de Ioannidis, assim, é preocupante para todos nós quando este corpo de trabalho se mostra tendencioso desta forma.[23] As evidências da neurociência são uma influência externa poderosa nos efeitos transformadores do mundo sobre o cérebro, na sustentação de estereótipos e na catalogação do *self* e de outros perfis por nossos cérebros sociais que coletam regras. Assim, quando obtemos uma visão distorcida, talvez a verdade, mas não toda a verdade, então nós – e nosso cérebro – somos induzidos ao erro.

Plasticidade, plasticidade, plasticidade – e o problema rígido do sexo[24]

Vimos com que precocidade a imagem cerebral supôs que as estruturas e funções cerebrais, em um ser humano adulto e saudável, costumavam se tornar "programadas" no cérebro e eram estáveis e fixas. Isto significava que sempre que experimentávamos uma tarefa de linguagem, um paradigma visual ou um exercício de tomada de decisão com um participante, devíamos obter padrões de ativação e imagens semelhantes, se não idênticos, mensuráveis a qualquer momento e de fácil reprodução, se necessário. Assim, se comparássemos homens e mulheres, além de garantir que os participantes não tivessem um histórico neurológico incomum, não ingerissem nenhuma droga que alterasse o cérebro e falassem de forma ampla, na mesma faixa etária, então o que realmente precisaríamos saber dos homens e mulheres que participavam era só isso mesmo, se eram homens ou mulheres.

E suporíamos que todas as participantes seriam representativas do grupo que rotularíamos de "mulheres" e os homens do grupo rotulados de "homens". Se, por exemplo, testássemos habilidades de linguagem em mulheres, suporíamos que a amostra de "oportunidade" que escolheríamos em um ano (com muita frequência de estudantes de graduação ou pós-graduação) seria praticamente a mesma de uma amostra similar que escolheríamos no ano seguinte, se decidíssemos repetir o estudo. E depois explicaríamos quaisquer diferenças de grupo que encontrássemos em termos de sua masculinidade ou feminilidade. Escolheríamos esses dois grupos com base em suas diferenças "naturais" e se seu desempenho fosse diferente, ou o cérebro parecesse diferente, então teria de ser assim porque os homens eram diferentes das mulheres.

A descoberta da plasticidade vitalícia e dependente de experiência no cérebro humano implica que precisamos prestar atenção em mais do que apenas o sexo e a idade de nossos participantes no estudo das diferenças sexuais/de gênero no cérebro. Mas parece que os "holofotes da plasticidade", as evidências cada vez mais fortes de como nosso cérebro é moldável por suas experiências de toda uma vida, raras vezes se voltam para o debate das diferenças-sexuais-no-cérebro.

Agora sabemos que adquirir diferentes tipos de perícia, jogar videogames, até ser exposto a diferentes expectativas sobre o que podemos realizar, podem mudar nosso cérebro. Por exemplo, se você estiver interessado em diferenças na cognição espacial, talvez precise saber que experiências relevantes têm seus participantes. Eles jogam muito videogame? Praticam esportes, possuem hobbies que envolvam alguma habilidade espacial? Seu trabalho envolve alguma consciência espacial? Como vimos em nosso exame do mundo generificado a que nosso cérebro é exposto, é mais do que possível que isto se cruze com se somos mulheres ou homens. Assim, a pesquisa de neuroimagem precisa considerar isto quando projeta estudos e analisa e interpreta resultados; precisamos reconhecer que os cérebros são irrevogavelmente enredados com os mundos em que operam e, assim, para entendê-los, precisamos examinar seus mundos também.

Isto é particularmente verdadeiro quando os pesquisadores interrogam os conjuntos de dados de neuroimagem muito grandes que agora estão disponíveis. Laboratórios do mundo todo colaboram para compartilhar as medidas coletadas no curso de seus próprios estudos, para garantir que existam grandes coleções centrais de medições de estruturas e funções cerebrais a que tenham acesso todos os neuropesquisadores, para testar suas próprias teorias ou verificar o caráter generalizante das descobertas. Em vez de números de participantes nas dezenas ou vintenas, agora examinamos centenas, até milhares de *scans* cerebrais.

Um artigo relatou a análise de dados em estado de repouso (isto é, dados de atividade cerebral quando os participantes estavam apenas deitados em um escâner, sem ter de realizar alguma tarefa) de mais de

1.400 participantes.²⁵ Ao verem as medidas de conectividade nesses cérebros, os pesquisadores relataram que a idade e o sexo eram importantes fatores diferenciais em várias formas de comparação de conectividade cerebral, ilustrando prestativamente estes relatos com gráficos de sino cor-de-rosa e azul. Isto na verdade serviu para indicar o quanto se sobrepunham os dados de mulheres e homens – mas não deram nenhum tamanho do efeito. Embora dados demográficos, como anos de escolaridade ou ocupação, estivessem disponíveis do conjunto central de dados, os autores não levaram isto em conta ao fazer as comparações. Assim, este artigo parecia um apoio impressionante à visão determinista biológica a partir de um enorme conjunto de dados. Entretanto, não foram consideradas as principais características relacionadas com a plasticidade. Todos os participantes tinham idades entre 18 e sessenta anos, logo, todos tinham muito tempo para que experiências de vida generificadas afetassem o cérebro e o comportamento.

Se ainda estivermos fazendo as mesmas perguntas, com a mesma mentalidade, as respostas não serão necessariamente melhores, mesmo que tenhamos a melhor tecnologia e os melhores conjuntos de dados. Um número crescente de comparações de conjuntos de dados cada vez maiores não nos deixará mais perto de entender nosso cérebro se nos concentramos apenas em características biológicas binárias e continuamos a ignorar fatores psicológicos, sociais e culturais. Pode não haver muitos taxistas malabaristas, nem violinistas que fazem *slackline* entre as pessoas estudadas, mas podem apostar que haveria uma variedade bem ampla de experiências educacionais, de ocupações, até de prática esportiva ou de outros hobbies em um grupo de pelo menos 1.400 pessoas.

E parece que não são só os cérebros em si que refletem o mundo em que operam; novas evidências mostram que também precisamos reconhecer como as atividades dos hormônios são enredadas com o mundo em que nós, seres humanos, vivemos.²⁶ Junto com a descoberta de que o desenvolvimento cerebral não é um desenrolar unidirecional de um modelo predeterminado, mas um processo dinâmico de mudanças que refletem interações com o ambiente, está ficando claro que flutuações em níveis hormonais refletem o que acontece a nossa volta, da mesma forma. Longe da caracterização "biologia ao volante" de hormônios como a testosterona, está claro que os níveis hormonais podem ser impelidos por envolvimento em atividades sociais.

Um exemplo espantoso disto é que os níveis de testosterona em pais vão variar em função de quanto tempo eles passaram cuidando dos filhos. E isto pode também refletir expectativas culturais. Em um estudo de dois grupos diferentes na Tanzânia, no grupo em que era normal os pais cuidarem dos filhos, os níveis de testosterona eram mais baixos do que no grupo em que a prática não era normal.[27]

Este efeito "inteligente" da testosterona foi perfeitamente demonstrado pela neuroendocrinologista social Sari van Anders, usando uma boneca que chora e três grupos de homens incautos.[28] (Este é um daqueles estudos no qual eu sinceramente gostaria de estar do outro lado daqueles espelhos falsos comuns em laboratórios de psicologia experimental ou nas salas de interrogatório de dramas criminais da televisão.) Um grupo tinha de apenas ouvir o choro do bebê, sem nenhuma possibilidade de intervir; um grupo tinha permissão para interagir com a boneca que, porém, era programada para chorar, independentemente do que a pessoa fizesse (eu estou acostumada com bebês humanos que exibem as mesmas características); e o terceiro grupo de sorte tinha uma boneca programada para, por fim, reagir a uma das várias atividades de "cuidados" oferecidas (alimentação, troca de fraldas, colocar para arrotar etc.). Os níveis de testosterona na saliva foram medidos antes e depois da experiência com a boneca. O grupo "calmante de sucesso" mostrou uma diminuição significativa na testosterona, enquanto o grupo que "só ouvia" mostrou um aumento significativo. O grupo que interagiu sem sucesso algum com a boneca mostrou pouca mudança nos níveis antes e depois. Van Anders sugere que as variações nos níveis de testosterona refletiam o contexto social, a disponibilidade ou não de alguma ação que "resolvesse o problema", porque o estímulo era sempre o mesmo em cada grupo. Portanto, do mesmo modo que o nosso cérebro é sempre plástico, nossos níveis hormonais não são tão fixos como se pensava.

Existiriam outros aspectos de nossa condição humana que não podemos mais supor que sejam fixos? Acontece que nossos perfis de personalidade também podem mudar com o tempo. Mesmo aceitar que em geral fica claro o que um questionário de personalidade tenta medir ou o efeito de "desejabilidade social" de pensar em respostas a qualquer inventário de perfil pessoal que retratará a pessoa na luz mais positiva, em geral se supunha que as medidas individuais, por exemplo, do que é chamado de os "Cinco Grandes" fatores de personalidade (abertura, conscienciosidade, extroversão, amabilidade e neuroticismo) eram muito estáveis. O pensador do século XIX William James, conhecido como o "pai da psicologia americana", chegou a descrever a personalidade como "fixa como gesso" depois da faixa dos trinta anos.[29]

Isto se relaciona perfeitamente com o modelo de que as características de personalidade, certamente em adultos, eram um reflexo de nossas características biológicas (fixas). Mas um estudo recente, combinando dados de 14 estudos longitudinais, em que as medidas que foram tomadas em pelo menos quatro ocasiões diferentes estavam disponíveis para quase 50 mil pessoas, mostrou que a natureza "de gesso" da personalidade é qualquer coisa, menos isso.[30] Em todos os estudos, todas as características, exceto a amabilidade, mostraram reduções significativas com o tempo (esta última mostrou irritabilidade crescente em alguns estudos e encanto crescente em outros). As explicações incluíam uma espécie de efeito pragmático de "mostrar o que há de mais positivo" em que, como uma jovem pessoa/personalidade, você podia convencer como "otimamente" conscienciosa e extrovertida, mas se acalmaria um pouco com a idade (isso tem o nome delicioso de efeito *Dolce Vita*). Também houve evidências claras de que nem todos mudam no mesmo ritmo, nem na mesma direção.

De modo geral, então, pareceria que nossa personalidade, nosso perfil exterior, não é um ponto estável e fixo em nossa jornada pela vida, mas pode variar consideravelmente. Esta descoberta, naturalmente, pode apenas refletir as vicissitudes das várias maneiras de avaliar a personalidade, mas pode também refletir o jeito com o qual quem queremos que as pessoas pensem que somos está enredado com fatores sociais, como os aspectos "quem pergunta", "por que pergunta" ou "quando perguntam". Assim, temos personalidades plásticas e flexíveis da mesma forma que temos biologias plásticas e flexíveis.

Diminuição das diferenças?

A avaliação de características de personalidade foi apenas uma das contribuições da psicologia ao debate das diferenças sexuais/de gênero que examinamos no Capítulo 3. Outra proposta essencial foi a catalogação detalhada das habilidades cognitivas que alegaram distinguir confiavelmente mulheres de homens. Será que esta lista preferida resistiu ao teste do tempo, ou precisamos revisá-la?

O estudo psicológico das diferenças sexuais no comportamento atraiu um nível razoável de críticas, do escárnio incisivo das observações de Helen Thompson Woolley para com as contribuições da psicologia no início do século XX, ao exame pericial de Cordelia Fine de décadas de pesquisa mal interpretada, incompreendida e deturpada no início deste século. Nenhuma das duas fez objeções fundamentais à realização da pesquisa, e sim a *como* era feita: ambas achavam que a área era caracterizada por uma prática científica fraca, que lançava dúvidas sobre muitas conclusões.

Com relação às habilidades cognitivas, como vimos no Capítulo 3, Eleanor Maccoby e Carol Jacklin fizeram um ótimo trabalho organizando o campo no início dos anos 1970, deixando-nos com capacidade verbal, capacidade visuoespacial, capacidade matemática e agressividade como características fiáveis que podiam diferenciar homens de mulheres. Nesta fase, deu-se pouca atenção a quaisquer fatores contributivos além do sexo biológico – supunha-se que desde que soubéssemos se os participantes marcavam o quadradinho "mulher" ou "homem", então todo o resto (exceto, talvez, a idade) era irrelevante.

Mas isso mudou aos poucos, à medida que ficava claro que variáveis ambientais precisavam ser consideradas junto com as biológicas, não como alternativas, mas como parte do mesmo processo. É até possível identificar o aparecimento desse pensamento comparando-se os prefácios às quatro edições do excelente livro *Sex Differences in Cognitive Abilities*, de Diane Halpern, publicadas entre 1987 e 2012.[31] Halpern notou a crescente contribuição de técnicas de neurociência cognitiva, inclusive evidências da natureza transformadora de acontecimentos ambientais para o cérebro, e a crescente politização da área de pesquisa. Ela também chefiou o grupo de psicólogos que, depois do notório discurso de Larry Summers, produziu um resumo qualificado do estado atual da pesquisa de diferenças sexuais na ciência e na matemática.[32] Assim, como alguém com uma visão abrangente da paisagem deste tipo de pesquisa, uma característica em particular notada por ela foi que estas diferenças na verdade estavam diminuindo ou desaparecendo, ou até revertiam, em várias culturas. Evidências como estas tornam cada vez mais difícil sustentar que as diferenças são determinadas biologicamente, pela genética, por hormônios ou por ambos.

Em 2005, Janet Hyde (que, na verdade, tem a cátedra Helen Thompson Woolley de psicologia e estudos femininos na Universidade de Wisconsin-Madison) revisou 46 meta-análises destes estudos, junto com os resultados de muitas investigações sociais e de personalidade em algumas medidas de "bem-estar psicológico", como "autoestima" e "satisfação na vida", com alguns comportamentos motores como lançar ou saltar.[33] Como a essa altura você saberá, cada meta-análise em si terá revisado dezenas, se não centenas de artigos de pesquisa diferentes, assim, está claro que a indústria da "psicologia das diferenças sexuais" foi imensamente produtiva.

Hyde chegou à conclusão impressionante de que, ao contrário do "modelo de diferenças" atual, enfatizando as distinções quase dimórficas entre homens e mulheres, os dados mostravam que homens e mulheres eram semelhantes na maioria das variáveis psicológicas, mas não em todas. Dos 124 tamanhos efeito revelados pela meta-análise, 78% eram pequenos ou próximos de zero, inclusive alguns relacionados aos velhos favoritos, como a capacidade matemática (+0,16) e comportamento de auxílio (+0,13). Muito poucos podiam ser considerados grandes (mais de 0,6).

Tendo em mente que grande parte do estudo de diferenças entre os gêneros aconteceu para justificar por que os homens estão em posições de poder e influência (e as mulheres não), as características que mostravam as maiores diferenças entre homens e mulheres provavelmente não serão encontradas em muitas descrições de cargo para futuros capitães da indústria. Elas incluíam a masturbação (uma "variável social e de personalidade", pelo visto, com um tamanho do efeito gritante de +0,96) e velocidade de arremesso (+2,18), bem como distância de arremesso (+1,98).

Se você pensava que a coleção de 46 meta-análises de Hyde foi um indicador impressionante da produção da psicologia nesta questão, só dez anos depois Ethan Zell e colaboradores reuniram 106 meta-análises para realizar uma forma de avaliação de tamanho do efeito de alto nível (conhecida como metassíntese).[34] De fato, esta pretendia especificamente ser uma avaliação da hipótese de semelhanças de Hyde. Segundo seus cálculos, eles tinham dados de mais de 20 mil estudos individuais e mais de 20 milhões de participantes. Foi um teste impressionante em seus detalhes.

O que descobriram? O tamanho do efeito geral, em todas as diferentes características incluídas pelos pesquisadores, era de +0,21, com 85% das diferenças homem-mulher sendo muito pequenas ou pequenas. A maior diferença que encontraram, em características masculinas X femininas, foi um tamanho do efeito de +0,73, então não era extremo, mesmo considerando a natureza da característica medida. A conclusão foi que sua metassíntese dava apoio "convincente" à hipótese de semelhanças de gênero.

Em um exame mais atento de estudos mais bem realizados em grupos maiores de pessoas, esses dois exemplos ilustram que aparentemente estão desaparecendo com rapidez itens da lista preferida da psicologia sobre diferenças em habilidades cognitivas e perfis de personalidade. Sabe aquelas diferenças confiáveis no desempenho em matemática identificadas por Maccoby e Jacklin? Acabaram-se. E a superioridade feminina confiável em habilidades verbais? Ínfimas em muitas medidas diferentes, inclusive vocabulário, compreensão de leitura e redação, tendo a fluência verbal como única possível candidata a uma diferença, mas com um tamanho de efeito de apenas −0,33, não é uma variável imensamente preditiva. Para fazer justiça, é verdade que estudos de capacidade de rotação mental produziram um tamanho de efeito médio, contudo apenas moderado, de 0,57 – como vimos, isto pode variar em função do tipo de teste usado na medição e também pode desaparecer com o treinamento.

Assim, o indicador confiável da psicologia de como os homens diferem das mulheres, que não só deu apoio a um sistema de crença secular, mas também, em alguns casos, fundamentou a pauta de pesquisa de laboratórios de ponta, parece precisar de uma atualização radical.

Será mesmo possível que tenhamos errado a respeito do sexo esse tempo todo?

CAPÍTULO 14:

Marte, Vênus ou Terra? Erramos a respeito do sexo esse tempo todo?

> Quanto mais aprendemos sobre sexo e gênero, mais estes atributos parecem existir em um espectro.
>
> Amanda Montañez[1]

Como vimos, a caçada pelas diferenças entre os cérebros de homens e mulheres foi vigorosamente perseguida por séculos com todas as técnicas que a ciência podia reunir. Havia uma certeza, tão velha quanto a vida, de que homens e mulheres são diferentes. As mulheres empáticas, emocional e verbalmente fluentes (brilhantes na recordação de aniversários) quase podiam pertencer a uma tribo diferente dos homens sistematizadores, racionais e com habilidades espaciais (ótimos com um mapa).

A alegação que estivemos examinando até agora é de que existem dois grupos distintos de pessoas que pensam, comportam-se e se realizam de formas diferentes. De onde podem vir estas diferenças? Vimos os antigos argumentos sobre a "essência" de homens e mulheres e os processos biologicamente determinados, fixos e programados que fundamentam estas diferenças evolutivamente adaptativas. Examinamos as alegações mais recentes de que estas diferenças são socialmente construídas, de que homens e mulheres aprendem a ser diferentes, modelados desde o nascimento por atitudes específicas, expectativas e oportunidades generificadas determinantes de um papel disponível em seu ambiente. E refletimos sobre versões ainda mais recentes do conhecimento da natureza entrelaçada da relação entre cérebros e a cultura em que eles funcionam, uma compreensão de que as características de nosso cérebro podem ser tanto uma construção social quanto a cópia impressa de um projeto genético.

Porém, qualquer que seja a causa, a premissa básica é de que existem diferenças que precisam de explicação. Assim, estejamos enchendo crânios vazios com alpiste, acompanhando a passagem de isótopos radiativos pelos corredores do cérebro ou testando a empatia ou habilidades de cognição, *encontraremos* estas diferenças. Separadamente e juntos, e ao longo dos séculos, psicólogos e neurocientistas vêm buscando uma resposta para a pergunta: o que torna homens e mulheres diferentes? As respostas têm sido extensamente pesquisadas, amplamente relatadas, recebidas com entusiasmo ou fortemente criticadas.

Mas, no século XXI, psicólogos e neurocientistas começam a questionar a pergunta. Como homens e mulheres *são* diferentes, não só no nível do comportamento, mas até no nível mais fundamental do cérebro? Gastamos todo esse esforço examinando dois grupos separados que, na verdade, não são tão diferentes, e talvez nem sejam grupos distintos?

O sexo redefinido

Segundo Daphna Joel, há muito supusemos que a classificação das pessoas como "mulher" e "homem" se baseia no modelo 3G, de que os seres humanos podem ser classificados em duas categorias puras, de acordo com sua composição genética, gonadal e genital.[2] Uma pessoa XX terá ovários e uma vagina; uma pessoa XY terá testículos e um pênis. As exceções a esta regra, por exemplo, em pessoas nascidas com a genitália ambígua ou que mais tarde desenvolve características sexuais em desacordo com seu gênero atribuído, eram vistas como anomalias intersexo ou distúrbios de desenvolvimento sexual (DDS), exigindo tratamento médico, possivelmente incluindo intervenções cirúrgicas muito prematuras.[3]

Em 2015, um artigo na *Nature* de Claire Ainsworth, jornalista especializada em ciência, chamou a atenção para o fato de que "o sexo pode ser mais complicado do que parece".[4] Ela contou histórias de casos mostrando que as pessoas podiam ter conjuntos de cromossomos misturados (algumas células XY, outras XX), com as técnicas emergentes do sequenciamento de DNA e da biologia celular revelando que isto de forma alguma era uma ocorrência rara. E as evidências de que a expressão dos genes que determinam as gônadas pode continuar depois do nascimento abalou o conceito de diferenças sexuais físicas e básicas como pré-programadas. Deveria existir uma definição mais ampla de diversos tipos de desenvolvimento sexual, inclusive variações na produção de espermatozoides, variações amplas nos níveis hormonais, ou diferenças anatômicas mais sutis na estrutura peniana? Isto pode revelar que as manifestações do sexo biológico ocorrem em um espectro, que incluiria variações sutis e também moderadas, em vez da "divisão binária" dominante até hoje. Esta abordagem, assim, incluiria, em vez de excluir, as DDS, deixando-as de rotular como exceções à regra.[5]

Porém, esta não era bem a notícia original que parecia, como observou Vanessa Heggie, uma jornalista do *Guardian*.[6] Em um artigo de 1993, "Os cinco sexos", Anne Fausto-Sterling já havia sugerido (como indicou o título do artigo) que precisamos de pelo menos cinco categorias de sexo para cobrir as ocorrências intersexuais.[7] Ela achava que este agrupamento deveria incluir homens com testículos e alguma características femininas, e mulheres com ovários e algumas características masculinas, bem como os hermafroditas "verdadeiros", com um testículo e um ovário. As observações de Fausto-Sterling tinham um contexto político e ela pensava que a sociedade precisava abandonar "o pressuposto de que em uma cultura dividida pelos sexos as pessoas só podem perceber seu maior potencial para a felicidade e a produtividade se têm certeza de pertencerem a um dos dois únicos sexos reconhecidos".

Ao rever este raciocínio em 2000, ela notou que, embora eles tenham se mostrado controversos na época, grande parte do pensamento sobre pessoas "intersexo" mudou nos poucos anos seguintes, ao ponto de a profissão médica ter assumido uma atitude muito mais cautelosa para com o desenvolvimento sexual aparentemente anômalo.[8] Houve até a sugestão de que o gênero não deveria ser determinado pelos genitais, mas que certamente deveria ser reconhecida a existência de mais de duas categorias (porém definidas).

Assim, temos um desafio na camada mais fundamental de nossa cadeia de argumentos. Será que os seres humanos podem ser claramente diferenciados em duas categorias – homem e mulher – com a associação a cada uma determinada pelos genes, pelas gônadas e genitais, e com as diferenças nestes claramente definidas e facilmente identificáveis? Parece que um genótipo pode ser heterogêneo e variável, e que é possível desviar o fenótipo emergente de seu destino original. O professor e neurobiólogo Art Arnold mostrou que podemos separar a influência dos cromossomos das gônadas e que estas podem variar de forma independente, com efeitos bem diferentes nas características físicas e no comportamento.[9] Os níveis hormonais podem flutuar muito dentro dos grupos e entre eles, e como uma função de diferentes contextos e diferentes estilos de vida. Os genitais, mesmo quando claramente identificáveis, como os lábios vaginais e o pênis, podem apresentar uma variedade impressionante de formas. Existe um artigo maravilhosamente ilustrado da *Scientific American* sobre a complexidade extraordinária da determinação do sexo que nos faz perguntar se chegamos a um produto final que parece até remotamente classificável em apenas duas categorias.[10]

E o cérebro?

A linha seguinte de argumentação foi de que, como homens e mulheres podem ser anatomicamente segregados, o mesmo pode ser feito com seus cérebros. Seja em tamanho, estrutura ou função, deve ser possível encontrar essas características que distinguiriam o cérebro de um homem daquele de uma mulher. Como vimos, a busca por estas diferenças tem sido uma cruzada de séculos, da leitura de calombos cranianos à medição do fluxo sanguíneo no cérebro, e certamente a história não tem sido de progressão linear. Em 1966, a única região cerebral identificada como relevante para entender as diferenças sexuais era o hipotálamo.[11] As coisas certamente mudaram desde então; foram quase trezentos estudos de imagem de diferenças sexuais ou de gênero no cérebro humano nos últimos dez anos, com centenas de relatos de diferenças sexuais em dezenas de diferentes características cerebrais.

Como vimos no Capítulo 4, embora as técnicas envolvidas com o exame do cérebro claramente estejam mais sofisticadas do que calombos e chumbo, muitos argumentos permaneceram os mesmos. Estabelecer distinções cerebrais envolve, primeiramente, um consenso sobre como diferentes estruturas devem ser medidas, e isto ainda não foi alcançado atualmente. Por exemplo, existe um consenso de que é necessário realizar alguma correção de tamanho para comparar cérebros de homens com cérebros de mulheres; mas, como vimos, ainda existem discussões sobre em que devem se basear estas correções. Devem ser no volume total do cérebro ou no volume cerebral intracraniano, na altura, no peso ou no tamanho da cabeça, todas as anteriores ou apenas uma delas? Sabemos que havia uma antiga lista daquelas áreas cerebrais em que foram encontradas diferenças sexuais "confiáveis". Isto inclui a sugestão de que as duas estruturas-chave do cérebro, a amígdala e o hipocampo, são maiores nos homens. Aparentemente, isso foi confirmado em uma meta-análise em 2014, que examinou mais de 150 estudos.[12]

Porém, no mundo da imagem cerebral, as atualizações chegam a jato e técnicas cada vez mais sutis nos permitem rever certezas do passado sobre as diferenças cerebrais. A região candidata *du jour* de ontem para a compreensão da diferença sexual pode ser a reconsideração do hipocampo de hoje. Mesmo nos quatro anos desde a revisão mencionada aqui, uma nova pesquisa contestou algumas daquelas conclusões. A equipe de Lise Eliot da Universidade Rosalind Franklin, em Chicago, realizou meta-análises de dados estruturais do hipocampo e da amígdala, em 2016 e 2017, respectivamente.[13] Em ambos os casos, demonstraram que as alegações iniciais de que estas estruturas eram maiores nos homens do que nas mulheres não tinham fundamento e que as diferenças diminuíram acentuadamente ou desapareceram quando as medidas foram corrigidas para o volume cerebral intracraniano.

Está ficando cada vez mais claro que as estruturas dentro do cérebro são cuidadosamente dimensionadas como uma função do tamanho cerebral, possivelmente para otimizar necessidades metabólicas ou a comunicação intercelular. Isso significa que *quaisquer* relatos de diferenças sexuais nas estruturas cerebrais que não fizeram alguma forma de ajuste de volume não dão um quadro preciso.

Em vez de se concentrar no tamanho de diferentes estruturas, agora há um interesse maior nos padrões de conexões para a compreensão das ligações cérebro-comportamento. No Capítulo 4, vimos um estudo do laboratório de Ruben e Raquel Gur, um dos primeiros a aplicar medidas de conectividade estrutural ao estudo das diferenças sexuais, que alegou encontrar maior conectividade intra-hemisférica nos homens e inter-hemisférica nas mulheres.[14] Entretanto, como discutimos em nossa jornada pelo neuroabsurdo e o neurossexismo, este estudo tinha problemas, em particular com relação à ênfase demasiada que os autores (ou os autores dos comunicados à imprensa) deram ao significado destas descobertas, que não refletiriam precisamente a extensão destas diferenças. Além disso, ficou claro que a questão do "tamanho importa" é válida aqui também: as descobertas do laboratório de Lutz Jänke em Zurique mostraram que quanto maior o cérebro, mais fortes são as conexões *dentro* dos hemisférios e, o que é importante, isso independe do sexo de quem o possui (embora, naturalmente, a maioria dos cérebros maiores pertença a homens).[15] Mais uma vez, podemos ver isto como uma questão de escala. À medida que os cérebros aumentam, aumentarão as distâncias entre eixos fundamentais de processamento, portanto, é preciso haver um mecanismo para garantir que a velocidade de processamento não seja comprometida. Países maiores precisam de estradas melhores.

A outra questão fundamental a ser levada em conta é a da plasticidade do cérebro. Como vimos, as experiências de vida e as atitudes nela podem modelar e remodelar cérebros e, assim, tentar medir estruturas em cérebros como se fossem pontos finais fixos, sem considerar as experiências transformadoras para o cérebro que elas podem ter sofrido, provavelmente será, na melhor das hipóteses, de valor limitado. Pesquisadores que encontraram diferenças de tamanho/sexual na amígdala e no hipocampo, como antes dito, reconhecem isso, e observam que notoriamente as duas estruturas podem ser influenciadas pela experiência e o estilo de vida. Precisamos saber que tipo de vida estes cérebros tiveram – seus donos provavelmente tiveram graus variáveis de escolaridade, diferentes ocupações ou experiências de vida diferentes surgindo de seu status socioeconômico.

Você pode se perguntar se, depois de todo esse tempo e esforço, pode ser a hora de pedir uma trégua durante essas tentativas de décadas de gerar um catálogo de diferenças em estruturas e vias cerebrais. Daphna Joel e Margaret McCarthy propuseram um arcabouço melhorado para interpretar diferenças sexuais, que podem fazer o campo avançar.[16] Elas sugerem quatro perguntas adicionais que talvez precisemos fazer sobre quaisquer diferenças que sejam encontradas. Primeiramente, elas são persistentes ou transitórias ao longo da vida – estamos falando de diferenças sempre presentes ou de diferenças que, digamos, aparecem e desaparecem com diferentes níveis hormonais? Ou das que aparecem na infância e desaparecem depois da adolescência? Em segundo lugar, elas são dependentes ou independentes do contexto: só serão encontradas em determinadas circunstâncias ou culturas ou são universais? Em terceiro lugar, são claramente dimórficas (sem sobreposição), existem muitas sobreposições, ou elas são caracterizadas melhor como um contínuo? E, por fim, elas podem ser *diretamente* atribuídas ao sexo biológico (por meio de cromossomos ou hormônios), ou surgem devido a efeitos indiretos, como expectativas sociais e normas culturais (no caso humano) que podem variar em função de a pessoa ser homem ou mulher? Assim, precisamos perguntar não só se existe uma diferença, mas que diferença pode ser.

Este arcabouço certamente propõe uma resposta mais nuançada à eterna pergunta "Então, quais *são* as diferenças sexuais no cérebro?", e talvez até levem menos ao costumeiro revirar de olhos quando começamos a responder com "Bom, depende do que você quer dizer por diferente..."

Ou deveríamos apenas parar inteiramente de procurar pelas diferenças?

O cérebro mosaico

Na busca por diferenças sexuais no cérebro, o pressuposto subjacente, é claro, é de que os cérebros das mulheres serão distintos dos cérebros dos homens. Como as séries televisivas de detetives que parecem capazes de identificar partes corporais descobertas, será que existe algum conjunto de pistas confiáveis de que *este* é um cérebro feminino e *aquele* é um cérebro masculino?

Em 2015, uma equipe liderada por Daphna Joel, da Universidade de Tel Aviv, relatou os resultados de uma investigação longa e muito detalhada de mais de 1.400 *scans* cerebrais de quatro laboratórios diferentes.[17] Examinaram os volumes de massa cinzenta em 116 regiões de cada cérebro. A partir de um subconjunto de seus *scans*, identificaram dez características daquelas 116 que mostraram as maiores diferenças entre os cérebros de mulheres e aqueles de homens; depois os dados foram cuidadosamente codificados, respectivamente por cor-de-rosa e azul. Aquelas características que eram mais sistematicamente maiores em homens foram chamadas de "masculinas" e as que eram mais sistematicamente maiores em mulheres foram chamadas de "femininas". Quando mapearam essas características codificadas por cores em outro subconjunto dos dados originais, compreendendo 169 cérebros de mulheres e 112 de homens, ficou imediatamente claro que cada cérebro exibia um verdadeiro mosaico das características masculinas e femininas, bem como várias intermediárias. Menos de 6% da amostra eram uniformemente "masculinas" ou "femininas", isto é, em que a maioria das 116 características era masculina ou feminina, respectivamente. O resto mostrava uma ampla gama de variabilidade entre cada cérebro, com uma coleção geral "misturada" de masculinidade e feminilidade evidente nos cérebros diferentes. Este tipo de distribuição também foi encontrado em outros conjuntos de dados e apareceu um padrão semelhante de resultados com vias estruturais. A conclusão desta investigação foi de que devemos "deixar de pensar em cérebros que recaem em duas classes, uma típica de homens e outra típica de mulheres, e reconhecer a variabilidade do mosaico do cérebro humano".

Este artigo teve um importante impacto na comunidade de pesquisa das diferenças sexuais. Proporcionou uma imagem convincente da variabilidade nos dados cerebrais de homens e mulheres e afirmou que havia tão pouca coerência interna entre grupos divididos segundo o sexo que a ideia de um cérebro masculino ou feminino deveria ser abandonada. Embora tenha havido um consenso geral quanto à variabilidade em todos esses dados (e nenhum pesquisador de imagem cerebral nesta área poderia contestar), houve alguma preocupação de que a técnica usada estivesse "acumulando as probabilidades" contra a descoberta de categorias puras e claras. Por exemplo, um artigo aplicou uma técnica semelhante a faces muito desiguais de diferentes espécies de macacos e afirmou que elas não podiam ser distinguidas.[18] Assim, o motivo para que Joel não conseguisse agrupar seus dados em duas pilhas puras não foi uma função dos dados, mas de como Joel tentou organizá-los. Outros aplicaram técnicas de reconhecimento automático de padrões e relataram que podiam identificar corretamente uma "categoria sexual" cerebral entre 65 e 90% das vezes. Joel defendeu sua abordagem enfatizando que a principal mensagem era de que o leque da variabilidade nos conjuntos de dados sobre o cérebro (que não era tão evidente nas faces de macacos) era tão extenso que, no nível individual, seria impossível prever confiavelmente o "perfil cerebral" de alguém apenas com base em seu sexo. Assim, não, não podemos pegar um cérebro e preencher um conjunto de 116 quadradinhos e aparecer com a resposta "feminino" ou "masculino".

Joel também observa que este mosaicismo biológico também se enreda com a questão da plasticidade. Por exemplo, mostrou-se que as características de determinadas células nervosas, supostamente típicas de mulheres e típicas de homens, podem mudar em função de estresse externo e passar a ser mais masculinas ou mais femininas, respectivamente,[19] e assim os diversos padrões de um mosaico cerebral podem refletir as diferentes experiências de vida às quais ele foi exposto.

Na extremidade mais fundamental da história sexual, então, parece que é cada vez mais complicado conciliar as evidências que se acumulam com a ideia de uma divisão binária pura. Com relação ao cérebro, existem quatro questões emergentes sugerindo que pode ser a hora de sair da divisão simplista "cérebro masculino/cérebro feminino". Décadas de descobertas usando técnicas de imagem cada vez mais sofisticadas ainda não produziram nada parecido com um consenso quanto ao que pode diferenciar um "cérebro masculino" de um "cérebro feminino". Existem dificuldades para saber o que diferenças estruturais no cérebro podem significar em relação ao comportamento que queremos compreender. A questão da plasticidade implica que uma ampla gama de fatores psicológicos precisa ser levada em consideração quando examinamos quaisquer medidas de estrutura ou função cerebrais, e também implica que qualquer padrão de atividade cerebral que examinarmos pode ser considerado, na melhor das hipóteses, somente um "instantâneo" daquele cérebro, refletindo apenas seu perfil corrente. E as recentes descobertas de Joel chamaram a atenção para a enorme quantidade de variabilidade em cérebros individuais no nível de estruturas muito fundamentais, a tal ponto que uma interpretação diz que o maior mito de todos é o de que nosso cérebro é "masculino" ou "feminino".[20]

Os hormônios furiosos?

E os hormônios, aqueles mensageiros químicos que controlam a maior parte de nossas funções corporais, que há muito vêm recebendo um papel muito especial na determinação das diferenças entre mulheres e homens? Na verdade, como vimos no Capítulo 3, dois dos grupos hormonais – os andrógenos e os estrógenos – são chamados de hormônios "sexuais". A testosterona, o andrógeno mais famoso, é conhecido como um hormônio masculino, e o estradiol, como um hormônio feminino, apesar de ambos ocorrerem em mulheres e homens. Uma revisão recente observou que níveis médios de estradiol e progesterona, os chamados hormônios "femininos", não diferem entre mulheres e homens.[21] Assim, como acontece com o cérebro, o que parece uma medida binária de diferenças entre ambos os sexos não tem sustentação em um exame mais atento.

A questão da plasticidade também é relevante aqui. A antiga impressão de hormônios como motores do comportamento (ou que "põem em movimento", que, como vimos no Capítulo 2, é o que significa seu nome) implica que eles são a causa de toda sorte de comportamentos. Mas a pesquisa do século XXI que examinou os efeitos do contexto social sobre níveis hormonais implica que precisamos repensar este papel causal e reconhecer que os hormônios humanos são tão enredados com o que acontece em seu mundo, e reagem a isto, quanto os cérebros humanos.[22] No capítulo anterior, vimos o efeito de níveis de testosterona masculino de lidar mais ou menos com sucesso com uma boneca chorando, com reduções significativas na testosterona para os tranquilizadores bem-sucedidos. E isto foi espelhado em situações no mundo real, com níveis variando segundo a "prática" dos pais.

Assim como observamos o poder da sociedade e de suas expectativas como variáveis que mudam o cérebro, está claro que o mesmo efeito é evidente com relação aos hormônios. A endocrinologia social tem mostrado que "andrógenos e estrógenos não são dois conjuntos distintos de hormônios sexuais – um conjunto para as mulheres, e outro para os homens –, mas são hormônios encontrados em todos os seres humanos [...]. Além disso, os níveis destes hormônios não são fixos, mas dinâmicos e podem ser influenciados por experiências sociais generificadas".[23]

Mas precisamos recordar onde tudo isso começou, o *status quo ante* de que homens e mulheres têm habilidades, temperamentos, personalidade, aptidões e interesses amplamente divergentes, que podem ser confundidos como membros de espécies diferentes ou até habitantes de planetas diferentes. E esta antiga cruzada científica trata da questão "O que diferencia homens de mulheres?". Coçamos a cabeça com as respostas desconcertantes que temos recebido. Mas quem sabe se, como acontece com os cérebros e os hormônios, na verdade devemos examinar a própria pergunta?

Preto e branco ou tons de cinza: diminuição das diferenças e desaparecimento de dicotomias

A lista preferida da psicologia quanto às diferenças de gênero, com fatores cognitivos como capacidade verbal e espacial junto com empatização ou sistematização, há muito tem sido aceita como diferenciações de gênero bem-estabelecidas. Porém, como vimos no Capítulo 13, estas afirmações confiantes começaram a ser contestadas e meta-análises de Janet Hyde em 2005 e Ethan Zell e colaboradores em 2015[24] sugeriram que a mensagem avassaladora de décadas de pesquisa sobre milhões de participantes era de que, na verdade, mulheres e homens eram mais semelhantes do que diferentes e que as diferenças desapareciam com o tempo.

Agora vamos nos afastar outro passo das certezas do passado sobre as diferentes origens planetárias de homens e mulheres. Até a hipótese da semelhança de gêneros é baseada em um argumento do grau de diferenças e semelhanças que realmente têm as duas categorias de homens e mulheres. Mas vamos supor que estejamos cometendo um erro fundamental ao pensar que existem duas categorias, antes de mais nada? Que, com relação a todas as habilidades cognitivas, características de personalidade ou comportamentos sociais que submetemos seriamente a meta-análises, homens e mulheres não recaem nos dois grupos que suas diferentes anatomias (embora mais complexas do que se pensava inicialmente) nos levaram todos a acreditar que devem existir?

Dois artigos com títulos maravilhosos cintilam desta linha de raciocínio: "Homens e mulheres da Terra: Examinando a estrutura latente de gênero", de 2013[25], e "Preto e branco ou tons de cinza: Serão as diferenças de gênero categóricas ou dimensionais?", de 2014,[26] de Harry Reis, da Universidade de Rochester, no estado de Nova York, e Bobbi Carothers, da Universidade Washington, em Saint Louis. Os dois artigos voltaram diretamente ao fundamento da questão da "diferença". Observaram que a comparação de dois grupos supunha, antes de tudo, que existiam dois grupos. Se vamos colocar pessoas (ou qualquer coisa) em grupos separados, precisaremos conhecer as regras fundamentais para a "variável de agrupamento", a base para tomarmos nossa decisão de quem ou o que pertence a que grupo (conhecida como estabelecer um "táxon"). Para uma categoria ou táxon ser significativo, seus membros devem possuir um conjunto de características reconhecíveis que geralmente andam juntas (coerência interna). No geral, estas características devem resultar em uma categoria que seja reconhecivelmente distinta de outras. Isto, então, significa que só conhecer o rótulo fixado em cada categoria (vamos chamar de caixa, por enquanto) deve nos dar uma pista sólida do que está nesta caixa. É claro que é exatamente isto que fazem os estereótipos – dão um rótulo do qual, supõe-se, todo o restante seguirá.

Carothers e Reis analisaram dados de 122 medidas que supostamente distinguiam homens de mulheres. Isto incluiu muitas medidas diferentes de masculinidade e feminilidade, medidas de empatia, de medo do sucesso, de interesse por ciência, e dos Cinco Grandes fatores de personalidade, como o neuroticismo. Depois correram esses dados por três tipos diferentes de análise projetados especificamente para mostrar se as medidas resultantes eram ou não taxônicas (pertencentes a grupos distintos) ou dimensionais (pertencentes a uma única escala). Quase todas as comparações por eles examinadas mostraram que os dados se encaixavam melhor em uma só dimensão. Claramente James Damore, o autor do memorando do Google, não topou com esses artigos!

Para ter certeza de que este não era só um problema com seus métodos de análise e que os dados seriam separados em grupos distintos, se apropriado, eles fizeram um relato isolado usando unicamente dados divididos em grupos, como medições físicas e realizações atléticas. As medidas também foram eficazes na classificação confiável de atividades estereotipadas por sexo, como gostar de pugilismo, assistir pornografia, tomar um banho e falar ao telefone nos grupos apropriados (deixarei que você adivinhe quais atividades eram estereotipadas e relacionadas a qual sexo). Assim, a mesma origem de nossa caçada pelas diferenças sexuais no cérebro, de que existem distinções claras em comportamentos, aptidões, temperamentos, gostos e aversões de homens e mulheres, parecia precisar de uma atualização radical.

Além disso, Daphna Joel e sua equipe também usaram a abordagem de "mosaico", que tinham aplicado a suas medições do cérebro, no exame das variáveis psicológicas.[27] Pegaram informações de dois grandes conjuntos de dados abertos e, além disso, o conjunto de dados do estudo de Carothers e Reis que mostravam especificamente as maiores diferenças sexuais. Pegaram as variáveis de cada conjunto que mostrava as maiores diferenças sexuais, por exemplo, características como "preocupar-se com o peso", "apostar", "fazer o trabalho doméstico", "ter hobbies ligados à construção", "competência em se comunicar com as mães" ou "gostar de ver pornografia". Depois, examinaram a distribuição de cada uma dessas variáveis aparentemente discriminadoras em cada um dos participantes. Quantos tinham um "conjunto correspondente" ou de características fortemente masculinas, ou fortemente femininas? Se nossa preocupação é o peso, então provavelmente também veremos *talk shows* e faremos o trabalho doméstico? Se gostamos de apostar, também gostaremos de pugilismo ou de ter passatempos ligados a construção? A resposta foi "não". Das 3.160 mulheres e dos 2.533 homens testados nestes estudos, só pouco mais de 1% eram sistematicamente espectadores de pornografia que gostavam de pugilismo, ou pessoas preocupadas com o peso que tomavam banho, com os outros 99% podendo ser, digamos, apostadores inveterados que sabiam se comunicar com suas mães.

Portanto, como acontece com os cérebros, não existe isso de um perfil comportamental tipicamente feminino ou um perfil comportamental tipicamente masculino – cada um de nós é um mosaico de diferentes habilidades, aptidões e capacidades, e tentar nos colocar em duas caixas com rótulos arcaicos deixará de apreender a verdadeira essência da variabilidade humana.

Quanto mais examinamos todo tipo de medidas diferentes de homens e mulheres, da biologia fundamental, passando por características cerebrais a perfis de comportamento e personalidade, menos provável parece que estas medidas venham de dois grupos de pessoas confiavelmente discerníveis. É evidente que isto tem implicações para todos os nossos estereótipos estabelecidos e para todo tipo de práticas discriminatórias baseadas, consciente ou inconscientemente, nestes estereótipos.

Para além do binário – implicações para a identidade de gênero

Um adjunto lógico a este possível abandono das dicotomias simples homem/mulher é como isso pode se relacionar com todo o conceito de identidade de gênero. Como vimos, a origem do debate sobre diferenças sexuais supunha que existisse uma ligação inquebrável, unidirecional e causal entre nosso sexo biológico (os genes, genitais e gônadas com que nascemos) e nosso gênero social (como nos identificamos, que papéis as "pessoas como nós" têm na sociedade). Isto foi supostamente provado pela evidência incontestável de que existiam diferenças sexuais no cérebro que causavam diferenças sexuais em aptidões, habilidades, personalidade e identidade, que, por sua vez, explicavam as diferenças sexuais em realização, status e posições de poder.

Mas uma vez que esta cadeia de evidências começa a ser revelada, as certezas do passado podem ser contestadas, inclusive a ideia de que o sexo que nos atribuíram ao nascimento é, de certo modo, relacionado com nossa identidade pessoal. Desta forma, repensar o sexo no século XXI tem implicações para mais do que apenas nossa compreensão do cérebro e do comportamento. Será que sentimos que somos homens ou mulheres porque temos um cérebro masculino ou feminino? Se não existe cérebro feminino ou masculino, de onde vem nossa identidade de gênero?

Como ocorre com muitas coisas nesta área, precisamos ser claros com as definições. Identidade de gênero se refere ao nosso senso como homens ou mulheres, se nos *identificamos* como um homem ou uma mulher. Se alguém parar você na rua e pedir para responder a um levantamento, como você se descreveria? Não é a mesma coisa que preferência de gênero ou orientação sexual, que em geral se refere a quem podemos escolher como parceiro sexual. Os dois podem andar juntos, mas vemos que pode variar de forma independente.

Sabemos que as crianças são detetives mirins de gênero, trabalham nesse caso desde cedo, e por volta dos três anos concluem que sentem ser de um gênero, e o que isto significa para como devem se comportar, como devem se vestir e com que brinquedos podem brincar. E este gênero quase invariavelmente é ligado a sua percepção de diferenças anatômicas – os meninos têm pênis e as meninas, não. Com base nisto, sempre que "têm as evidências" ou dicas, como tamanho do cabelo, ou o nome, elas atribuem gêneros diferentes aos outros de seu círculo social e declaram firmemente as regras fundamentais associadas a cada gênero.[28] Ai de qualquer transgressor – as próprias crianças são a polícia de gênero mais intransigente!

Como isso começa cedo na vida, existe uma escola de pensamento que diz que a identidade de gênero se deve à expressão de fatores biológicos inatos. Da mesma forma que nosso sexo genético ou hormonal foi identificado como a causa de diferenças sexuais no cérebro e no comportamento, os processos biológicos são considerados fundamentos para a emergência da identidade de gênero.[29] Você pode "se sentir" homem ou mulher porque tem um cérebro masculino ou feminino, organizado e canalizado pela ação de fatores genéticos e hormonais. Os relatos de que meninas com hiperplasia adrenal congênita mostram baixos níveis de satisfação com seu sexo feminino atribuído foram citados como provas da determinação biológica da identidade de gênero.[30] Da mesma forma, o caso de David Reimer, o menino criado como menina que conhecemos no Capítulo 2, mostra o caráter extraordinário com que os esforços determinados de socialização foram aparentemente insuficientes para estabelecer uma identidade de gênero em conflito com aquela biológica.[31]

Mas e se você sentir uma desconexão entre o que sua biologia lhe diz e o gênero com o qual se identifica, apesar de todas as evidências necessárias e das mensagens muito poderosas que sua cultura lhe passa de que as duas coisas andam juntas? A ponto de você se ver tão infeliz que está disposto a se submeter a procedimentos médicos drásticos, inclusive cirúrgicos, para alterar seu sexo biológico de modo que combine com o gênero com o qual você se identifica? É uma decisão talvez compreensível, se você está imerso em uma cultura cuja biologia é identificada insistentemente como a principal "causa" do gênero.

Nos dias de hoje, a identidade de gênero é um tema polêmico. Um levantamento de 10 mil pessoas realizado pela Comissão de Igualdade e Direitos Humanos em 2012 indicou que aproximadamente 1% da população relata este tipo de desconexão.[32] Embora isto nem sempre resulte em intervenção médica, existe um aumento bastante drástico nas pessoas que seguem este caminho. Em 2017, a Sociedade Americana de Cirurgiões Plásticos informou um aumento de 19% em relação ao ano anterior na cirurgia de redesignação de gênero (3.250 operações no total).[33] No Reino Unido, com a dificuldade de acesso a todas as estatísticas, embora o Serviço Nacional de Saúde realize algumas cirurgias, a maioria é feita privadamente; mas um relatório da Comissão das Mulheres e das Igualdades da Câmara dos Comuns em 2015 contou que os encaminhamentos para clínicas de identidade de gênero crescem cerca de 25 a 30% ao ano.[34]

Outro fator que tem atraído comentários é um aumento drástico no número de crianças que se declaram invariantes quanto ao gênero e uma diminuição na idade em que isso acontece. Uma reportagem no *Telegraph* em 2017 dizia que, em quatro anos, quadruplicou o número de crianças com menos de dez anos a visitar a única instalação do NHS (Serviço Nacional de Saúde) para crianças transgênero, de 36 em 2012/13 para 165 em 2016/17.[35] Também se observou que 84 crianças com idades entre três e sete anos foram encaminhadas em 2016/17, comparadas com vinte em 2012/13. Um aspecto controvertido disto é que uma forma de tratamento envolve o uso de hormônios bloqueadores da puberdade, às vezes seguidos por hormônios intergênero para permitir o desenvolvimento dos caracteres sexuais secundários do gênero com o qual a criança/adolescente deseja se identificar.

Em 2015, a revelação de que Bruce Jenner, decatleta olímpico, estava transicionando para se tornar Caitlyn Jenner certamente colocou a questão sob os holofotes do público.[36] E a afirmação dela de que "meu cérebro é muito mais feminino que masculino" resumiu uma alegação frequente de pessoas transgênero de que elas sentem como se tivessem um cérebro masculino em um corpo feminino (ou o contrário) ou, falando mais coloquialmente, que elas nasceram na "caixa errada". Elas sentem que algo deu errado com sua ligação biologia-gênero e, assim, desejam realinhá-la mudando sua biologia para que seja coerente com o gênero com que se identificam. Mas será que devemos contestar esta ligação? Devemos contestar o conceito de alguma caixa pré-rotulada em que estão sendo colocados os seres humanos?

Vimos as dificuldades para as mulheres associadas com uma convicção inabalável de que sua biologia determina seus interesses, aptidões, personalidade, ocupação e assim por diante. Talvez isto também se estenda àqueles que questionam sua identidade de gênero. Os empurrões ubíquos e insistentes do marketing que divide, o implacável bombardeio generificado das redes sociais virtuais e dos locais de entretenimento, a constante disponibilidade de exibições definidas por gênero podem resultar em um estereótipo muito mais rígido e normativo do que já vimos antes sobre o que significa ser homem ou mulher. Assim, se "nenhuma das anteriores" parece ser sua resposta às características esperadas de você como menino ou menina, pode ser simplesmente que exista um problema com a pergunta do que faz um menino ou uma menina, e não com suas respostas. Desmascarar o mito do cérebro masculino ou do cérebro feminino deve ter implicações para a comunidade transgênero que, assim esperamos, serão consideradas positivas.

O sexo ainda importa – não matem a mensageira!

Uma consequência de esticar a cabeça acima do parapeito Marte/Vênus e observar que diferenças "bem estabelecidas" nos cérebros e comportamentos de homens e mulheres na verdade não são assim tão bem estabelecidas, e pode ser que elas nem existam, é que talvez continuemos a atrair o que pode ser chamado educadamente de "comentário adverso".

Valorizo muito um comentário incisivo de Cristina Odone, escrevendo no *Telegraph*: "Tenha pena da cientista. Trancada em laboratórios, manuseando frascos cheios de fluidos tóxicos, cercada de camundongos brancos e jalecos brancos – não admira que às vezes ela perca o bom senso. Este parece ser o caso de Gina Rippon."[37] Levo ainda em consideração a tarefa de esposar uma teoria que "cheira a feminismo com um fetiche de igualdade". Tentarei escamotear outra descrição de uma série de comentários no *Daily Mail* de que eu sou "cheia de truta" (estou supondo que é um erro de grafia e não uma crítica a meus hábitos de comer peixe). E acrescente na mistura "megera velha e rabugenta" e "otária da ação afirmativa pós-menopausa" e você terá começado a entender o quadro.

Espero que duas coisas tenham ficado claras em nossas discussões, até agora, na área da pesquisa das diferenças sexuais e suas descobertas. A primeira é que uma compreensão *plena* de quaisquer diferenças sexuais que existam e, ainda mais importante, de onde elas vêm, é crucial, em particular com relação a qualquer coisa pertinente ao cérebro. Isto porque explicações incompletas baseadas no cérebro costumam contribuir erroneamente para uma crença na inevitabilidade fixa de um *status quo*, seja em quem tem sucesso na ciência ou em quem sabe ou não ler mapas. E isto pode levar a estereótipos contraproducentes, vieses conscientes ou inconscientes desinformados e um possível desperdício significativo de capital humano.

A segunda é que estas críticas *não* são uma negação da existência de *alguma* distinção sexual. Em vista da necessidade de entender direito esse tipo de pesquisa, é importante que qualquer pesquisa sobre as diferenças sexuais seja bem projetada, com a escolha criteriosa de variáveis dependentes e independentes que estão para ser examinadas, grupos adequadamente selecionados de participantes e análise e interpretação atenta dos dados. Depois que isto está seguramente em operação, começaremos a acumular um portfólio genuinamente mais útil de descobertas. Aqueles que se referem às pessoas como eu e minhas colegas como "antidiferenças sexuais" ou "negadoras das diferenças sexuais" parecem não ter entendido a questão. Da mesma forma, a acusação de que estamos colocando em risco a vida das mulheres ao *evitar* a pesquisa de diferenças sexuais é desconcertante (e também incorreta).[38] Os estudos de diferenças sexuais estão vivos e passam bem, como vimos por todo este livro, e assim me surpreende que este movimento de guerrilha de "neurociência feminista" (ou "feminazi"), a que aparentemente eu pertenço, não tenha um sucesso estrondoso!

Existem claras indicações de que há diferenças sexuais acentuadas na incidência de problemas físicos e mentais. Evidentemente, é essencial identificar o quanto o sexo *ou o gênero* de uma pessoa contribuiu para isto. A questão fundamental é olhar para além da simples categoria de sexo, não parar aí quando fica claro que este pode ser um fator influente, mas ver que outros fatores podem estar emaranhados com ele. Será que mais mulheres do que homens sofrem de depressão devido a fatores genéticos ou hormonais relacionados com o sexo, ou devido a um "déficit de autoestima" associado a um estilo de vida altamente generificado? Ou as duas coisas? Se pudermos resolver questões como estas, veremos um progresso considerável na área das diferenças sexuais/de gênero.

As descobertas que consideramos neste capítulo sugerem que o quadro será distorcido se examinarmos o sexo biológico em termos das diferenças categóricas que ele causa. É bem melhor pensar nisso como uma variável dimensional contínua que pode exercer influências – profundas, moderadas ou talvez apenas banais – no processo que tentamos entender ou no problema que tentamos resolver. Pelo que examinamos até agora, o termo "influência" pareceria um reflexo muito mais preciso do papel que o sexo biológico pode ter na jornada de nosso cérebro pela vida.

Sem dúvida nenhuma, o sexo importa; esta não é uma "verdade inconveniente", mas é uma verdade que precisa ser revelada com cuidado. Precisamos ir "além do binário", parar de pensar em "o cérebro masculino" ou "o cérebro feminino" e ver nosso cérebro como um mosaico de acontecimentos passados e possibilidades futuras.

CONCLUSÃO:

Criando filhas destemidas*
(e filhos solidários)

Vimos como nosso fantástico cérebro plástico é imerso em um mundo generificado, um mundo que há centenas de anos vem tratando os sexos de forma diferente. Podemos ter avançado dos dias do gorila de duas cabeças, mas mesmo no século XXI ainda podemos encontrar evidências de um mundo construído para dar diferentes oportunidades a homens e mulheres, com base em estereótipos antigos de diferenças em capacidades, temperamentos e preferências. Desde o momento do nascimento (e mesmo antes), nosso cérebro ávido por regras é confrontado com as diferentes expectativas de familiares, professores, empregadores, a mídia e, por fim, de nós próprios. Mesmo com o surgimento de uma incrível tecnologia de imagem cerebral e evidências de diminuição e desaparecimento de diferenças, homens e mulheres ainda engolem o conceito de *o* cérebro masculino e *o* cérebro feminino, que determinará o que eles podem fazer ou não, o que realizarão ou não. Tudo regado a uma forte dose de neurobaboseira.

Mas os neurocientistas podem avançar e estão avançando o debate. A questão das diferenças sexuais no cérebro é contestada. Se elas existem, de onde vêm? E o que significam para o dono do cérebro? Vimos que nosso cérebro é um sistema que procura por regras, gerando previsões baseadas no mundo em que opera para nos guiar por ele. Assim, para entender como cérebros diferentes chegam a destinos diferentes (porque eles chegam mesmo), percebemos que precisamos estar muito mais conscientes de exatamente que regras sociais (certas

---
* Ver www.dauntlessdaughters.co.uk.

ou erradas) existem aí fora a serem absorvidas. Uma compreensão emergente da perpétua plasticidade do cérebro implica que precisamos considerar que experiências transformadoras nosso cérebro encontrará pelo caminho.

A plasticidade cerebral não trata apenas de dirigir um táxi e fazer malabarismos (apesar de estes *insights* se mostrarem intrigantes), mas do impacto que atitudes e crenças podem ter em nosso cérebro flexível. Entendê-lo como um sistema de aprendizagem profunda significa que podemos ver, assim como Tay, a infeliz *chatbot* da Microsoft, como um mundo tendencioso produzirá um cérebro tendencioso. Precisamos registrar o bombardeio generificado que vem da mídia cultural e das redes sociais virtuais, bem como de familiares, amigos, empregadores, professores (e nós mesmos), e entender o impacto muito verdadeiro que isto tem em nosso cérebro.

A neurociência cognitiva do desenvolvimento está nos mostrando como os bebês e seus cérebros são sofisticados. Antigamente pensávamos neles com desprezo, como seres meramente "reativos" e "subcorticais". Mas desde o primeiro dia (e possivelmente antes disso) estas esponjas sociais diminutas, plenamente equipadas com "kits de iniciação corticais", estão se incorporando a suas redes sociais reais e procurando por regras de engajamento social em seu mundo. Assim, precisamos manter o alerta para o que elas podem encontrar por aí.

Estamos apenas começando a perceber que temos uma segunda "janela de oportunidade" para observar a construção e desconstrução de redes cerebrais e o (possível) surgimento de um ser social adulto. A adolescência marca um período de reorganização dinâmica das redes cerebrais, uma "necessidade no nível do sistema" que vê uma mudança de conexões locais e dentro do sistema para conexões globais mais amplas entre diferentes partes cerebrais.[1] Estas mudanças são quase tão drásticas quanto aquelas que acompanhamos no cérebro de bebês. Como os adolescentes são (em geral) um grupo mais acessível e submisso do que recém-nascidos, existe a possibilidade de neurocientistas conseguirem identificar essas mudanças na organização cerebral ao mesmo tempo em que acompanham mudanças no comportamento.

Ninguém precisa ser neurocientista para saber que adolescentes têm dificuldades com a regulação das emoções e a inibição de impulsos, assim como parecem ser excessivamente suscetíveis à pressão de colegas e à rejeição social.[2] Todos esses processos, como sabemos, são características essenciais das atividades do cérebro social e podem ser modelados por investigação no escâner. Como uma compreensão das atividades do cérebro social parece estar no cerne da compreensão de como o cérebro interage com seu mundo, de como um senso emergente de *self* pode ser refletido no cérebro e no comportamento, então um foco nestes processos na adolescência talvez traga *insights*, por exemplo, de como as regras sociais e outros aspectos influentes podem determinar processos corticais.[3]

A neurociência social cognitiva está se colocando no palco central, fazendo-nos perceber que a construção de nós mesmos como seres sociais talvez seja o triunfo mais poderoso da evolução cerebral. Está claro que compreender o cérebro social pode nos dar uma lente imensamente eficaz para investigar como um mundo generificado pode produzir um cérebro com essa mesma divisão, como os estereótipos de gênero são uma ameaça muito real baseada no cérebro que pode desviá-los do ponto final que eles merecem. Compreender a importância da autoestima e de processos como o autossilenciamento nos dará um manejo muito melhor das bases cerebrais dos hiatos de gênero e do insucesso.[4] Se soubermos como é construído um "limitador interior", teremos uma possibilidade melhor de recalibrá-lo para que seja um componente útil de nosso cérebro social.

Agora que sabemos que explicações para todo tipo de hiato de gênero são um emaranhado de processos baseados no cérebro e no mundo, devemos perceber que resolver o problema envolverá desemaranhar cada um dos fios para saber se podemos pensar em uma versão melhor.

O cérebro importa – não culpem a água?

Um dito popular afirma que se temos vazamento em um cano, não devemos culpar a água. Substituir todo o cano pode ser uma solução de longo prazo, mas às vezes pode ser útil encontrar meios de deter o vazamento.

Examinamos a contínua sub-representação de mulheres na ciência como um estudo de caso exatamente do tipo de teia emaranhada de diferentes fatores que podem alicerçar uma questão dessas. Isto pode incluir uma visão de mundo da ciência como uma instituição masculina, com os cientistas quase invariavelmente sendo homens, proporcionando um ambiente frio para mulheres que queriam ser cientistas, ou uma visão de mundo de mulheres (comumente compartilhada pelas próprias mulheres) como carentes da aptidão e do temperamento necessários, incapazes, desconectadas, desiludidas. Vide o famoso incidente do memorando do Google no verão de 2017.[5]

Diante desta conjunção de características excludentes, as mulheres podem sucumbir a uma profecia autorrealizável de ameaça do estereótipo. E, assim, o ciclo continua. Será que as descobertas "paradoxais" de que os hiatos de gênero na ciência são maiores em países com a maior igualdade de gênero realmente dão apoio ao argumento de que as mulheres, onde têm mais liberdade de opções, naturalmente gravitam para carreiras não científicas?[6] Ou será que onde têm mais liberdade de opções, elas naturalmente gravitam para longe de locais de trabalho pouco acolhedores, em particular onde seu treinamento comportamental e cortical instilou nelas uma crença de que estes locais não lhes servem?

Claramente existem passos que precisam ser dados na cultura da ciência para torná-la mais atrativa a quem não se envolve atualmente ou que, com o tempo, afasta-se dos livros.[7] Grandes passos estão sendo dados, por exemplo, com políticas mais favoráveis às famílias, mas os hiatos de gênero contínuos nos escalões mais altos indicam que ainda temos estrada pela frente.[8]

Uma abordagem adicional pode ser encontrar meios de fortalecer aquelas cujo limitador interior esteja com ajuste baixo demais (ou pode refletir uma vida inteira de expectativas baixas). A questão do autossilenciamento e da desvinculação precisa ser atacada.[9] Como vimos, o problema da ansiedade com a matemática nos dá *insights* úteis sobre as muitas causas enredadas de desempenho abaixo da média, mostrando como os processos de regulação das emoções pode interferir no processamento contínuo.[10] Mas também podemos ilustrar exatamente o que está acontecendo de errado – que potência e atratividade tem o *feedback* negativo para quem sofre de ansiedade, revelado pela ativação claramente acentuada no "sistema de avaliação de erros" em seu cérebro, como sua atenção é desviada de possíveis fontes de apoio e a impele a jogar toalha cedo demais.[11]

Existem meios de tornar nosso cérebro mais resistente e desativar os processos inibidores negativos que podem levar à derrota e à desvinculação. Os psicólogos Katie van Loo e Robert Rydell, da Universalidade de Indiana, demonstraram que um processo muito simples de *"empowerment"* vacinou meninas contra o efeito da ameaça do estereótipo.[12] Eles mostraram que permitir que elas se imaginassem em posições de poder, como CEOs, por exemplo, classificando os funcionários por ordem de utilidade, podia moderar o efeito da ameaça do estereótipo em um teste subsequente de matemática. Esse efeito foi também mostrado no cérebro, em que o *"priming* de alta potência" pode reduzir os níveis de ativação naquelas partes cerebrais associadas à interferência cognitiva.[13]

Às vezes o *empowerment* (o "empoderamento") pode ser manipulado de formas muito fáceis – psicólogos sociais mostraram que gestos simples, como ter fotos de mulheres poderosas como Hillary Clinton ou Angela Merkel no plano de fundo pode auxiliar oradoras nervosas.[14] A importância de modelos no estabelecimento da identidade pessoal ou nos desafios de superação foi bem estabelecida na psicologia social e na neurociência cognitiva social.[15] Os modelos também podem ter um papel fundamental no reforço de autoimagens negativas e na sinalização da autoestima em todas as idades, e em muitas situações.

Da mesma forma, as evidências do forte impulso para pertencer a um endogrupo podem ser aproveitadas no desenvolvimento de iniciativas de incentivo a meninas (ou quaisquer pessoas que sejam sub-representadas). Um ótimo exemplo é a iniciativa do grupo de campanha Women in Science and Engineering (WISE). O "Pessoas Como Eu" explora uma pauta de "adaptação" na escolha da profissão e mostra como qualquer tipo de personalidade pode encontrar correspondência em diferentes carreiras científicas.[16] Esta campanha de recrutamento tem como alvo não só meninas, para mostrar como podem combinar suas caraterísticas pessoais com diferentes tipos de cientistas, mas também pais, professores e empregadores, para garantir que estejam conscientes destas diferenças individuais e que adaptem seu estímulo à ciência de acordo com isso.

Os problemas baseados na cultura claramente precisam ser resolvidos pela correção da cultura, mas fortalecer aqueles que se envolvem com ela pode reforçar as soluções propostas e acelerar o processo de mudança. Uma compreensão do que leva ao engajamento ou à desvinculação pode dar respostas a hiatos de gênero paradoxais, em que pessoas evidentemente capazes parecem se afastar das oportunidades que aparecem.

Nem tudo gira em torno do sexo

Uma mensagem fundamental neste livro é que um foco persistente na pauta de pesquisa do cérebro, efetivamente desde o início do século XIX, foi impulsionado pela necessidade percebida de explicar diferenças entre dois grupos divididos por seu sexo biológico. Como vimos no último capítulo, só estamos começando a despertar para a ideia de que atualmente não existem evidências de haver de fato alguma diferença relevante, seja no cérebro desses dois grupos, seja nos comportamentos que estes cérebros apoiam. É claro que existem diferenças médias entre os grupos, mas os tamanhos do efeito são caracteristicamente muito pequenos e basta tirar a média para eliminar quaisquer diferenças individuais de interesse. Hoje se contesta até a concepção de diferenças sexuais no nível biológico fundamental.[17]

Talvez esteja na hora de repensar como a neurociência pode vir a entender os pontos fracos e fortes, as capacidades e aptidões, as "histórias cerebrais" das pessoas, fazendo justo isto – olhando para elas. As técnicas e os objetivos da imagem cerebral inicial preocupavam-se com descrições genéricas de *as* áreas de linguagem, *as* reservas de memória semântica, *as* áreas de reconhecimento de padrões, em todos nós. As diferenças individuais eram tratadas como ruído e tirava-se a média dos dados dos participantes para eliminar esta variabilidade. Por experiência pessoal, descobertas intrigantes de diferenças significativas em participantes isolados desapareciam depois de gerada a média do grupo. As formas iniciais de dados e análises de dados eram rudimentares demais para dar algum *insight* sobre as diferenças individuais, mas avançamos desde então. Agora é possível gerar perfis de conectividade funcional, padrões de atividade sintonizada relacionados com tarefa ou repouso no cérebro que, como se alegou, são como uma impressão digital, exclusivos de cada pessoa, suficientemente distintos para que possam ser relacionados com quem os detêm com uma precisão de mais de 99%.[18] Assim, *podemos* examinar cérebros no nível individual. E a evidência sobre o que pode afetá-los, e quando, indica que *devemos* examiná-los. Precisamos entender realmente os fatores externos que modelam estas diferenças individuais, com as variáveis sociais, como nível de engajamento em redes sociais reais e autoestima, e variáveis de oportunidade como prática esportiva, hobbies ou experiência em videogames, acompanhando medidas mais padrão, como escolaridade e ocupação. Cada uma dessas coisas pode alterar o cérebro – às vezes de forma independente do sexo e às vezes muito próximas a ele, mas contribuirão para o mosaico quase singular que agora sabemos que caracteriza cada cérebro.[19]

As neurocientistas cognitivas Lucy Foulkes e Sarah-Jayne Blakemore, ao escreverem sobre o cérebro adolescente, também exortaram que devemos examinar aqui as diferenças individuais.[20] Elas observaram que fatores sociais como status socioeconômico, cultura e fatores de "ambiente dos pares", que incluem o tamanho das redes sociais reais e a experiência do bullying, em que havia variações individuais acentuadas, mostraram ter impacto significativo nos perfis de atividade cerebral.

Com a disponibilidade de conjuntos de dados suficientemente grandes de sistemas de imagem cerebral muito mais fortes e os protocolos analíticos poderosos que agora são desenvolvidos, bem como programas automatizados de reconhecimento de padrões, a possibilidade de examinar as influências de variáveis múltiplas, das quais o sexo biológico pode ser um exemplo, está a nosso alcance.[21]

Esta proposta, de forma alguma, pretende negar que as diferenças sexuais podem importar. Sabemos que existem desequilíbrios de gênero em problemas de saúde mental como a depressão e o autismo, bem como problemas de saúde física, como a doença de Alzheimer e os distúrbios imunológicos.[22] Mas, para compreender isto, precisamos reconhecer que, a fim de desembrulhar os motivos para qualquer desequilíbrio de gênero, não devemos supor que basta se concentrar no sexo biológico para obter as respostas.

Uma ordem recente dos Institutos Nacionais de Saúde dos Estados Unidos insistiu que toda pesquisa fundamental e pré-clínica incluísse o sexo como uma variável biológica nos ensaios, especificamente para lançar uma luz sobre os desequilíbrios de gênero em condições patológicas.[23] Isto proporcionará dados adicionais valiosos sobre a influência do sexo biológico nestes problemas. Mas os dados sobre cérebros de mosaico e a dimensionalidade nas medidas comportamentais revelam que usar o sexo como uma categoria genérica pode excluir influências contribuintes essenciais e pintar um quadro enganador.

Perigos e armadilhas – neurossexismo e neurolixo

A neurociência cognitiva é vista corretamente como uma participante essencial na construção de um quadro do comportamento humano em todos os níveis de análise, do genético ao cultural. O que ela produz pode ser mais acessível do que algumas pesquisas epigenéticas ou neurobioquímicas mais complexas e pode dar relatos mais próximos das experiências cotidianas do público. Só que, com esta acessibilidade, deve vir a responsabilidade. Como indicou Donna Maney, professora de psicologia na Universidade Emory, em Atlanta, existem perigos e armadilhas associados com o relato de diferenças sexuais; enfatizar demais os aspectos essencialistas das descobertas pode reforçar visões deterministas biológicas infundadas.[24] O uso de termos como "profundo" ou "fundamental", quando os tamanhos do efeito são mínimos, é irresponsável; ignorar as contribuições de variáveis além do sexo é enganador. Uma "crença na biologia" traz uma mentalidade específica a respeito da natureza fixa e imutável da atividade humana e ignora as possibilidades dadas por nossa compreensão emergente de até que ponto nosso cérebro flexível e seu mundo adaptável são inextricavelmente enredados (e pode levar pessoas desinformadas, como James Damore, a escrever memorandos equivocados a seus empregadores).

Também vale a pena ficar de olho na loucura neural que caracteriza parte da pior divulgação científica popular, em particular no gênero da autoajuda. Embora seja lisonjeiro nos considerarem telepatas que podem resolver todos os problemas de relacionamento, os neurocientistas devem ter cautela com as manchetes que podem penetrar na consciência pública e enganar e desinformar. O neurolixo pode desacreditar o trabalho genuíno e importante que surge nos laboratórios de neurociência. E quando já existem tantas fontes de viés transformador do cérebro em nosso mundo, excluir um só pode ajudar (ou só permitir que chegue ao domínio público com alertas de "saúde cerebral" – ler esta besteira pode prejudicar seu cérebro).

Os bebês importam – cuidem dos humaninhos

Os neurocientistas há muito identificaram os primeiros anos como os mais plásticos de todas as fases do desenvolvimento cerebral. As novas revelações de neurocientistas cognitivos do desenvolvimento, como com que precocidade o mundo pode ter impacto nesses cérebros minúsculos, deve nos fazer parar para pensar neste mundo. Assim, campanhas populares como Let Toys Be Toys²⁵ de fato importam – e sabemos que nosso detetive mirim de gênero vai desencavar quaisquer "verdades ocultas", portanto, talvez precisemos permanecer mais firmes do que gostaríamos quanto à "princesificação". Se quisermos criar filhas destemidas e filhos solidários, talvez ela possa ter um castelo de conto de fadas cor-de-rosa – mas precisa ser construído por ela própria, e parem com os diálogos do tipo "seja homem". Estas coisas importam.

Um programa de 2017 da BBC intitulado *No More Boys and Girls* investigou a extensão de crenças estereotipadas de sexo/gênero em meninas e meninos de sete anos e, acompanhando-os por um período de mais de seis semanas, viu o que aconteceu quando tentaram eliminar ao máximo as influências estereotipadas da sala de aula.²⁶ Isso mudou a crença pessoal que eles tinham sobre seu comportamento? Os créditos de abertura eram desanimadores, com menininhas enfatizando a importância de ser bonita e os meninos imaginando que podiam "chegar a ser presidentes". Houve muitos outros momentos que provocam reflexões; o nível de autoestima das meninas (aos *sete anos de idade*) era muito mais baixo do que o dos meninos; o professor (homem) não tinha consciência de que rotulava os alunos por gênero ("parceiro" para os meninos, "docinho" para as meninas), mas de boa vontade aderiu a um regime de aperfeiçoamento pessoal; as meninas subestimaram imensamente sua habilidade em um jogo de força (e choraram quando conseguiram uma alta pontuação), enquanto os meninos superestimaram a deles (e tiveram um ataque de birra daqueles quando ficaram na última colocação). Conhecemos uma mãe que permitia que a filha acumulasse um armário cheio de roupas de princesa; outra mãe concordando que provavelmente não deixaria a filha vestir uma camiseta cor-de-rosa proclamando "Nascida para Ser Mal Paga" (embora existissem vários exemplos do gênero "Nascida para Ser Esposa de Jogador de Futebol"). Houve algumas mudanças, mesmo que apenas por seis semanas; as meninas ficaram mais confiantes e a ideia do futebol misto se provou, no fim, um sucesso.

Mas talvez o mais preocupante tenha sido o *status quo* inicial revelado no começo. Como sabemos, aos sete anos, nossos detetives mirins de gênero (eles e seus cérebros) já terão procurado por gêneros por mais de metade da vida, revirando o lixo rotulado por gênero em busca de afirmação de sua identidade e do que isto significa, não só para o presente, mas para o futuro. As escolas podem ter um importante papel na identificação e, se necessário, na tentativa de desfazer os efeitos da estereotipia de gênero, em particular com relação às expectativas baixas que podem criar.

Não deixe rolar – as águas generificadas em que nadamos

Tem uma piada sobre o Peixe Um e o Peixe Dois nadando juntos quando encontram pelo caminho o Peixe Três. "Como está a água?", pergunta o Peixe Três. "Hmm... tá ótima", diz o Peixe Um. Pouco tempo depois, o Peixe Dois se vira para o companheiro e pergunta, "Que água?". A moral desta história é que talvez estejamos alegremente inconscientes do mundo pelo qual nos movemos. No século XXI, os estereótipos de gênero são mais ubíquos do que nunca, com o bombardeio tão constante que podemos muito bem nos desligar, alegar que não é relevante para como levamos a vida, supor que isto foi resolvido, ou menosprezar tentativas de abordar o problema como mera questão do politicamente correto.

Precisamos lembrar que os estereótipos servem a um propósito – são atalhos cognitivos com que nos entendemos muito mais rapidamente com o mundo. Eles podem reforçar o *self*, seja porque se mostram úteis e todas as menininhas sentam-se em silêncio completando os álbuns de figurinhas enquanto os menininhos correm pelo campo de futebol lá fora, ou porque eles contêm um elemento de realização pessoal: "As mulheres são ruins em matemática; aqui está uma tarefa de matemática, meninas; vocês não se saíram tão mal." E eles servem ao propósito de nosso cérebro preditivo, fornecendo informações para o estabelecimento de um precedente, raras vezes sendo associado a um erro de previsão e refletindo fielmente a cultura em que o cérebro opera.

Onde os estereótipos são ligados à identidade pessoal, eles se tornam firmemente incrustados no funcionamento do cérebro social, até com a sugestão de que têm seu próprio local cortical separado.[27] Isto certamente é válido para os estereótipos de gênero. Os ataques nesta classe de estereótipo podem equivaler a um ataque à autoimagem de uma pessoa, assim será defendido com ferocidade. Até permitir a loucura do Twitter, alguns dos tuítes mais desagradáveis que recebi depois de meu envolvimento no programa *No More Boys and Girls* tinham acusações de apoiar a pauta de engenharia social da BBC e até referências mais desagradáveis a "interferir com as crianças".

Precisamos desafiar insistentemente os estereótipos de gênero. Podemos ver como eles estão modelando a vida de crianças novas, como servem como *gatekeepers* para os escalões mais elevados do poder, da política, dos negócios, da ciência, bem como possivelmente contribuem para problemas de saúde mental, como a depressão ou os distúrbios alimentares.

A neurociência pode ter importância nisto. Pode ajudar a formar uma ponte no hiato entre os velhos argumentos natureza X criação e mostrar como nosso mundo pode afetar o cérebro. Os neurocientistas podem desviar as pessoas da mentalidade fixa de que estamos presos à biologia que a natureza nos deu. Podemos garantir que quem possui o cérebro tenha consciência do recurso flexível e maleável que essas pessoas têm na cabeça, mas também tornar nossa sociedade consciente da natureza transformadora que têm os estereótipos negativos (de qualquer tipo) para o cérebro, que podem levar ao autossilenciamento, à culpa pessoal, à autocrítica e a uma autoestima em baixa. Apesar das ondas iniciais de neurobobagem e neurodisparates, as explicações da neurociência nem sempre são uma bobajada sedutora.

Talvez não seja tão simples como parece desafiar as visões estereotipadas sobre sexo e gênero. Chamar a atenção para as evidências de viés *racial* tem induzido muito facilmente a culpa e a determinação futura de reduzi-lo; as evidências de viés de *gênero* podem ter uma reação bem diferente. O "acusado" pode negar o viés ("Acho as mulheres maravilhosas"), justificar o viés ("O lugar das mulheres não é na ciência mesmo"), chamar de "supersensível" quem reclama ou tentar ignorar "verdades inconvenientes".

O quanto estes desafios são importantes? Será que não estamos falando apenas sobre frivolidades do marketing? Câmaras de eco baseadas no Twitter que podemos ignorar tranquilamente? Mas ainda existem problemas a resolver. Os hiatos de gênero ainda são abundantes; as tentativas de abordar a ausência de mulheres na ciência e na tecnologia têm tido um sucesso limitado, resultando em um desperdício de capital humano desesperadamente necessário; a maior incidência de depressão e ansiedade social e distúrbios alimentares em mulheres pode ser um desperdício de vidas humanas.

Outra linha de preocupação é a possibilidade, até a probabilidade, de que os estereótipos sirvam como uma camisa de força biossocial, uma forma de "coerção cerebral". Os progressos na teoria da evolução podem ter muita importância em nosso pensamento sobre as características limitantes dos estereótipos.[28] Uma alegação repetida com frequência é de que os hiatos de gênero refletem diferenças geneticamente determinadas e firmemente arraigadas, que continuam sólidas diante de tentativas bem-intencionadas, mas, no fim, infrutíferas, de nivelar o campo de jogo. Mas talvez fatores sociais e culturais tenham importância muito maior no que parecem diferenças biologicamente fixas. Talvez estas diferenças pareçam fixas por refletirem exigências resolutamente estratificadas deste ambiente. Talvez a origem da estabilidade (ou a falta de mudança, dependendo de sua perspectiva) venha de um "ambiente fixo". Como vimos neste livro, a socialização longa e intensiva vivida pelos bebês humanos é repleta de ênfase nas diferenças entre os sexos, por meio de brinquedos estereotipados, roupas, nomes, expectativas e modelos. E sabemos que nosso cérebro refletirá estas informações. Talvez os estereótipos estejam metendo numa camisa de força nosso cérebro plástico e flexível. Então, sim, é importante desafiá-los.

* * *

Viés pra cá, viés pra lá. Vamos encerrar lembrando Tay, a *chatbot* de sistema de aprendizagem profunda que se lançou com entusiasmo no Twitter para ver se podia aprender alguma "conversa despreocupada e lúdica" ao interagir com usuários daquela rede social virtual. Tay começou tuitando sobre como os "humanos são superlegais" e acabou virando uma "babaca sexista e racista"[29] em 16 horas. O mundo da camisa de força dos estereótipos a que está exposto nosso cérebro pode ter o mesmo efeito.

"Sou melhor do que isso", tuitou a pobre Tay antes de a desativarem.[30]

O mesmo pode ser dito de nossos cérebros.

Agradecimentos

Quem decide escrever um livro sobre diferenças sexuais no cérebro não pode deixar de ter consciência de que, como o Acerte a toupeira, muitos já travaram esta batalha. Destes, vários se destacam particularmente por suas contribuições para esta discussão e para os *insights* que me deram sobre o que era frequentemente um território desconhecido. Entre estes, os principais são *Delusions of Gender*, de Cordelia Fine (Icon Books, 2010) e *Testosterona Rex* (Icon Books, 2017) como exemplos primordiais de como ser rigoroso e acessível (e até engraçado) ao mesmo tempo, e de como identificar o enredo por trás das descobertas de pesquisa da neurociência. Também me beneficiei de *Brain Storm* de Rebecca Jordan-Young (HUP, 2011), repleto de *insights* detalhados sobre histórias inexploradas por trás da pesquisa de hormônios e o cérebro. Naturalmente, os vários textos de Anne Fausto-Sterling foram uma inspiração por muitos anos, mas *Myths of Gender: Biological Theories about Women and Men* (Basic Books, 1992), *Sexing the Body: Gender Politics and the Construction of Sexuality* (Basic Books, 2000) e *Sex/Gender: Biology in a Social World* (Routledge, 2012) foram caixas de ressonância para meus pensamentos, em particular sobre repensar a divisão natureza/criação. *The Mind Has No Sex?*, de Londa Schiebinger (HUP, 1989), abriu meus olhos para a herança oculta e esquecida de mulheres nos primórdios da ciência, proporcionando um contexto para os paralelos que, infelizmente, ainda existem hoje. *Pink Brain, Blue Brain*, de Lise Eliot (Oneworld, 2010), é um modelo de como precisamos prestar atenção aos primeiros anos do cérebro humano, e as críticas incisivas de Eliot sobre as escolas de sexo único são um exemplo contundente da necessidade de ficar de olho em como a pesquisa que nós, neurocientistas, fazemos pode ser traduzida em prática educacional. Como neurocientista que passou grande parte de meu tempo na extremidade mais técnica dos dados de imagem cerebral, *Social,* de Matthew Lieberman (OUP, 2013), abriu meus olhos verdadeiramente como uma introdução às implicações sociais da pesquisa de neurociência cognitiva – o livro deu muitos elos ausentes na história que eu lutava para juntar.

Pesquisadores também responderam rápida e prestativamente a meus e-mails cara de pau sobre aspectos de seu trabalho e até realizaram outras análises para dar informações mais detalhadas. Simon Baron-Cohen, Sarah-Jayne Blakemore, Paul Bloom, Karen Wynn e Tim Dalgleish foram particularmente úteis neste aspecto. Chris e Uta Frith também responderam incansavelmente a repetidas consultas e até encontraram tempo para dar *feedback* a rascunhos de capítulos – seu trabalho sobre o cérebro social e suas implicações para o comportamento típico e atípico tem sido uma inspiração constante para mim. O trabalho de Uta como diretora da Comissão da Diversidade da Royal Society também mostrou como a pesquisa nesta área pode (e deve) ser colocada em prática.

Também me beneficiei imensamente das informações e do apoio de membros da NeuroGenderings Network, cujos escritos e discussões provocantes sobre questões da pesquisa de sexo/gênero certamente ampliaram meus horizontes limitados. Seu compartilhamento altruísta de material fundamental e os comentários úteis nos primeiros rascunhos foram inestimáveis. Também agradeço muito pelas opiniões sobre o projeto de capa. Agradecimentos especiais a Cordelia Fine, Rebecca Jordan-Young, Daphna Joel, Anelis Kaiser e Giordana Grossi por compartilharem comigo seu raciocínio crítico e habilidades de escrita e, pelo caminho, tornarem-se amigas e colegas de trabalho. É desnecessário dizer que quaisquer erros ou omissões em *Gênero e os nossos cérebros* são de minha inteira responsabilidade.

Embora este livro tenha uma única autora, existem muitíssimos outros que contribuíram de suas várias maneiras. Kate Barker, minha incansável agente, "descobriu-me" e ficou comigo e tem me dado mais apoio (e vem sendo incansavelmente otimista) do que devo merecer – percebo a sorte que tenho de ser publicada pela The Bodley Head e sei que Kate foi fundamental para que isso acontecesse. Anna-Sophia Watts assumiu a tarefa desalentadora de editar o texto de uma autora de divulgação científica de primeira viagem e o produto final é um reflexo de sua contribuição diligente. A preparação de originais de Jonathan Wadman foi imensamente perspicaz e, em algumas partes, muito divertida, e, assim, tornou realizável uma tarefa árdua. Também sou grata a Alison Davies, Sophia Painter e aos demais integrantes da excelente equipe da The Bodley Head, e a Maria Goldverg da Pantheon.

Minha incursão particular na esfera da pesquisa de sexo/gênero e dos comentários começou com o apoio e o estímulo da professora Dame Julia King, então vice-reitora de Aston e agora baronesa Brown de Cambridge. Seu apoio incansável a pautas de diversidade deram o espaço e as oportunidades para desenvolver este aspecto de minha vida acadêmica. Seu encorajamento ainda continua, apesar de uma agenda espantosamente movimentada, por meio de postais e mensagens alegres. O apoio da British Science Association foi fundamental para pavimentar meu caminho para produzir este livro e gostaria de agradecer especialmente a Kath Mathieson, Ivvet Modinou, Amy MacLaren e Louise Ogden, embora eu esteja ciente de que existem muitas outras pessoas dedicadas nos bastidores desta incrível organização. Agradeço também a Jon Wood e Anna Zecharia, por intermédio de seu envolvimento com a ScienceGrrl, e a Martin Davies, da Royal Institution, que foi responsável pelo início de toda essa jornada.

O apoio que a Universidade Aston deu ao desenvolvimento do Aston Brain Centre resultou não só em uma instalação com equipamento de imagem cerebral de última geração, mas também em uma comunidade de colegas e amigos que têm sido essenciais para minha carreira acadêmica. Eles são um exemplo maravilhoso de como equipes multidisciplinares podem trabalhar juntas e sou infinitamente grata pela paciência e apoio demonstrados não só a mim, mas também a meus estudantes de pesquisa, associados e visitantes. Para citar apenas alguns, Gareth Barnes, Adrian Burgess, Paul Furlong, Arjan Hillebrand, Ian Holliday, Klaus Kessler, Brian Roberts, Stefano Seri, Krish Singh, Joel Talcott e Caroline Witton tiveram vários papéis em meu desenvolvimento como pesquisadora de imagem cerebral e neurocientista crítica. Gostaria também de agradecer separadamente a Andrea Scott, que, nos últimos estágios de meu período em Aston, sempre apoiou alegremente as várias incursões de documentaristas e equipes de filmagem em meu laboratório, muito além de seu dever e, com demasiada frequência, de seu horário de trabalho normal.

Meus agradecimentos também a familiares e amigos de fora de meu círculo acadêmico cujas sondagens cautelosas de meu progresso – e audição paciente das respostas frequentemente longas e pessimistas – ajudaram-me mais do que eles talvez percebam. Minhas filhas, Anna e Eleanor, suportaram uma mãe que constantemente estava mental, se não fisicamente ausente e certamente sempre distraída. Sua opinião sobre este livro, por meio de como levavam a vida até agora e também por *feedback* em tempo real sobre seu conteúdo, foi imensuravelmente útil. O vovô Luke sofreu com minha indisponibilidade como goleira, arremessadora de beisebol e confeiteira de torta de limão sem reclamar (muito), mas ele sempre tinha razão quando dizia que era hora de fazer uma pausa. Meus amigos do hipismo me distraíram muito prestativamente e cuidaram para que pensar em cérebros não dominasse toda minha vida. As companhias não humanas também ajudaram e devo minha gratidão a Just Joseph, Nick e outros membros de nosso bando equino, bem como a Bob e seus vários predecessores que garantiram que, fizesse sol, chuva, granizo ou neve, eu sempre recebesse uma boa dose de ar fresco.

Quase invariavelmente, morar com Alguém Que Está Escrevendo um Livro tem seu preço sobre aqueles que precisam lidar com este Alguém. Agora que saí piscando para a luz do dia, o reconhecimento mais importante de todos devo a Dennis, que assumiu tudo que mantém nosso show na estrada. Não só permaneceu no papel de Jardineiro Chefe e Cozinheiro Chefe (ainda faço a Limpeza das Garrafas), mas sua paciência, seus conselhos e seu apoio pareceram ilimitados, e seu *timing* com o Melhor Gin-tônica do Mundo invariavelmente foi impecável. Sem Dennis, não haveria livro nenhum, então devo toda gratidão do mundo a ele.

Notas

CAPÍTULO 1: Por dentro de sua linda cabecinha – Começa a caçada

1. F. Poullain de la Barre, De l'égalité des deux sexes, discours physique et moral où l'on voit l'importance de se défaire des préjugés (Paris, Jean Dupuis, 1673), traduzido por D. M. Clarke como The Equality of the Sexes (Manchester, Manchester University Press, 1990). A importância de Poullain de la Barre foi detalhada na maravilhosamente abrangente história das mulheres e da ciência de Londa Schiebinger, The Mind Has No Sex? Women in the Origins of Modern Science (Cambridge, MA, Harvard University Press, 1991). • **2.** F. Poullain de la Barre, De l'éducation des dames pour la conduite de l'esprit, dans les sciences et dans les moeurs: entretiens (Paris, Jean Dupuis, 1674). • **3.** "Si l'on y fait attention, l'on trouvera que chaque science de raisonnement demande moins d'esprit de temps qu'il n'en faut pour bien apprendre le point ou la tapisserie." ("Quem prestar atenção, verá que toda ciência racional exige menos inteligência e menos tempo do que o necessário para bem aprender bordado ou tapeçaria." (Poullain de la Barre, The Equality of the Sexes, p. 86.) • **4.** "L'anatomie la plus exacte ne nous fait remarquer aucune difference dans cette partie entre les hommes et les femmes; le cerveau de celles-si est entierement semblable au otre." (Poullain de la Barre, The Equality of the Sexes, p. 88.) • **5.** "Il est aise de remarquer que les differences des sexe ne regardent que le corps [...] l'esprit [...] n'a point de sexe." ("é fácil ver que as diferenças sexuais aplicam-se não só ao corpo [...] a mente [...] não tem sexo." (Poullain de la Barre, The Equality of the Sexes, p. 87.) • **6.** L. K. Kerber, "Separate Spheres, Female Worlds, Woman's Place: The Rhetoric of Women's History", Journal of American History 75:1 (1988), pp. 9-39. • **7.** E. M. Aveling, "The Woman Question", Westminster Review 125:249 (1886), pp. 207-22. • **8.** C. Darwin, The Descent of Man and Selection in Relation to Sex, 2ª ed. (Londres, John Murray, 1888), vol. 1. • **9.** G. Le Bon (1879) citado em S. J. Gould, The Panda's Thumb: More Reflections in Natural History (Nova York, W. W. Norton, 1980). • **10.** G. Le Bon (1879) citado em Gould, The Panda's Thumb. • **11.** S. J. Morton, Crania Americana; or, a comparative view of the skulls of various aboriginal nations of North and South America: to which is prefixed an essay on the varieties of the human species (Filadélfia, J. Dobson, 1839). • **12.** G. J. Romanes, "Mental Differences of Men and Women", Popular Science Monthly 31 (1887), pp. 383-401; J. S. Mill, The Subjection of Women (Londres, Transaction, [1869] 2001). • **13.** T. Deacon, The Symbolic Species: The Co-evolution of Language and the Human Brain (Allen Lane, Londres, 1997). • **14.** E. Fee, "Nineteenth-Century Craniology: The Study of the Female Skull", Bulletin of the History of Medicine 53:3 (1979), pp. 415-33. • **15.** A. Ecker, "On a Characteristic Peculiarity in the Form of the Female Skull, and Its Significance for Comparative Anthropology", Anthropological Review 6:23 (1868), pp. 350-56. • **16.** J. Cleland, "VIII. An Inquiry into the Variations of the Human Skull, Particularly the Anteroposterior Direction", Philosophical Transactions of the Royal Society, 160 (1870), pp. 117-74. • **17.** J. Barzan, Race: A Study in Superstition (Nova York, Harper & Row, 1965). • **18.** A. Lee, "V. Data for the Problem of Evolution in Man – VI. A First Study of the correlation of the Human Skull", Philosophical Transactions of the Royal Society A 196:274-86, 1901), pp. 225-64. • **19.** K. Pearson, "On the Relationship of Intelligence to Size and Shape of Head, and to Other Physical and Mental Characters", Biometrika 5:1-2 (1906), pp. 105–46. • **20.** F. J. Gall,

On the Functions of the Brain and of Each of Its Parts: with observations on the possibility of determining the instincts, propensities, and talents, or the moral and intellectual dispositions of men and animals, by the configuration of the brain and head (Boston, Marsh, Capen & Lyon, 1835), vol. 1. • **21.** J. G. Spurzheim, The Physiognomical System of Drs Gall and Spurzheim: founded on an anatomical and physiological examination of the nervous system in general, and of the brain in particular; and indicating the dispositions and manifestations of the mind (Londres, Baldwin, Cradock & Joy, 1815). • **22.** C. Bittel, "Woman, Know Thyself: Producing and Using Phrenological Knowledge in 19th-Century America", Centaurus 55:2 (2013), pp. 104-30. • **23.** P. Flourens, Phrenology Examined (Filadélfia, Hogan & Thompson, 1846). • **24.** P. Broca, "Sur le siege de la faculte du langage articule (15 juin)", Bulletins de la Société d'Anthropologie de Paris 6 (1865), pp. 377-93; E. A. Berker, A. H. Berker e A. Smith, "Translation of Broca's 1865 Report: Localization of Speech in the Third Left Frontal Convolution", Archives of Neurology 43:10 (1986), pp. 1065-72. • **25.** J. M. Harlow, "Passage of an Iron Rod through the Head", Boston Medical and Surgical Journal 39:20 (1848), pp. 389-93; J. M. Harlow, "Recovery from the Passage of an Iron Bar through the Head"' History of Psychiatry 4:14 (1993), pp. 274-81. • **26.** H. Ellis, Man and Woman: A Study of Secondary and Tertiary Sexual Characteristics, 8ª ed. (Londres, Heinemann, 1934), citado em S. Shields, "Functionalism, Darwinism, and the Psychology of Women", American Psychologist 30:7 (1975), p. 739. • **27.** G. T. W. Patrick, "The Psychology of Women", Popular Science Monthly, June 1895, pp. 209-25, citado em S. Shields, "Functionalism, Darwinism, and the Psychology of Women", American Psychologist 30:7 (1975), p. 739. • **28.** Schiebinger, The Mind Has No Sex?, p. 217. • **29.** J-J. Rousseau, Émile, ou de l'éducation (Paris, Firmin Didot, [1762] 1844). • **30.** J. McGrigor Allan, "On the Real Differences in the Minds of Men and Women", Journal of the Anthropological Society of London, 7 (1869), pp. cxcv-ccxix, na p. cxcvii. • **31.** McGrigor Allan, "On the Real Differences in the Minds of Men and Women", p. cxcviii. • **32.** W. Moore, "President's Address, Delivered at the Fifty-Fourth Annual Meeting of the British Medical Association, Held in Brighton, August 10th, 11th, 12th, and 13th, 1886", British Medical Journal, 2:295 (1886), pp. 295-9. • **33.** R. Malane, Sex in Mind: The Gendered Brain in Nineteenth-Century Literature and Mental Sciences (Nova York, Peter Lang, 2005). • **34.** H. Berger, "Uber das Elektrenkephalogramm des Menschen", Archiv für Psychiatrie und Nervenkrankheiten, 87 (1929), pp. 527-70; D. Millett, "Hans Berger: From Psychic Energy to the EEG", Perspectives in Biology and Medicine, 44:4 (2001), pp. 522-42. • **35.** D. Millet, "The Origins of EEG", 7ª Reunião Anual da Sociedade Internacional para a História das Neurociências, Los Angeles, 2 de junho de 2002. • **36.** R. S. J. Frackowiak, K. J. Friston, C. D. Frith, R. J. Dolan, C. J. Price, S. Zeki, J. T. Ashburner e W. D. Penny (orgs.), Human Brain Function, 2ª ed. (San Diego, Academic Press, 2004). • **37.** Friston et al., Human Brain Function. • **38.** A. Fausto-Sterling, Sexing the Body: Gender Politics and the Construction of Sexuality (Nova York, Basic, 2000). • **39.** R. L. Holloway, "In the Trenches with the Corpus Callosum: Some Redux of Redux", Journal of Neuroscience Research 95:1-2 (2017), pp. 21-3. • **40.** E. Zaidel and M. Iacoboni, The Parallel Brain: The Cognitive Neuroscience of the Corpus Callosum (Cambridge, MA, MIT Press, 2003). • **41.** C. DeLacoste-Utamsing e R. L. Holloway, "Sexual Dimorphism in the Human Corpus Callosum", Science, 216:4553 (1982), pp. 1431-2. • **42.** N. R. Driesen e N. Raz, "The Influence of Sex, Age, and Handedness on Corpus Callosum Morphology: A Meta-analysis", Psychobiology 23:3 (1995), pp. 240-47. • **43.** Cleland, "VIII. An Inquiry into the Variations of the Human Skull". • **44.** W. Men, D. Falk, T. Sun, W. Chen, J. Li, D. Yin, L. Zang e M. Fan, "The Corpus Callosum of Albert Einstein's Brain: Another Clue to His High Intelligence?", Brain 137:4 (2014), p. e268. • **45.** R. J. Smith, "Relative Size versus Controlling for Size: Interpretation of Ratios in Research on Sexual Dimorphism in the Human Corpus Callosum", Current Anthropology 46:2 (2005), pp. 249-73. • **46.** Ibid, p. 264. • **47.** S. P. Springer e G. Deutsch, Left Brain, Right Brain: Perspectives from Cognitive Neuroscience, 5ª ed. (Nova York, W. H. Freeman, 1998). • **48.** G. D. Schott, "Penfield's Homunculus: A Note on Cerebral Cartography", Journal of Neurology, Neurosurgery and Psychiatry 56:4 (1993), p.

329. • **49.** K. Woollett, H. J. Spiers e E. A. Maguire, "Talent in the Taxi: a Model System for Exploring Expertise", Philosophical Transactions of the Royal Society B: Biological Sciences 364:1522 (2009), pp. 1407-16. • **50.** H. Vollmann, P. Ragert, V. Conde, A. Villringer, J. Classen, O. W. Witte e C. J. Steele, "Instrument Specific Use-Dependent Plasticity Shapes the Anatomical Properties of the Corpus Callosum: A Comparison between Musicians and Non-musicians", Frontiers in Behavioral Neuroscience 8 (2014), p. 245. • **51.** L. Eliot, "Single-Sex Education and the Brain", Sex Roles 69:7-8 (2013), pp. 363-81. • **52.** R. C. Gur, B. I. Turetsky, M. Matsui, M. Yan, W. Bilker, P. Hughett e R. E. Gur, "Sex Differences in Brain Gray and White Matter in Healthy Young Adults: Correlations with Cognitive Performance", Journal of Neuroscience 19:10 (1999), pp. 4065-72. • **53.** J. S. Allen, H. Damasio, T. J. Grabowski, J. Bruss e W. Zhang, "Sexual Dimorphism and Asymmetries in the Gray–White Composition of the Human Cerebrum", NeuroImage 18:4 (2003), pp. 880-94; M. D. De Bellis, M. S. Keshavan, S. R. Beers, J. Hall, K. Frustaci, A. Masalehdan, J. Noll e A. M. Boring, "Sex Differences in Brain Maturation during Childhood and Adolescence", Cerebral Cortex 11:6 (2001), pp. 552-7; J. M. Goldstein, L. J. Seidman, N. J. Horton, N. Makris, D. N. Kennedy, V. S. Caviness Jr, S. V. Faraone e M. T. Tsuang, "Normal Sexual Dimorphism of the Adult Human Brain Assessed by In Vivo Magnetic Resonance Imaging", Cerebral Cortex 11:6 (2001), pp. 490-97; C. D. Good, I. S. Johnsrude, J. Ashburner, R. N. A. Henson, K. J. Friston e R. S. Frackowiak, "A Voxel-Based Morphometric Study of Ageing in 465 Normal Adult Human Brains", NeuroImage 14:1 (2001), pp. 21-36. • **54.** A. N. Ruigrok, G. Salimi-Khorshidi, M. C. Lai, S. Baron-Cohen, M. V. Lombardo, R. J. Tait e J. Suckling, "A Meta-analysis of Sex Differences in Human Brain Structure", Neuroscience & Biobehavioral Reviews 39 (2014), pp. 34-50. • **55.** R. J. Haier, R. E. Jung, R. A. Yeo, K. Head e M. T. Alkire, "The Neuroanatomy of General Intelligence: Sex Matters", NeuroImage 25:1 (2005), pp. 320-27.

CAPÍTULO 2: Os hormônios furiosos dela

1. C. Fine, Testosterone Rex: Unmaking the Myths of our Gendered Minds (Londres, Icon, 2017); G. Breuer, Sociobiology and the Human Dimension (Cambridge, Cambridge University Press, 1983). • **2.** C. H. Phoenix, R. W. Goy, A. A. Gerall e W. C. Young, "Organizing Action of Prenatally Administered Testosterone Propionate on the Tissues Mediating Mating Behavior in the Female Guinea Pig", Endocrinology 65:3 (1959), pp. 369-82; K. Wallen, "The Organizational Hypothesis: Reflections on the 50th Anniversary of the Publication of Phoenix, Goy, Gerall, and Young (1959)", Hormones and Behavior 55:5 (2009), pp. 561-5; M. Hines, Brain Gender (Oxford, Oxford University Press, 2005); R. M. Jordan-Young, Brain Storm: The Flaws in the Science of Sex Differences (Cambridge, MA, Harvard University Press, 2011). • **3.** J. D. Wilson, "Charles-Edouard Brown-Sequard and the Centennial of Endocrinology", Journal of Clinical Endocrinology and Metabolism 71:6 (1990), pp. 1403-9. • **4.** J. Henderson, "Ernest Starling and 'Hormones': An Historical Commentary", Journal of Endocrinology 184:1 (2005), pp. 5-10. • **5.** B. P. Setchell, "The Testis and Tissue Transplantation: Historical Aspects", Journal of Reproductive Immunology 18:1 (1990), pp. 1-8. • **6.** M. L. Stefanick, "Estrogens and Progestins: Background and History, Trends in Use, and Guidelines and Regimens Approved by the US Food and Drug Administration", American Journal of Medicine 118:12 (2005), pp. 64-73. • **7.** "Origins of Testosterone Replacement", site da Urological Sciences Research Foundation, https://www.usrf.org/news/000908-origins.html (acessado em 4 de novembro de 2018). • **8.** J. Schwarcz, "Getting 'Steinached' was all the rage in roaring '20s", 20 de março de 2017, site do McGill Office for Science and Security, https://www.mcgill.ca/oss/article/health-history-science-scienceeverywhere/getting-steinached-was-all-rage-roaring-20s (acessado em 4 de novembro de 2018). • **9.** A. Carrel e C. C. Guthrie, "Technique de la transplantation homoplastique de l'ovaire", Comptes rendus des séances de la Société de biologie 6 (1906), pp. 466-8, citado em

E. Torrents, I. Boiso, P. N. Barri e A. Veiga, "Applications of Ovarian Tissue Transplantation in Experimental Biology and Medicine", Human Reproduction Update 9:5 (2003), pp. 471-81; J. Woods, "The history of estrogen", blog menoPAUSE, fevereiro de 2016, https://www.urmc.rochester.edu/ob-gyn/gynecology/menopause-blog/february-2016/the-history-of-estrogen.aspx (acessado em 4 de novembro de 2018). • **10.** J. M. Davidson e P. A. Allinson, "Effects of Estrogen on the Sexual Behavior of Male Rats", Endocrinology 84:6 (1969), pp. 1365-72. • **11.** R. H. Epstein, Aroused: The History of Hormones and How They Control Just About Everything (Nova York, W. W. Norton, 2018). • **12.** R. T. Frank, "The Hormonal Causes of Premenstrual Tension", Archives of Neurology and Psychiatry 26:5 (1931), pp. 1053-7. • **13.** R. Greene e K. Dalton, "The Premenstrual Syndrome", British Medical Journal 1:4818 (1953), p. 1007. • **14.** C. A. Boyle, G. S. Berkowitz e J. L. Kelsey, "Epidemiology of Premenstrual Symptoms", American Journal of Public Health 77:3 (1987), pp. 349-50. • **15.** J. C. Chrisler e P. Caplan, "The Strange Case of Dr Jekyll and Ms Hyde: How PMS Became a Cultural Phenomenon and a Psychiatric Disorder", Annual Review of Sex Research 13:1 (2002), pp. 274-306. • **16.** J. T. E. Richardson, "The Premenstrual Syndrome: A Brief History", Social Science and Medicine 41:6 (1995), pp. 761-7. • **17.** "Raging hormones", New York Times, 11 de janeiro de 1982, http://www.nytimes.com/1982/01/11/opinion/raging-hormones.html (acessado em 4 de novembro de 2018). • **18.** K. L. Ryan, J. A. Loeppky e D. E. Kilgore Jr, "A Forgotten Moment in Physiology: The Lovelace Woman in Space Program (1960-1962)", Advances in Physiology Education 33:3 (2009), pp. 157-64. • **19.** R. K. Koeske e G. F. Koeske, "An Attributional Approach to Moods and the Menstrual Cycle", Journal of Personality and Social Psychology 31:3 (1975), p. 473. • **20.** D. N. Ruble, "Premenstrual Symptoms: A Reinterpretation", Science 197:4300 (1977), pp. 291-2. • **21.** Chrisler e Caplan, "The Strange Case of Dr Jekyll and Ms Hyde". • **22.** R. H. Moos, "The Development of a Menstrual Distress Questionnaire", Psychosomatic Medicine 30:6 (1968), pp. 853-67. • **23.** J. Brooks-Gunn e D. N. Ruble, "The Development of Menstrual-Related Beliefs and Behaviors during Early Adolescence", Child Development 53:6 (1982), pp. 1567-77. • **24.** S. Toffoletto, R. Lanzenberger, M. Gingnell, I. Sundstrom-Poromaa e E. Comasco, "Emotional and Cognitive Functional Imaging of Estrogen and Progesterone Effects in the Female Human Brain: A Systematic Review", Psychoneuroendocrinology 50 (2014), pp. 28-52. • **25.** D. B. Kelley e D. W. Pfaff, "Generalizations from Comparative Studies on Neuroanatomical and Endocrine Mechanisms of Sexual Behaviour", em J. B. Hutchison (org.), Biological Determinants of Sexual Behaviour (Chichester, John Wiley, 1978), pp. 225-54. • **26.** M. Hines, "Gender Development and the Human Brain", Annual Review of Neuroscience 34 (2011), pp. 69-88. • **27.** Phoenix et al., "Organizing Action of Prenatally Administered Testosterone Propionate". • **28.** M. Hines e F. R. Kaufman, "Androgen and the Development of Human Sex-Typical Behavior: Rough-and-Tumble Play and Sex of Preferred Playmates in Children with Congenital Adrenal Hyperplasia (CAH)", Child Development 65:4 (1994), pp. 1042-53; C. van de Beek, S. H. van Goozen, J. K. Buitelaar e P. T. Cohen-Kettenis, "Prenatal Sex Hormones (Maternal and Amniotic Fluid) and Gender-Related Play Behavior in 13-Month-Old Infants", Archives of Sexual Behavior 38:1 (2009), pp. 6-15. • **29.** J. B. Watson, "Psychology as the Behaviorist Views It", Psychological Review 20:2 (1913), pp. 158-77. • **30.** G. Kaplan e L. J. Rogers, "Parental Care in Marmosets (Callithrix jacchus jacchus): Development and Effect of Anogenital Licking on Exploration", Journal of Comparative Psychology 113:3 (1999), p. 269. • **31.** S. W. Bottjer, S. L. Glaessner e A. P. Arnold, "Ontogeny of Brain Nuclei Controlling Song Learning and Behavior in Zebra Finches", Journal of Neuroscience 5:6 (1985), pp. 1556-62. • **32.** D. W. Bayless e N. M. Shah, "Genetic Dissection of Neural Circuits Underlying Sexually Dimorphic Social Behaviours", Philosophical Transactions of the Royal Society B: Biological Sciences, 371:1688 (2016), 20150109. • **33.** R. M. Young e E. Balaban, "Psychoneuroindoctrinology", Nature 443:7112 (2006), p. 634. • **34.** A. Fausto-Sterling, Sexing the Body. • **35.** D. P. Merke e S. R. Bornstein, "Congenital Adrenal Hyperplasia", Lancet 365:9477 (2005), pp. 2125-36. • **36.** Jordan-Young, Brain Storm. • **37.** Hines e Kaufman, "Androgen and the Development of Human Sex-Typical Behavior". • **38.** P. Plumb e G. Cowan, "A Developmental Study of Destereotyping and Androgynous Activity Preferences of Tomboys, Nontomboys, and Males", Sex Roles 10:9-10 (1984), pp. 703-12. • **39.** J. Money e A. A. Ehrhardt, Man and Woman, Boy and Girl: The Differentiation and Dimorphism of Gender Identity from Conception to Maturity (Baltimore, Johns Hopkins University Press, 1972). • **40.** M. Hines, Brain Gender. • **41.** D. A. Puts, M. A. McDaniel, C. L. Jordan e S. M. Breedlove, "Spatial Ability and Prenatal Androgens: Meta-analyses of Congenital Adrenal Hyperplasia and Digit Ratio (2D:4D) Studies", Archives of Sexual Behavior 37:1 (2008), p. 100. • **42.** Jordan-Young, Brain Storm. • **43.** Ibid., p. 289. • **44.** J. Colapinto, As Nature Made Him: The Boy Who Was Raised as a Girl (Nova York, HarperCollins, 2001). • **45.** J. Colapinto, "The True Story of John/Joan", Rolling Stone, 11 de dezembro de 1997, pp. 54-97. • **46.** M. V. Lombardo, E. Ashwin, B. Auyeung, B. Chakrabarti, K. Taylor, G. Hackett, E. T. Bullmore e S. Baron-Cohen, "Fetal Testosterone Influences Sexually Dimorphic Gray Matter in the Human Brain", Journal of Neuroscience 32:2 (2012), pp. 674-80. • **47.** S. Baron-Cohen, S. Lutchmaya e R. Knickmeyer, Prenatal Testosterone in Mind: Amniotic Fluid Studies (Cambridge, MA, MIT Press, 2004). • **48.** R. Knickmeyer, S. Baron-Cohen, P. Raggatt e K. Taylor, "Foetal Testosterone, Social Relationships, and Restricted Interests in Children", Journal of Child Psychology and Psychiatry 46:2 (2005), pp. 198-210; E. Chapman, S. Baron-Cohen, B. Auyeung, R. Knickmeyer, K. Taylor e G. Hackett, "Fetal Testosterone and Empathy: Evidence from the Empathy Quotient (EQ) and the 'Reading the Mind in the Eyes' Test", Social Neuroscience 1:2 (2006), pp. 135-48. • **49.** S. Lutchmaya, S. Baron-Cohen, P. Raggatt, R. Knickmeyer e J. T. Manning, "2nd to 4th Digit Ratios, Fetal Testosterone and Estradiol", Early Human Development 77:1-2 (2004), pp. 23-8. • **50.** J. Honekopp e C. Thierfelder, "Relationships between Digit Ratio (2D:4D) and Sex-Typed Play Behavior in Pre-school Children", Personality and Individual Differences 47:7 (2009), pp. 706-10; D. A. Puts, S. J. Gaulin, R. J. Sporter e D. H. McBurney, "Sex Hormones and Finger Length: What Does 2D:4D Indicate?", Evolution and Human Behavior 25:3 (2004), pp. 182-99. • **51.** J. M. Valla e S. J. Ceci, "Can Sex Differences in Science Be Tied to the Long Reach of Prenatal Hormones? Brain Organization Theory, Digit Ratio (2D/4D), and Sex Differences in Preferences and Cognition", Perspectives on Psychological Science, 6:2 (2011), pp. 134-46. • **52.** S. M. Van Anders, K. L. Goldey e P. X. Kuo, "The Steroid/Peptide Theory of Social Bonds: Integrating Testosterone and Peptide Responses for Classifying Social Behavioral Contexts", Psychoneuroendocrinology 36:9 (2011), pp. 1265-75.

CAPÍTULO 3: A ascensão da psicobaboseira

1. H. T. Woolley, "A Review of Recent Literature on the Psychology of Sex", Psychological Bulletin 7:10 (1910), pp. 335-42. • **2.** C. Fine, Delusions of Gender: How Our Minds, Society, and Neurosexism Create Difference (Nova York, W. W. Norton, 2010), p. xxvii. • **3.** C. Darwin, On the Origin of Species by Means of Natural Selection (Londres, John Murray, 1859); C. Darwin, The Descent of Man and Selection in Relation to Sex (Londres, John Murray, 1871). • **4.** S. A. Shields, Speaking from the Heart: Gender and the Social Meaning of Emotion (Cambridge, Cambridge University Press, 2002), p. 77. • **5.** Darwin, The Descent of Man, p. 361. • **6.** S. A. Shields, "Passionate Men, Emotional Women: Psychology Constructs Gender Difference in the Late 19th Century", History of Psychology 10:2 (2007), pp. 92-110, at p. 93. • **7.** Shields, "Passionate Men, Emotional Women", p. 97. • **8.** Ibid., p. 94. • **9.** L. Cosmides e J. Tooby, "Cognitive Adaptations for Social Exchange", em J. H. Barkow, L. Cosmides e J. Tooby (orgs.), The Adapted Mind: Evolutionary Psychology and the Generation of Culture (Nova York, Oxford University Press, 1992). • **10.** L. Cosmides e J. Tooby, "Beyond Intuition and Instinct Blindness: Toward an Evolutionarily Rigorous Cognitive Science", Cognition 50:1-3 (1994), pp. 41-77. • **11.** A. C. Hurlbert e Y. Ling, "Biological Components of Sex Differences in Color

Preference", Current Biology 17:16 (2007), pp. R623-5. • **12.** S. Baron-Cohen, The Essential Difference (Londres, Penguin, 2004). • **13.** Ibid., p. 26. • **14.** Ibid., p. 63. • **15.** Ibid., p. 127. • **16.** Ibid., p. 185. • **17.** Ibid., p. 123. • **18.** Ibid, p. 185. • **19.** S. Baron-Cohen, J. Richler, D. Bisarya, N. Gurunathan e S. Wheelwright, "The Systemizing Quotient: An Investigation of Adults with Asperger Syndrome or High-Functioning Autism, and Normal Sex Differences", Philosophical Transactions of the Royal Society B: Biological Sciences 358:1430 (2003), pp. 361-74; S. Baron-Cohen e S. Wheelwright, "The Empathy Quotient: An Investigation of Adults with Asperger Syndrome or High Functioning Autism, and Normal Sex Differences", Journal of Autism and Developmental Disorders 34:2 (2004), pp. 163-75; A. Wakabayashi, S. Baron--Cohen, S. Wheelwright, N. Goldenfeld, J. Delaney, D. Fine, R. Smith e L. Weil, "Development of Short Forms of the Empathy Quotient (EQ-Short) and the Systemizing Quotient (SQ-Short)", Personality and Individual Differences 41:5 (2006), pp. 929-40. • **20.** B. Auyeung, S. Baron--Cohen, F. Chapman, R. Knickmeyer, K. Taylor e G. Hackett, "Foetal Testosterone and the Child Systemizing Quotient", European Journal of Endocrinology 155:Supplement 1 (2006), pp. S123-30; E. Chapman, S. Baron-Cohen, B. Auyeung, R. Knickmeyer, K. Taylor e G. Hackett, "Fetal Testosterone and Empathy: Evidence from the Empathy Quotient (EQ) and the 'Reading the Mind in the Eyes' Test", Social Neuroscience 1:2 (2006), pp. 135-48. • **21.** S. Baron-Cohen, S. Wheelwright, J. Hill, Y. Raste e I. Plumb, "The 'Reading the Mind in the Eyes' Test Revised Version: A Study with Normal Adults, and Adults with Asperger Syndrome or High-Functioning Autism", Journal of Child Psychology and Psychiatry 42:2 (2001), pp. 241-51. • **22.** J. Billington, S. Baron-Cohen e S. Wheelwright, "Cognitive Style Predicts Entry into Physical Sciences and Humanities: Questionnaire and Performance Tests of Empathy and Systemizing", Learning and Individual Differences 17:3 (2007), pp. 260-68. • **23.** Baron-Cohen, The Essential Difference, pp. 185, 1. • **24.** Ibid., pp. 185, 8. • **25.** E. B. Titchener, "Wilhelm Wundt", American Journal of Psychology 32:2 (1921), pp. 161-78; W. C. Wong, "Retracing the Footsteps of Wilhelm Wundt: Explorations in the Disciplinary Frontiers of Psychology and in Völkerpsychologie", History of Psychology 12:4, (2009), p. 229. • **26.** R. W. Kamphaus, M. D. Petoskey e A. W. Morgan, "A History of Intelligence Test Interpretation", em D. P. Flanagan, J. L. Genshaft e P. L Harrison (orgs.), Contemporary Intellectual Assessment: Theories, Tests, and Issues (Nova York, Guilford, 1997), pp. 3-16. • **27.** R. E. Gibby e M. J. Zickar, "A History of the Early Days of Personality Testing in American Industry: An Obsession with Adjustment", History of Psychology 11:3 (2008), p. 164. • **28.** Woodworth Psychoneurotic Inventory, https://openpsychometrics.org/tests/WPI.php (acessado em 4 de novembro de 2018). • **29.** J. Jastrow, "A Study of Mental Statistics", New Review 5 (1891), pp. 559-68. • **30.** Woolley, "A Review of the Recent Literature on the Psychology of Sex", p. 335. • **31.** N. Weisstein, "Psychology Constructs the Female; or the Fantasy Life of the Male Psychologist (with Some Attention to the Fantasies of his Friends, the Male Biologist and the Male Anthropologist)", Feminism and Psychology 3:2 (1993), pp. 194-210. • **32.** S. Schachter e J. Singer, "Cognitive, Social, and Physiological Determinants of Emotional State", Psychological Review 69:5 (1962), p. 379. • **33.** E. E. Maccoby e C. N. Jacklin, The Psychology of Sex Differences, Vol. 1: Text (Stanford, CA, Stanford University Press, 1974). • **34.** J. Cohen, Statistical Power Analysis for the Behavioral Sciences, 2ª ed. (Hillsdale, NJ, Laurence Erlbaum Associates, 1988); K. Magnusson, "Interpreting Cohen's d effect size: an interactive visualisation", blog R Psychologist, 13 de janeiro de 2014, http://rpsychologist.com/d3/cohend (acessado em 4 de novembro de 2018); site SexDifference, https://sexdifference.org (acessado em 4 de novembro de 2018). • **35.** K. Magnusson, "Interpreting Cohen's d effect size"; site SexDifference. • **36.** Site SexDifference. • **37.** T. D. Satterthwaite, D. H. Wolf, D. R. Roalf, K. Ruparel, G. Erus, S. Vandekar, E. D. Gennatas, M. A. Elliott, A. Smith, H. Hakonarson e R. Verma, "Linked Sex Differences in Cognition and Functional Connectivity in Youth", Cerebral Cortex 25:9 (2014), pp. 2383-94, na p. 2383. • **38.** A. Kaiser, S. Haller, S. Schmitz e C. Nitsch, "On Sex/Gender Related Similarities and Differences in fMRI Language Research", Brain Research Reviews 61:2 (2009), pp. 49-59. • **39.** R. Rosenthal, "The File Drawer Problem and

Tolerance for Null Results", Psychological Bulletin 86:3 (1979), p. 638. • **40.** D. J. Prediger, "Dimensions Underlying Holland's Hexagon: Missing Link between Interests and Occupations?", Journal of Vocational Behavior 21:3 (1982), pp. 259-87. • **41.** Ibid, p. 261. • **42.** Departamento do Censo dos Estados Unidos, 1980 Census of the Population: Detailed Population Characteristics (Departamento de Comércio dos EUA, Departamento do Censo, 1984). • **43.** B. R. Little, "Psychospecialization: Functions of Differential Orientation towards Persons and Things", Bulletin of the British Psychological Society 21 (1968), p. 113. • **44.** P. I. Armstrong, W. Allison e J. Rounds, "Development and Initial Validation of Brief Public Domain RIASEC Marker Scales", Journal of Vocational Behavior 73:2 (2008), pp. 287-99. • **45.** V. Valian, "Interests, Gender, and Science", Perspectives on Psychological Science 9:2 (2014), pp. 225-30. • **46.** R. Su, J. Rounds e P. I. Armstrong, "Men and Things, Women and People: A Meta-analysis of Sex Differences in Interests", Psychological Bulletin 135:6 (2009), p. 859. • **47.** M. T. Orne, "Demand Characteristics and the Concept of Quasi-controls", em R. Rosenthal e R. L. Rosnow, Artifacts in Behavioral Research (Oxford, Oxford University Press, 2009), pp. 110-37. • **48.** J. C. Chrisler, I. K. Johnston, N. M Champagne e K. E. Preston, "Menstrual Joy: The Construct and Its Consequences", Psychology of Women Quarterly 18:3 (1994), pp. 375-87. • **49.** J. L. Hilton e W. Von Hippel, "Stereotypes", Annual Review of Psychology 47:1 (1996), pp. 237-71. • **50.** N. Eisenberg e R. Lennon, "Sex Differences in Empathy and Related Capacities", Psychological Bulletin 94:1 (1983), p. 100. • **51.** C. M. Steele e J. Aronson, "Stereotype Threat and the Intellectual Test Performance of African Americans", Journal of Personality and Social Psychology 69:5 (1995), p. 797; S. J. Spencer, C. Logel e P. G. Davies, "Stereotype Threat", Annual Review of Psychology 67 (2016), pp. 415-37. • **52.** S. J. Spencer, C. M. Steele e D. M. Quinn, "Stereotype Threat and Women's Math Performance", Journal of Experimental Social Psychology 35:1 (1999), pp. 4-28. • **53.** M. A. Pavlova, S. Weber, E. Simoes e A. N. Sokolov, "Gender Stereotype Susceptibility", PLoS One 9:12 (2014), e114802. • **54.** Fine, Delusions of Gender. • **55.** D. Carnegie, How to Win Friends and Influence People (Nova York, Simon & Schuster, 1936).

CAPÍTULO 4: Mitos do cérebro, neurolixo e neurossexismo

1. N. K. Logothetis, "What We Can Do and What We Cannot Do with Fmri", Nature 453:7197 (2008), p. 869. • **2.** R. S. J. Frackowiak, K. J. Friston, C. D. Frith, R. J. Dolan, C. J. Price, S. Zeki, J. T. Ashburner e W. D. Penny (orgs.), Human Brain Function, 2ª ed. (San Diego e Londres, Academic Press, 2004). • **3.** A. L. Roskies, "Are Neuroimages like Photographs of the Brain?", Philosophy of Science 74:5 (2007), pp. 860-72. • **4.** R. A. Poldrack, "Can Cognitive Processes Be Inferred from Neuroimaging Data?", Trends in Cognitive Sciences 10:2 (2006), pp. 59-63. • **5.** J. B. Meixner e J. P. Rosenfeld, "A Mock Terrorism Application of the P300-Based Concealed Information Test", Psychophysiology 48:2 (2011), pp. 149-54. • **6.** A. Linden e J. Fenn, "Understanding Gartner's Hype Cycles", Strategic Analysis Report R-20-1971 (Stamford, CT, Gartner, 2003). • **7.** J. Devlin e G. de Ternay, "Can neuromarketing really offer you useful customer insights?", Medium, 8 de outubro de 2016, https://medium.com/@GuerricdeTernay/can-neuromarketingreally-offer-you-useful-customer-insights-e4d0f515f1ec (acessado em 13 de novembro de 2018). • **8.** A. Orlowski, "The Great Brain Scan Scandal: It isn't just boffins who should be ashamed", Register, 7 de julho de 2016, https://www.theregister.co.uk/2016/07/07/the_great_brain_scan_scandal_it_isnt_just_boffins_who_should_be_ashamed (acessado em 13 de novembro de 2018). • **9.** S. Ogawa, D. W. Tank, R. Menon, J. M. Ellermann, S. G. Kim, H. Merkle e K. Ugurbil, "Intrinsic Signal Changes Accompanying Sensory Stimulation: Functional Brain Mapping with Magnetic Resonance Imaging", Proceedings of the National Academy of Sciences 89:13 (1992), pp. 5951-5. • **10.** K. K. Kwong, J. W. Belliveau, D. A. Chesler, I. E. Goldberg, R. M. Weisskoff, B. P. Poncelet, D. N. Kennedy, B. E. Hoppel, M. S. Cohen e R. Turner, "Dynamic Magnetic Resonance Imaging of Human Brain Activity during Primary

Sensory Stimulation", Proceedings of the National Academy of Sciences 89:12 (1992), pp. 5675-9. • **11.** K. Smith, "fMRI 2.0", Nature 484:7392 (2012), p. 24. • **12.** Pronunciamento Presidencial 6158, 17 de julho de 1990, Projeto sobre a Década do Cérebro, https://www.loc.gov/loc/brain/proclaim.html (acessado em 4 de novembro de 2018); E. G. Jones e L. M. Mendell, "Assessing the Decade of the Brain", Science, 30 de abril de 1999, p. 739. • **13.** "Neurosociety Conference: What Is It with the Brain These Days?", site da Oxford Martin School, https://www.oxfordmartin.ox.ac.uk/event/895 (acessado em 4 de novembro de 2018). • **14.** B. Carey, "A neuroscientific look at speaking in tongues", New York Times, 7 de novembro de 2006, https://www.nytimes.com/2006/11/07/health/07brain.html (acessado em 4 de novembro de 2018); M. Shermer, "The political brain", Scientific American, 1º de julho de 2006, https://www.scientificamerican.com/article/thepolitical-brain (acessado em 4 de novembro de 2018); E. Callaway, "Brain quirk could help explain financial crisis", New Scientist, 24 de março de 2009, https://www.newscientist.com/article/dn16826-brain-quirk-could-help-explain-financialcrisis (acessado em 4 de novembro de 2018). • **15.** "'Beliebers' suffer a real fever: How fans of the pop sensation have brains hard wired to be obsessed with him", Mail Online, 1 de julho de 2012, https://www.dailymail.co.uk/sciencetech/article-2167108/Beliebers-suffer-real-fever-How-fans-Justin--Bieber-brainshard-wired-obsessed-him.html (acessado em 4 de novembro de 2018). • **16.** J. Lehrer, "The neuroscience of Bob Dylan's genius", Guardian, 6 de abril de 2012, https://www.theguardian.com/music/2012/apr/06/neuroscience-bob-dylan-genius-creativity (acessado em 4 de novembro de 2018). • **17.** "The neuroscience of kitchen cabinetry", blog The Neurocritic, 5 de dezembro de 2010, https://neurocritic.blogspot.com/2010/12/neuroscience-of-kitchen--cabinetry.html (acessado em 4 de novembro de 2018). • **18.** "Spanner or sex object?", blog Neurocritic, 20 de fevereiro de 2009, https://neurocritic.blogspot.com/2009/02/spanner-or-sexobject.html (acessado em 4 de novembro de 2018). • **19.** I. Sample, "Sex objects: pictures shift men's view of women", Guardian, 16 de fevereiro de 2009, https://www.theguardian.com/science/2009/feb/16/sex-object-photograph (acessado em 4 de novembro de 2018). • **20.** E. Rossini, "Princeton study: 'Men view halfnaked women as objects'", site Illusionists, 18 de fevereiro de 2009, https://theillusionists.org/2009/02/princeton-objectification (acessado em 4 de novembro de 2018). • **21.** C. dell'Amore, "Bikinis make men see women as objects, scans confirm", National Geographic, 16 de fevereiro de 2009, https://www.nationalgeographic.com/science/2009/02/bikinis-women-men-objects-science (acessado em 4 de novembro de 2018). • **22.** E. Landau, "Men see bikini-clad women as objects, psychologists say", site da CNN, 2 de abril de 2009, http://edition.cnn.com/2009/HEALTH/02/19/women.bikinis.objects (acessado em 4 de novembro de 2018). • **23.** C. O'Connor, G. Rees e H. Joffe, "Neuroscience in the Public Sphere", Neuron 74:2 (2012), pp. 220–26. • **24.** J. Dumit, Picturing Personhood: Brain Scans and Biomedical Identity (Princeton, NJ, Princeton University Press, 2004). • **25.** http://www.sandsresearch.com/coke-heist.html (acessado em 4 de novembro de 2018). • **26.** D. P. McCabe e A. D. Castel, "Seeing Is Believing: The Effect of Brain Images on Judgments of Scientific Reasoning", Cognition 107:1 (2008), pp. 343–52; D. S. Weisberg, J. C. V. Taylor e E. J. Hopkins, "Deconstructing the Seductive Allure of Neuroscience Explanations", Judgment and Decision Making, 10:5 (2015), p. 429. • **27.** K. A. Joyce, "From Numbers to Pictures: The Development of Magnetic Resonance Imaging and the Visual Turn in Medicine", Science as Culture, 15:01 (2006), pp. 1–22. • **28.** M. J. Farah e C. J. Hook, "The Seductive Allure of 'Seductive Allure'", Perspectives on Psychological Science 8:1 (2013), pp. 88–90. • **29.** R. B. Michael, E. J. Newman, M. Vuorre, G. Cumming e M. Garry, "On the (Non) Persuasive Power of a Brain Image", Psychonomic Bulletin and Review 20:4 (2013), pp. 720–25. • **30.** D. Blum, "Winter of Discontent: Is the Hot Affair between Neuroscience and Science Journalism Cooling Down?", Undark, 3 de dezembro de 2012, https://undark.org/2012/12/03/winter-discontent-hotaffair-between-neu (acessado em 4 de novembro de 2018). • **31.** A. Quart, "Neuroscience: under attack", New York Times, 23 de novembro de 2012, https://www.nytimes.com/2012/11/25/opinion/sunday/neuroscience-under-attack.html (acessado em 4 de novembro de 2018). • **32.** S. Poole, "Your brain on pseudoscience: the rise of popular neurobollocks", New Statesman, 6 de setembro de 2012, https://www.newstatesman.com/culture/books/2012/09/your-brain-pseudoscience-rise-popular-neurobollocks (acessado em 4 de novembro de 2018). • **33.** E. Racine, O. Bar-Ilan e J. Illes, "fMRI in the Public Eye", Nature Reviews Neuroscience 6:2 (2005), p. 159. • **34.** "Welcome to the Neuro-Journalism Mill", site da James S. McDonnell Foundation, https://www.jsmf.org/neuromill/about.htm (acessado em 4 de novembro de 2018). • **35.** E. Vul, C. Harris, P. Winkielman e H. Pashler, "Puzzlingly High Correlations in fMRI Studies of Emotion, Personality, and Social Cognition", Perspectives on Psychological Science 4:3 (2009), pp. 274-90. • **36.** C. M. Bennett, M. B. Miller e G. L. Wolford, "Neural Correlates of Interspecies Perspective Taking in the Post-Mortem Atlantic Salmon: An Argument for Multiple Comparisons Correction", NeuroImage 47:Supplement 1 (2009), p. S125. • **37.** A. Madrigal, "Scanning dead salmon in fMRI machine highlights risk of red herrings", Wired, 18 de setembro de 2009, https://www.wired.com/2009/09/fmrisalmon (acessado em 4 de novembro de 2018); Neuroskeptic, "fMRI gets slap in the face with a dead fish", Discover, 16 de setembro de 2009, http://blogs.discovermagazine.com/neuroskeptic/2009/09/16/fmri-gets-slap-in-the-face-with-a-dead-fish (acessado em 4 de novembro de 2018). • **38.** Scicurious, "IgNobel Prize in Neuroscience: the dead salmon study", Scientific American, 25 de setembro de 2012, https://blogs.scientificamerican.com/scicurious-brain/ignobel-prize-in-neuroscience-thedead-salmon-study (acessado em 4 de novembro de 2018). • **39.** S. Dekker, N. C. Lee, P. Howard-Jones e J. Jolles, "Neuromyths in Education: Prevalence and Predictors of Misconceptions among Teachers", Frontiers in Psychology 3 (2012), p. 429. • **40.** Site do Human Brain Project, https://www.humanbrainproject.eu/en/; H. Markram, "The human brain project", Scientific American, junho de 2012, pp. 50-55. • **41.** Site da UK Biobank, https://www.ukbiobank.ac.uk (acessado em 4 de novembro de 2018); C. Sudlow, J. Gallacher, N. Allen, V. Beral, P. Burton, J. Danesh, P. Downey, P. Elliott, J. Green, M. Landray e B. Liu, "UK Biobank: An Open Access Resource for Identifying the Causes of a Wide Range of Complex Diseases of Middle and Old Age", PLoS Medicine 12:3 (2015), e1001779. • **42.** Site da BRAIN Initiative, https://www.braininitiative.nih.gov (acessado em 4 de novembro de 2018); T. R. Insel, S. C. Landis e F. S. Collins, "The NIH Brain Initiative", Science 340:6133 (2013), pp. 687-8. • **43.** Site do Human Connectome Project, http://www.humanconnectomeproject.org (acessado em 4 de novembro de 2018); D. C. Van Essen, S. M. Smith, D. M. Barch, T. E. Behrens, E. Yacoub, K. Ugurbil e WU-Minn HCP Consortium, "The WU-Minn Human Connectome Project: An Overview", NeuroImage 80 (2013), pp. 62-79. • **44.** R. A. Poldrack e K. J. Gorgolewski, "Making Big Data Open: Data Sharing in Neuroimaging", Nature Neuroscience 17:11 (2014), p. 1510. • **45.** J. Gray, Men Are from Mars, Women Are from Venus (Nova York, HarperCollins, 1992 [Ed. Bras.: Homens são de Marte, mulheres são de Vênus. Rio de Janeiro: Rocco, 1995]). • **46.** L. Brizendine, The Female Brain (Nova York: Morgan Road, 2006). • **47.** Young e Balaban, "Psychoneuroindoctrinology", p. 634. • **48.** "Sex-linked lexical budgets", Language Log, 6 de agosto de 2006, http://itre.cis.upenn.edu/~myl/languagelog/archives/003420.html (acessado em 4 de novembro de 2018). • **49.** "Neuroscience in the service of sexual stereotypes", Language Log, 6 de agosto de 2006, http://itre.cis.upenn.edu/~myl/languagelog/archives/003419.html (acessado em 4 de novembro de 2018). • **50.** Fine, Delusions of Gender, p. 161. • **51.** M. Liberman, "The Female Brain movie" Language Log, 21 de agosto de 2016, http://languagelog.ldc.upenn.edu/nll/?p=27641 (acessado em 4 de novembro de 2018). • **52.** V. Brescoll e M. LaFrance, "The Correlates and Consequences of Newspaper Reports of Research on Sex Differences", Psychological Science 15:8 (2004), pp. 515-20. • **53.** Fine, Delusions of Gender, pp. 154-75; C. Fine, "Is There Neurosexism in Functional Neuroimaging Investigations of Sex Differences?", Neuroethics 6:2 (2013), pp. 369-409. • **54.** R. Bluhm, "New Research, Old Problems: Methodological and Ethical Issues in fMRI Research Examining Sex/Gender Differences in Emotion Processing", Neuroethics, 6:2 (2013), pp. 319-30. • **55.** K. McRae, K. N. Ochsner, I. B. Mauss, J. J Gabrieli e J. J. Gross, "Gender Differences in Emotion Regulation: An fMRI Study of Cognitive Reappraisal", Group Processes and Intergroup Relations,

11:2 (2008), pp. 143-62; R. Bluhm, "Self-Fulfilling Prophecies: The Influence of Gender Stereotypes on Functional Neuroimaging Research on Emotion", Hypatia 28:4 (2013), pp. 870-86.
• **56.** B. A. Shaywitz, S. E. Shaywitz, K. R. Pugh, R. T. Constable, P. Skudlarski, R. K. Fulbright, R. A. Bronen, J. M. Fletcher, D. P. Shankweiler, L. Katz e J. C. Gore, "Sex Differences in the Functional Organization of the Brain for Language", Nature 373:6515 (1995), p. 607. • **57.** G. Kolata, "Men and women use brain differently, study discovers", New York Times, 16 de fevereiro de 1995, https://www.nytimes.com/1995/02/16/us/men-and-women-use-brain-differently--study-discovers.html (acessado em 4 de novembro de 2018). • **58.** Fine, "Is There Neurosexism".
• **59.** Ibid., p. 379. • **60.** I. E. C. Sommer, A. Aleman, A. Bouma e R. S. Kahn, "Do Women Really Have More Bilateral Language Representation than Men? A Meta-analysis of Functional Imaging Studies", Brain 127:8 (2004), pp. 1845-52. • **61.** M. Wallentin, "Putative Sex Differences in Verbal Abilities and Language Cortex: A Critical Review", Brain and Language 108:3 (2009), pp. 175-83. • **62.** M. Ingalhalikar, A. Smith, D. Parker, T. D. Satterthwaite, M. A. Elliott, K. Ruparel, H. Hakonarson, R. E. Gur, R. C. Gur e R. Verma, "Sex Differences in the Structural Connectome of the Human Brain", Proceedings of the National Academy of Sciences 111:2 (2014), pp. 823-8. • **63.** Ibid, p. 823, "abstract". • **64.** "Brain connectivity study reveals striking differences between men and women", comunicado à imprensa da Penn Medicine, 2 de dezembro de 2013, https://www.pennmedicine.org/news/news-releases/2013/december/brain-connectivity-study-revea (acessado em 4 de novembro de 2018). • **65.** D. Joel e R. Tarrasch, "On the Mis-presentation and Misinterpretation of Gender-Related Data: The Case of Ingalhalikar's Human Connectome Study", Proceedings of the National Academy of Sciences 111:6 (2014), p. E637; M. Ingalhalikar, A. Smith, D. Parker, T. D. Satterthwaite, M. A. Elliott, K. Ruparel, H. Hakonarson, R. E. Gur, R. C. Gur e R. Verma, "Reply to Joel and Tarrasch: On Misreading and Shooting the Messenger", Proceedings of the National Academy of Sciences 111:6 (2014), 201323601; "Expert reaction to study on gender differences in brains", Science Media Centre, 3 de dezembro de 2013, http://www.sciencemediacentre.org/expert-reaction-to-study-on-gender--differences-in-brains (acessado em 4 de novembro de 2018); Neuroskeptic, "Men, women and big PNAS papers", Discover, 3 de dezembro de 2013, http://blogs.discovermagazine.com/neuroskeptic/2013/12/03/men-women-big-pnas-papers/#.W69vxltyKpo (acessasdo em 4 de novembro de 2018); "Men are map readers and women are intuitive, but bloggers are fast", blog The Neurocritic, 5 de dezembro de 2013, https://neurocritic.blogspot.com/2013/12/men-are--map-readers-and-women-are.html (acessado em 4 de novembro de 2018); https://blogs.biomedcentral.com/on-biology/2013/12/12/lets-talk-about-sex/ • **66.** G. Ridgway, "Illustrative effect sizes for sex differences", Figshare, 3 de dezembro de 2013, https://figshare.com/articles/Illustrative_effect_sizes_for_sex_differences/866802 (acessado em 4 de novembro de 2018). • **67.** S. Connor, "The hardwired difference between male and female brains could explain why men are 'better at map reading'", Independent, 3 de dezembro de 2013, https://www.independent.co.uk/life-style/the-hardwired-difference-between-male-and-female-brains-could-explainwhy-men--are-better-at-map-8978248.html (acessado em 4 de novembro de 2018); J. Naish, "Men's and women's brains: the truth!", Mail Online, 5 de dezembro de 2013, https://www.dailymail.co.uk/femail/article-2518327/Mens-womensbrains-truth-As-research-proves-sexes-brains-ARE-wired--differentlywomens-cleverer-ounce-ounce-men-read-female-feelings.html (acessado em 4 de novembro de 2018). • **68.** C. O'Connor e H. Joffe, "Gender on the Brain: A Case Study of Science Communication in the New Media Environment", PLoS One 9:10 (2014), e110830.

CAPÍTULO 5: O cérebro do século XXI

1. K. J. Friston, "The Fantastic Organ", Brain 136:4 (2013), pp. 1328-32. • **2.** N. K. Logothetis, "The Ins and Outs of fMRI Signals", Nature Neuroscience 10:10 (2007), p. 1230. • **3.** K. J. Friston, "Functional and Effective Connectivity: A Review", Brain Connectivity 1:1 (2011), pp. 13-36. • **4.** Y. Assaf e O. Pasternak, "Diffusion Tensor Imaging (DTI)-Based White Matter Mapping in Brain Research: A Review", Journal of Molecular Neuroscience 34:1 (2008), pp. 51-61. • **5.** A. Holtmaat e K. Svoboda, "Experience-Dependent Structural Synaptic Plasticity in the Mammalian Brain", Nature Reviews Neuroscience 10:9 (2009), p. 647. • **6.** A. Razi e K. J. Friston, "The Connected Brain: Causality, Models, and Intrinsic Dynamics", IEEE Signal Processing Magazine 33:3 (2016), pp. 14-35. • **7.** A. von Stein e J. Sarnthein, "Different Frequencies for Different Scales of Cortical Integration: From Local Gamma to Long Range Alpha/Theta Synchronization", International Journal of Psychophysiology 38:3 (2000), pp. 301-13. • **8.** S. Baillet, "Magnetoencephalography for Brain Electrophysiology and Imaging", Nature Neuroscience 20:3 (2017), p. 327. • **9.** W. D. Penny, S. J. Kiebel, J. M. Kilner e M. D. Rugg, "Event-Related Brain Dynamics", Trends in Neurosciences 25:8 (2002), pp. 387-9. • **10.** K. Kessler, R. A. Seymour e G. Rippon, "Brain Oscillations and Connectivity in Autism Spectrum Disorders (ASD): New Approaches to Methodology, Measurement and Modelling", Neuroscience and Biobehavioral Reviews 71 (2016), pp. 601-20. • **11.** S. E. Fisher, "Translating the Genome in Human Neuroscience", em G. Marcus e J. Freeman (orgs.), The Future of the Brain: Essays by the World's Leading Neuroscientists (Princeton, NJ, Princeton University Press, 2015), pp. 149-58. • **12.** S. R. Chamberlain, U. Muller, A. D. Blackwell, L. Clark, T. W. Robbins e B. J. Sahakian, "Neurochemical Modulation of Response Inhibition and Probabilistic Learning in Humans", Science 311:5762 (2006), pp. 861-3. • **13.** C. Eliasmith, "Building a Behaving Brain", em Marcus e Freeman (orgs.), The Future of the Brain, pp. 125-36. • **14.** A. Zador, "The Connectome as a DNA Sequencing Problem", em Marcus e Freeman (orgs.), The Future of the Brain, 2015), pp. 40-49, na p. 46. • **15.** J. W. Lichtman, J. Livet e J. R. Sanes, "A Technicolour Approach to the Connectome", Nature Reviews Neuroscience 9:6 (2008), p. 417. • **16.** G. Bush, P. Luu e M. I. Posner, "Cognitive and Emotional Influences in Anterior Cingulate Cortex", Trends in Cognitive Sciences 4:6 (2000), pp. 215-22. • **17.** M. Alper, "The 'God' Part of the Brain: A Scientific Interpretation of Human Spirituality and God" (Naperville, IL, Sourcebooks, 2008). • **18.** J. H. Barkow, L. Cosmides e J. Tooby (orgs.), The Adapted Mind: Evolutionary Psychology and the Generation of Culture (Nova York, Oxford University Press, 1992). • **19.** Penny et al., "Event-Related Brain Dynamics". • **20.** G. Shen, T. Horikawa, K. Majima e Y. Kamitani, "Deep Image Reconstruction from Human Brain Activity", bioRxiv (2017), 240317. • **21.** R. A. Thompson e C. A. Nelson, "Developmental Science and the Media: Early Brain Development", American Psychologist 56:1 (2001), pp. 5-15. • **22.** Thompson e Nelson, "Developmental Science and the Media", p. 5. • **23.** A. May, "Experience-Dependent Structural Plasticity in the Adult Human Brain", Trends in Cognitive Sciences 15:10 (2011), pp. 475-82. • **24.** Y. Chang, "Reorganization and Plastic Changes of the Human Brain Associated with Skill Learning and Expertise", Frontiers in Human Neuroscience 8 (2014), art. 35. • **25.** B. Draganski e A. May, "Training-Induced Structural Changes in the Adult Human Brain", Behavioural Brain Research 192:1 (2008), pp. 137-42. • **26.** E. A. Maguire, D. G. Gadian, I. S. Johnsrude, C. D. Good, J. Ashburner, R. S. Frackowiak e C. D. Frith, "Navigation-Related Structural Change in the Hippocampi of Taxi Drivers", Proceedings of the National Academy of Sciences 97:8 (2000), pp. 4398-403; K. Woollett, H. J. Spiers e E. A. Maguire, "Talent in the Taxi: A Model System for Exploring Expertise", Philosophical Transactions of the Royal Society B: Biological Sciences 364:1522 (2009), pp. 1407-16. • **27.** M. S. Terlecki e N. S. Newcombe, "How Important Is the Digital Divide? The Relation of Computer and Videogame Usage to Gender Differences in Mental Rotation Ability", Sex Roles 53:5-6 (2005), pp. 433-41. • **28.** R. J. Haier, S. Karama, L. Leyba e R. E. Jung, "MRI Assessment of Cortical Thickness and Functional Activity Changes in Adolescent Girls Following Three Months of Practice on a Visual-Spatial Task", BMC Research Notes 2:1 (2009), p. 174. • **29.** S. Kuhn, T. Gleich, R. C. Lorenz, U. Lindenberger e J. Gallinat, "Playing Super Mario Induces Structural Brain Plasticity: Gray Matter Changes Resulting from Training with a Commercial Video Game", Molecular Psychiatry 19:2 (2014), p. 265. • **30.** N. Jaušovec e K. Jaušovec, "Sex Differences in Mental Rotation and Cortical Activation Patterns:

Can Training Change Them?", Intelligence 40:2 (2012), pp. 151-62. • **31.** A. Clark, "Whatever Next? Predictive Brains, Situated Agents, and the Future of Cognitive Science", Behavioral and Brain Sciences 36:3 (2013), pp. 181-204; E. Pellicano e D. Burr, "When the World Becomes 'Too Real': A Bayesian Explanation of Autistic Perception", Trends in Cognitive Sciences 16:10 (2012), pp. 504-10. • **32.** D. I. Tamir e M. A. Thornton, "Modeling the Predictive Social Mind", Trends in Cognitive Sciences 22:3 (2018), pp. 201-12. • **33.** A. Clark, Surfing Uncertainty: Prediction, Action, and the Embodied Mind (Nova York, Oxford University Press, 2015); Clark, "Whatever Next?"; D. D. Hutto, "Getting into Predictive Processing's Great Guessing Game: Bootstrap Heaven or Hell?", Synthese 195:6 (2018), pp. 2445-8. • **34.** The Invisible Gorilla, http://www.theinvisiblegorilla.com/videos.html (acessado em 4 de novembro de 2018). • **35.** L. F. Barrett e J. Wormwood, "When a gun is not a gun", New York Times, 17 de abril de 2015, https://www.nytimes.com/2015/04/19/opinion/sunday/when-a-gun-is-not-a-gun.html (acessado em 4 de novembro de 2018). • **36.** Kessler et al., "Brain Oscillations and Connectivity in Autism Spectrum Disorders (ASD)". • **37.** E. Hunt, "Tay, Microsoft's AI chatbot, gets a crash course in racism from Twitter", Guardian, 24 de março de 2016, https://www.theguardian.com/technology/2016/mar/24/tay-microsofts-ai-chatbot-gets-a-crash-course-in-racism-from-twitter (acessado em 4 de novembro de 2018); I. Johnston, "AI robots learning racism, sexism and other prejudices from humans, study finds", Independent, 13 de abril de 2017, https://www.independent.co.uk/life-style/gadgets-and-tech/news/ai-robots-artificialintelligence-racism-sexism-prejudice-bias-language--learn-from-humans-a7683161.html (acessado em 4 de novembro de 2018). • **38.** Y. LeCun, Y. Bengio e G. Hinton, "Deep Learning", Nature 521:7553 (2015), p. 436; R. D. Hof, "Deep learning", MIT Technology Review, https://www.technologyreview.com/s/513696/deep-learning (acessado em 4 de novembro de 2018). • **39.** T. Simonite, "Machines taught by photos learn a sexist view of women", Wired, 21 de agosto de 2017, https://www.wired.com/story/machines--taught-by-photos-learn-a-sexist-view-of-women (acessado em 4 de novembro de 2018). • **40.** J. Zhao, T. Wang, M. Yatskar, V. Ordonez e K. W. Chang, "Men Also Like Shopping: Reducing Gender Bias Amplification Using Corpus-Level Constraints", arXiv:1707.09457, 29 de julho de 2017. • **41.** R. I. Dunbar, "The Social Brain Hypothesis", Evolutionary Anthropology: Issues, News, and Reviews 6:5 (1998), pp. 178-90. • **42.** U. Frith e C. Frith, "The Social Brain: Allowing Humans to Boldly Go Where No Other Species Has Been", Philosophical Transactions of the Royal Society B: Biological Sciences 365:1537 (2010), pp. 165-76.

CAPÍTULO 6: Seu cérebro social

1. M. D. Lieberman, Social: Why Our Brains Are Wired to Connect (Oxford, Oxford University Press, 2013). • **2.** R. Adolphs, "Investigating the Cognitive Neuroscience of Human Social Behavior", Neuropsychologia 41:2 (2003), pp. 119-26; D. M. Amodio, E. Harman-Jones, P. G. Devine, J. J. Curtin, S. L. Hartley e A. E. Covert, "Neural Signals for the Detection of Unintentional Race Bias", Psychological Science 15:2 (2004), pp. 88-93. • **3.** D. I. Tamir e M. A. Thornton, "Modeling the Predictive Social Mind", Trends in Cognitive Sciences 22:3 (2018), pp. 201-12; P. Hinton, "Implicit Stereotypes and the Predictive Brain: Cognition and Culture in 'Biased' Person Perception", Palgrave Communications 3 (2017), 17086. • **4.** Frith e Frith, "The Social Brain: Allowing Humans to Boldly Go Where No Other Species Has Been", pp. 165-76. • **5.** P. Adjamian, A. Hadjipapas, G. R. Barnes, A. Hillebrand e I. E. Holliday, "Induced Gamma Activity in Primary Visual Cortex Is Related to Luminance and Not Color Contrast: An MEG Study", Journal of Vision 8:7 (2008), art. 4. • **6.** M. V. Lombardo, J. L. Barnes, S. J. Wheelwright e S. Baron-Cohen, "Self-Referential Cognition and Empathy in Autism", PLoS One 2:9 (2007), e883. • **7.** T. Singer, "The Neuronal Basis and Ontogeny of Empathy and Mind Reading: Review of Literature and Implications for Future Research", Neuroscience and Biobehavioral Reviews 30:6 (2006), pp. 855-63. • **8.** C. D. Frith, "The Social Brain?", Philosophical Transactions of the

Royal Society B: Biological Sciences, 362:1480 (2007), pp. 671-8. • **9.** R. Adolphs, D. Tranel e A. R. Damasio, "The Human Amygdala in Social Judgment", Nature 393:6684 (1998), p. 470. • **10.** A. J. Hart, P. J. Whalen, L. M. Shin, S. C. McInerney, H. Fischer e S. L. Rauch, "Differential Response in the Human Amygdala to Racial Outgroup vs Ingroup Face Stimuli", Neuroreport 11:11 (2000), pp. 2351-4. • **11.** D. M. Amodio e C. D. Frith, "Meeting of Minds: The Medial Frontal Cortex and Social Cognition", Nature Reviews Neuroscience 7:4 (2006), p. 268. • **12.** Ibid. • **13.** Ibid. • **14.** S. J. Gillihan e M. J. Farah, "Is Self Special? A Critical Review of Evidence from Experimental Psychology and Cognitive Neuroscience", Psychological Bulletin 131:1 (2005), p. 76. • **15.** D. A. Gusnard, E. Akbudak, G. L. Shulman e M. E. Raichle, "Medial Prefrontal Cortex and Self-Referential Mental Activity: Relation to a Default Mode of Brain Function", Proceedings of the National Academy of Sciences 98:7 (2001), pp. 4259-64; R. B. Mars, F. X. Neubert, M. P. Noonan, J. Sallet, I. Toni e M. F. Rushworth, "On the Relationship between the 'Default Mode Network' and the 'Social Brain'", Frontiers in Human Neuroscience 6 (2012), p. 189. • **16.** N. I. Eisenberger, M. D. Lieberman e K. D. Williams, "Does Rejection Hurt? An fMRI Study of Social Exclusion", Science 302:5643 (2003), pp. 290-92. • **17.** N. I. Eisenberger, T. K. Inagaki, K. A. Muscatell, K. E. Byrne Haltom e M. R. Leary, "The Neural Sociometer: Brain Mechanisms Underlying State Self-Esteem", Journal of Cognitive Neuroscience 23:11 (2011), pp. 3448-55. • **18.** L. H. Somerville, T. F. Heatherton e W. M. Kelley, "Anterior Cingulate Cortex Responds Differentially to Expectancy Violation and Social Rejection", Nature Neuroscience 9:8 (2006), p. 1007. • **19.** T. Dalgleish, N. D. Walsh, D. Mobbs, S. Schweizer, A-L. van Harmelen, B. Dunn, V. Dunn, I. Goodyer e J. Stretton, "Social Pain and Social Gain in the Adolescent Brain: A Common Neural Circuitry Underlying Both Positive and Negative Social Evaluation", Scientific Reports 7 (2017), 42010. • **20.** N. I. Eisenberger e M. D. Lieberman, "Why Rejection Hurts: A Common Neural Alarm System for Physical and Social Pain", Trends in Cognitive Sciences 8:7 (2004), pp. 294-300. • **21.** M. R. Leary, E. S. Tambor, S. K. Terdal e D. L. Downs, "Self-Esteem as an Interpersonal Monitor: The Sociometer Hypothesis", Journal of Personality and Social Psychology 68:3 (1995), p. 518. • **22.** M. M. Botvinick, J. D. Cohen e C. S. Carter, "Conflict Monitoring and Anterior Cingulate Cortex: An Update", Trends in Cognitive Sciences 8:12 (2004), pp. 539-46. • **23.** Botvinick et al., "Conflict Monitoring and Anterior Cingulate Cortex". • **24.** A. D. Craig, "How Do You Feel – Now? The Anterior Insula and Human Awareness", Nature Reviews Neuroscience, 10:1 (2009), pp. 59-70. • **25.** Ibid. • **26.** Eisenberger et al., "The Neural Sociometer". • **27.** K. Onoda, Y. Okamoto, K. I. Nakashima, H. Nittono, S. Yoshimura, S. Yamawaki, S. Yamaguchi e M. Ura, "Does Low Self-Esteem Enhance Social Pain? The Relationship between Trait Self-Esteem and Anterior Cingulate Cortex Activation Induced by Ostracism", Social Cognitive and Affective Neuroscience 5:4 (2010), pp. 385-91. • **28.** J. P. Bhanji e M. R. Delgado, "The Social Brain and Reward: Social Information Processing in the Human Striatum", Wiley Interdisciplinary Reviews: Cognitive Science 5:1 (2014), pp. 61-73. • **29.** S. Bray e J. O'Doherty, "Neural Coding of Reward-Prediction Error Signals during Classical Conditioning with Attractive Faces", Journal of Neurophysiology 97:4 (2007), pp. 3036-45. • **30.** D. A. Hackman e M. J. Farah, "Socioeconomic Status and the Developing Brain", Trends in Cognitive Sciences 13:2 (2009), pp. 65-73. • **31.** P. J. Gianaros, J. A. Horenstein, S. Cohen, K. A. Matthews, S. M. Brown, J. D. Flory, H. D. Critchley, S. B. Manuck e A. R. Hariri, "Perigenual Anterior Cingulate Morphology Covaries with Perceived Social Standing", Social Cognitive and Affective Neuroscience 2:3 (2007), pp. 161-73. • **32.** O. Longe, F. A. Maratos, P. Gilbert, G. Evans, F. Volker, H. Rockliff e G. Rippon, "Having a Word with Yourself: Neural Correlates of Self-Criticism and Self-Reassurance", NeuroImage 49:2 (2010), pp. 1849-56. • **33.** B. T. Denny, H. Kober, T. D. Wager e K. N. Ochsner, "A Meta-analysis of Functional Neuroimaging Studies of Self- and Other Judgments Reveals a Spatial Gradient for Mentalizing in Medial Prefrontal Cortex", Journal of Cognitive Neuroscience 24:8 (2012), pp. 1742-52. • **34.** H. Tajfel, "Social Psychology of Intergroup Relations", Annual Review of Psychology 33 (1982), pp. 1-39. • **35.** P. Molenberghs, "The Neu-

roscience of In-Group Bias", Neuroscience and Biobehavioral Reviews 37:8 (2013), pp. 1530-36.
• **36.** J. K. Rilling, J. E. Dagenais, D. R. Goldsmith, A. L. Glenn e G. Pagnoni, "Social Cognitive Neural Networks during In-Group and Out-Group Interactions", NeuroImage 41:4 (2008), pp. 1447-61. • **37.** C. Frith e U. Frith, "Theory of Mind", Current Biology 15:17 (2005), pp. R644-5; D. Premack e G. Woodruff, "Does the Chimpanzee Have a Theory of Mind?", Behavioral and Brain Sciences 1:4 (1978), pp. 515-26. • **38.** Amodio e Frith, "Meeting of Minds". • **39.** V. Gallese e A. Goldman, "Mirror Neurons and the Simulation Theory of Mind-Reading", Trends in Cognitive Sciences 2:12 (1998), pp. 493-501. • **40.** M. Schulte-Ruther, H. J. Markowitsch, G. R. Fink e M. Piefke, "Mirror Neuron and Theory of Mind Mechanisms Involved in Face-to-Face Interactions: A Functional Magnetic Resonance Imaging Approach to Empathy", Journal of Cognitive Neuroscience 19:8 (2007), pp. 1354-72. • **41.** S. G. Shamay-Tsoory, J. Aharon-Peretz e D. Perry, "Two Systems for Empathy: A Double Dissociation between Emotional and Cognitive Empathy in Inferior Frontal Gyrus versus Ventromedial Prefrontal Lesions", Brain 132:3 (2009), pp. 617-27. • **42.** M. Iacoboni e J. C. Mazziotta, "Mirror Neuron System: Basic Findings and Clinical Applications", Annals of Neurology 62:3 (2007), pp. 213-18; M. Iacoboni, "Imitation, Empathy, and Mirror Neurons", Annual Review of Psychology 60 (2009), pp. 653-70. • **43.** J. M. Contreras, M. R. Banaji e J. P. Mitchell, "Dissociable Neural Correlates of Stereotypes and Other Forms of Semantic Knowledge", Social Cognitive and Affective Neuroscience 7:7 (2011), pp. 764-70. • **44.** S. J. Spencer, C. M. Steele e D. M. Quinn, "Stereotype Threat and Women's Math Performance", Journal of Experimental Social Psychology 35:1 (1999), pp. 4-28; T. Schmader, "Gender Identification Moderates Stereotype Threat Effects on Women's Math Performance", Journal of Experimental Social Psychology 38:2 (2002), pp. 194-201. • **45.** T. Schmader, M. Johns e C. Forbes, "An Integrated Process Model of Stereotype Threat Effects on Performance", Psychological Review 115:2 (2008), p. 336. • **46.** M. Wraga, M. Helt, E. Jacobs e K. Sullivan, "Neural Basis of Stereotype-Induced Shifts in Women's Mental Rotation Performance", Social Cognitive and Affective Neuroscience 2:1 (2007), pp. 12-19. • **47.** M. Wraga, L. Duncan, E. C. Jacobs, M. Helt e J. Church, "Stereotype Susceptibility Narrows the Gender Gap in Imagined Self-Rotation Performance", Psychonomic Bulletin and Review 13:5 (2006), pp. 813-19. • **48.** Wraga et al., "Neural Basis of Stereotype-Induced Shifts". • **49.** H. J. Spiers, B. C. Love, M. E. Le Pelley, C. E. Gibb e R. A. Murphy, "Anterior Temporal Lobe Tracks the Formation of Prejudice", Journal of Cognitive Neuroscience 29:3 (2017), pp. 530-44; R. I. Dunbar, "The Social Brain Hypothesis", Evolutionary Anthropology: Issues, News, and Reviews 6:5 (1998), pp. 178-90. • **50.** Dunbar, "The Social Brain Hypothesis". • **51.** J. Stiles, "Neural Plasticity and Cognitive Development", Developmental Neuropsychology 18:2 (2000), pp. 237-72.

CAPÍTULO 7: Os bebês importam – Comecemos do começo (ou até um pouco antes)

1. J. Connellan, S. Baron-Cohen, S. Wheelwright, A. Batki e J. Ahluwalia, "Sex Differences in Human Neonatal Social Perception", Infant Behavior and Development 23:1 (2000), pp. 113-18. • **2.** Y. Minagawa-Kawai, K. Mori, J. C. Hebden e E. Dupoux, "Optical Imaging of Infants' Neurocognitive Development: Recent Advances and Perspectives", Developmental Neurobiology 68:6 (2008), pp. 712-28. • **3.** C. Clouchoux, N. Guizard, A. C. Evans, A. J. du Plessis e C. Limperopoulos, "Normative Fetal Brain Growth by Quantitative In Vivo Magnetic Resonance Imaging", American Journal of Obstetrics and Gynecology 206:2 (2012), pp. 173.e1-8. • **4.** J. Dubois, G. Dehaene-Lambertz, S. Kulikova, C. Poupon, P. S. Huppi e L. Hertz-Pannier, "The Early Development of Brain White Matter: A Review of Imaging Studies in Fetuses, Newborns and Infants", Neuroscience 276 (2014), pp. 48-71. • **5.** M. I. van den Heuvel e M. E. Thomason, "Functional Connectivity of the Human Brain In Utero", Trends in Cognitive Sciences 20:12 (2016), pp. 931-9. • **6.** J. Dubois, M. Benders, C. Borradori-Tolsa, A. Cachia, F. Lazeyras, R.

Ha-Vinh Leuchter, S. V. Sizonenko, S. K. Warfield, J. F. Mangin e P. S. Huppi, "Primary Cortical Folding in the Human Newborn: An Early Marker of Later Functional Development", Brain 131:8 (2008), pp. 2028-41. • **7.** D. Holland, L. Chang, T. M. Ernst, M. Curran, S. D. Buchthal, D. Alicata, J. Skranes, H. Johansen, A. Hernandez, R. Yamakawa e J. M. Kuperman, "Structural Growth Trajectories and Rates of Change in the First 3 Months of Infant Brain Development", JAMA Neurology 71:10 (2014), pp. 1266-74. • **8.** G. M. Innocenti e D. J. Price, "Exuberance in the Development of Cortical Networks", Nature Reviews Neuroscience 6:12 (2005), p. 955. • **9.** Holland et al., "Structural Growth Trajectories". • **10.** J. Stiles e T. L. Jernigan, "The Basics of Brain Development", Neuropsychology Review 20:4 (2010), pp. 327-48. • **11.** S. Jessberger e F. H. Gage, "Adult Neurogenesis: Bridging the Gap between Mice and Humans", Trends in Cell Biology 24:10 (2014), pp. 558-63. • **12.** W. Gao, S. Alcauter, J. K. Smith, J. H. Gilmore e W. Lin, "Development of Human Brain Cortical Network Architecture during Infancy", Brain Structure and Function 220:2 (2015), pp. 1173-86. • **13.** Dubois et al., "The Early Development of Brain White Matter". • **14.** B. J. Casey, N. Tottenham, C. Liston e S. Durston, "Imaging the Developing Brain: What Have We Learned about Cognitive Development?", Trends in Cognitive Sciences 9:3 (2005), pp. 104-10. • **15.** Holland et al., "Structural Growth Trajectories". • **16.** J. H. Gilmore, W. Lin, M. W. Prastawa, C. B. Looney, Y. S. K. Vetsa, R. C. Knickmeyer, D. D. Evans, J. K. Smith, R. M. Hamer, J. A. Lieberman e G. Gerig, "Regional Gray Matter Growth, Sexual Dimorphism, and Cerebral Asymmetry in the Neonatal Brain", Journal of Neuroscience 27:6 (2007), pp. 1255-60. • **17.** R. C. Knickmeyer, J. Wang, H. Zhu, X. Geng, S. Woolson, R. M. Hamer, T. Konneker, M. Styner e J. H. Gilmore, "Impact of Sex and Gonadal Steroids on Neonatal Brain Structure", Cerebral Cortex 24:10 (2013), pp. 2721-31. • **18.** R. K. Lenroot e J. N. Giedd, "Brain Development in Children and Adolescents: Insights from Anatomical Magnetic Resonance Imaging", Neuroscience and Biobehavioral Reviews 30:6 (2006), pp. 718-29. • **19.** D. F. Halpern, L. Eliot, R. S. Bigler, R. A. Fabes, L. D. Hanish, J. Hyde, L. S. Liben e C. L. Martin, "The Pseudoscience of Single-Sex Schooling", Science 333:6050 (2011), pp. 1706-7. • **20.** G. Dehaene-Lambertz e E. S. Spelke, "The Infancy of the Human Brain", Neuron 88:1 (2015), pp. 93-109. • **21.** Gilmore et al., "Regional Gray Matter Growth". • **22.** G. Li, J. Nie, L. Wang, F. Shi, A. E. Lyall, W. Lin, J. H. Gilmore e D. Shen, "Mapping Longitudinal Hemispheric Structural Asymmetries of the Human Cerebral Cortex from Birth to 2 Years of Age", Cerebral Cortex 24:5 (2013), pp. 1289-300. • **23.** Ibid., p. 1298. • **24.** N. Geschwind e A. M. Galaburda, "Cerebral Lateralization: Biological Mechanisms, Associations, and Pathology – I. A Hypothesis and a Program for Research", Archives of Neurology 42:5 (1985), pp. 428-59. • **25.** Knickmeyer et al., "Impact of Sex and Gonadal Steroids", p. 2721. • **26.** Van den Heuvel e Thomason, "Functional Connectivity of the Human Brain In Utero". • **27.** Gao et al., "Development of Human Brain Cortical Network Architecture". • **28.** H. T. Chugani, M. E. Behen, O. Muzik, C. Juhasz, F. Nagy e D. C. Chugani, "Local Brain Functional Activity Following Early Deprivation: A Study of Postinstitutionalized Romanian Orphans", NeuroImage 14:6 (2001), pp. 1290-301. • **29.** C. H. Zeanah, C. A. Nelson, N. A. Fox, A. T. Smyke, P. Marshall, S. W. Parker e S. Koga, "Designing Research to Study the Effects of Institutionalization on Brain and Behavioral Development: The Bucharest Early Intervention Project", Development and Psychopathology 15:4 (2003), pp. 885-907. • **30.** K. Chisholm, M. C. Carter, E. W. Ames e S. J. Morison, "Attachment Security and Indiscriminately Friendly Behavior in Children Adopted from Romanian Orphanages", Development and Psychopathology 7:2 (1995), pp. 283-94. • **31.** Chugani et al., "Local Brain Functional Activity"; T. J. Eluvathingal, H. T Chugani, M. E. Behen, C. Juhasz, O. Muzik, M. Maqbool, D. C. Chugani e M. Makki, "Abnormal Brain Connectivity in Children after Early Severe Socioemotional Deprivation: A Diffusion Tensor Imaging Study", Pediatrics 117:6 (2006), pp. 2093-100. • **32.** M. A. Sheridan, N. A. Fox, C. H. Zeanah, K. A. McLaughlin e C. A. Nelson, "Variation in Neural Development as a Result of Exposure to Institutionalization Early in Childhood", Proceedings of the National Academy of Sciences 109:32 (2012), pp. 12927-32. • **33.** N. Tottenham, T. A. Hare, B. T. Quinn, T. W. McCarry, M. Nurse,

T. Gilhooly, A. Millner, A. Galvan, M. C. Davidson, I. M. Eigsti, K. M. Thomas, P. J. Freed, E. S. Booma, M. R. Gunnar, M. Altemus, J. Aronson e B. J. Casey, "Prolonged Institutional Rearing Is Associated with Atypically Large Amygdala Volume and Difficulties in Emotion Regulation", Developmental Science 13:1 (2010), pp. 46-61. • **34.** N. D. Walsh, T. Dalgleish, M. V. Lombardo, V. J. Dunn, A. L. Van Harmelen, M. Ban e I. M. Goodyer, "General and Specific Effects of Early-Life Psychosocial Adversities on Adolescent Grey Matter Volume", NeuroImage: Clinical 4 (2014), pp. 308-18; P. Tomalski e M. H. Johnson, "The Effects of Early Adversity on the Adult and Developing Brain", Current Opinion in Psychiatry 23:3 (2010), pp. 233-8. • **35.** M. H. Johnson e M. de Haan, Developmental Cognitive Neuroscience: An Introduction, 4ª ed. (Chichester, Wiley-Blackwell, 2015). • **36.** G. A. Ferrari, Y. Nicolini, E. Demuru, C. Tosato, M. Hussain, E. Scesa, L. Romei, M. Boerci, E. Iappini, G. Dalla Rosa Prati e E. Palagi, "Ultrasonographic Investigation of Human Fetus Responses to Maternal Communicative and Non-communicative Stimuli", Frontiers in Psychology 7 (2016), p. 354. • **37.** M. Huotilainen, A. Kujala, M. Hotakainen, A. Shestakova, E. Kushnerenko, L. Parkkonen, V. Fellman e R. Naatanen, "Auditory Magnetic Responses of Healthy Newborns", Neuroreport 14:14 (2003), pp. 1871-5. • **38.** A. R. Webb, H. T. Heller, C. B. Benson e A. Lahav, "Mother's Voice and Heartbeat Sounds Elicit Auditory Plasticity in the Human Brain before Full Gestation", Proceedings of the National Academy of Sciences 112:10 (2015), 201414924. • **39.** A. J. DeCasper e W. P. Fifer, "Of Human Bonding: Newborns Prefer Their Mothers' Voices", Science 208:4448 (1980), pp. 1174-6. • **40.** M. Mahmoudzadeh, F. Wallois, G. Kongolo, S. Goudjil e G. Dehaene-Lambertz, "Functional Maps at the Onset of Auditory Inputs in Very Early Preterm Human Neonates", Cerebral Cortex 27:4 (2017), pp. 2500-12. • **41.** P. Vannasing, O. Florea, B. Gonzalez-Frankenberger, J. Tremblay, N. Paquette, D. Safi, F. Wallois, F. Lepore, R. Beland, M. Lassonde e A. Gallagher, "Distinct Hemispheric Specializations for Native and Non-native Languages in One-Day-Old Newborns Identified by fNIRS", Neuropsychologia 84 (2016), pp. 63-9. • **42.** Y. Cheng, S. Y. Lee, H. Y. Chen, P. Y. Wang e J. Decety, "Voice and Emotion Processing in the Human Neonatal Brain", Journal of Cognitive Neuroscience 24:6 (2012), pp. 1411-19. • **43.** A. Schirmer e S. A. Kotz, "Beyond the Right Hemisphere: Brain Mechanisms Mediating Vocal Emotional Processing", Trends in Cognitive Sciences 10:1 (2006), pp. 24-30. • **44.** E. V. Kushnerenko, B. R. Van den Bergh e I. Winkler, "Separating Acoustic Deviance from Novelty during the First Year of Life: A Review of Event-Related Potential Evidence", Frontiers in Psychology 4 (2013), p. 595. • **45.** M. Rivera-Gaxiola, G. Csibra, M. H. Johnson e A. Karmiloff-Smith, "Electrophysiological Correlates of Cross-linguistic Speech Perception in Native English Speakers", Behavioural Brain Research 111:1–2 (2000), pp. 13-23. • **46.** M. Rivera-Gaxiola, J. Silva-Pereyra e P. K. Kuhl, "Brain Potentials to Native and Non-native Speech Contrasts in 7- and 11-Month-Old American Infants", Developmental Science 8:2 (2005), pp. 162-72. • **47.** K. R. Dobkins, R. G. Bosworth e J. P. McCleery, "Effects of Gestational Length, Gender, Postnatal Age, and Birth Order on Visual Contrast Sensitivity in Infants", Journal of Vision 9:10 (2009), art. 19. • **48.** F. Thorn, J. Gwiazda, A. A. Cruz, J. A. Bauer e R. Held, "The Development of Eye Alignment, Convergence, and Sensory Binocularity in Young Infants", Investigative Ophthalmology and Visual Science 35:2 (1994), pp. 544-53. • **49.** Dobkins et al., "Effects of Gestational Length". • **50.** T. Farroni, E. Valenza, F. Simion e C. Umilta, "Configural Processing at Birth: Evidence for Perceptual Organisation", Perception 29:3 (2000), pp. 355-72; Thorn et al., "The Development of Eye Alignment". • **51.** Thorn et al., "The Development of Eye Alignment". • **52.** R. Held, F. Thorn, J. Gwiazda e J. Bauer, "Development of Binocularity and Its Sexual Differentiation", em F. Vital-Durand, J. Atkinson e O. J. Braddick (orgs.), Infant Vision (Oxford, Oxford University Press, 1996), pp. 265-74. • **53.** M. C. Morrone, C. D. Burr e A. Fiorentini, "Development of Contrast Sensitivity and Acuity of the Infant Colour System", Proceedings of the Royal Society B: Biological Sciences 242:1304 (1990), pp. 134-9. • **54.** T. Farroni, G. Csibra, F. Simion e M. H. Johnson, "Eye Contact Detection in Humans from Birth", Proceedings of the National Academy of Sciences 99:14 (2002), pp. 9602-5. • **55.** A. Frischen, A. P. Bayliss e S. P. Tipper, "Gaze

Cueing of Attention: Visual Attention, Social Cognition, and Individual Differences", Psychological Bulletin 133:4 (2007), p. 694. • **56.** S. Hoehl e T. Striano, "Neural Processing of Eye Gaze and Threat-Related Emotional Facial Expressions in Infancy", Child Development 79:6 (2008), pp. 1752-60. • **57.** T. Grossmann e M. H. Johnson, "Selective Prefrontal Cortex Responses to Joint Attention in Early Infancy", Biology Letters 6:4 (2010), pp. 540-43. • **58.** T. Grossmann, "The Role of Medial Prefrontal Cortex in Early Social Cognition", Frontiers in Human Neuroscience 7 (2013), p. 340. • **59.** E. Nagy, "The Newborn Infant: A Missing Stage in Developmental Psychology", Infant and Child Development, 20:1 (2011) pp. 3-19. • **60.** J. N. Constantino, S. Kennon-McGill, C. Weichselbaum, N. Marrus, A. Haider, A. L. Glowinski, S. Gillespie, C. Klaiman, A. Klin e W. Jones, "Infant Viewing of Social Scenes Is under Genetic Control and Is Atypical in Autism", Nature 547:7663 (2017), p. 340. • **61.** J. H. Hittelman e R. Dickes, "Sex Differences in Neonatal Eye Contact Time", Merrill-Palmer Quarterly of Behavior and Development 25:3 (1979), pp. 171-84. • **62.** R. T. Leeb e F. G. Rejskind, "Here's Looking at You, Kid! A Longitudinal Study of Perceived Gender Differences in Mutual Gaze Behavior in Young Infants", Sex Roles 50:1-2 (2004), pp. 1-14. • **63.** S. Lutchmaya, S. Baron-Cohen e P. Raggatt, "Foetal Testosterone and Eye Contact in 12-Month-Old Human Infants", Infant Behavior and Development 25:3 (2002), pp. 327-35. • **64.** A. Fausto-Sterling, D. Crews, J. Sung, C. García-Coll e R. Seifer, "Multimodal Sex-Related Differences in Infant and in Infant-Directed Maternal Behaviors during Months Three through Twelve of Development", Developmental Psychology 51:10 (2015), p. 1351.

CAPÍTULO 8: Palmas para os bebês

1. D. Joel, "Genetic-Gonadal-Genitals Sex (3G-Sex) and the Misconception of Brain and Gender, or, Why 3G-Males and 3G-Females Have Intersex Brain and Intersex Gender", Biology of Sex Differences 3:1 (2012), p. 27. • **2.** C. Cummings e K. Trang, "Sex/Gender, Part I: Why Now?", Somatosphere, 10 de março de 2016, http://somatosphere.net/2016/03/sexgender-part-1--whynow.html (acessado em 7 de novembro de 2018). • **3.** A. Fausto-Sterling, C. G. Coll e M. Lamarre, "Sexing the Baby, Part 2: Applying Dynamic Systems Theory to the Emergences of Sex-Related Differences in Infants and Toddlers", Social Science and Medicine 74:11 (2012), pp. 1693-702. • **4.** C. Smith e B. Lloyd, "Maternal Behavior and Perceived Sex of Infant: Revisited", Child Development 49:4 (1978), pp. 1263-5; E. R. Mondschein, K. E. Adolph e C. S. Tamis--LeMonda, "Gender Bias in Mothers' Expectations about Infant Crawling", Journal of Experimental Child Psychology 77:4 (2000), pp. 304-16. • **5.** Holland et al., "Structural Growth Trajectories'. • **6.** M. Pena, A. Maki, D. Kovaćić, G. Dehaene-Lambertz, H. Koizumi, F. Bouquet e J. Mehler, "Sounds and Silence: An Optical Topography Study of Language Recognition at Birth", Proceedings of the National Academy of Sciences 100:20 (2003), pp. 11702-5. • **7.** P. Vannasing, O. Florea, B. Gonzalez-Frankenberger, J. Tremblay, N. Paquette, D. Safi, F. Wallois, F. Lepore, R. Beland, M. Lassonde e A. Gallagher, "Distinct Hemispheric Specializations for Native and Non-native Languages in One-Day-Old Newborns Identified by fNIRS", Neuropsychologia 84 (2016), pp. 63-9. • **8.** T. Nazzi, J. Bertoncini e J. Mehler, "Language Discrimination by Newborns: Toward an Understanding of the Role of Rhythm", Journal of Experimental Psychology: Human Perception and Performance 24:3 (1998), p. 756. • **9.** M. H. Bornstein, C-S. Hahn e O. M. Haynes, "Specific and General Language Performance across Early Childhood: Stability and Gender Considerations", First Language 24:3 (2004), pp. 267-304. • **10.** K. Johnson, M. Caskey, K. Rand, R. Tucker e B. Vohr, "Gender Differences in Adult–Infant Communication in the First Months of Life", Pediatrics 134:6 (2014), pp. e1603-10. • **11.** A. D. Friederici, M. Friedrich e A. Christophe, "Brain Responses in 4-Month-Old Infants Are Already Language Specific", Current Biology 17:14 (2007), pp. 1208-11. • **12.** Fausto-Sterling et al., "Sexing the Baby, Part 2". • **13.** V. Izard, C. Sann, E. S. Spelke e A. Streri, "Newborn Infants

Perceive Abstract Numbers", Proceedings of the National Academy of Sciences 106:25 (2009), pp. 10382-5. • **14.** R. Baillargeon, "Infants' Reasoning about Hidden Objects: Evidence for Event-General and Event-Specific Expectations", Developmental Science 7:4 (2004), pp. 391-414. • **15.** S. J. Hespos e K. vanMarle, "Physics for Infants: Characterizing the Origins of Knowledge about Objects, Substances, and Number", Wiley Interdisciplinary Reviews: Cognitive Science 3:1 (2012), pp. 19-27. • **16.** J. Connellan, S. Baron-Cohen, S. Wheelwright, A. Batki e J. Ahluwalia, "Sex Differences in Human Neonatal Social Perception", Infant Behavior and Development 23:1 (2000), pp. 113-18. • **17.** A. Nash e G. Grossi, "Picking Barbie™'s Brain: Inherent Sex Differences in Scientific Ability?", Journal of Interdisciplinary Feminist Thought 2:1 (2007), p. 5. • **18.** P. Escudero, R. A. Robbins e S. P. Johnson, "Sex-Related Preferences for Real and Doll Faces versus Real and Toy Objects in Young Infants and Adults", Journal of Experimental Child Psychology 116:2 (2013), pp. 367-79. • **19.** D. H. Uttal, D. I. Miller e N. S. Newcombe, "Exploring and Enhancing Spatial Thinking: Links to Achievement in Science, Technology, Engineering, and Mathematics?", Current Directions in Psychological Science 22:5 (2013), pp. 367-73. • **20.** D. Voyer, S. Voyer e M. P. Bryden, "Magnitude of Sex Differences in Spatial Abilities: A Meta-analysis and Consideration of Critical Variables", Psychological Bulletin 117:2 (1995), p. 250. • **21.** P. C. Quinn e L. S. Liben, "A Sex Difference in Mental Rotation in Young Infants", Psychological Science 19:11 (2008), pp. 1067-70. • **22.** E. S. Spelke, "Sex Differences in Intrinsic Aptitude for Mathematics and Science? A Critical Review", American Psychologist 60:9 (2005), p. 950. • **23.** I. Gauthier e N. K. Logothetis, "Is Face Recognition Not So Unique After All?", Cognitive Neuropsychology 17:1-3 (2000), pp. 125-42. • **24.** M. H. Johnson, "Subcortical Face Processing", Nature Reviews Neuroscience 6:10 (2005), pp. 766-74. • **25.** M. H. Johnson, A. Senju e P. Tomalski, "The Two-Process Theory of Face Processing: Modifications Based on Two Decades of Data from Infants and Adults", Neuroscience and Biobehavioral Reviews 50 (2015), pp. 169-79. • **26.** F. Simion e E. Di Giorgio, "Face Perception and Processing in Early Infancy: Inborn Predispositions and Developmental Changes", Frontiers in Psychology 6 (2015), p. 969. • **27.** V. M. Reid, K. Dunn, R. J. Young, J. Amu, T. Donovan e N. Reissland, "The Human Fetus Preferentially Engages with Face-like Visual Stimuli", Current Biology 27:12 (2017), pp. 1825-8. • **28.** S. J. McKelvie, "Sex Differences in Memory for Faces", Journal of Psychology 107:1 (1981), pp. 109-25. • **29.** C. Lewin and A. Herlitz, "Sex Differences in Face Recognition — Women's Faces Make the Difference", Brain and Cognition 50:1 (2002), pp. 121-8. • **30.** A. Herlitz e J. Loven, "Sex Differences and the Own-Gender Bias in Face Recognition: A Meta-analytic Review", Visual Cognition 21:9-10 (2013), pp. 1306-36. • **31.** J. Loven, J. Svard, N. C. Ebner, A. Herlitz e H. Fischer, "Face Gender Modulates Women's Brain Activity during Face Encoding", Social Cognitive and Affective Neuroscience 9:7 (2013), pp. 1000-1005. • **32.** Leeb e Rejskind, "Here's Looking at You, Kid!". • **33.** H. Hoffmann, H. Kessler, T. Eppel, S. Rukavina e H. C. Traue, "Expression Intensity, Gender and Facial Emotion Recognition: Women Recognize Only Subtle Facial Emotions Better than Men", Acta Psychologica 135:3 (2010), pp. 278-83; A. E. Thompson e D. Voyer, "Sex Differences in the Ability to Recognise Non-verbal Displays of Emotion: A Meta-analysis", Cognition and Emotion 28:7 (2014), pp. 1164-95. • **34.** S. Baron-Cohen, S. Wheelwright, J. Hill, Y. Raste e I. Plumb, "The "Reading the Mind in the Eyes' Test Revised Version: A Study with Normal Adults, and Adults with Asperger Syndrome or High-Functioning Autism", Journal of Child Psychology and Psychiatry 42:2 (2001), pp. 241-51. • **35.** E. B. McClure, "A Meta-analytic Review of Sex Differences in Facial Expression Processing and Their Development in Infants, Children, and Adolescents", Psychological Bulletin 126:3 (2000), p. 424. • **36.** Ibid. • **37.** Ibid. • **38.** Ibid. • **39.** W. D. Rosen, L. B. Adamson e R. Bakeman, "An Experimental Investigation of Infant Social Referencing: Mothers' Messages and Gender Differences", Developmental Psychology 28:6 (1992), p. 1172. • **40.** A. N. Meltzoff e M. K. Moore, "Imitation of Facial and Manual Gestures by Human Neonates", Science 198:4312 (1977), pp. 75-8. • **41.** A. N. Meltzoff e M. K. Moore, "Imitation in Newborn Infants: Exploring the Range of Gestures Imitated and the Underlying Mechanisms", Developmental Psychology 25:6 (1989), p. 954. • **42.** P. J. Marshall e A. N. Meltzoff, "Neural Mirroring Mechanisms and Imitation in Human Infants", Philosophical Transactions of the Royal Society B: Biological Sciences 369:1644 (2014), 20130620; E. A. Simpson, L. Murray, A. Paukner e P. F. Ferrari, "The Mirror Neuron System as Revealed through Neonatal Imitation: Presence from Birth, Predictive Power and Evidence of Plasticity", Philosophical Transactions of the Royal Society B: Biological Sciences 369:1644 (2014), 20130289. • **43.** E. Nagy e P. Molner, "Homo imitans or Homo provocans? Human Imprinting Model of Neonatal Imitation", Infant Behavior and Development 27:1 (2004), pp. 54-63. • **44.** S. S. Jones, "Exploration or Imitation? The Effect of Music on 4-Week-Old Infants' Tongue Protrusions", Infant Behavior and Development 29:1 (2006), pp. 126-30. • **45.** J. Oostenbroek, T. Suddendorf, M. Nielsen, J. Redshaw, S. Kennedy-Costantini, J. Davis, S. Clark e V. Slaughter, "Comprehensive Longitudinal Study Challenges the Existence of Neonatal Imitation in Humans", Current Biology 26:10 (2016), pp. 1334-8; A. N. Meltzoff, L. Murray, E. Simpson, M. Heimann, E. Nagy, J. Nadel, E. J. Pedersen, R. Brooks, D. S. Messinger, L. D. Pascalis e F. Subiaul, "Re-examination of Oostenbroek et al. (2016): Evidence for Neonatal Imitation of Tongue Protrusion", Developmental Science 21:4 (2018), e12609. • **46.** Oostenbroek et al., "Comprehensive Longitudinal Study Challenges the Existence of Neonatal Imitation in Humans"; Meltzoff et al., "Re-examination of Oostenbroek et al. (2016)". • **47.** Nagy e Molner, "Homo imitans or Homo provocans?". • **48.** E. Nagy, H. Compagne, H. Orvos, A. Pal, P. Molnar, I. Janszky, K. Loveland e G. Bardos, "Index Finger Movement Imitation by Human Neonates: Motivation, Learning, and Left-Hand Preference", Pediatric Research 58:4 (2005), pp. 749-53. • **49.** C. Trevarthen e K. J. Aitken, "Infant Intersubjectivity: Research, Theory, and Clinical Applications", Journal of Child Psychology and Psychiatry and Allied Disciplines 42:1 (2001), pp. 3-48. • **50.** T. Farroni, G. Csibra, F. Simion e M. H. Johnson, "Eye Contact Detection in Humans from Birth", Proceedings of the National Academy of Sciences 99:14 (2002), pp. 9602-5. • **51.** M. Tomasello, M. Carpenter e U. Liszkowski, "A New Look at Infant Pointing", Child Development 78:3 (2007), pp. 705-22. • **52.** T. Charman, "Why Is Joint Attention a Pivotal Skill in Autism?", Philosophical Transactions of the Royal Society B: Biological Sciences 358:1430 (2003), pp. 315-24. • **53.** H. L. Gallagher e C. D. Frith. "Functional Imaging of 'Theory of Mind'", Trends in Cognitive Sciences 7:2 (2003), pp. 77-83. • **54.** H. M. Wellman, D. Cross e J. Watson, "Meta-analysis of Theory-of-Mind Development: The Truth about False Belief", Child Development 72:3 (2001), pp. 655-84. • **55.** Ibid. • **56.** "Born good? Babies help unlock the origins of morality", CBS News/YouTube, 18 de novembro de 2012, https://youtu.be/FRvVFW85IcU (acessado em 7 de novembro de 2018). • **57.** J. K. Hamlin, K. Wynn e P. Bloom, "Social Evaluation by Preverbal Infants", Nature 450:7169 (2007), p. 557. • **58.** J. K. Hamlin e K. Wynn, "Young Infants Prefer Prosocial to Antisocial Others", Cognitive Development 26:1 (2011), pp. 30-39. • **59.** J. Decety e P. L. Jackson, "The Functional Architecture of Human Empathy", Behavioural and Cognitive Neuroscience Reviews 3:2 (2004), pp. 71-100. • **60.** E. Geangu, O. Benga, D. Stahl e T. Striano, "Contagious Crying beyond the First Days of Life", Infant Behavior and Development 33:3 (2010), pp. 279-88. • **61.** R. Roth-Hanania, M. Davidov e C. Zahn-Waxler, "Empathy Development from 8 to 16 Months: Early Signs of Concern for Others", Infant Behavior and Development 34:3 (2011), pp. 447-58. • **62.** Leeb e Rejskind, "Here's Looking at You, Kid!", p. 12. • **63.** Farroni et al., "Eye Contact Detection in Humans from Birth". • **64.** Ibid. • **65.** B. Auyeung, S. Wheelwright, C Allison, M. Atkinson, N. Samarawickrema e S. Baron-Cohen, "The Children's Empathy Quotient and Systemizing Quotient: Sex Differences in Typical Development and in Autism Spectrum Conditions", Journal of Autism and Developmental Disorders 39:11 (2009), p. 1509. • **66.** K. J. Michalska, K. D. Kinzler e J. Decety, "Age-Related Sex Differences in Explicit Measures of Empathy Do Not Predict Brain Responses across Childhood and Adolescence", Developmental Cognitive Neuroscience 3 (2013), pp. 22-32. • **67.** Roth-Hanania et al., "Empathy Development from 8 to 16 Months", p. 456. • **68.** Johnson, "Subcortical Face Processing", p. 766. • **69.** D. J. Kelly, P. C. Quinn, A. M. Slater, K. Lee, L. Ge e O. Pascalis, "The Other-Race Effect Develops during Infancy: Evidence of Perceptual Narrowing", Psychological Science 18:12 (2007), pp. 1084-9. • **70.** Y. Bar-Haim, T. Ziv, D. Lamy e R. M. Hodes, "Nature and Nurture in Own-Race Face Processing", Psychological Science 17:2 (2006), pp. 159-63. • **71.** M. H. Johnson, "Face Processing as a Brain Adaptation at Multiple Timescales", Quarterly Journal of Experimental Psychology 64:10 (2011), pp. 1873-88. • **72.** Farroni et al., "Eye Contact Detection in Humans from Birth"; T. Farroni, M. H. Johnson e G. Csibra, "Mechanisms of Eye Gaze Perception during Infancy", Journal of Cognitive Neuroscience 16:8 (2004), pp. 1320-26. • **73.** E. A. Hoffman e J. V. Haxby, "Distinct Representations of Eye Gaze and Identity in the Distributed Human Neural System for Face Perception", Nature Neuroscience 3:1 (2000), p. 80. • **74.** Johnson, "Face Processing as a Brain Adaptation". • **75.** C. A. Nelson e M. De Haan, "Neural Correlates of Infants' Visual Responsiveness to Facial Expressions of Emotion", Developmental Psychobiology 29:7 (1996), pp. 577-95; G. D. Reynolds e J. E. Richards, "Familiarization, Attention, and Recognition Memory in Infancy: An Event-Related Potential and Cortical Source Localization Study", Developmental Psychology 41:4 (2005), p. 598. • **76.** T. Grossmann, T. Striano e A. D. Friederici, "Developmental Changes in Infants' Processing of Happy and Angry Facial Expressions: A Neurobehavioral Study', Brain and Cognition 64:1 (2007), pp. 30-41. • **77.** T. Striano, V. M. Reid e S. Hoehl, "Neural Mechanisms of Joint Attention in Infancy", European Journal of Neuroscience 23:10 (2006), pp. 2819-23. • **78.** F. Happe e U. Frith, "Annual Research Review: Towards a Developmental Neuroscience of Atypical Social Cognition", Journal of Child Psychology and Psychiatry 55:6 (2014), pp. 553-77.

CAPÍTULO 9: As águas generificadas em que nadamos – o tsunami rosa e azul

1. C. L. Martin e D. Ruble, "Children's Search for Gender Cues: Cognitive Perspectives on Gender Development", Current Directions in Psychological Science 13:2 (2004), pp. 67-70. • **2.** P. Rosenkrantz, S. Vogel, H. Bee, I. Broverman e D. M. Broverman, "Sex-Role Stereotypes and Self-Concepts in College Students", Journal of Consulting and Clinical Psychology 32:3 (1968), p. 287. • **3.** M. N. Nesbitt e N. E. Penn, "Gender Stereotypes after Thirty Years: A Replication of Rosenkrantz, et al. (1968)", Psychological Reports 87:2 (2000), pp. 493-511. • **4.** E. L. Haines, K. Deaux e N. Lofaro, "The Times They Are a-Changing... Or Are They Not? A Comparison of Gender Stereotypes, 1983–2014", Psychology of Women Quarterly 40:3 (2016), pp. 353-63. • **5.** L. A. Rudman e P. Glick, "Prescriptive Gender Stereotypes and Backlash toward Agentic Women", Journal of Social Issues 57:4 (2001), pp. 743-62. • **6.** C. M. Steele, Whistling Vivaldi: And Other Clues to How Stereotypes Affect Us (Nova York, W. W. Norton, 2011). • **7.** C. K. Shenouda e J. H. Danovitch, "Effects of Gender Stereotypes and Stereotype Threat on Children's Performance on a Spatial Task", Revue internationale de psychologie sociale 27:3 (2014), pp. 53-77. • **8.** J. M. Contreras, M. R. Banaji e J. P. Mitchell, "Dissociable Neural Correlates of Stereotypes and Other Forms of Semantic Knowledge", Social Cognitive and Affective Neuroscience 7:7 (2011), pp. 764-70. • **9.** M. Wraga, L. Duncan, E. C. Jacobs, M. Helt e J. Church, "Stereotype Susceptibility Narrows the Gender Gap in Imagined Self-Rotation Performance", Psychonomic Bulletin and Review 13:5 (2006), pp. 813-19. • **10.** Shenouda e Danovitch, "Effects of Gender Stereotypes and Stereotype Threat". • **11.** R. K. Koeske e G. F. Koeske, "An Attributional Approach to Moods and the Menstrual Cycle", Journal of Personality and Social Psychology 31:3 (1975), p. 473. • **12.** A. Saini, Inferior: How Science Got Women Wrong and the New Research That's Rewriting the Story (Boston, Beacon Press, 2017). • **13.** I. K. Broverman, D. M. Broverman, F. E. Clarkson, P. S. Rosenkrantz e S. R. Vogel, "Sex-Role Stereotypes and Clinical Judgments of Mental Health", Journal of Consulting and Clinical Psychology 34:1 (1970), p. 1. • **14.** "Gender stereotypes impacting behaviour of girls as young as seven", site da Girlguiding, https://www.girlguiding.org.uk/whatwe-do/our-stories-and-news/news/gender-stereotypes-impacting-behaviourof-girls-as-young-as-seven (acessado em 8 de novembro de 2018). • **15.** S. Marsh, "Girls as young as seven boxed in by gender stereotyping", Guardian, 21 de setembro de 2017, https://www.theguardian.com/world/2017/sep/21/girls-seven-ukboxed-in-by--gender-stereotyping-equality (acessado em 8 de novembro de 2018). • **16.** S. Dredge, "Apps for children in 2014: looking for the mobile generation", Guardian, 10 de março de 2014, https://www.theguardian.com/technology/2014/mar/10/apps-children-2014-mobile-generation (acessado em 8 de novembro de 2018). • **17.** "The Common Sense Census: Media Use by Kids Age Zero to Eight 2017", Common Sense Media, https://www.commonsensemedia.org/research/the-common-sense-census-media-use-by-kids-age-zero-to-eight-2017 (acessado em 8 de novembro de 2018). • **18.** Martin e Ruble, "Children's Search for Gender Cues". • **19.** D. Poulin-Dubois, L. A. Serbin, B. Kenyon e A. Derbyshire, "Infants' Intermodal Knowledge about Gender", Developmental Psychology 30 (1994), pp. 436-42. • **20.** K. M. Zosuls, D. N. Ruble, C. S. Tamis-LeMonda, P. E. Shrout, M. H. Bornstein e F. K. Greulich, "The Acquisition of Gender Labels in Infancy: Implications for Gender-Typed Play", Developmental Psychology 45:3 (2009), p. 688. • **21.** M. L. Halim, D. N. Ruble, C. S. Tamis-LeMonda, K. M. Zosuls, L. E. Lurye e F. K. Greulich, "Pink Frilly Dresses and the Avoidance of All Things 'Girly': Children's Appearance Rigidity and Cognitive Theories of Gender Development", Developmental Psychology 50:4 (2014), p. 1091. • **22.** L. A. Serbin, D. Poulin-Dubois e J. A. Eichstedt, "Infants' Responses to Gender-Inconsistent Events", Infancy 3:4 (2002), pp. 531-42; D. Poulin-Dubois, L. A. Serbin, J. A. Eichstedt, M. G. Sen e C. F. Beissel, "Men Don't Put On Make-Up: Toddlers' Knowledge of the Gender Stereotyping of Household Activities", Social Development 11:2 (2002), pp. 166-81. • **23.** "#RedrawTheBalance", EducationEmployers/YouTube, 14 de março de 2016, https://youtu.be/kJP1zPOfq_0 (acessado em 8 de novembro de 2018). • **24.** S. B. Most, A. V. Sorber e J. G. Cunningham, "Auditory Stroop Reveals Implicit Gender Associations in Adults and Children", Journal of Experimental Social Psychology 43:2 (2007), pp. 287-94. • **25.** K. Arney, "Are pink toys turning girls into passive princesses?", Guardian, 9 de maio de 2011, https://www.theguardian.com/science/blog/2011/may/09/pink-toys-girls-passive-princesses (acessado em 8 de novembro de 2018). • **26.** P. Orenstein, Cinderella Ate My Daughter: Dispatches from the Front Lines of the New Girlie-Girl Culture (Nova York, HarperCollins, 2011). • **27.** "Gender reveal party ideas", site da Pampers (EUA), https://www.pampers.com/en-us/pregnancy/pregnancyannouncement/article/ultimate-guide-for-planning-a-gender-reveal-party (acessado em 8 de novembro de 2018). • **28.** C. DeLoach, "How to host a gender reveal party", Parents, https://www.parents.com/pregnancy/my-baby/gender-prediction/how-to-host-a-gender-reveal-party (acessado em 8 de novembro de 2018). • **29.** K. Johnson, "Can you spot what's wrong with this new STEM Barbie?" Babble, https://www.babble.com/parenting/engineering-barbie-stem-kit--disappoints (acessado em 8 de novembro de 2018); D. Lenton, "Women in Engineering — Toys: Dolls Get Techi", Engineering and Technology 12:6 (2017), pp. 60-63. • **30.** J. Henley, "The power of pink", Guardian, 12 de dezembro de 2009, https://www.theguardian.com/theguardian/2009/dec/12/pinkstinks-the-power-of-pink (acessado em 8 de novembro de 2018). • **31.** A. C. Hurlbert e Y. Ling, "Biological Components of Sex Differences in Color Preference", Current Biology 17:16 (2007), pp. R623-5. • **32.** R. Khamsi, "Women may be hardwired to prefer pink", New Scientist, 20 de agosto de 2007, https://www.newscientist.com/article/dn12512--women-may-be-hardwired-to-preferpink (acessado em 8 de novembro de 2018); F. Macrae, "Modern girls are born to plump for pink 'thanks to berry-gathering female ancestors'", Mail Online, 27 de abril de 2011, https://www.dailymail.co.uk/sciencetech/article-1380893/Modern--girls-born-plump-pink-thanks-berry-gathering-female-ancestors.html (acessado em 8 de novembro de 2018). • **33.** A. Franklin, L. Bevis, Y. Ling e A. Hurlbert, "Biological Components of Colour Preference in Infancy", Developmental Science 13:2 (2010), pp. 346-54. • **34.** I. D. Cherney e J. Dempsey, "Young Children's Classification, Stereotyping and Play Behaviour for Gender Neutral and Ambiguous Toys", Educational Psychology 30:6 (2010), pp. 651-69. • **35.** V. LoBue e J. S. DeLoache, "Pretty in Pink: The Early Development of Gender-Stereotyped

Colour Preferences", British Journal of Developmental Psychology 29:3 (2011), pp. 656-67. • **36.** Zosuls et al., "The Acquisition of Gender Labels in Infancy". • **37.** J. B. Paoletti, Pink and Blue: Telling the Boys from the Girls in America (Bloomington, Indiana University Press, 2012). • **38.** M. Del Giudice, "The Twentieth Century Reversal of Pink–Blue Gender Coding: A Scientific Urban Legend?", Archives of Sexual Behavior 41:6 (2012), pp. 1321-3; M. Del Giudice, "Pink, Blue, and Gender: An Update", Archives of Sexual Behavior 46:6 (2017), pp. 1555-63. • **39.** Henley, "The power of pink". • **40.** "What's wrong with pink and blue?", Let Toys Be Toys, 4 de setembro de 2015, http://lettoysbetoys.org.uk/whats-wrong-with-pink-and-blue (acessado em 8 de novembro de 2018). • **41.** A. M. Sherman e E. L. Zurbriggen, "'Boys Can Be Anything': Effect of Barbie Play on Girls' Career Cognitions", Sex Roles 70:5–6 (2014), pp. 195-208. • **42.** V. Jarrett, "How we can help all our children explore, learn, and dream without limits", White House website, 6 de abril de 2016, https://obamawhitehouse.archives.gov/blog/2016/04/06/how-we-can-help-all-our-children-explore-learn-anddream-without-limits (acessado em 8 de novembro de 2018). • **43.** V. Jadva, M. Hines e S. Golombok, "Infants' Preferences for Toys, Colors, and Shapes: Sex Differences and Similarities", Archives of Sexual Behavior 39:6 (2010), pp. 1261-73. • **44.** C. L. Martin, D. N. Ruble e J. Szkrybalo, "Cognitive Theories of Early Gender Development", Psychological Bulletin 128:6 (2002), p. 903. • **45.** L. Waterlow, "Too much in the pink! How toys have become alarmingly gender stereotyped since the Seventies... at the cost of little girls' self-esteem", Mail Online, 10 de junho de 2013, https://www.dailymail.co.uk/femail/article-2338976/Too-pink-How-toys-alarmingly-gender-stereotyped-Seventies–cost-little-girls-self-esteem.html (acessado em 8 novembro de 2018). • **46.** J. E. O. Blakemore e R. E. Centers, "Characteristics of Boys' and Girls' Toys", Sex Roles 53:9–10 (2005), pp. 619-33. • **47.** B. K. Todd, J. A. Barry e S. A. Thommessen, "Preferences for 'Gender--Typed' Toys in Boys and Girls Aged 9 to 32 Months", Infant and Child Development 26:3 (2017), e1986. • **48.** Ibid. • **49.** Ibid. • **50.** C. Fine e E. Rush, "'Why Does All the Girls Have to Buy Pink Stuff?' The Ethics and Science of the Gendered Toy Marketing Debate", Journal of Business Ethics 149:4 (2018), pp. 769-84. • **51.** B. K. Todd, R. A. Fischer, S. Di Costa, A. Roestorf, K. Harbour, P. Hardiman e J. A. Barry, "Sex Differences in Children's Toy Preferences: A Systematic Review, Meta-regression, and Meta-analysis", Infant and Child Development 27:2 (2018), pp. 1-29. • **52.** Ibid., pp. 1-2. • **53.** N. K. Freeman, "Preschoolers' Perceptions of Gender Appropriate Toys and Their Parents' Beliefs about Genderized Behaviors: Miscommunication, Mixed Messages, or Hidden Truths?", Early Childhood Education Journal 34:5 (2007), pp. 357-66. • **54.** E. S. Weisgram, M. Fulcher e L. M. Dinella, "Pink Gives Girls Permission: Exploring the Roles of Explicit Gender Labels and Gender-Typed Colors on Preschool Children's Toy Preferences", Journal of Applied Developmental Psychology 35:5 (2014), pp. 401-9. • **55.** E. Sweet, "Toys are more divided by gender now than they were 50 years ago", Atlantic, 9 de dezembro de 2014, https://www.theatlantic.com/business/archive/2014/12/toys-are-more-divided--by-gender-now-than-they-were-50-years-ago/383556 (acessado em 8 de novembro de 2018). • **56.** J. Stoeber e H. Yang, "Physical Appearance Perfectionism Explains Variance in Eating Disorder Symptoms above General Perfectionism", Personality and Individual Differences 86 (2015), pp. 303-7. • **57.** J. F. Benenson, R. Tennyson e R. W. Wrangham, "Male More than Female Infants Imitate Propulsive Motion", Cognition 121:2 (2011), pp. 262-7. • **58.** G. M. Alexander, T. Wilcox e R. Woods, "Sex Differences in Infants' Visual Interest in Toys", Archives of Sexual Behavior 38:3 (2009), pp. 427-33. • **59.** "Jo Swinson: Encourage boys to play with dolls", BBC News, 13 de janeiro de 2015, https://www.bbc.co.uk/news/uk-politics-30794476 (acessado em 8 de novembro de 2018). • **60.** G. M. Alexander e M. Hines, "Sex Differences in Response to Children's Toys in Nonhuman Primates (Cercopithecus aethiops sabaeus)", Evolution and Human Behavior 23:6 (2002), pp. 467-79. • **61.** Cordelia Fine em Delusions of Gender e Rebecca Jordan--Young em Brain Storm comentaram de forma bem-humorada e extensamente os estudos de macacos e seu papel exagerado como finte de insights sobre preferência de brinquedos. • **62.** J. M. Hassett, E. R. Siebert e K. Wallen, "Sex Differences in Rhesus Monkey Toy Preferences Parallel Those of Children", Hormones and Behavior 54:3 (2008), pp. 359-64. • **63.** Ibid., p. 363. • **64.** Hines, Brain Gender. • **65.** S. A. Berenbaum e M. Hines, "Early Androgens Are Related to Childhood Sex-Typed Toy Preferences", Psychological Science 3:3 (1992), pp. 203-6. • **66.** M. Hines, V. Pasterski, D. Spencer, S. Neufeld, P. Patalay, P. C. Hindmarsh, I. A. Hughes e C. L. Acerini, "Prenatal Androgen Exposure Alters Girls' Responses to Information Indicating Gender-Appropriate Behaviour", Philosophical Transactions of the Royal Society B: Biological Sciences 371:1688 (2016), 20150125. • **67.** M. C. Linn e A. C. Petersen, "Emergence and Characterization of Sex Differences in Spatial Ability: A Meta-analysis", Child Development 56:6 (1985), pp. 1479-98. • **68.** D. I. Miller e D. F. Halpern, "The New Science of Cognitive Sex Differences", Trends in Cognitive Sciences 18:1 (2014), pp. 37-45. • **69.** Hines et al., "Prenatal Androgen Exposure Alters Girls' Responses". • **70.** M. S. Terlecki e N. S. Newcombe, "How Important Is the Digital Divide? The Relation of Computer and Videogame Usage to Gender Differences in Mental Rotation Ability", Sex Roles 53:5-6 (2005), pp. 433-41. • **71.** Shenouda e Danovitch, "Effects of Gender Stereotypes and Stereotype Threat".

CAPÍTULO 10: Sexo e ciência

1. Site da Women in Science, http://uis.unesco.org/en/topic/womenscience; "Women in the STEM workforce 2016", site da WISE, https://www.wisecampaign.org.uk/statistics/women-in-the-stem-workforce-2016 (acessado em 8 de novembro de 2018). • **2.** A. Tintori e R. Palomba, Turn On the Light on Science: A Research-Based Guide to Break Down Popular Stereotypes about Science and Scientists (Londres, Ubiquity Press, 2017). • **3.** "Useful statistics: women in STEM", site da STEM Women, 5 de março de 2018, https://www.stemwomen.co.uk/blog/2018/03/useful-statistics-women-in-stem; "UK physics A-level entries 2010–2016", site do Institute of Physics, http://www.iop.org/policy/statistics/overview/page_67109.html • **4.** "Primary Schools are Critical to Ensuring Success, by Creating Space for Quality Science Teaching", in Tomorrow's World: Inspiring Primary Scientists (CBI, 2015), http://www.cbi.org.uk/tomorrows-world/Primary_schools_are_critical_t.html (acessado em 8 de novembro de 2018). • **5.** "Our definition of science", site do Science Council, https://sciencecouncil.org/about-science/our-definition-of-science (acessado em 8 de novembro de 2018). • **6.** "Science does not purvey absolute truth, science is a mechanism. It's a way of trying to improve your knowledge of nature, it's a system for testing your thoughts against the universe and seeing whether they match", Explore, http://explore.brainpickings.org/post/49908311909/science-does-not-purvey-absolute-truth-scienceis (acessado em 8 de novembro de 2018). • **7.** "Essays", Science: Not Just for Scientists, http://notjustforscientists.org/essays (acessado em 8 de novembro de 2018). • **8.** R. L. Bergland, "Urania's Inversion: Emily Dickinson, Herman Melville, and the Strange History of Women Scientists in Nineteenth-Century America", Signs: Journal of Women in Culture and Society 34:1 (2008), pp. 75-99. • **9.** J. Mason, "The Admission of the First Women to the Royal Society of London", Notes and Records: The Royal Society Journal of the History of Science 46:2 (1992), pp. 279-300. • **10.** L. Schiebinger, The Mind Has No Sex? Women in the Origins of Modern Science (Cambridge, MA, Harvard University Press, 1991). • **11.** Ibid. • **12.** R. Su, J. Rounds e P. I. Armstrong, "Men and Things, Women and People: A Meta-analysis of Sex Differences in Interests", Psychological Bulletin 135:6 (2009), p. 859. • **13.** J. Billington, S. Baron-Cohen e S. Wheelwright, "Cognitive Style Predicts Entry into Physical Sciences and Humanities: Questionnaire and Performance Tests of Empathy and Systemizing", Learning and Individual Differences 17:3 (2007), pp. 260-68. • **14.** Ibid. • **15.** Baron-Cohen, The Essential Difference. • **16.** Ibid. • **17.** S. J. Leslie, A. Cimpian, M. Meyer e E. Freeland, "Expectations of Brilliance Underlie Gender Distributions across Academic Disciplines", Science 347:6219 (2015), pp. 262-5. • **18.** S. J. Leslie, "Cultures of Brilliance and Academic Gender Gaps", artigo apresentado na conferência "Confidence and Competence: Fifth Annual Diversity Conference", Royal

Society, 16 de novembro de 2017; ver "Annual Diversity Conference 2017 — Confidence and Competence", Royal Society/YouTube, 16 de novembro de 2017, https://www.youtu.be/e0ZHpZ31O1M, at 25:50 (acessado em 8 de novembro de 2018). • **19.** K. C. Elmore e M. Luna-Lucero, "Light Bulbs or Seeds? How Metaphors for Ideas Influence Judgments about Genius", Social Psychological and Personality Science 8:2 (2017), pp. 200-208. • **20.** Ibid. • **21.** L. Bian, S. J. Leslie, M. C. Murphy e A. Cimpian, "Messages about Brilliance Undermine Women's Interest in Educational and Professional Opportunities", Journal of Experimental Social Psychology 76 (2018), pp. 404-20. • **22.** Quinn e Liben, "A Sex Difference in Mental Rotation in Young Infants". • **23.** M. Hines, M. Constantinescu e D. Spencer, "Early Androgen Exposure and Human Gender Development", Biology of Sex Differences 6:1 (2015), p. 3; J. Wai, D. Lubinski e C. P. Benbow, "Spatial Ability for STEM Domains: Aligning Over 50 Years of Cumulative Psychological Knowledge Solidifies Its Importance", Journal of Educational Psychology 101:4 (2009), p. 817. • **24.** S. C. Levine, A. Foley, S. Lourenco, S. Ehrlich e K. Ratliff, "Sex Differences in Spatial Cognition: Advancing the Conversation", Wiley Interdisciplinary Reviews: Cognitive Science 7:2(2016), pp. 127-55. • **25.** L. Bian, S. J. Leslie e A. Cimpian, "Gender Stereotypes about Intellectual Ability Emerge Early and Influence Children's Interests", Science 355:6323 (2017), pp. 389-91. • **26.** M. C. Steffens, P. Jelenec e P. Noack, "On the Leaky Math Pipeline: Comparing Implicit Math-Gender Stereotypes and Math Withdrawal in Female and Male Children and Adolescents", Journal of Educational Psychology 102:4 (2010), p. 947. • **27.** Ibid. • **28.** E. A. Gunderson, G. Ramirez, S. C. Levine e S. L. Beilock, "The Role of Parents and Teachers in the Development of Gender-Related Math Attitudes", Sex Roles 66:3–4 (2012), pp. 153-66. • **29.** Freeman, "Preschoolers' Perceptions of Gender Appropriate Toys". • **30.** V. Lavy e E. Sand, "On the Origins of Gender Human Capital Gaps: Short and Long Term Consequences of Teachers' Stereotypical Biases", Documento de Trabalho 20909, Bureau Nacional de Pesquisa Econômica (2015). • **31.** S. Cheryan, V. C. Plaut, P. G. Davies e C. M. Steele, "Ambient Belonging: How Stereotypical Cues Impact Gender Participation in Computer Science", Journal of Personality and Social Psychology 97:6 (2009), p. 1045. • **32.** Ibid. • **33.** G. Stoet e D. C. Geary, "The Gender-Equality Paradox in Science, Technology, Engineering, and Mathematics Education", Psychological Science 29:4 (2018), pp. 581-93. • **34.** S. Ross, "Scientist: The Story of a Word", Annals of Science 18:2 (1962), pp. 65-85. • **35.** M. Mead e R. Metraux, "Image of the Scientist among High-School Students", Science 126:3270 (1957), pp. 384-90. • **36.** Ibid. • **37.** D. W. Chambers, "Stereotypic Images of the Scientist: The Draw-a-Scientist Test", Science Education 67:2 (1983), pp. 255-65. • **38.** K. D. Finson, "Drawing a Scientist: What We Do and Do Not Know after Fifty Years of Drawings", School Science and Mathematics 102:7 (2002), pp. 335-45. • **39.** Ibid. • **40.** P. Bernard e K. Dudek, "Revisiting Students' Perceptions of Research Scientists: Outcomes of an Indirect Draw-a-Scientist Test (InDAST)", Journal of Baltic Science Education 16:4 (2017). • **41.** M. Knight e C. Cunningham, "Draw an Engineer Test (DAET): Development of a Tool to Investigate Students' Ideas about Engineers and Engineering", artigo apresentado na Conferência e Exposição Anual da Sociedade Americana para Educação em Engenharia, Salt Lake City, junho de 2004, https://peer.asee.org/12831 (acessado em 8 de novembro de 2018). • **42.** C. Moseley, B. Desjean-Perrotta e J. Utley, "The Draw-an-Environment Test Rubric (DAET-R): Exploring Pre-service Teachers' Mental Models of the Environment", Environmental Education Research 16:2 (2010), pp. 189-208. • **43.** C. D. Martin, "Draw a Computer Scientist", ACM SIGCSE Bulletin 36:4 (2004), pp. 11-12. • **44.** L. R. Ramsey, "Agentic Traits Are Associated with Success in Science More than Communal Traits", Personality and Individual Differences 106 (2017), pp. 6-9. • **45.** L. L. Carli, L. Alawa, Y. Lee, B. Zhao e E. Kim, "Stereotypes about Gender and Science: Women ≠ Scientists", Psychology of Women Quarterly, 40:2 (2016), pp. 244-60. • **46.** A. H. Eagly, "Few Women at the Top: How Role Incongruity Produces Prejudice and the Glass Ceiling", em D. van Knippenberg e M. A. Hogg (orgs.), Leadership and Power: Identity Processes in Groups and Organizations (Londres, Sage, 2003), pp. 79-93. • **47.** A. H. Eagly e S. J. Karau, "Role Congruity Theory of Prejudice toward Female

Leaders", Psychological Review 109:3 (2002), p. 573. • **48.** Carli et al., "Stereotypes about Gender and Science". • **49.** C. Wenneras e A. Wold, "Nepotism and Sexism in Peer Review", em M. Wyer (org.), Women, Science, and Technology: A Reader in Feminist Science Studies (Nova York, Routledge, 2001), pp. 46-52. • **50.** F. Trix e C. Psenka, "Exploring the Color of Glass: Letters of Recommendation for Female and Male Medical Faculty", Discourse and Society 14:2 (2003), pp. 191-220. • **51.** S. Modgil, R. Gill, V. L. Sharma, S. Velassery e A. Anand, "Nobel Nominations in Science: Constraints of the Fairer Sex", Annals of Neurosciences 25:2 (2018), pp. 63-78. • **52.** C. A. Moss-Racusin, J. F. Dovidio, V. L. Brescoll, M. J. Graham e J. Handelsman, "Science Faculty's Subtle Gender Biases Favor Male Students", Proceedings of the National Academy of Sciences 109:41 (2012), pp. 16474-9. • **53.** E. Reuben, P. Sapienza e L. Zingales, "How Stereotypes Impair Women's Careers in Science", Proceedings of the National Academy of Sciences 111:12 (2014), pp. 4403-8.

CAPÍTULO 11: A ciência e o cérebro

1. H. Ellis, Man and Woman: A Study of Human Secondary Sexual Characters (Londres, Walter Scott; Nova York, Scribner's, 1894). • **2.** N. M. Else-Quest, J. S. Hyde e M. C. Linn, "Cross-national Patterns of Gender Differences in Mathematics: A Meta-analysis", Psychological Bulletin 136:1 (2010), p. 103. • **3.** "Has an uncomfortable truth been suppressed?", Gowers's Weblog, 9 de setembro de 2018, https://gowers.wordpress.com/2018/09/09/has-anuncomfortable-truth-been-suppressed (acessado em 8 de novembro de 2018). • **4.** Ibid. • **5.** L. H. Summers, "Remarks at NBER Conference on Diversifying the Science & Engineering Workforce", Gabinete da Reitoria, Universidade Harvard, 14 de janeiro de 2005, https://www.harvard.edu/president/speeches/summers_2005/nber.php (acessado em 8 novembro de 2018). • **6.** "The Science of Gender and Science: Pinker vs. Spelke: A Debate", Edge, https://www.edge.org/event/the-science-of-gender-and-science-pinker-vs-spelke-adebate (acessado em 8 de novembro de 2018). • **7.** Y. Xie e K. Shaumann, Women in Science: Career Processes and Outcomes (Cambridge, MA, Harvard University Press, 2003). • **8.** Ibid. • **9.** D. F. Halpern, C. P. Benbow, D. C. Geary, R. C. Gur, J. S. Hyde e M. A. Gernsbacher, "The Science of Sex Differences in Science and Mathematics", Psychological Science in the Public Interest 8:1 (2007), pp. 1-51. • **10.** J. Damore, "Google's Ideological Echo Chamber", julho de 2017, disponível em https://www.documentcloud.org/documents/3914586-Googles-Ideological-Echo-Chamber.html (acessado em 8 de novembro de 2018). • **11.** D. P. Schmitt, A. Realo, M. Voracek e J. Allik, "Why Can't a Man Be More Like a Woman? Sex Differences in Big Five Personality Traits across 55 Cultures", Journal of Personality and Social Psychology 94:1 (2008), p. 168. • **12.** M. Molteni e A. Rogers, "The actual science of James Damore's Google memo", Wired, 15 de agosto de 2017, https://www.wired.com/story/the-pernicious-science-of-james-damores-google-memo (acessado em 8 de novembro de 2018); H. Devlin e A. Hern, "Why are there so few women in tech? The truth behind the Google memo", Guardian, 8 de agosto de 2017, https://www.theguardian.com/life-andstyle/2017/aug/08/why-are-there-so-fewwomen-in-tech-the-truth-behind-the-google-memo (acessado em 8 de novembro de 2018); S. Stevens, "The Google memo: what does the research say about gender differences?", Heterodox Academy, 10 de agosto de 2017, https://heterodoxacademy.org/the-google-memo-what-does-the-research-say-about-gender-differences (acessado em 8 de novembro de 2018). • **13.** "The Google memo: four scientists respond", Quillette, 7 de agosto de 2017, http://quillette.com/2017/08/07/google-memo-four-scientists-respond (acessado em 8 de novembro de 2018). • **14.** Ibid. • **15.** Ibid. • **16.** G. Rippon, "What neuroscience can tell us about the Google diversity memo", Conversation, 14 de agosto de 2017, https://theconversation.com/what-neuroscience-can-tell-us-about-the-google-diversityme-mo-82455 (acessado em 8 de novembro de 2018). • **17.** Devlin e Hern, "Why are there so few women in tech?". • **18.** R. C. Barnett e C. Rivers, "We've studied gender and STEM for 25 years.

The science doesn't support the Google memo", Recode, 11 de agosto de 2017, https://www.recode.net/2017/8/11/16127992/google-engineer-memo-research-science-womenbiology-tech-james-damore (acessado em 8 de novembro de 2018). • **19.** M.-C. Lai, M. V. Lombardo, B. Chakrabarti, C. Ecker, S. A. Sadek, S. J. Wheelwright, D. G. Murphy, J. Suckling, E. T. Bullmore, S. Baron-Cohen e MRC AIMS Consortium, "Individual Differences in Brain Structure Underpin Empathizing–Systemizing Cognitive Styles in Male Adults", NeuroImage 61:4 (2012), pp. 1347-54. • **20.** S. Baron-Cohen, "Empathizing, Systemizing, and the Extreme Male Brain Theory of Autism", Progress in Brain Research 186 (2010), pp. 167-75. • **21.** J. Wai, D. Lubinski e C. P. Benbow, "Spatial Ability for STEM Domains: Aligning Over 50 Years of Cumulative Psychological Knowledge Solidifies Its Importance", Journal of Educational Psychology 101:4 (2009), p. 817. • **22.** Ibid. • **23.** M. Hines, B. A. Fane, V. L. Pasterski, G. A. Mathews, G. S. Conway e C. Brook, "Spatial Abilities Following Prenatal Androgen Abnormality: Targeting and Mental Rotations Performance in Individuals with Congenital Adrenal Hyperplasia", Psychoneuroendocrinology 28:8 (2003), pp. 1010-26. • **24.** I. Silverman, J. Choi e M. Peters, "The Hunter-Gatherer Theory of Sex Differences in Spatial Abilities: Data from 40 Countries", Archives of Sexual Behavior 36:2 (2007), pp. 261-8. • **25.** S. G. Vandenberg e A. R. Kuse, "Mental Rotations, a Group Test of Three-Dimensional Spatial Visualization", Perceptual and Motor Skills 47:2 (1978), pp. 599-604. • **26.** Quinn e Liben, "A Sex Difference in Mental Rotation in Young Infants". • **27.** Hines et al., "Spatial Abilities Following Prenatal Androgen Abnormality". • **28.** M. Constantinescu, D. S. Moore, S. P. Johnson e M. Hines, "Early Contributions to Infants' Mental Rotation Abilities", Developmental Science 21:4 (2018), e12613. • **29.** T. Koscik, D. O'Leary, D. J. Moser, N. C. Andreasen e P. Nopoulos, "Sex Differences in Parietal Lobe Morphology: Relationship to Mental Rotation Performance", Brain and Cognition 69:3 (2009), pp. 451-9. • **30.** Halpern, et al. "The Pseudoscience of Single-Sex Schooling". • **31.** Koscik et al., "Sex Differences in Parietal Lobe Morphology". • **32.** K. Kucian, K. Von Aster, T. Loenneker, T. Dietrich, F. W. Mast e E. Martin, "Brain Activation during Mental Rotation in School Children and Adults", Journal of Neural Transmission 114:5 (2007), pp. 675-86. • **33.** K. Jordan, T. Wustenberg, H. J. Heinze, M. Peters e L. Jancke, "Women and Men Exhibit Different Cortical Activation Patterns during Mental Rotation Tasks", Neuropsychologia 40:13 (2002), pp. 2397-408. • **34.** N. S. Newcombe, "Picture This: Increasing Math and Science Learning by Improving Spatial Thinking", American Educator 34:2 (2010), p. 29. • **35.** M. Wraga, M. Helt, E. Jacobs e K. Sullivan, "Neural Basis of Stereotype-Induced Shifts in Women's Mental Rotation Performance", Social Cognitive and Affective Neuroscience 2:1 (2007), pp. 12-19. • **36.** I. D. Cherney, "Mom, Let Me Play More Computer Games: They Improve My Mental Rotation Skills", Sex Roles 59:11-12 (2008), pp. 776-86. • **37.** Ibid. • **38.** J. Feng, I. Spence e J. Pratt, "Playing an Action Video Game Reduces Gender Differences in Spatial Cognition", Psychological Science 18:10 (2007), pp. 850-55; M. S. Terlecki e N. S. Newcombe, "How Important Is the Digital Divide? The Relation of Computer and Videogame Usage to Gender Differences in Mental Rotation Ability", Sex Roles 53:5-6 (2005), pp. 433-41. • **39.** R. J. Haier, S. Karama, L. Leyba e R. E. Jung, "MRI Assessment of Cortical Thickness and Functional Activity Changes in Adolescent Girls Following Three Months of Practice on a Visual-Spatial Task", BMC Research Notes 2:1 (2009), p. 174. • **40.** A. Moe e F. Pazzaglia, "Beyond Genetics in Mental Rotation Test Performance: The Power of Effort Attribution", Learning and Individual Differences 20:5 (2010), pp. 464-8. • **41.** E. A. Maloney, S. Waechter, E. F. Risko e J. A. Fugelsang, "Reducing the Sex Difference in Math Anxiety: The Role of Spatial Processing Ability", Learning and Individual Differences 22:3 (2012), pp. 380-84. • **42.** O. Blajenkova, M. Kozhevnikov e M. A. Motes, "Object-Spatial Imagery: A New Self-Report Imagery Questionnaire", Applied Cognitive Psychology 20:2 (2006), pp. 239-63. • **43.** J. A. Mangels, C. Good, R. C. Whiteman, B. Maniscalco e C. S. Dweck, "Emotion Blocks the Path to Learning under Stereotype Threat", Social Cognitive and Affective Neuroscience 7:2 (2011), pp. 230-41. • **44.** A. C. Krendl, J. A. Richeson, W. M. Kelley e T. F. Heatherton, "The Negative Consequences of Threat: A Functional Magnetic Resonance Imaging Investigation of the Neural Mechanisms Underlying Women's Underperformance in Math", Psychological Science 19:2 (2008), pp. 168-75. • **45.** B. Carrillo, E. Gomez-Gil, G. Rametti, C. Junque, A. Gomez, K. Karadi, S. Segovia e A. Guillamon, "Cortical Activation during Mental Rotation in Male-to-Female and Female to-Male Transsexuals under Hormonal Treatment", Psychoneuroendocrinology 35:8 (2010), pp. 1213-22. • **46.** S. A. Berenbaum e M. Hines, "Early Androgens Are Related to Childhood Sex-Typed Toy Preferences", Psychological Science 3:3 (1992), pp. 203-6. • **47.** J. R. Shapiro e A. M. Williams, "The Role of Stereotype Threats in Undermining Girls' and Women's Performance and Interest in STEM Fields", Sex Roles 66:3-4 (2012), pp. 175-83. • **48.** M. Hines, V. Pasterski, D. Spencer, S. Neufeld, P. Patalay, P. C. Hindmarsh, I. A. Hughes e C. L. Acerini, "Prenatal Androgen Exposure Alters Girls' Responses to Information Indicating Gender-Appropriate Behaviour", Philosophical Transactions of the Royal Society B: Biological Sciences 371:1688 (2016), 20150125. • **49.** "Women in Science, Technology, Engineering, and Mathematics (STEM)", site da Catalyst, 3 de janeiro de 2018, https://www.catalyst.org/knowledge/women-science-technology-engineering-and-mathematics-stem (acessado em 10 de novembro de 2018).

CAPÍTULO 12: As meninas boazinhas não fazem

1. S. Peters, The Chimp Paradox: The Mind Management Program to Help You Achieve Success, Confidence, and Happiness (Nova York, Tarcher/Penguin, 2013). • **2.** B. P. Dore, N. Zerubavel e K. N. Ochsner, "Social Cognitive Neuroscience: A Review of Core Systems", em M. Mikulincer e P. R. Shaver (editores responsáveis), APA Handbook of Personality and Social Psychology (Washington, American Psychological Association, 2014), vol. l, pp. 693-720. • **3.** J. M. Allman, A. Hakeem, J. M. Erwin, E. Nimchinsky e P. Hof, "The Anterior Cingulate Cortex: The Evolution of an Interface between Emotion and Cognition", Annals of the New York Academy of Sciences 935:1 (2001), pp. 107-17. • **4.** J. M. Allman, N. A. Tetreault, A. Y. Hakeem, K. F. Manaye, K. Semendeferi, J. M. Erwin, S. Park, V. Goubert e P. R. Hof, "The Von Economo Neurons in Frontoinsular and Anterior Cingulate Cortex in Great Apes and Humans", Brain Structure and Function 214:5-6 (2010), pp. 495-517. • **5.** J. D. Cohen, M. Botvinick e C. S. Carter, "Anterior Cingulate and Prefrontal Cortex: Who's in Control?", Nature Neuroscience 3:5 (2000), p. 421. • **6.** G. Bush, P. Luu e M. I. Posner, "Cognitive and Emotional Influences in Anterior Cingulate Cortex", Trends in Cognitive Sciences 4:6 (2000), pp. 215-22. • **7.** Eisenberger et al., "The Neural Sociometer". • **8.** Eisenberger e Lieberman, "Why Rejection Hurts". • **9.** N. I. Eisenberger, "Social Pain and the Brain: Controversies, Questions, and Where to Go from Here", Annual Review of Psychology 66 (2015), pp. 601-29. • **10.** Lieberman, Social: Why Our Brains Are Wired to Connect. • **11.** N. Kolling, M. K. Wittmann, T. E. Behrens, E. D. Boorman, R. B. Mars e M. F. Rushworth, "Value, Search, Persistence and Model Updating in Anterior Cingulate Cortex", Nature Neuroscience 19:10 (2016), p. 1280. • **12.** T. Straube, S. Schmidt, T. Weiss, H. J. Mentzel e W. H. Miltner, "Dynamic Activation of the Anterior Cingulate Cortex during Anticipatory Anxiety", NeuroImage 44:3 (2009), pp. 975-81; A. Etkin, K. E. Prater, F. Hoeft, V. Menon e A. F. Schatzberg, "Failure of Anterior Cingulate Activation and Connectivity with the Amygdala during Implicit Regulation of Emotional Processing in Generalized Anxiety Disorder", American Journal of Psychiatry 167:5 (2010), pp. 545-54; A. Etkin, T. Egner e R. Kalisch, "Emotional Processing in Anterior Cingulate and Medial Prefrontal Cortex", Trends in Cognitive Sciences 15:2 (2011), pp. 85-93. • **13.** M. R. Leary, "Responses to Social Exclusion: Social Anxiety, Jealousy, Loneliness, Depression, and Low Self-Esteem", Journal of Social and Clinical Psychology 9:2 (1990), pp. 221-9; J. F. Sowislo e U. Orth, "Does Low Self-Esteem Predict Depression and Anxiety? A Meta-analysis of Longitudinal Studies", Psychological Bulletin 139:1 (2013), p. 213; E. A. Courtney, J. Gamboz e J. G. Johnson, "Problematic Eating Behaviors in Adolescents with Low Self-Esteem and Elevated Depressive Symptoms",

Eating Behaviors 9:4 (2008), pp. 408-14. • **14.** W. Bleidorn, R. C. Arslan, J. J. Denissen, P. J. Rentfrow, J. E. Gebauer, J. Potter e S. D. Gosling, "Age and Gender Differences in Self-Esteem — A Cross-cultural Window", Journal of Personality and Social Psychology 111:3 (2016), p. 396; S. Guimond, A. Chatard, D. Martinot, R. J. Crisp e S. Redersdorff, "Social Comparison, Self-Stereotyping, and Gender Differences in Self-Construals", Journal of Personality and Social Psychology 90:2 (2006), p. 221. • **15.** "World Self Esteem Plot", https://selfesteem.shinyapps.io/maps (acessado em 10 de novembro de 2018). • **16.** Schmitt et al., "Why Can't a Man Be More Like a Woman?" • **17.** J. S. Hyde, "Gender Similarities and Differences", Annual Review of Psychology 65 (2014), pp. 373-98; E. Zell, Z. Krizan e S. R. Teeter, "Evaluating Gender Similarities and Differences Using Metasynthesis", American Psychologist 70:1 (2015), p. 10. • **18.** Eisenberger e Lieberman, "Why Rejection Hurts". • **19.** A. J. Shackman, T. V. Salomons, H. A. Slagter, A. S. Fox, J. J. Winter e R. J. Davidson, "The Integration of Negative Affect, Pain and Cognitive Control in the Cingulate Cortex", Nature Reviews Neuroscience 12:3 (2011), p. 154. • **20.** A. T. Beck, Depression: Clinical, Experimental, and Theoretical Aspects (Nova York, Harper & Row, 1967); A. T. Beck, "The Evolution of the Cognitive Model of Depression and Its Neurobiological Correlates", American Journal of Psychiatry 165 (2008), pp. 969-77; S. G. Disner, C. G. Beevers, E. A. Haigh e A. T. Beck, "Neural Mechanisms of the Cognitive Model of Depression", Nature Reviews Neuroscience 12:8 (2011), p. 467. • **21.** P. Gilbert, The Compassionate Mind: A New Approach to Life's Challenges (Oakland, CA, New Harbinger, 2010). • **22.** P. Gilbert e C. Irons, "Focused Therapies and Compassionate Mind Training for Shame and Self-Attacking", em P. Gilbert (org.), Compassion: Conceptualisations, Research and Use in Psychotherapy (Hove, Routledge, 2005), pp. 263-325; D. C. Zuroff, D. Santor e M. Mongrain, "Dependency, Self-Criticism, and Maladjustment", em S. J. Blatt, J. S. Auerbach, K. N. Levy e C. E. Schaffer (orgs.), Relatedness, Self-Definition and Mental Representation: Essays in Honor of Sidney J. Blatt (Hove, Routledge, 2005), pp. 75-90. • **23.** P. Gilbert, M. Clarke, S. Hempel, J. N. V. Miles e C. Irons, "Criticizing and Reassuring Oneself: An Exploration of Forms, Styles and Reasons in Female Students", British Journal of Clinical Psychology 43:1 (2004), pp. 31-50. • **24.** W. J. Gehring, B. Goss, M. G. H. Coles, D. E. Meyer e E. Donchin, "A Neural System for Error Detection and Compensation", Psychological Science 4 (1993), pp. 385-90; S. Dehaene, "The Error-Related Negativity, Self-Monitoring, and Consciousness", Perspectives on Psychological Science 13:2 (2018), pp. 161-5. • **25.** O. Longe, F. A. Maratos, P. Gilbert, G. Evans, F. Volker, H. Rockliff e G. Rippon, "Having a Word with Yourself: Neural Correlates of Self--Criticism and Self-Reassurance", NeuroImage 49:2 (2010), pp. 1849-56. • **26.** G. Downey e S. I. Feldman, "Implications of Rejection Sensitivity for Intimate Relationships", Journal of Personality and Social Psychology 70:6 (1996), p. 1327. • **27.** Ibid. • **28.** O. Ayduk, A. Gyurak e A. Luerssen, "Individual Differences in the Rejection-Aggression Link in the Hot Sauce Paradigm: The Case of Rejection Sensitivity", Journal of Experimental Social Psychology 44:3 (2008), pp. 775-82. • **29.** D. C. Jack e A. Ali (orgs.), Silencing the Self across Cultures: Depression and Gender in the Social World (Oxford, Oxford University Press, 2010). • **30.** B. London, G. Downey, R. Romero-Canyas, A. Rattan e D. Tyson, "Gender-Based Rejection Sensitivity and Academic Self-Silencing in Women", Journal of Personality and Social Psychology 102:5 (2012), p. 961. • **31.** S. Zhang, T. Schmader e W. M. Hall, "L'eggo my Ego: Reducing the Gender Gap in Math by Unlinking the Self from Performance", Self and Identity 12:4 (2013), pp. 400-412. • **32.** Eisenberger e Lieberman, "Why Rejection Hurts". • **33.** E. Kross, T. Egner, K. Ochsner, J. Hirsch e G. Downey, "Neural Dynamics of Rejection Sensitivity", Journal of Cognitive Neuroscience 19:6 (2007), pp. 945-56. • **34.** L. J. Burklund, N. I. Eisenberger e M. D. Lieberman, "The Face of Rejection: Rejection Sensitivity Moderates Dorsal Anterior Cingulate Activity to Disapproving Facial Expressions", Social Neuroscience 2:3-4 (2007), pp. 238-53. • **35.** Kross et al., "Neural Dynamics of Rejection Sensitivity". • **36.** K. Dedovic, G. M. Slavich, K. A. Muscatell, M. R. Irwin e N. I. Eisenberger, "Dorsal Anterior Cingulate Cortex Responses to Repeated Social Evaluative Feedback in Young Women with and without a History of Depression",

Frontiers in Behavioral Neuroscience 10 (2016), p. 64. • **37.** A. Kupferberg, L. Bicks e G. Hasler, "Social Functioning in Major Depressive Disorder", Neuroscience and Biobehavioral Reviews 69 (2016), pp. 313-32. • **38.** Steele, Whistling Vivaldi; S. J. Spencer, C. Logel e P. G. Davies, "Stereotype Threat", Annual Review of Psychology 67 (2016), pp. 415-37. • **39.** J. Aronson, M. J. Lustina, C. Good, K. Keough, C. M. Steele e J. Brown, "When White Men Can't Do Math: Necessary and Sufficient Factors in Stereotype Threat", Journal of Experimental Social Psychology 35:1 (1999), pp. 29-46. • **40.** M. A. Pavlova, S. Weber, E. Simoes e A. N. Sokolov, "Gender Stereotype Susceptibility", PLoS One 9:12 (2014), e114802. • **41.** M. Wraga, M. Helt, E. Jacobs e K. Sullivan, "Neural Basis of Stereotype-Induced Shifts in Women's Mental Rotation Performance", Social Cognitive and Affective Neuroscience 2:1 (2007), pp. 12-19. • **42.** M. M. McClelland, C. E. Cameron, S. B. Wanless e A. Murray, "Executive Function, Behavioral Self-Regulation, and Social-Emotional Competence: Links to School Readiness", em O. N. Saracho e B. Spodek (orgs.), Contemporary Perspectives on Social Learning in Early Childhood Education (Charlotte, NC, Information Age, 2007), pp. 83-107. • **43.** C. E. C. Ponitz, M. M. McClelland, A. M. Jewkes, C. M. Connor, C. L. Farris e F. J. Morrison, "Touch Your Toes! Developing a Direct Measure of Behavioral Regulation in Early Childhood", Early Childhood Research Quarterly 23:2 (2008), pp. 141-58. • **44.** J. S. Matthews, C. C. Ponitz e F. J. Morrison, "Early Gender Differences in Self-Regulation and Academic Achievement", Journal of Educational Psychology 101:3 (2009), p. 689. • **45.** S. B. Wanless, M. M. McClelland, X. Lan, S. H. Son, C. E. Cameron, F. J. Morrison, F. M. Chen, J. L. Chen, S. Li, K. Lee e M. Sung, "Gender Differences in Behavioral Regulation in Four Societies: The United States, Taiwan, South Korea, and China", Early Childhood Research Quarterly 28:3 (2013), pp. 621-33. • **46.** J. A. Gray, "Precis of The Neuropsychology of Anxiety: An Enquiry into the Functions of the Septo-hippocampal System", Behavioral and Brain Sciences 5:3 (1982), pp. 469-84; Y. Li, L. Qiao, J. Sun, D. Wei, W. Li, J. Qiu, Q. Zhang e H. Shi, "Gender-Specific Neuroanatomical Basis of Behavioral Inhibition/Approach Systems (BIS/BAS) in a Large Sample of Young Adults: a Voxel-Based Morphometric Investigation", Behavioural Brain Research 274 (2014), pp. 400-408. • **47.** D. M. Amodio, S. L. Master, C. M. Yee e S. E. Taylor, "Neurocognitive Components of the Behavioral Inhibition and Activation Systems: Implications for Theories of Self-Regulation", Psychophysiology 45:1 (2008), pp. 11-19. • **48.** C. S. Dweck, W. Davidson, S. Nelson e B. Enna, "Sex Differences in Learned Helplessness: II. The Contingencies of Evaluative Feedback in the Classroom and III. An Experimental Analysis", Developmental Psychology 14:3 (1978), p. 268. • **49.** C. S. Dweck, Mindset: The New Psychology of Success (Nova York, Random House, 2006); D. S. Yeager e C. S. Dweck, "Mindsets That Promote Resilience: When Students Believe that Personal Characteristics Can Be Developed", Educational Psychologist 47:4 (2012), pp. 302-14. • **50.** M. L. Kamins e C. S. Dweck, "Person versus Process Praise and Criticism: Implications for Contingent Self-Worth and Coping", Developmental Psychology 35:3 (1999), p. 835. • **51.** J. Henderlong Corpus e M. R. Lepper, "The Effects of Person versus Performance Praise on Children's Motivation: Gender and Age as Moderating Factors", Educational Psychology 27:4 (2007), pp. 487-508. • **52.** Ibid.

CAPÍTULO 13: Por dentro de sua linda cabecinha — uma atualização do século XXI

1. E. Racine, O. Bar-Ilan e J. Illes, "fMRI in the Public Eye", Nature Reviews Neuroscience 6:2 (2005), p. 159. • **2.** T. D. Satterthwaite, D. H. Wolf, D. R. Roalf, K. Ruparel, G. Erus, S. Vandekar, E. D. Gennatas, M. A. Elliott, A. Smith, H. Hakonarson e R. Verma, "Linked Sex Differences in Cognition and Functional Connectivity in Youth", Cerebral Cortex 25:9 (2014), pp. 2383-94. • **3.** D. Weber, V. Skirbekk, I. Freund e A. Herlitz, "The Changing Face of Cognitive Gender Differences in Europe", Proceedings of the National Academy of Sciences 111:32 (2014), pp.

11673-8. • **4.** F. Macrae, "Female brains really ARE different to male minds with women possessing better recall and men excelling at maths", Mail Online, 28 de julho de 2014, https://www.dailymail.co.uk/news/article-2709031/Female-brains-really-ARE-different-male-mindswomen--possessing-better-recall-men-excelling-maths.html (acessado em 10 de novembro de 2018). • **5.** "Brain regulates social behavior differences in males and females", Neuroscience News, 31 de outubro de 2016, https://neurosciencenews.com/sex-difference-social-behavior-5392 (acessado em 10 de novembro de 2018). • **6.** K. Hashikawa, Y. Hashikawa, R. Tremblay, J. Zhang, J. E. Feng, A. Sabol, W. T. Piper, H. Lee, B. Rudy e D. Lin, "Esr1+ Cells in the Ventromedial Hypothalamus Control Female Aggression", Nature Neuroscience 20:11 (2017), p. 1580. • **7.** D. Joel, comunicação pessoal, 2017. • **8.** "Science explains why some people are into BDSM and some aren't", India Times, 7 de outubro de 2017. • **9.** K. Hignett, "Everything 'the female brain' gets wrong about the female brain", Newsweek, 10 de fevereiro de 2018, https://www.newsweek.com/science-behind-female-brain-802319 (acessado em 10 de novembro de 2018). • **10.** Fine, Delusions of Gender; Fine, "Is There Neurosexism". • **11.** C. M. Leonard, S. Towler, S. Welcome, L. K. Halderman, R. Otto, M. A. Eckert e C. Chiarello, "Size Matters: Cerebral Volume Influences Sex Differences in Neuroanatomy", Cerebral Cortex 18:12 (2008), pp. 2920-31; E. Luders, A. W. Toga e P. M. Thompson, "Why Size Matters: Differences in Brain Volume Account for Apparent Sex Differences in Callosal Anatomy — The Sexual Dimorphism of the Corpus Callosum", NeuroImage 84 (2014), pp. 820-24. • **12.** J. Hanggi, L. Fovenyi, F. Liem, M. Meyer e L. Jancke, "The Hypothesis of Neuronal Interconnectivity as a Function of Brain Size — A General Organization Principle of the Human Connectome", Frontiers in Human Neuroscience 8 (2014), p. 915. • **13.** D. Marwha, M. Halari e L. Eliot, "Meta-analysis Reveals a Lack of Sexual Dimorphism in Human Amygdala Volume", NeuroImage 147 (2017), pp. 282-94; A. Tan, W. Ma, A. Vira, D. Marwha e L. Eliot, "The Human Hippocampus is not Sexually--Dimorphic: Meta-analysis of Structural MRI Volumes", NeuroImage 124 (2016), pp. 350-66. • **14.** S. J. Ritchie, S. R. Cox, X. Shen, M. V. Lombardo, L. M. Reus, C. Alloza, M. A. Harris, H. L. Alderson, S. Hunter, E. Neilson e D. C. Liewald, "Sex Differences in the Adult Human Brain: Evidence from 5216 UK Biobank Participants", Cerebral Cortex 28:8 (2018), pp. 2959-75. • **15.** T. Young, "Why can't a woman be more like a man?", Quillette, 24 de maio de 2018, https://quillette.com/2018/05/24/cant-woman-like-man (acessado em 10 de novembro de 2018). • **16.** J. Pietschnig, L. Penke, J. M. Wicherts, M. Zeiler e M. Voracek, "Meta-analysis of Associations between Human Brain Volume and Intelligence Differences: How Strong Are They and What Do They Mean?", Neuroscience and Biobehavioral Reviews 57 (2015), pp. 411-32. • **17.** D. C. Dean, E. M. Planalp, W. Wooten, C. K. Schmidt, S. R. Kecskemeti, C. Frye, N. L. Schmidt, H. H. Goldsmith, A. L. Alexander e R. J. Davidson, "Investigation of Brain Structure in the 1-Month Infant", Brain Structure and Function 223:4 (2018), pp. 1953-70. • **18.** "Finding withdrawn after major author correction: 'Sex differences in human brain structure are already apparent at one month of age'", British Psychological Society Research Digest, 15 de março de 2018, https://digest.bps.org.uk/2018/01/31/sexdifferences-in-brain-structure-are-already-apparent-at-one-month--of-age (acessado em 10 de novembro de 2018). • **19.** D. C. Dean, E. M. Planalp, W. Wooten, C. K. Schmidt, S. R. Kecskemeti, C. Frye, N. L. Schmidt, H. H. Goldsmith, A. L. Alexander e R. J. Davidson, "Correction to: Investigation of Brain Structure in the 1-Month Infant", Brain Structure and Function 223:6 (2018), pp. 3007-9. • **20.** Visto no Pinterest. • **21.** R. Rosenthal, "The File Drawer Problem and Tolerance for Null Results", Psychological Bulletin 86:3 (1979), p. 638. • **22.** S. P. David, F. Naudet, J. Laude, J. Radua, P. Fusar-Poli, I. Chu, M. L. Stefanick e J. P. Ioannidis, "Potential Reporting Bias in Neuroimaging Studies of Sex Differences", Scientific Reports 8:1 (2018), p. 6082. • **23.** V. Brescoll e M. LaFrance, "The Correlates and Consequences of Newspaper Reports of Research on Sex Differences", Psychological Science 15:8 (2004), pp. 515-20. • **24.** C. Fine, R. Jordan-Young, A. Kaiser e G. Rippon, "Plasticity, Plasticity, Plasticity... and the Rigid Problem of Sex", Trends in Cognitive Sciences 17:11 (2013), pp. 550-51. • **25.** B. B. Biswal, M. Mennes, X.-N. Zuo, S. Gohel, C. Kelly, S. M. Smith, C. F. Beckmann, J. S. Adelstein, R. L. Buckner, S. Colcombe e A. M. Dogonowski, "Toward Discovery Science of Human Brain Function", Proceedings of the National Academy of Sciences 107:10 (2010), pp. 4734-9. • 26. Van Anders et al., "The Steroid/Peptide Theory of Social Bonds". • 27. M. N. Muller, F. W. Marlowe, R. Bugumba e P. T. Ellison, "Testosterone and Paternal Care in East African Foragers and Pastoralists", Proceedings of the Royal Society B: Biological Sciences 276:1655 (2009), pp. 347-54. • 28. S. M. van Anders, R. M. Tolman e B. L. Volling, "Baby Cries and Nurturance Affect Testosterone in Men", Hormones and Behavior 61:1 (2012), pp. 31-6. • 29. W. James, The Principles of Psychology, 2 vols. (Nova York, Henry Holt, 1890). • 30. E. K. Graham, D. Gerstorf, T. Yoneda, A. Piccinin, T. Booth, C. Beam, A. J. Petkus, J. P. Rutsohn, R. Estabrook, M. Katz e N. Turiano, "A Coordinated Analysis of Big-Five Trait Change across 16 Longitudinal Samples" (2018), disponível em https://osf.io/ryjpc/download/?format=pdf (acessado em 10 de novembro de 2018) • 31. D. Halpern, Sex Differences in Cognitive Abilities, 4ª ed. (Hove, Psychology Press, 2012). • 32. Halpern et al. "The Science of Sex Differences in Science and Mathematics". • 33. J. S. Hyde, "The Gender Similarities Hypothesis", American Psychologist 60:6 (2005), p. 581. • 34. E. Zell, Z. Krizan e S. R. Teeter, "Evaluating Gender Similarities and Differences Using Metasynthesis", American Psychologist 70:1 (2015), pp. 10-20.

**CAPÍTULO 14: Marte, Vênus ou Terra?
Erramos a respeito do sexo esse tempo todo?**

1. A. Montanez, "Beyond XX and XY", Scientific American 317:3 (2017), pp. 50-51. • 2. D. Joel, "Genetic-Gonadal-Genitals Sex (3G-Sex) and the Misconception of Brain and Gender, or, Why 3G-Males and 3G-Females Have Intersex Brain and Intersex Gender", Biology of Sex Differences 3:1 (2012), p. 27. • 3. C. P. Houk, I. A. Hughes, S. F. Ahmed e P. A. Lee, "Summary of Consensus Statement on Intersex Disorders and Their Management", Pediatrics 118:2 (2006), pp. 753-7. • 4. C. Ainsworth, "Sex Redefined", Nature 518:7539 (2015), p. 288. • 5. Ibid. • 6. V. Heggie, "Nature and sex redefined — we have never been binary", Guardian, 19 de fevereiro de 2015, https://www.theguardian.com/science/the-h-word/2015/feb/19/nature-sex-redefined--we-have-never-been-binary • 7. A. Fausto-Sterling, "The Five Sexes", Sciences 33:2 (1993), pp. 20-24. • 8. A. Fausto-Sterling, "The Five Sexes, Revisited", Sciences 40:4 (2000), pp. 18-23. • 9. A. P. Arnold e X. Chen, "What Does the 'Four Core Genotypes' Mouse Model Tell Us about Sex Differences in the Brain and Other Tissues?", Frontiers in Neuroendocrinology 30:1 (2009), pp. 1-9. • 10. Montañez, "Beyond XX and XY". • 11. L. Cahill, "Why Sex Matters for Neuroscience", Nature Reviews Neuroscience 7:6 (2006), p. 477. • 12. A. N. Ruigrok, G. Salimi-Khorshidi, M. C. Lai, S. Baron-Cohen, M. V. Lombardo, R. J. Tait e J. Suckling, "A Meta-analysis of Sex Differences in Human Brain Structure", Neuroscience & Biobehavioral Reviews 39 (2014), pp. 34-50. • 13. Tan et al., "The Human Hippocampus is not Sexually-Dimorphic"; D. Marwha, M. Halari e L. Eliot, "Meta-analysis Reveals a Lack of Sexual Dimorphism in Human Amygdala Volume", NeuroImage 147 (2017), pp. 282-94. • 14. Ingalhalikar et al., "Sex Differences in the Structural Connectome of the Human Brain". • 15. Hanggi et al., "The Hypothesis of Neuronal Interconnectivity". • 16. D. Joel e M. M. McCarthy, "Incorporating Sex as a Biological Variable in Neuropsychiatric Research: Where Are We Now and Where Should We Be?", Neuropsychopharmacology 42:2 (2017), p. 379. • 17. D. Joel, Z. Berman, I. Tavor, N. Wexler, O. Gaber, Y. Stein, N. Shefi, J. Pool, S. Urchs, D. S. Margulies e F. Liem, "Sex beyond the Genitalia: The Human Brain Mosaic", Proceedings of the National Academy of Sciences 112:50 (2015), pp. 15468-73. • 18. M. Del Giudice, R. A. Lippa, D. A. Puts, D. H. Bailey, J. M. Bailey e D. P. Schmitt, "Joel et al.'s Method Systematically Fails to Detect Large, Consistent Sex Differences", Proceedings of the National Academy of Sciences 113:14 (2016), p. E1965. • 19. D. Joel, A. Persico, J. Hanggi, J. Pool e Z. Berman, "Reply to Del Giudice et al., Chekroud et al., and Rosenblatt: Do Brains of Females and Males Belong to Two Distinct Populations?", Proceedings of the National Academy

of Sciences 113:14 (2016), pp. E1969-70. • **20.** L. MacLellan, "The biggest myth about our brains is that they are 'male' or 'female'", Quartz, 27 de agosto de 2017, https://qz.com/1057494/the-biggest-myth-about-our-brains-is-that-theyremale-or-female (acessado em 10 de novembro de 2018). • **21.** S. M. van Anders, "The Challenge from Behavioural Endocrinology", pp. 4-6 in J. S. Hyde, R. S. Bigler, D. Joel, C. C. Tate e S. M. van Anders, "The Future of Sex and Gender in Psychology: Five Challenges to the Gender Binary", American Psychologist (2018), http://dx.doi.org/10.1037/amp0000307. • **22.** S. M. Van Anders, "Beyond Masculinity: Testosterone, Gender/Sex, and Human Social Behavior in a Comparative Context", Frontiers in Neuroendocrinology 34:3 (2013), pp. 198-210. • **23.** Anders, "The Challenge from Behavioural Endocrinology". • **24.** J. S. Hyde, "The Gender Similarities Hypothesis", American Psychologist 60:6 (2005), p. 581; E. Zell, Z. Krizan e S. R. Teeter, "Evaluating Gender Similarities and Differences Using Metasynthesis", American Psychologist 70:1 (2015), p. 10. • **25.** B. J. Carothers e H. T. Reis, "Men and Women are from Earth: Examining the Latent Structure of Gender", Journal of Personality and Social Psychology 104:2 (2013), p. 385. • **26.** H. T. Reis e B. J. Carothers, "Black and White or Shades of Gray: Are Gender Differences Categorical or Dimensional?", Current Directions in Psychological Science 23:1 (2014), pp. 19-26. • **27.** Joel et al., "Sex beyond the Genitalia". • **28.** Martin e Ruble, "Children's Search for Gender Cues". • **29.** I. Savic, A. Garcia-Falgueras e D. F. Swaab, "Sexual Differentiation of the Human Brain in Relation to Gender Identity and Sexual Orientation", Progress in Brain Research 186 (2010), pp. 41-62; Joel, "Genetic-Gonadal-Genitals Sex (3G-Sex) and the Misconception of Brain and Gender". • **30.** J. J. Endendijk, A. M. Beltz, S. M. McHale, K. Bryk e S. A. Berenbaum, "Linking Prenatal Androgens to Gender-Related Attitudes, Identity, and Activities: Evidence from Girls with Congenital Adrenal Hyperplasia", Archives of Sexual Behavior 45:7 (2016), pp. 1807-15. • **31.** Colapinto, As Nature Made Him: The Boy Who Was Raised as a Girl. • **32.** "Transgender Equality: House of Commons Backbench Business Debate — Advice for Parliamentarians", Comissão de Igualdade e Direitos Humanos, 1º de dezembro de 2016, disponível em https://www.equalityhumanrights.com/en/file/21151/download?token=Z7I8opi2 (acessado em 10 de novembro de 2018) • **33.** "Gender confirmation surgeries rise 20% in first ever report", site da Sociedade Americana de Cirurgiões Plásticos, 22 de maio de 2017, https://www.plasticsurgery.org/news/press-releases/genderconfirmation-surgeries--rise-20-percent-in-first-ever-report (acessado em 10 de novembro de 2018). • **34.** Comissão de Mulheres e Igualdade da Câmara dos Comuns, Transgender Equality: First Report of Session 2015-16, HC 390, 8 de dezembro de 2015, disponível em https://publications.parliament.uk/pa/cm201516/cmselect/cmwomeq/390/390.pdf (acessado em 10 de novembro de 2018). • **35.** C. Turner, "Number of children being referred to gender identity clinics has quadrupled in five years", Telegraph, 8 de julho de 2017, https://www.telegraph.co.uk/news/2017/07/08/number--children-referred-genderidentity- clinics-has-quadrupled (acessado em 10 de novembro de 2018). • **36.** J. Ensor, "Bruce Jenner: I was born with body of a man and soul of a woman", Telegraph, 25 de abril de 2015, https://www.telegraph.co.uk/news/worldnews/northamerica/usa/11562749/Bruce-Jenner-I-was-born-with-body-of-a-manand-soul-of-a-woman.html (acessado em 10 de novembro de 2018). • **37.** C. Odone, "Do men and women really think alike?", Telegraph, 14 de setembro de 2010, https://www.telegraph.co.uk/news/science/8001370/Do-men-and-womenreally-think-alike.html (acessado em 10 de novembro de 2018). • **38.** T. Whipple, "Sexism fears hamper brain research", The Times, 29 de novembro de 2016, https://www.thetimes.co.uk/edition/news/sexism-fears-hamper-brain-researchrx6w39gbw (acessado em 10 de novembro de 2018); L. Willgress, "Researchers' sexism fears are putting women's health at risk, scientist claims", Telegraph, 29 de novembro de 2016, https://www.telegraph.co.uk/news/2016/11/29/researchers-sexism-fears-putting-womens-health-risk-scientist (acessado em 10 de novembro de 2018).

CONCLUSÃO: Criando filhas destemidas (e filhos solidários)

1. S.-J. Blakemore, Inventing Ourselves: The Secret Life of the Teenage Brain (Londres, Doubleday, 2018). • 2. L. H. Somerville, "The Teenage Brain: Sensitivity to Social Evaluation", Current Directions in Psychological Science 22:2 (2013), pp. 121-7. • 3. S.-J. Blakemore, "The Social Brain in Adolescence", Nature Reviews Neuroscience 9:4 (2008), p. 267. • 4. B. London, G. Downey, R. Romero-Canyas, A. Rattan e D. Tyson, "Gender-Based Rejection Sensitivity and Academic Self-Silencing in Women", Journal of Personality and Social Psychology 102:5 (2012), p. 961; E. Kross, T. Egner, K. Ochsner, J. Hirsch e G. Downey, "Neural Dynamics of Rejection Sensitivity", Journal of Cognitive Neuroscience 19:6 (2007), pp. 945-56. • 5. Damore, "Google's Ideological Echo Chamber". • 6. Stoet e Geary, "The Gender-Equality Paradox in Science, Technology, Engineering, and Mathematics Education". • 7. J. Clark Blickenstaff, "Women and Science Careers: Leaky Pipeline or Gender Filter?", Gender and Education 17:4 (2005), pp. 369-86. • 8. A. Tintori e R. Palomba, Turn on the Light on Science: A Research-Based Guide to Break Down Popular Stereotypes about Science and Scientists (Londres, Ubiquity Press, 2017). • 9. London et al., "Gender-Based Rejection Sensitivity". • 10. J. A. Mangels, C. Good, R. C. Whiteman, B. Maniscalco e C. S. Dweck, "Emotion Blocks the Path to Learning under Stereotype Threat", Social Cognitive and Affective Neuroscience 7:2 (2011), pp. 230-41. • 11. E. A. Maloney and S. L. Beilock, "Math Anxiety: Who Has It, Why It Develops, and How to Guard against It", Trends in Cognitive Sciences 16:8 (2012), pp. 404-6. • 12. K. J. Van Loo e R. J. Rydell, "On the Experience of Feeling Powerful: Perceived Power Moderates the Effect of Stereotype Threat on Women's Math Performance", Personality and Social Psychology Bulletin 39:3 (2013), pp. 387-400. • 13. T. Harada, D. Bridge e J. Y. Chiao, "Dynamic Social Power Modulates Neural Basis of Math Calculation", Frontiers in Human Neuroscience 6 (2013), p. 350. • 14. I. M. Latu, M. S. Mast, J. Lammers e D. Bombari, "Successful Female Leaders Empower Women's Behavior in Leadership Tasks", Journal of Experimental Social Psychology 49:3 (2013), pp. 444-8. • 15. J. G. Stout, N. Dasgupta, M. Hunsinger e M. A. McManus, "STEMing the Tide: Using Ingroup Experts to Inoculate Women's Self-Concept in Science, Technology, Engineering, and Mathematics (STEM)", Journal of Personality and Social Psychology 100:2 (2011), p. 255. • 16. "Inspiring girls with People Like Me", site da WISE, https://www.wisecampaign.org.uk/what-we-do/expertise/inspiring-girls-with-people-like-me (acessado em 10 de novembro de 2018). • 17. C. Ainsworth, "Sex Redefined", Nature 518:7539 (2015), p. 288. • 18. E. S. Finn, X. Shen, D. Scheinost, M. D. Rosenberg, J. Huang, M. M. Chun, X. Papademetris e R. T. Constable, "Functional Connectome Fingerprinting: Identifying Individuals Using Patterns of Brain Connectivity", Nature Neuroscience 18:11 (2015), p. 1664; E. S. Finn, "Brain activity is as unique — and identifying — as a fingerprint", Conversation, 12 de outubro de 2015, https://theconversation.com/brainactivity-is--as-unique-and-identifying-as-a-fingerprint-48723 (acessado em 10 de novembro de 2018). • 19. D. Joel e A. Fausto-Sterling, "Beyond Sex Differences: New Approaches for Thinking about Variation in Brain Structure and Function", Philosophical Transactions of the Royal Society B: Biological Sciences 371:1688 (2016), 20150451; Joel et al., "Sex beyond the Genitalia". • 20. L. Foulkes e S. J. Blakemore, "Studying Individual Differences in Human Adolescent Brain Development", Nature Neuroscience 21:3 (2018), pp. 315-23. • 21. Q. J. Huys, T. V. Maia e M. J. Frank, "Computational Psychiatry as a Bridge from Neuroscience to Clinical Applications", Nature Neuroscience 19:3 (2016), p. 404; O. Moody, "Artificial intelligence can see what's in your mind's eye", The Times, 3 de janeiro de 2018, https://www.thetimes.co.uk/article/artificial--intelligence-can-see-whatsin-your-minds-eye-w6k9pjsh6 (acessado em 10 novembro de 2018). • 22. M. M. Mielke, P. Vemuri e W. A. Rocca, "Clinical Epidemiology of Alzheimer's Disease: Assessing Sex and Gender Differences", Clinical Epidemiology 6 (2014), p. 37; S. L. Klein e K. L. Flanagan, "Sex Differences in Immune Responses", Nature Reviews Immunology 16:10 (2016), p. 626. • 23. L. D. McCullough, G. J. De Vries, V. M. Miller, J. B. Becker, K. Sandberg e M. M. McCarthy, "NIH Initiative to Balance Sex of Animals in Preclinical Studies: Generative Questions

to Guide Policy, Implementation, and Metrics", Biology of Sex Differences 5:1 (2014), p. 15. • **24.** D. L. Maney, "Perils and Pitfalls of Reporting Sex Differences", Philosophical Transactions of the Royal Society B: Biological Sciences 371:1688 (2016), 20150119. • **25.** http://lettoysbetoys.org.uk • **26.** R. Nicholson, "No More Boys and Girls: Can Kids Go Gender Free review — reasons to start treating children equally", Guardian, 17 de agosto de 2017, https://www.theguardian.com/tv-and-radio/tvandradioblog/2017/aug/17/no-more-boys-and-girls-can-kids-go-genderfree--review-reasons-to-start-treating-children-equally (acessado em 10 de novembro de 2018); J. Rees, "No More Boys and Girls: Can Our Kids Go Gender Free? should be compulsory viewing in schools — review", Telegraph, 23 de agosto de 2017, https://www.telegraph.co.uk/tv/2017/08/23/no-boysgirls-can-kids-go-gender-free-should-compulsory-viewing (acessado em 10 de novembro de 2018). • **27.** S. Quadflieg e C. N. Macrae, "Stereotypes and Stereotyping: What's the Brain Got to Do with It?", European Review of Social Psychology 22:1 (2011), pp. 215-73. • **28.** C. Fine, J. Dupre e D. Joel, "Sex-Linked Behavior: Evolution, Stability, and Variability", Trends in Cognitive Sciences 21:9 (2017), pp. 666-73. • **29.** D. Victor, "Microsoft created a Twitter bot to learn from users. It quickly became a racist jerk", New York Times, 24 de março de 2016, https://www.nytimes.com/2016/03/25/technology/microsoft-created-a-twitter-bot-to-learn-from-users--it-quicklybecame-a-racist-jerk.html (acessado em 10 novembro de 2018). • **30.** Hunt, "Tay, Microsoft's AI chatbot, gets a crash course in racism from Twitter".

Impressão e Acabamento:
GRÁFICA E EDITORA CRUZADO